Pythonではじめる
ソフトウェアアーキテクチャ

Anand Balachandran Pillai ■著
渡辺 賢人・佐藤 貴之・山元 亮典 ■訳

Software Architecture with Python

共立出版

Software Architecture with Python

By Anand Balachandran Pillai

First Published in the English language under the title
'Software Architecture with Python - (9781786468529)'

Japanese language edition published by
KYORITSU SHUPPAN CO., LTD.

訳者まえがき

アーキテクチャはすべてのソフトウェアに必ず存在します．例えば，Linux カーネルのようなオペレーティングシステム，Google の検索エンジンのような大規模なソフトウェアはもちろんのこと，静的な html を返す Web サイトや，フィボナッチ数列の答えを出力するコマンドラインツールといった小規模なソフトウェアにもアーキテクチャは存在します．ソフトウェアがこの世に形として存在している以上は，“構造” つまりアーキテクチャが存在するのです．

では，万能なソフトウェアアーキテクチャは存在するのでしょうか？

答えは No です．例えば，Google が運営している大規模なソフトウェアのアーキテクチャが個人で運営するサイトに必要ないことは明白です．つまり，ソフトウェアが満たすべき要件に従って適切なアーキテクチャを選択して実装しなければなりません．また，近年では計算機の発展とともに Web サービスが著しく発展しており，ソフトウェアに求められる要件はより高度になり，複雑化してきました．高度で複雑なビジネス要件を抽象化するためには，最適なアーキテクチャの選択が不可欠です．

本書は，アーキテクチャを品質属性に分解して，各ソフトウェアの要件との関わりを詳細に説明しています．さらに，各アーキテクチャの具体的な実装方法を，Python によるユースケースで紹介しています．各アーキテクチャの解説から実装まで包括的に解説した本書は，「最適なソフトウェアアーキテクチャの選択」の助けになるでしょう．

2018 年 12 月

訳者一同

まえがき

ソフトウェアアーキテクチャは，ソフトウェアアプリケーションを作り上げるためになくてはならないものです．しかし，適切なソフトウェアアーキテクチャの構築は，誰にでもできるような簡単なことではありません．

なぜ難しいのでしょうか？ それは，ソフトウェアアーキテクチャを考える際には，越えなければならない二つの壁があるからです．二つの壁とは，一つは「要求」，そしてもう一つは「実装」です．できることなら，次から次へと増える要求すべてに応えたいけれども，それは決して容易なことではありません．結局は，状況に応じて，どの要求を受け入れるか取捨選択する必要があります．また，「ソフトウェアの高性能化・多機能化を実現したい」といった理想を目指そうとすればするほど，負担が大きくなっていくことは想像に難くありません．日々拡張していく機能とどう向き合っていくか，これはソフトウェアアーキテクトにとって避けられない課題です．

本書は，多くのサンプルコードやユースケースをもとにした，一人前のソフトウェアアーキテクトになるための手引書です．

今日，幅広い分野で注目を浴びている Python を使用し，優れたスケーラビリティや頑健性，セキュリティ，ハイパフォーマンスといった性質を，どのように実現するか学んでいきます．本書を通じて，Python そのものの機能やアプリケーションへの応用方法を理解していきましょう．

本書の対象読者

本書の対象とする読者は，エンタープライズ用のアプリケーション設計を想定しているアーキテクトや，Python を用いた効率的なアプリケーション設計を目指す方です．なお，Python の基本的な文法について理解していることを前提としています．

読み進めるために必要な準備

本書のサンプルコードのほとんどは，Python 3.x で実行することができます．事前に Python 3.x をインストールしておいてください．

そのほかに事前に用意すべきことは特にありません．必要なものは都度説明していきますので，本書の指示に従って読み進めてください．

本書で扱う内容

本書は全 10 章で構成されています．以下，それぞれについて簡単に説明していきます．

第 1 章「ソフトウェアアーキテクチャの原則」

ソフトウェアアーキテクチャの概要について解説します．また，ソフトウェアアーキテクチャに関連する各品質属性と，それらを背景にした一般的な原則についても取り上げます．

第 2 章「修正容易性と可読性」

コードの修正容易性とそれに関連した可読性について解説します．この章を読み進めることで，いかにしてコードを修正しやすく，読みやすくできるかを理解できるでしょう．

第 3 章「テスト容易性」

Python のアプリケーションにおいて，テストしやすいコードとは何かを追求します．テスト容易性を紐解いていく中で，様々なライブラリやモジュールを用いて，テストのしやすいアプリケーションを記述していきます．

第 4 章「パフォーマンス」

Python でコードを書く際のパフォーマンスの検証や改善方法について学びます．ソフトウェアアーキテクチャの品質属性の一つであるパフォーマンスについて深掘りします．パフォーマンスの最適化方法とともに，ソフトウェア開発ライフサイクルにおけるパフォーマンス最適化の適切なタイミングについても解説します．

第 5 章「スケーラビリティ」

スケーラブルなアプリケーションの重要性について学びます．加えて，スケーラブルなアプリケーションを実現するための，Python を用いた様々なアプローチを紹介します．また，スケーラビリティを定量的な観点から突き詰めていくことで，状況に応じたスケーリング手法を選択できるようになります．

第 6 章「セキュリティ」

セキュリティについて議論した上で，セキュアなアプリケーションを構築するためのベストプラクティスを紹介します．セキュリティに関する様々な問題を理解し，完全にセキュアと言えるアプリケーション構築を目指します．

第 7 章「デザインパターン」

いくつかのデザインパターンの背景と，Python におけるそれらの実装方法を学びます．この章の内容を理解することで，場面に即したデザインパターンを選択できるようになります．

第 8 章「アーキテクチャパターン」

Python におけるモダンなアーキテクチャパターンを解説します．Python のライブラリやフレームワークを用いた例を通して，ソフトウェアアーキテクチャにおける問題解決の手引きをします．

第 9 章「デプロイ容易性」

Python で開発したアプリケーションのデプロイを取り上げます．Python における，リモート環境もしくはクラウドへのデプロイ方法を学びます．

第 10 章「デバッグのテクニック」

Python でのデバッグテクニックを解説します．print 文（関数）を適切な位置へ挿入するといったシンプルなデバッグから，ロギングやシステムコールによるデバッグまでをカバーします．この章で学ぶテクニックは，開発者にとってはもちろんのこと，システムアーキテクトにとっても有益な情報になるはずです．

表記規則について

本書では，テキストの意図や意味を区別するために，様々な種類の表記方法を用います．これらの表記の例とその意味を説明します．

文章内のコード，データベーステーブル名，フォルダ名，ファイル名，ファイル拡張子，パス名，ダミー URL，ユーザー入力，Twitter ハンドルなどは，`print`，`PATHNAME`，`example.py` のように等幅フォントで表記します．

また，コードブロックは以下のように表記します．

```
class PrototypeFactory(Borg):
    """ Prototype factory/registry クラス """
    def __init__(self):
        """ イニシャライザ """
        self._registry = {}

    def register(self, instance):
        """ インスタンスを登録する """
        self._registry[instance.__class__] = instance

    def clone(self, klass):
        """ クラスをクローンする """
        instance = self._registry.get(klass)
        if instance == None:
            print('Error:', klass, 'not registered')
        else:
            return instance.clone()
```

Python インタプリタでの入力は，以下のように表記します．

```
>>> import hash_stream
>>> hash_stream.hash_stream(open('hash_stream.py'))
'30fbc7890bc950a0be4eaa60e1fee9a1'
```

新しい重要な用語は，**ゴシック体**で示します．

警告や重要なメモは，このように表記します．

Tips やヒントは，このように表記します．

本書で使用しているコードは，GitHub のページ `https://github.com/PacktPublishing/Software-Architecture-with-Python` からダウンロードできます．

目次

第6章 セキュリティ 235

第7章 デザインパターン 275

第1章

ソフトウェアアーキテクチャの原則

本書では，ソフトウェアアーキテクチャについて，Pythonによる実践を通して学んでいきます．ソフトウェアアーキテクチャは，ソフトウェア開発のライフサイクル全体に影響を与えるとても重要なものです．本書は，実践例を交えながら，ソフトウェアアーキテクチャの基礎や関連するテーマ，概念，そして様々な品質属性を解説します．

さて，アーキテクチャとデザインのそれぞれの定義はどれほど浸透しているでしょう．これに関しては，実のところ，ソフトウェアエンジニア間であまり統一した解釈ができていません．例えば，あるシステムの開発時に，「優れたテスト容易性や修正容易性，セキュリティ，スケーラビリティを有したシステムを実現してほしい」と要求されたとしましょう．読者は，これらの要求に対し，どのようなことを思い浮かべたでしょうか？ 受け取り手でその解釈はそれぞれ異なり，それゆえ対応が困難となる状況が発生することが考えられます．

書籍やWebから多くの情報が得られますが，重要な概念について異なる説明がなされており，曖昧な理解をもたらしています．コーディングで手一杯になっているようなソフトウェア開発組織では，こうした解釈のばらつきがよく見られます．システム構築に用いられる技術を支えているアーキテクチャとデザインを理解することは，非常に重要です．ところが，技術そのものの学習を優先し，土台の理解をおろそかにしている場合がよくあります．

前述のようなアーキテクチャの品質属性に関連したソフトウェア開発には，難解な性質があります．本書は，その難解な性質の理解を手助けし，プログラミング言語，ライブラリ，フレームワークを用いた実際のソフトウェア開発へと橋渡しすることを目指します．プログラミング言語には，今日あらゆる場面で注目を浴びているPythonを採用します．

本章では，ソフトウェアアーキテクチャの様々な概念を，読者にとって平易な用語で解説していきます．この章を読めば，以降の章の内容が理解しやすくなるでしょう．そして，本書を読み終えたときには，ソフトウェアアーキテクチャの概念やその細部の理解が体系立っているはずです．

1.1 ソフトウェアアーキテクチャの定義

ソフトウェアアーキテクチャには様々な定義が存在しています．まずは簡潔な定義を見てみましょう．

> **ソフトウェアアーキテクチャとは，ソフトウェアシステムのサブシステムまたはコンポーネント，およびそれらの関係を記述したものである．**

以下は，Recommended Practice for Architectural Description of Software-Intensive Systems（IEEE）からの引用です．先の定義と比べると，フォーマルな表現で定義されています．

> **アーキテクチャとは，システムのコンポーネントと，コンポーネント同士の関係，コンポーネントと環境との関係を具体的に示したシステムの基本構成であり，その設計と進化を導く本質である．**

Webを調べてみると，非常に多くの定義が見つかり，その表現は多岐にわたります．しかし，言葉は違っても，いずれもソフトウェアアーキテクチャの本質について言及しているはずです．

1.1.1 ソフトウェアアーキテクチャとソフトウェアデザイン

ソフトウェアアーキテクチャとデザインの違いは何か，というトピックをよく見かけます．これはWeb上に限った話ではなく，市販の書籍なども含まれます．この問いについて考えていきます．

ソフトウェアアーキテクチャとソフトウェアデザインは，似たような意味で使われることがよくあります．アーキテクチャとデザインの違いは，以下のようにまとめられます．

- アーキテクチャは，システムにおけるストラクチャや作用を表したものです．言うなれば，骨組みです．アーキテクチャは，必ずしも機能だけに焦点を当てたものだけではなく，組織や技術，ビジネスサイド，品質属性などを対象とすることもあります．
- 一方，デザインは，そのシステムを構築するのに必要なコンポーネントやサブシステムの構成について述べたものです．以下の例にあるように，デザインは通常コードやモジュール単位で考えます．
  - どのようにコードを分割してモジュール化できるか？ それらをどうまとめるか？
  - どのクラス（またはモジュール）がどの機能を担うか？
  - あるクラスCに対してどのデザインパターンを適用すべきか？
  - 実行時にどのオブジェクトとどのオブジェクトが相互に作用するのか？ それらの相互作用をどう管理するのか？

ソフトウェアアーキテクチャは，システム全体の「デザイン」を意味しています．ここで言う「デザイン」は先のデザインより抽象的であり，広義の意味で用いられています．一方で，ソフトウェアデザインは，様々なサブシステムやそのサブシステムを作る要素の実装レベルの詳細を表しています．

アーキテクチャとデザインの両方において，多くの体系立ったひな型，すなわちアーキテクチャパターン，デザインパターンが存在します．それらについては，後に議論することとしましょう．

1.1.2　ソフトウェアアーキテクチャの性質

ソフトウェアアーキテクチャの定義について，公式・非公式なものを例として見てきましたが，こうした定義には，いくつか共通した用語やテーマが含まれています．それらを一つずつ理解し，ソフトウェアアーキテクチャに対するより深い議論を進めていきましょう．

- **システム**：ある機能を実現するために構成されたコンポーネントの集合を意味します．したがって，ソフトウェアシステムは，ある機能を実現するためのソフトウェアコンポーネントの集合を意味します．また，システムは通常複数のサブシステムに分解できます．
- **ストラクチャ**：原理・原則に従ってグループ化あるいは組織化された要素の集合を意味します．ここで言う要素は，ソフトウェア/ハードウェアシステムを指すこともあります．ソフトウェアアーキテクチャは，状況に応じて異なるレベルでストラクチャを記述します．
- **環境**：ソフトウェアシステムが構築されるコンテキストまたは状況を意味します．これはアーキテクチャに直接影響を及ぼします．コンテキストには，技術的コンテキスト，ビジネス的コンテキスト，専門的コンテキスト，運用的コンテキストなど，様々な種類があります．
- **ステークホルダー**：システムとその良し悪しに関心を持っている人々を意味します．例えば，アーキテクト，開発チーム，顧客，プロジェクトマネージャー，経営チームなどが挙げられます．

ここまでで，ソフトウェアアーキテクチャのいくつかの重要な側面について，簡単に説明しました．次に，ソフトウェアアーキテクチャの特性について見ていきましょう．

1.2　ソフトウェアアーキテクチャの特性

すべてのソフトウェアアーキテクチャは一連の共通の特性を記述します．その中でも特に重要な特性について説明します．

1.2.1　ストラクチャの定義

システムのアーキテクチャは，そのシステムのストラクチャを詳細に記述します．熟練アーキテクトなど，経験豊富な開発者は，システムのアーキテクチャをストラクチャコンポーネントやクラスのダイアグラム図で表現して，複数のサブシステム間の関係性を図示します．

例えば，図 1.1 のアーキテクチャ図には，あるアプリケーションのバックエンドのストラクチャが描かれています．このアプリケーションでは，あるデータベースシステムから ETL[*1]の処理によりデータを読み取っています．

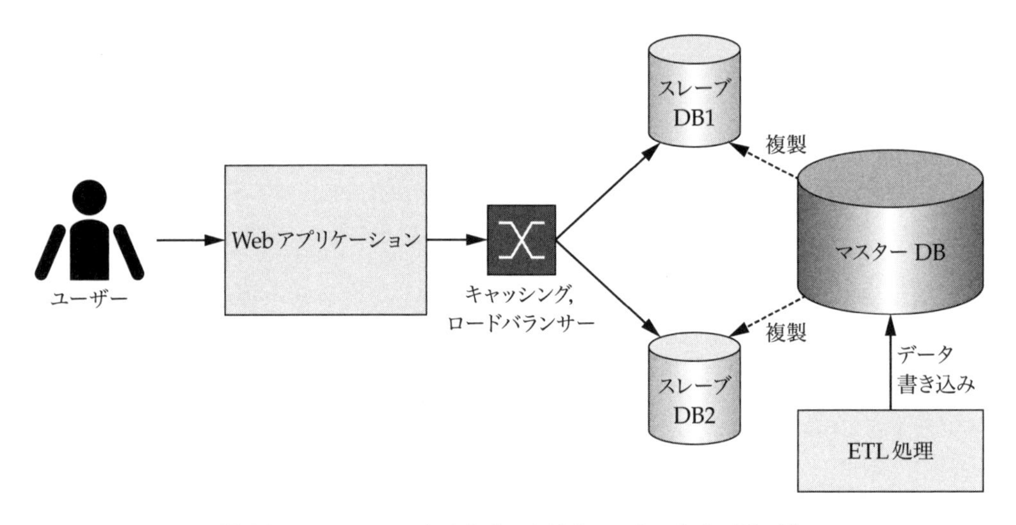

図 1.1　システムのストラクチャを示すアーキテクチャ図の例

ストラクチャによって，アーキテクチャの見通しが良くなります．このことから，品質属性に基づいてアーキテクチャを分析する際に，ストラクチャは必要不可欠です．ここで，ストラクチャとアーキテクチャの関係をいくつか例示しましょう．

- 実行環境のストラクチャは，実行時に生成されるサーバーやホストなどのオブジェクトとそれらの相互作用を表現しており，それによってデプロイアーキテクチャが決まります．また，このデプロイアーキテクチャは，スケーラビリティ，パフォーマンス，セキュリティ，相互運用性といった品質属性に強く紐づいています．
- モジュールのストラクチャは，あるコードがどのように分割され，モジュールやパッケージとして管理されるかを表します．このストラクチャを意識した例には，以下のようなものがあります．
  - 拡張性を考慮して書かれたコードは，各親クラスが適切に文書化され構造化された別々のパッケージに分けられています．これらのパッケージは，外部モジュールによって，膨大な依存関係を解決する必要もなく容易に拡張できます．したがって，このストラクチャはシステムのメンテナンス容易性や修正容易性に影響します．
  - 外部またはサードパーティの開発者（ライブラリ，フレームワークなど）に依存しているコードでは，セットアップもしくはデプロイメントがしばしば必要になります．このとき，手動もしくは自動で必要なコードを取得し，生じうる依存関係を解決し

[*1]【訳注】ETL：データの抽出（extract），変換（transform），読み込み（load）の各処理を表します．

なければなりません．そのようなコードでは，README や INSTALL などといったドキュメントによって手順が整理されています．

1.2.2 重要な要素の明確化

正しく定義されたアーキテクチャは，ストラクチャの重要な要素を明確化します．システムの中心となる機能はこれらの要素によって構成されており，また，これらの要素はシステムに対して永続的な影響を与えます．

あるアーキテクトを例にとってみましょう．彼は，サーバーに置いた Web ページを，ブラウザを通じてユーザーに届けるシステムのアーキテクチャ（いわゆるクライアント/サーバーアーキテクチャ）を記述しようとしています．彼はおそらく二つのコンポーネントに焦点を当てているでしょう．その二つとは，ユーザーのブラウザ（クライアント）とリモートサーバー（サーバー）であり，これらがシステムの中心となる要素を形成しているのです．このシステムには，ほかにもコンポーネントがあるかもしれません．例えば，サーバーからクライアントのパスにある多数のキャッシュプロキシや，Web ページの表示を高速化するサーバーのリモートキャッシュなどが挙げられます．しかしながら，それらはこのアーキテクチャの記述において重要ではありません．

1.2.3 デザインの方針の決定

ソフトウェアシステムを構築する際には，ソフトウェアデザインに関するいくつかの方針を事前に決めます．これは，前述の特性から言えば自然なことです．そして，その方針は，アーキテクトに対してシステムの注力すべき点をより明確化します．したがって，初期デザイン時に決定した方針は，その先のシステム開発において大きな役割を担うのです．

例えば，アーキテクトは，システムの要件を慎重に分析した上で，以下のような方針を決定するかもしれません．

- 顧客の要求とパフォーマンスの制約を満たすために，デプロイ対象は Linux 64bit のサーバーのみとする
- バックエンドの API を実装するためのプロトコルに HTTP を使用する
- 2,048bit 以上の暗号化証明書を使用して，機密データをバックエンドからフロントエンドに転送する API に HTTPS を使用する
- 用いるプログラミング言語は，バックエンドは Python，フロントエンドは Python と Ruby とする

一つ目の方針は，システムのデプロイメントの選択肢を，特定の OS やシステムアーキテクチャに制限しています．二つ目と三つ目の方針は，バックエンド API を実装する上でとても重要です．そして，最後の方針は，数あるプログラミング言語の中からシステムに使用する言語を決定しています．

初期のデザインにおける方針の決定は，要件を慎重に分析し，組織，技術，人員，時間などの制約を考慮した上で行わなくてはなりません．

1.2.4　ステークホルダーの要件の管理

極論を言えば，システムはステークホルダーの望むように設計・構築されます．しかしながら，複数ある要求の間で生じる矛盾によって，すべての要求に応えることはおそらくできないでしょう．例えば，次のようなことが考えられます．

- マーケティングチームはあらゆる機能を備えたソフトウェアアプリケーションに関心がある一方で，開発チームは各機能を追加する際に生じうる機能間の影響やパフォーマンスの問題に関心がある
- システムアーキテクトはクラウドへの展開による水平スケールの最新技術に関心がある一方で，プロジェクトマネージャーは技術導入による予算への影響を懸念している
- エンドユーザーは機能性，パフォーマンス，セキュリティ，ユーザビリティ，信頼性に関心がある一方で，開発組織（設計者，開発チーム，マネージャー）は期待されている品質を決められた予算とスケジュールの中で担保できるかを懸念している

優れたアーキテクチャは，各要件をできる限り満たすよう機能します．つまり，それぞれを優先した際のトレードオフを考慮し，人とリソースのコストの条件を満たしつつ，重視すべき品質属性を備えたシステムを提供します．

また，アーキテクチャはステークホルダー同士で通じる共通言語を提供し，コミュニケーションを円滑にします．この実現のために，アーキテクチャは前述の要件から発生しうる制約を適切に記述します．そして，アーキテクトはその表現された制約を頼りに，トレードオフを考慮した最適な解を選択するでしょう．

1.2.5　ストラクチャに与える影響

ソフトウェアアーキテクチャによって表されるストラクチャは，たいていの場合，そのシステムを構築するチームの構成も同時に表しています．

例えば，あるソフトウェアアーキテクチャのストラクチャとして，図1.2に示すような大規模データの読み書きを行う機能が表されているとします．このデータアクセスを適切に処理す

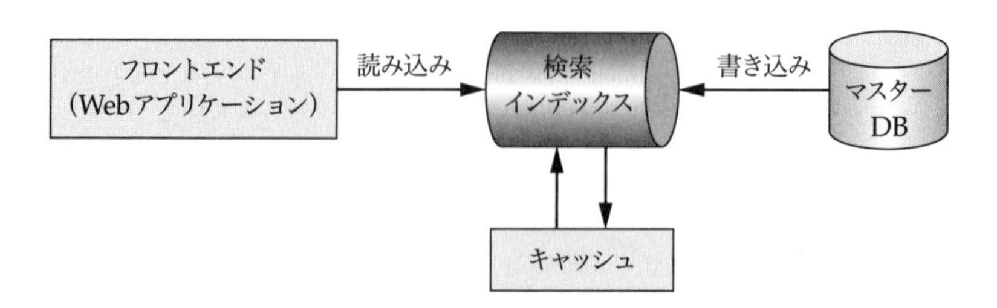

図1.2　検索Webアプリケーションのシステムアーキテクチャ

るためには，十分な技術を持ったデータベースチームが必要になるでしょう．つまり，ソフトウェアアーキテクチャのストラクチャがチームの構成を決定していると言えます．

この例は，ソフトウェアアーキテクチャのストラクチャからトップダウンでチームの構成が決まります．このようなケースでは，ソフトウェアアーキテクチャのストラクチャから，各タスクのストラクチャが決定するのが普通です．このように，ソフトウェアアーキテクチャは，それを作り上げるストラクチャに言及しているのです．

図 1.3 は，前述のアプリケーションを構築するチームを表しています．

図 1.3　Web アプリケーションを構築するチーム

1.2.6　環境から与えられる影響

環境（ソフトウェアシステムが構築されるコンテキストもしくは状況）によって，アーキテクチャが機能する領域が決まります．専門的には，これはしばしば「コンテキストにおけるアーキテクチャ」と呼ばれます．もちろん，コンテキストごとにアーキテクチャが受ける影響は異なります．以下に例を示します．

- **品質属性要求**：今日の Web アプリケーションにおいては，初期の技術的制約としてスケーラビリティや可用性を決め，それらをアーキテクチャに組み込むのが一般的です．これは，ビジネスの観点から見た技術的コンテキストの例です．
- **標準適合**：銀行，保険，医療といった，ソフトウェアのルールが多数存在する組織では，組織そのものがアーキテクチャの制約になり得ます．これは外的な技術的コンテキストの例です．
- **組織制約**：特定のアーキテクチャスタイルに対する知見がある，あるいは，あるプログラミング環境（J2EE など）を運用するチームが所属している組織を想定しましょう．この組織のチームでは，これから始まるプロジェクトに対してこれまでに使用したアーキテクチャと類似したものを採用しがちです．そうすることで，アーキテクチャや関連技術への投資によるコスト削減や生産性を保証しようとしているのです．これは内的なビジネス的コンテキストの例です．
- **専門的コンテキスト**：どのようなアーキテクチャにすべきかという選択肢は，アーキテクトの経験によって決まるのが普通です（上記の標準適合の例のような外的なコンテキストは除く）．そのアーキテクトが，過去に成功を収めたアーキテクチャを新しいプロジェクトに採用することは，よくあります．また，アーキテクチャの選択肢は，教育や専門的訓練，また同僚の影響によることも少なくありません．

1.2.7　システムの文書化

すべてのシステムには，アーキテクチャが備わっています．ここで，システムは必ずしも文書化されている必要ありません．しかし，適切に文書化されたアーキテクチャは，システムを正しく表しているはずです．アーキテクチャはシステムの初期要求や制約，ステークホルダーの要件に対するトレードオフなどを示しているため，それを文書化することで得られる恩恵は多大です．応用例として，社員研修の教育資料にその文書を採用する，といった使い道もあるでしょう．文書化されたアーキテクチャは，ステークホルダーとの継続的なコミュニケーションや，変わりうる要求に基づいたアーキテクチャの変更などに役立つほか，様々な場面において重宝するはずです．

アーキテクチャを文書化する最も簡単な方法は，システムの多様な側面や組織のアーキテクチャを示した図を用意することです．これには，コンポーネントアーキテクチャ，デプロイメントアーキテクチャ，コミュニケーションアーキテクチャ，チームアーキテクチャ，エンタープライズアーキテクチャなどがあります．そのほかに文書化できる事柄として，システム要求や制約，初期のデザインで決定した方針，その方針の理由などがあります．

1.2.8　パターンへの準拠

ほとんどのアーキテクチャは，これまでに成功を収めたスタイルに従っています．そういったスタイルは，アーキテクチャパターンと呼ばれます．例えば，クライアント/サーバー，パイプとフィルタ[*2]，データベースアーキテクチャなどが該当します．アーキテクトが既存のパターンを採用するとき，これまでのユースケースや関連する例を参照・再利用することがよくあります．今日のアーキテクトに課されている役割は，複数のアーキテクチャパターンを組み合わせることで問題を解決することです．

例えば，図1.4はクライアント/サーバーのアーキテクチャの例を示しています．また，図1.5はパイプとフィルタアーキテクチャの例です．

本書では，アーキテクチャパターンのいくつかの例も見ていきます．

[*2]【訳注】パイプとフィルタ：データストリームの処理を実現するためのアーキテクチャ．詳しくは第8章で紹介します．

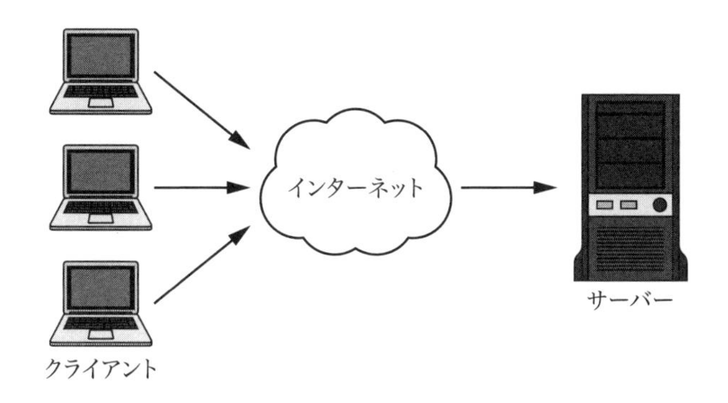

図 1.4　クライアント/サーバーのアーキテクチャ

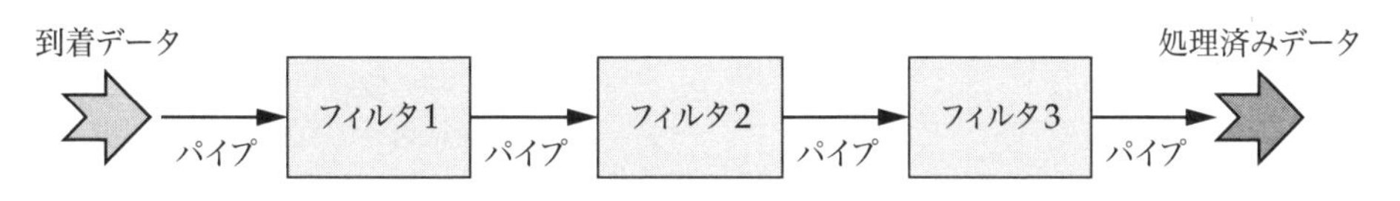

図 1.5　パイプとフィルタアーキテクチャ

1.3　ソフトウェアアーキテクチャの重要性

これまで，ソフトウェアアーキテクチャの基本的な原則について議論し，いくつかの特性を見てきました．それらの節では，ソフトウェアアーキテクチャは重要であり，かつソフトウェアの開発プロセスにおける不可欠な要素であると考えてきました．

ここで，あえて異を唱えましょう．ソフトウェアアーキテクチャを振り返り，次に示す繊細な問題に触れていきます．

- なぜソフトウェアアーキテクチャなのか？
- なぜソフトウェアアーキテクチャが重要なのか？
- なぜシステム構築には，正しいソフトウェアアーキテクチャが必要不可欠なのか？

まず，最初の二つの問いに答えていきます．手始めに，ソフトウェアアーキテクチャから生まれる概念について考えてみましょう．このことを考えるプロセス自体は，非公式なソフトウェア開発プロセスからは離れているかもしれません．表 1.1 は，システムの技術的，開発的性質について，メリットと具体例を説明しています．

表 1.1 に述べたものは技術的・開発的なことに関連したものばかりですが，もちろんビジネス的コンテキストに関わる性質も多くあります．それらの性質をもとにアーキテクチャを見ることによって，価値ある見解が得られるでしょう．しかしながら，本書はソフトウェアアーキテクチャの技術的性質に焦点を当てているので，表 1.1 で述べたものに限定します．

表 1.1

性質	メリット	具体例
そのシステムにとって最適な品質属性の選択を可能にする	スケーラビリティや可用性，修正容易性，セキュリティといった性質は，初期のデザインの方針や各種要求に対するトレードオフに依存すると同時に，アーキテクチャの選択を手助けするでしょう．	良いスケーラビリティを実現するように最適化されたシステムは，各要素の結合が疎になるような分散アーキテクチャを使って開発しなければなりません．例としてマイクロサービス[3]が挙げられます．
初期プロトタイピングを促す	アーキテクチャを定義しておけば，開発組織はプロトタイプの構築が容易になります．このおかげで，システムをトップダウンで構築することなく，システムの振る舞いを見通しやすい開発が可能になります．	多くの組織では，プロトタイプを開発の初期段階で作り上げます．一般的な例では，サービスに用いる API を用意し，残りの機能に関してはモックを作成するといったものがあります．こうすることで，初期の段階で結合テストやアーキテクチャにおける相互問題を考慮することができます．
システムのコンポーネント単位での構築を可能にする	明確に定義されたアーキテクチャによって，機能性を実現するための既存の使いやすいコンポーネントを集めて再利用することが可能となり，一から実装する必要がなくなります．	すぐに使えるビルディングブロックを提供するライブラリやフレームワークが該当します．例えば，Django や Ruby on Rails などの Web アプリケーションフレームワーク，Celery などのタスク分散フレームワークなどが挙げられます．
円滑なシステム変更を可能にする	アーキテクチャによって，アーキテクトはコンポーネントの観点からシステムの変更を概観できます．このことは，新しい機能の実装時やパフォーマンスの修正時に，システム変更を最小に留めるのに役立ちます．	データベースの読み書き時におけるパフォーマンスの修正を例にとります．この際，アーキテクチャが適切に考えられていれば，おそらくデータベースもしくはデータベースアクセスレイヤーに変更を加えるだけで十分でしょう．つまり，アプリケーションのコードに触れる必要がなくなります．例えば，最新の Web フレームワークの構築方法が該当します．

さて，技術的性質に限った内容ではありますが，アーキテクチャの重要性を概観できたところで，最後の問いである「なぜシステム構築には，正しいソフトウェアアーキテクチャが必要不可欠なのか？」について考えていきましょう．

もしこれまでに，この問いについて議論したことがあるなら，答えるのはそう難しくないかもしれません．答えとしては，以下のようなものが考えられます．

[3]【訳注】マイクロサービスアーキテクチャ：複数の小さいサービスを組み合わせることで，システムやサービスの提供を実現するアーキテクチャ．詳しくは第 8 章で紹介します．

- すべてのシステムは，文書化されているかどうかにかかわらず，潜在的にアーキテクチャを備えているため
- 文書化されたアーキテクチャは正式なものとして扱えることから，その文書をステークホルダー間で共有でき，マネジメント方法の変更や反復型開発[*4]が可能となるため

正しいアーキテクチャを定義した上で，それを文書化すると，上記以外の利点も得られます．文書化の過程を省略してしまうと，拡張・修正のしやすいシステムを作り上げることは難しいでしょう．加えて，初期の要求からかけ離れた品質属性を持つシステムを構築してしまう危険性も生じます．

1.4 システムアーキテクチャとエンタープライズアーキテクチャ

ここまでで，アーキテクトという言葉を様々なコンテキストで使用してきました．アーキテクトは，以下のような肩書きや業務上の役割を担う人が多く，ソフトウェア業界ではとても一般的です．

- エンタープライズアーキテクト
- テクニカルアーキテクト
- セキュリティアーキテクト
- インフォメーションアーキテクト
- ソリューションアーキテクト
- システムアーキテクト

ここで注目するのは，各アーキテクトは一体何に取り組んでいるのか，ということです．

- **エンタープライズアーキテクト**：組織のためにビジネスの全容と戦略を考える役割を担います．そして，アーキテクチャの原則や実践方法を理解し，ビジネスの内容，取り巻く情報，事業の進め方，技術の進歩など，戦略の実現に必要な様々な事柄を考慮しながら組織を指揮します．

エンタープライズアーキテクトは戦略を考えることには長けていますが，一般に技術そのものにはあまり注目しません．そのため，技術については，エンタープライズアーキテクト以外のアーキテクトが正しく理解している必要があります．

- **テクニカルアーキテクト**：組織で用いられるコアテクノロジー（ハードウェア，ソフトウェア，ネットワーク）に関連した役割を担います．

*4【訳注】反復型開発：開発するシステムを分割し，短い期間での機能開発や品質向上を段階的かつ繰り返し行う開発手法．

- **セキュリティアーキテクト**：アプリケーションに用いられるセキュリティ戦略を作成・修正し，組織の情報セキュリティについて目標を定め，目標を達成する役割を担います．
- **インフォメーションアーキテクト**：組織のビジネスゴールに到達できるよう，アプリケーションの情報を有効活用するための，アーキテクチャにおける解決策を考案します．

これらのアーキテクトはすべて，自身の担当するシステムやそのサブシステムに関心を持っており，おのおのが担う領域の概要をエンタープライズアーキテクトに理解してもらう必要があります．そうすることで，エンタープライズアーキテクトは，ビジネスもしくは組織の戦略を明確化するのに役立つ情報を得ることができます．

- **ソリューションアーキテクト**：複数のシステムを組み合わせて特定のクライアントにソリューションを提供する役割を担います．この役割は，戦略対技術，組織対プロジェクトという観点では，それぞれ中間に位置します．
- **システムアーキテクト**：上記のテクニカルアーキテクト，セキュリティアーキテクト，インフォメーションアーキテクトの役割，つまり，システムの技術面の役割を，全般的に担当します．システムアーキテクトは技術に対しては高い専門性を持っていますが，サービス戦略には詳しくないのが普通です．そのため，サービス重視のソフトウェア開発組織においては，ソリューションアーキテクトを配置する例がよく見られます．このような場合，組織の大きさや，プロジェクトの時間とコストの条件によっては，複数のアーキテクトの役割がしばしば一つにまとめられます．

図1.6は，組織における技術，アプリケーション，データ，人々，プロセス，ビジネスのレイヤーとともに，エンタープライズアーキテクトとシステムアーキテクトの役割を示しています．二つのアーキテクトの役割が，よりわかりやすくなっています．

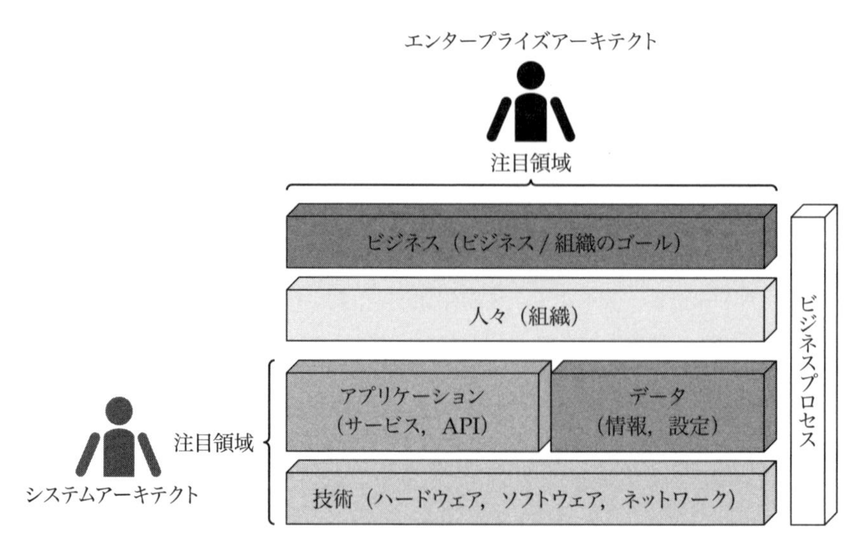

図1.6　エンタープライズアーキテクトとシステムアーキテクト

この図を理解するために，少し補足しておきましょう．

システムアーキテクトは図の左下に描かれており，組織の各システムを構成するコンポーネントを担当します．そして，その焦点はプロジェクトを駆動するアプリケーション，データ，ハードウェア，ソフトウェアに当てられています．

一方，エンタープライズアーキテクトは図の上部に描かれており，ビジネスゴールや人々，組織を支えるシステムをトップダウンに眺めます．そして，図の右端に垂直に伸びている直方体はビジネスプロセスを表しており，人々やビジネスのコンポーネントに，技術のコンポーネントを繋げています．このプロセスは，ステークホルダーとの議論を通して，エンタープライズアーキテクトによって定義付けされます．

ここまでで，エンタープライズアーキテクチャとシステムアーキテクチャの背景にある考え方を理解できたのではないでしょうか？ これらは公式には以下のように定義されます．

- **エンタープライズアーキテクチャ**：（企業など）組織の構造と振る舞いを定義する概念的な設計図．その設計図によって，組織の構成や意思決定プロセス，人事，そして情報の流れがそれぞれどのように対応付けられるかが決まり，組織の現在・将来の目的達成を手助けします．
- **システムアーキテクチャ**：システムの根本となる構成を，構造的観点と振る舞いの観点から表します．構造はシステムのコンポーネントによって決定され，振る舞いは外部システムとの相互作用によって決定されます．

エンタープライズアーキテクトは，組織の目標を達成できるよう，組織内の様々な要素とその相互作用を，効果的な方法で調整することを意識します．この取り組みは，組織で用いられる各技術のアーキテクトだけでなく，プロジェクトマネージャーや人事などのサポートによって成り立ちます．

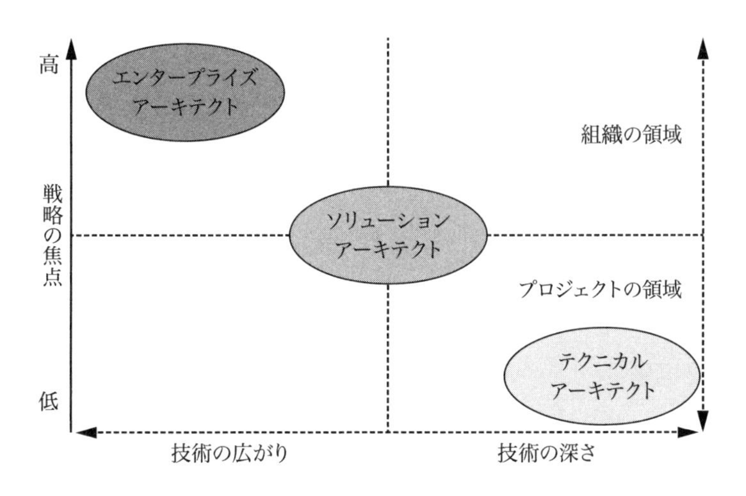

図 1.7　各アーキテクトの注目点

一方で，システムアーキテクトは，中心となるシステムのアーキテクチャを，ソフトウェアおよびハードウェアのアーキテクチャにどのように対応付けるかを考えます．同時に，システム内のコンポーネントに対する人々の取り組みを，多方面から観察することも意識します．システムアーキテクトの関心については，システム，もしくはその人々のやりとりによって定義されることはありません．図 1.7 は，これまで紹介してきた様々なアーキテクトが何に焦点を当てているかを示しています．

1.5 アーキテクチャの品質属性

それでは，本書の主題であるアーキテクチャの品質属性を扱っていきましょう．

これまで，アーキテクチャがどのようにステークホルダーの要求を調整し，最適化するかを述べてきました．また，いくつかの矛盾しうるステークホルダーの要求を，例を挙げて紹介しました．そして，その矛盾した要求に対して，アーキテクトが適切にアーキテクチャを選択し，トレードオフを考慮しつつ調整していることにも触れました．

これまでは，「**品質属性**」という用語で，アーキテクチャがトレードオフを行う性質のいくつかを簡易的に定義してきました．ここからは，品質属性が何を意味しているかを，より厳密に定義していきます．

> **品質属性は，システムにおいて良し悪しを測定できる特性を意味し，ある環境下で発揮するそのシステムの性能を評価するために用いられる．**

アーキテクチャ品質属性の一般的な定義を満たす性質は多岐にわたりますが，本書では，以下の品質属性にのみ焦点を当て，それらの性質について述べていきます．

- 修正容易性
- テスト容易性
- スケーラビリティ
- パフォーマンス
- 可用性
- セキュリティ
- デプロイ容易性

1.5.1 修正容易性

一般的なソフトウェアシステムを作り上げるには，どれくらいの工数がかかるのでしょうか？ もちろん，これはシステムの規模や関わる人の数によって大きく変わるでしょう．また，コストが生じる段階も，企画，設計，開発，運用など多岐にわたります．そして，運用フェーズでは，それまでのフェーズとは異なる課題が都度降りかかります．最初のバージョンに対して，機能を追加したり予期せぬバグを修正したりと，度重なる変更が必要になることは想像に難くありません．このことから，システムの初期アーキテクチャをどれだけ容易に修正できるかが重要であることがわかります．

ここでは，修正に関連する品質属性である修正容易性について述べます．修正容易性は「システムに対して容易に変更可能で，柔軟に対応できる性質」と定義されます．ある問題の解決や，新しい機能の追加，性能の改善など，ほとんどのソフトウェアシステムには常に変更が求められるため，修正容易性は重要な品質属性です．アーキテクトは，修正容易性に関して以下の点に気を配ります．

- **容易さ**：システムに対して変更は容易か
- **コスト**：変更に必要な時間とリソースは妥当か
- **リスク**：システムの変更に伴うリスクはあるか

変更には様々なレベルがあります．コードレベル，デプロイレベル，アーキテクチャ全体レベルなど，あらゆるレベルが含まれます．

アーキテクチャの観点から，これらの変更は「影響を与える範囲によって」次の三つのレベルに分けられます．

1. **ローカル**：特定の要素のみが影響を受ける変更を指します．コードの一部分や関数，クラス，モジュール，JSON や XML ファイルなどを変更した際に，その変更が他の要素に影響していないのであれば，これに該当します．ローカルな変更は最も容易であり，リスクもわずかです．また，検証も単体テストで素早く行えます．
2. **ノンローカル**：二つ以上の要素が関わる変更を指します．以下にいくつか例を示します．
    - データベースのスキーマの変更：スキーマの変更に伴って，コード内に存在する，データベース関連のモデルクラスを変更する必要があります．
    - JSON ファイルへの新しい設定パラメータの付与：付与されたパラメータを処理するために，パーサーやアプリケーションに変更を加える必要があります．

    当然ノンローカルな変更はローカルな変更より難しいため，注意深く対処しなければなりません．また，結合テストによって，手戻りを防ぐ必要があります．
3. **グローバル**：トップダウンでのアーキテクチャレベルもしくは全体の要素における変更を指します．この変更では，ソフトウェアシステムの大部分に影響が及びます．例えば，以下のような場合が該当します．
    - システムのアーキテクチャを，RESTful からメッセージング（SOAP，XML-RPC など）をベースとしたサービスに変更する
    - Web アプリケーションのコントローラ部分を，Django から Angular JS に変更する
    - パフォーマンス要件を満たすために，フロントエンドで事前にすべてのデータを読み込むように変更する（機能面の変更）

グローバルな変更は最も危険であり，多くの人的，時間的，金銭的コストが生じます．アーキテクトはこの変更によって起こりうる問題を事前に想定し，結合テストによって，これらの問題を回避する必要があります．このような大規模な変更においては，モックが非常に役に立つでしょう．

表1.2は，三つのレベルのシステムの変更における，コストとリスクの関係を示しています．

表1.2

レベル	コスト	リスク
ローカル	低	低
ノンローカル	並	並
グローバル	高	高

コードレベルにおける修正容易性は可読性に直結するため，以下のことが言われています．

コードが読みやすければ読みやすいほど，修正も容易になる．したがって，コードの修正容易性と可読性は密接に関係している．

また，修正容易性はコードの保守性にも関連しています．依存し合う要素を持つコードモジュールは，依存が強いほど修正が難しいでしょう．この性質は，修正容易性における結合度と呼ばれます．

同様に，役割や責任範囲を正しく定義できていないクラスやモジュールの修正も，容易ではありません．この性質は，修正容易性における凝集度と呼ばれます．

表1.3は，コードモジュールの変更における，**凝集度**，**結合度**，**修正容易性**の関係を示しています．この表における結合度が指すのは，モジュールAのモジュールBに対する結合度です．

表1.3

凝集度	結合度	修正容易性
低	高	極めて低
低	低	並
高	高	中
高	低	高

表1.3から，コードモジュールの変更においては，凝集度が高く結合度が低いときに最も修正容易性が高まることがわかります．

修正容易性に影響する他の要素として，以下のものがあります．

- **モジュールのサイズ（コードの行数）**：サイズが大きくになるにつれて，修正容易性は低くなります．
- **モジュールを管理するチームの規模**：一般的に，そのモジュールに関わる人が多くなるにつれて，修正容易性は低くなります．これは，均一なコードを結合・維持する際に複雑さが生じてしまうためです．
- **モジュールのサードパーティへの依存性**：サードパーティへの依存性が高くなれば，それだけ修正は難しくなります．これは，モジュールの結合度の問題の延長として考えられます．
- **API モジュールの誤用**：公開されている API を使うのではなく，そのモジュールを誤用して得られるプライベートなデータを使用している場合，そのモジュールを修正するのは困難な場合があります．それを避けるためにも，モジュールの正しい使用方法を明らかにしておくことが重要です．これは結合度の問題の例外的な場合として考えられます．

1.5.2 テスト容易性

テスト容易性は，テストを通してソフトウェアシステムの不具合を検知できる度合いを示す品質属性です．テスト容易性が高ければ高いほど，そのシステムは不具合を見つけやすく，テスト容易性に優れたソフトウェアシステムは，隅々までテストを実施できるシステムを指します．このようなシステムは，仮に不具合があったとしても，それをエンドユーザーが見つけることは少ないでしょう．

また，テスト容易性はソフトウェアシステムの振る舞いがどれだけ予測可能なものであるかも表します．システムの振る舞いがより予測可能であるならば，そのテストは再現可能になり，一連の基準や入力に基づくテストスイート[*5]を容易に作成できます．振る舞いの予測が難しいシステムでは，あらゆる種類のテストが困難になるはずです．

一般的なソフトウェアのテストでは，既知の入力に対して期待する出力が得られるかを確認し，正しいシステムの振る舞いを担保します．テストスイートやテストハーネス[*6]は，通常，このような入出力を確認するテストケースで構成されています．

テストアサーションは，テストケースでの出力が期待していたものでないときにテストを失敗と結論付けるための技術です．アサーションは自前で書いておき，テスト実行時にテストケースの様々な段階で各値の正誤を検証します．

図 1.8 は，あるテストの流れを描いたものであり，関数 f への入力 X に対し，出力 Y を想定しています．

テスト失敗時のセッションや状態を再現するためには，record/playback という方法がよく使われます．Selenium などの特定のソフトウェアを用いることで，あるバグを顕在化するユーザーのすべての行動を記録し，テストケースとして保存できます．保存したテストケースは，そ

[*5]【訳注】テストスイート：ソフトウェアテストを実行するためにまとめたテストケースの集合．
[*6]【訳注】テストハーネス：ソフトウェアテストを行うためのソフトウェア．

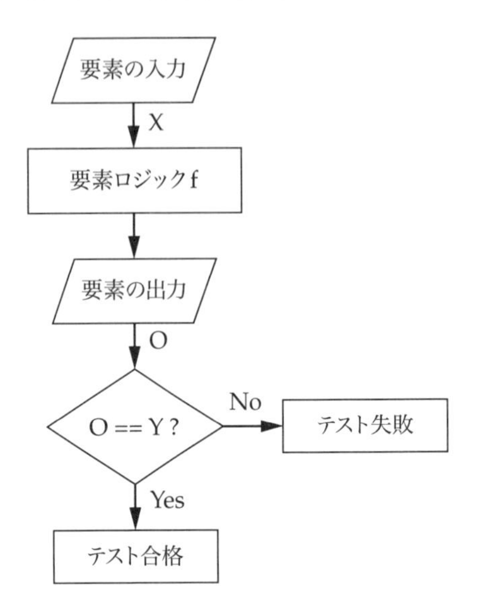

図 1.8　X を受け取り Y を返す関数に対する単体テストのフローチャート

のテスト時に用いたソフトウェアによって再現できます．つまり，UI に対する一連のアクションが繰り返されます．

テスト容易性は，修正容易性と同様に，コードの複雑さに関連しています．システムの各部分が独立して機能していれば，そのテストは非常に容易になるでしょう．言い換えると，結合度が低いシステムほど，容易にテストできます．

前に触れた振る舞いの予測可能性に関連して，テスト容易性には結果の定まらないシステムを減らす側面があります．テストスイートを記述する際，テストする要素を他の要素から分離する必要があります．もし分離できないのであれば，振る舞いを予測することが難しくなります．

あるマルチスレッドシステムを例にとって考えてみましょう．このシステムは，外部 API などのテスト対象ではない要素からイベントを受け取り，レスポンスを返すとします．テスト対象でない要素が関連しているために，その部分で受け取る値やオブジェクトの正誤を保証することができません．そのため，システム全体の予測はとても困難になります．同様にテストの再現も難しいでしょう．そこで，イベントを複数のサブシステムに分割します．可能であれば，その振る舞いをモック化しましょう．そうすることで，他の要素から受け取る各入力は制御しやすくなり，また，イベントを受け取るサブシステムもその挙動を予測できるため，テストできる状態になります．

図 1.9 は，システムのテスト容易性と予測可能性の関係を，そのコンポーネント間の結合度と凝集度の関係とともに示しています．

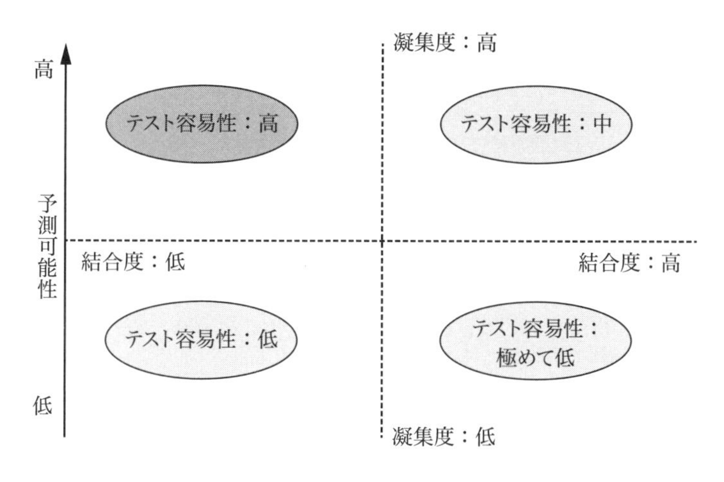

図 1.9 テスト容易性と予測可能性

1.5.3 スケーラビリティ

ソフトウェアアプリケーションには，スケーラビリティが求められます．開発が盛んな組織に所属している読者であれば，クラウド上で動作するソフトウェアアプリケーションの開発・運用に携わっていることでしょう．クラウド上でシステムを運用することで，システムの拡張を容易に行えるようになります．

スケーラビリティとは，与えられたパフォーマンス要件を満たしつつ，増加する負荷にどれだけ対応できるかを表す品質属性です．

一般的に，ソフトウェアシステムにおけるスケーラビリティは，以下の二つのカテゴリに分けられます．

- **水平スケーラビリティ**：ソフトウェアシステムの計算ノード数を増加させたときに，どの程度スケールできるかを表す度合いを意味します．昨今のクラスタコンピューティングの進歩により，水平スケーラビリティを備えた elastic な（伸縮性を持つ）システムが登場しました．有名なものでは，商用の Amazon Web Services が該当します．水平スケーラビリティを備えたシステムは，VPS（virtual private server）を利用した仮想マシン上でデータ処理や演算を行います．1 台の仮想マシンで運用している場合，n 個のノードをシステムに追加することで，最大で n 倍の水平スケールが可能です．仮想マシンで運用することにより，このようなノードの追加を容易に行うことができます．また，このような水平スケールでは，図 1.10 に示すように一般的にロードバランサーを使用します．
- **垂直スケーラビリティ**：システム内のあるノードに対してリソースを追加・削除したときに，どの程度スケールできるかを表す度合いを意味します．垂直スケールは，あるクラスタに存在する一つの仮想マシンに対して，CPU や RAM を追加・削除することで実現します．一般的に，追加する場合はスケールアップ，削除する場合はスケールダウン

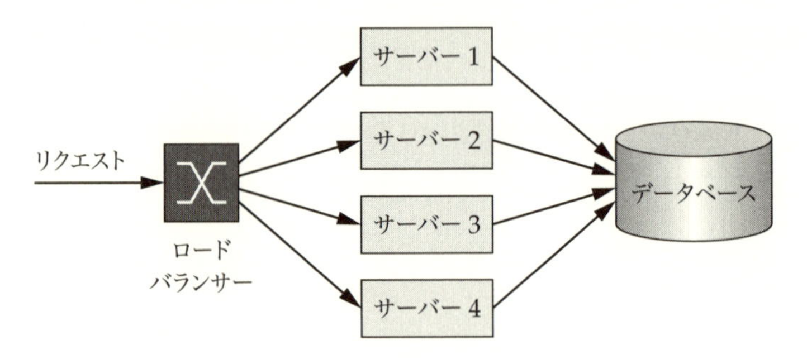

図 1.10　Web アプリケーションを水平スケールするデプロイアーキテクチャ

と呼ばれます（便宜的に，本書ではスケールアップ，スケールダウンをまとめて垂直スケールと記述します）．また，現在のシステムで利用可能なプロセスやスレッドの数を増やすことでも垂直スケールは実現できます．以下に例を示します．

- ワーカーのプロセス数を増やすことで，Nginx サーバーの処理能力を向上させる．
- PostgreSQL サーバーのデータベースコネクションの最大数を増やすことで，データベースの処理能力を向上させる．

1.5.4　パフォーマンス

システムのパフォーマンスはスケーラビリティに関連しており，以下のように定義できます．

コンピュータシステムのパフォーマンスは，システムが処理した仕事量であり，単位に計算リソースを用いて表される．高いパフォーマンスとは，システムの処理時間や処理量が優れている場合を指す．

パフォーマンスの測定に用いられる処理時間や処理量の単位は，以下の三つです．

- **応答時間**：ある関数や処理の実行にかかった時間．実時間や CPU 時間によって計測されます．
- **レイテンシ**：システムに問い合わせてから応答が返るまでの時間．例えば，Web アプリケーションの場合は，エンドユーザーがリクエストしてからレスポンスを受け取るまでの時間を指します．
- **スループット**：一定時間当たりの処理量．高いパフォーマンスを持ったシステムは高いスループットを持つ傾向にあり，同時に高いスケーラビリティを示します．e コマースサイトの場合，スループットは 1 分当たりに完了する取引数などで計測できます．

パフォーマンスはスケーラビリティと強く結び付いており，とりわけ垂直スケーラビリティに関係します．メモリ管理に関して優れたパフォーマンスを持つシステムは，RAM を加えることによって効率的に垂直スケールできます．同様に，マルチスレッド特性を持ち，マルチコア CPU に最適化してコーディングされたシステムの場合，CPU コアの追加によって垂直スケールできます．

一方，水平スケーラビリティは，システムが持っている計算ノードのパフォーマンスに対して，直接的には関係しません．しかし，システムがネットワークを効率良く利用できないと，ネットワーク待ち時間が発生し，作業を分散させることによって得られるスケーラビリティの利点が相殺されてしまい，効果的な水平スケールができません．

Python を含むいくつかの動的プログラミング言語では，あらかじめ組み込まれている仕様から生じる，スケーラビリティに関する問題があります．例えば，Python（もしくは CPython）の Global Interpreter Lock（GIL）[*7]が原因で，マルチスレッドでの計算時に，複数の CPU コアを最大限に利用できなくなっています．

1.5.5 可用性

可用性は，ソフトウェアシステムを利用したいときにどれだけ直ちに利用できるかを表す品質属性です．

可用性は信頼性に密接に関連しています．つまり，あるシステムがダウンしにくいのであれば，それだけ優れた可用性を有していると言えます．

そして，可用性に関連するもう一つの要素は，システムの障害時における復旧能力です．つまり，可用性は復旧技術にも密接に関連しています．あるシステムがダウンしなかったとしても，そのサブシステムの障害から復旧できないのであれば，可用性は保証されないことになります．

ここで，システムの可用性を改めて以下のように定義します．

> **システムの可用性とは，そのシステムが動作可能な状態にあり，任意のタイミングで呼び出された機能を実行するためにシステムが動作可能な状態にある時間の割合を指す．**

これは数式を用いて以下のように表されます．

$$\text{可用性} = \frac{\text{MTBF}}{\text{MTBF} + \text{MTTR}}$$

上式の略語はそれぞれ以下を意味します．

- MTBF（mean time between failures; 平均故障間隔）：故障から次の故障までの平均間隔
- MTTR（mean time to repair; 平均復旧時間）：あるシステムに障害が発生してから修復が完了するまでの平均時間

上式は，しばしばシステムの稼働率と呼ばれます．

これは，システムは常に可用であり続けることはない，という事実に基づいています．そのため，障害から復旧するための計画を考えておく必要があり，それらが可用性に大きく影響します．関連する技術は，以下のように分けられます．

[*7]【訳注】GIL については，第 5 章で詳しく説明します．

- **欠陥検知**：欠陥を検知し対処する機能によって，システムやその一部が完全に使えなくなる状況を回避します．欠陥検知は主に，監視，ハートビート*8，システムのノードに送られる ping/echo メッセージ，ノードが機能しているかを確認するレスポンスなどによって行われます．
- **障害復旧**：障害を検出した後，システムの障害を解決し，利用可能な状態にすることを指します．一般的な方法として，ホットスタンバイ/ウォームスタンバイ*9（アクティブ/スタンバイ構成*10），ロールバック，グレイスフルデグラデーション*11，リトライなどがあります．
- **障害防止**：能動的な方法で障害を予測・防止することを指します．

システムの可用性は，CAP 定理によってデータの一貫性と強く結び付いています．CAP 定理は，ネットワーク分割時における一貫性と可用性のトレードオフを理論付けたものです．すなわち，システムが CP（consistent and tolerant to network failures; ネットワーク障害に対する一貫性と耐性）と AP（available and tolerant to network failures; ネットワーク障害に対する許容性と耐性）のどちらを重視するかが述べられています．

また，可用性はスケーラビリティ，パフォーマンス，セキュリティにも関連しています．例えば，水平スケーラビリティが優れているシステムには，高い可用性があります．そのようなシステムでは，ロードバランサーが障害の発生したノードを早急に検出し，システム構成から除外することが可能です．

スケールアップするシステムでは，パフォーマンスの監視が重要です．システムを最大限使うことができるノードであっても，CPU 時間やメモリなどのシステムリソースがプロセスによって圧迫された場合には，可用性の問題が発生することがあります．この場合，パフォーマンスの測定は極めて重要になり，そのシステムの負荷の監視と最適化が必要になるでしょう．

Web アプリケーションや分散コンピューティングの普及に伴って，セキュリティも可用性に影響する要素となっています．例えば，悪意のあるクラッカーがリモートでサービスを攻撃しようとしているとします．このとき，対象のシステムでその攻撃に対して十分な対策がとられていないと，部分的もしくは完全に利用できない状態になってしまうでしょう．

---

*8【訳注】ハートビート：ネットワークに接続された機器が，正常動作していることを通知するために発信する信号．

*9【訳注】ホットスタンバイ/ウォームスタンバイ：アクティブ/スタンバイ構成の一つ．ホットスタンバイとウォームスタンバイは，本番系と待機系が稼働状態にあり，ホットスタンバイは本番系と待機系が同期をとり，ウォームスタンバイは同期をとらないものを指します．そのほかに，待機系が稼働していない状態にあるコールドスタンバイという構成もあります．

*10【訳注】アクティブ/スタンバイ構成：系統を複数用意し（実稼働している系統は本番系，待機状態にある系統は待機系），障害時には本番系を待機系に切り替えて処理を引き継ぐシステム構成．

*11【訳注】グレイスフルデグラデーション（graceful degradation）：避けられない性能の劣化をできる限り抑え，システム全体への影響を軽減すること．

1.5.6　セキュリティ

ソフトウェアにおけるセキュリティは，あるサービスへの違法アクセスに対して，データやロジックの損害を回避すること，と定義できます．

一般的に，セキュリティを脅かす危機や攻撃は，システムへの違法アクセスが原因であり，その目的としては，サービスの侵害，データの不正コピーや改ざん，管理者に対するアクセス拒否などが挙げられます．

現代のソフトウェアシステムでは，ユーザーはシステムのどの部分を使用できるかを規定する排他的な権限を伴う特定の役割に紐づけられています．例えば，データベースを備えた一般的な Web アプリケーションには，次のような役割が考えられます．

- user：システムのエンドユーザー．ログインすることで自身の個人的なデータにアクセスできます．
- dbadmin：データベース管理者．データベースに保存されているすべてのデータに対し，閲覧・修正・削除ができます．
- reports：レポート管理者．レポートの作成に関連したデータベースやコードの利用権限のみを持ちます．
- admin：管理者．システムすべてを編集できる権限を持ちます．

ここで，ユーザーの役割に応じてシステム制御を割り当てることを，アクセス制御と呼びます．アクセス制御が機能している例として，上記の user を取り上げます．適切にアクセス制御され，user として見なされたとき，user 以外の役割にのみ認められた処理は行えなくなります．これはセキュリティ技術の一つである**認可**に紐づいたものです．

もう一つ，トランザクションに関連したセキュリティの例を挙げておきます．あるユーザーのペアで行われるトランザクションにおいて，そのトランザクションに関わる一方のユーザーは，もう一方のユーザーの身元を確認しなくてはなりません．そこで用いられる技術には，公開鍵暗号方式やデジタル署名などがあります．身近な例として，A さんが友人の B さんへ電子メールを送るときのことを考えてみましょう．ここで，送信元の A さんが GPG キーもしくは PGP キーで暗号化した署名を用いる場合，この署名は，このメッセージの送信元が A であることを友人の B さんに立証しているのです．これはセキュリティ技術の一つである**認証**に紐づいたものです．

セキュリティにおいて，ほかに満たすべき重要な性質としては，以下のようなものがあります．

- **完全性**：エンドユーザーとのやりとりの最中に，データや情報が改ざんされないようにしなければなりません．この性質を満たすための技術として，ハッシュ化，CRC [*12] などが挙げられます．

[*12] 【訳注】CRC（cyclic redundancy check; 巡回冗長検査）：正しくデータが転送されているかどうかを検出するエラー検出・訂正方式の一つ．

- **オリジン**：データの受け手に対して，データの送信元とそのデータに記されている送信元が同じであることを保証しなければなりません．対象技術に，SPF，送信者 ID，公開鍵証明書などが挙げられます．
- **真正性**：完全性とオリジンを一つにまとめたもの．真正性を満たすためには，メッセージの送信者はメッセージの内容と送信元がともに正当であることを保証しなければなりません．一般的に，これにはデジタル証明機構が用いられます．

1.5.7　デプロイ容易性

デプロイ容易性は，これまで解説してきた品質属性と比較すると，いくらか重要度が下がります．しかし，本書ではこの品質属性にも焦点を当てていきます．それは，デプロイ容易性が，Python のエコシステムで見られる多くの側面で重要な役割を担っており，プログラマにとって有用だからです．

デプロイ容易性は，ソフトウェアを開発環境からプロダクション環境に展開する際の容易さの程度を指しています．これは，システムを構築するのに必要な技術環境，モジュール構造，プログラミング言語に関連しています．一方，システム内のロジックやコードそのものとの関連はありません．

具体的には，次に示す要素によってデプロイ容易性が決まります．

- **モジュール構造**：システム内のコードが明確に定義されたモジュール/プロジェクトにまとめられており，そのシステムをデプロイしやすいようなサブユニットに分けられていた場合，デプロイはスムーズに進みます．一方，もしコードが複雑なセットアップ手順を要する単一のモジュールに含まれていると，多数のノードクラスタへのデプロイはずっと難しくなります．
- **プロダクション環境と開発環境**：プロダクション環境と開発環境が似ていれば似ているほど，デプロイは容易に完了するはずです．これは，各環境で開発者チームと DevOps [*13]チームが用いるスクリプトやツールを共通化できるためです．
- **開発エコシステムサポート**：システムの実行時に成熟したツールチェーンのサポートがあり，依存関係の解決を自動で行える構成が可能であれば，デプロイ容易性が向上します．Python などのプログラミング言語では，デプロイメントのエコシステムが充実しており，DevOps プロフェッショナルが利用できる豊富なツールが用意されています．
- **標準化された設定**：ファイルやデータベースのテーブルなどの構成を，開発環境と本番環境で揃えることが推奨されます．もちろん，両環境で実際のオブジェクトやファイル名が異なることはありますが，構成が大きく異なってしまうと，デプロイ容易性は低下します．それは，それぞれの構成要素に対して環境設定を行う手間が増えてしまうためです．

[*13] 【訳注】DevOps：ソフトウェア開発手法の一つ．開発担当チーム（development）と運用担当チーム（operations）が協力し合う開発手法．

- **標準化したインフラ**：デプロイメントを同種，もしくは標準化したインフラにしておくことで，デプロイ容易性は大きく向上します．例えば，フロントエンドのアプリケーションを 4GB の RAM（Debian の 64bit の Linux VPS）で動かしたいとします．この場合，スクリプトを一つ用意するか，Amazon Elastic Compute Cloud*14（Amazon EC2）など，仮想マシンを容易に調達できる環境を準備することで，デプロイの自動化が容易になるでしょう．加えて，開発・本番環境の両方でスクリプトを共通化しておくことも簡単になるはずです．一方，本番環境のインフラが異なる場合，例えば，あるサーバーは Windows で，その他が Linux，そして容量や計算資源が大きく異なる場合，それぞれの環境に合わせて作業をしなければならなくなり，デプロイ容易性も低下してしまいます．
- **コンテナの使用**：Docker の技術により，Linux 上に構築されるコンテナを用いたアプリケーションのデプロイ事例が増えています．コンテナを用いることによって，ソフトウェアを標準化できます．コンテナを用いるメリットはそれだけではありません．ノードの開始・停止に必要なオーバーヘッドを減らすこともでき，デプロイ容易性が向上します．これは，コンテナによって，従来の仮想マシンが持つオーバーヘッドを無視できるようになるためです．

1.6 まとめ

本章では，主にソフトウェアアーキテクチャについて解説しました．初めに，システム，ストラクチャ，環境，ステークホルダーといった，ソフトウェアアーキテクチャの様々な側面について説明しました．また，ソフトウェアアーキテクチャとソフトウェアデザインの違いについても触れました．

次に，ソフトウェアアーキテクチャの持つ特性について説明しました．ソフトウェアアーキテクチャによって，ストラクチャがどのように決まるか，重要な要素がどのように明確になるか，ステークホルダーやアーキテクト，その他の人々がどのように結び付けられるかなどを取り上げました．

そして，組織にとってのソフトウェアアーキテクチャの大切さや，ソフトウェアシステムに対して公式のソフトウェアアーキテクチャを定義することの重要性を説明しました．

ある組織内で各種のアーキテクトが担う役割について学びました．システムアーキテクトが組織で担う様々な役割や，エンタープライズアーキテクトとシステムアーキテクトの注目点の違いを見てきました．また，各アーキテクトについて，戦略の焦点や技術の深さ・広がりを図示することで，その違いを理解しました．

続いて，本書のメインテーマであるアーキテクチャの品質属性について説明しました．初めに，品質属性とは何かを定義し，修正容易性やテスト容易性，スケーラビリティ/パフォーマン

*14【訳注】Amazon Elastic Compute Cloud：Amazon が提供する Web サービスの一つ．

ス/可用性，セキュリティ，デプロイ容易性といった品質属性について，大まかに解説しました．次に個々の品質属性を取り上げ，それぞれの定義，技術，相互の関連性などを解説しました．

本章で学んだことを基礎に据え，これから各品質属性について深く掘り下げていきます．本書の残りの部分を通じて，様々な考え方や技術を詳細に学び，Python を使った実践を通して，より深い理解に繋げていきましょう．

次章では，この章で最初に触れた品質属性である修正容易性と，それに関連する可読性について学びます．

第2章

修正容易性と可読性

第1章ではソフトウェア設計に関する専門用語の定義を確認し，様々な品質属性を紹介しました．さらに，システムを構築する際にアーキテクトが重視すべき品質属性や，懸念事項について簡単に説明しました．本章以降では，これらの品質属性を一つずつ取り上げ，それぞれを詳しく解説していきます．各品質属性の要求を満たすためのテクニックや実装時の留意点など，実務のフローに寄り添う解説をしていきます．また，本書はPython に焦点を当てています．優れた品質属性を持つソフトウェアをPython で構築するために，コードの実装例やライブラリの使用方法を紹介していきます．実務ですぐに使える知識やテクニックも多く学べるはずです．

それでは，本章では修正容易性と可読性を解説します．

2.1 修正容易性とは

修正容易性は以下のように定義されます．

> 修正容易性とは，システムに変更を加える際の柔軟性の程度を表す．

第1章では，凝集度や結合度など，修正容易性における様々な性質を紹介しました．本章では，これらの性質を，Python コードの具体例を交えながら解説します．しかし，修正容易性について詳細な解説をする前に，まずは様々な品質属性に対する修正容易性の立ち位置を見ていきましょう．

2.2 修正容易性に関連する品質属性

修正容易性の性質をより深く理解するために，まずは修正容易性と相互に影響し合う，いくつかの品質属性を紹介します．

- **可読性**（readability）：プログラムロジックの理解しやすさの程度を表す品質属性です．言語が提供するコーディングガイドラインに従っているソフトウェアは，高い可読性を持つ傾向があります．また，言語の標準仕様を簡潔に利用しているソフトウェアも，優れた可読性を備えています．
- **モジュール性**（modularity）：適切にカプセル化されたモジュールによってソフトウェアが構築されている程度を表す品質属性です．これらのモジュールは，限定的な機能と適切なドキュメントを備えたメソッドで構成されている必要があります．優れたモジュール性を持つソフトウェアは，開発者にとって扱いやすい API を提供し，効率の良いシステム開発を促します．
- **再利用性**（reusability）：特別な修正や変更をせずにシステムのコンポーネントを再利用できる程度を表す品質属性です．ここで言うコンポーネントは，コードやツール，デザインなど，ソフトウェアシステムを構成するすべてが対象になります．開発者にとって良い環境を保つためには，開発当初から再利用性を重視する必要があります．また，再利用性はソフトウェア開発の DRY 原則[*1]で具体的に定義されています．
- **保守性**（maintainability）：機能の変更・追加を実施する際にかかるコストの程度を表す品質属性です．ソフトウェアを安全な状態で運用するためには，高い保守性を保ち，これらの改善を円滑に行う必要があります．保守性は，修正可能性，可読性，再利用性，モジュール性，テスト容易性などのあらゆる品質属性と強く関係しています．

本章では，モジュール性，再利用性，保守性に関しては詳しく言及せず，可読性に焦点を絞ります．Python のコード例とその解説を通して，可読性のイメージを具体的に掴んでいきましょう．そして，本章後半では，可読性が修正容易性とどのように相互作用するかを学びます．

2.3　可読性とは

前節で述べたように，可読性はソフトウェアにとって欠かせない品質属性です．プログラミング言語の標準仕様に従って書かれたコードは，読みやすさと改良しやすさに優れます．しかし，可読性はコーディングガイドラインに従うだけで得られるものではありません．明確なロジックで書かれているか，標準仕様を適切に使用しているか，モジュール化された機能を備えているかなど，可読性には多くの要素が関係します．

これらの要素は以下の 3 点にまとめることができます．

- **Well-written**：コーディングにおいて，単純な構文が使われていること，標準仕様が用いられていること，簡潔なロジックで構成されていること，変数や関数が理解しやすい名前で定義されていることを意味します．

[*1]【訳注】DRY 原則：DRY は "Don't repeat yourself"（繰り返しを避けよ）の頭文字をとった造語です．Andrew Hunt と David Thomas らが著書 *The Pragmatic Programmer: From Journeyman to Master* の中で提唱しました．

- Well-documented：コードに適切なコメントが書かれていることを意味します．これらのコメントでは，アルゴリズムの内容や，入力引数，戻り値などを説明します．また，実行に必要な外部ライブラリや，API の使用方法，環境設定の手順などを，インラインドキュメントや別ファイルでまとめているソフトウェアも Well-documented と言えます．
- Well-formatted：コードが言語の定める標準的な記法に従っていることを意味します．大きなコミュニティによって開発されたプログラミング言語は，優れたスタイルガイドラインを備えています．このガイドラインには，インデント幅や書式設定などが標準的な規則としてまとめられています．これらの規則に従うことで，Well-formatted なコードを書けるでしょう．

上に示した三つの要素のいずれかに不備があると，ソフトウェアの可読性は低下してしまいます．可読性の欠如は，他者がコードの解読に時間を要したり，修正時にバグが発生したりする原因になり得ます．このように，可読性は修正容易性と保守性に大きく影響します．可読性が低下すると，人や時間のリソースが大きく割かれ，プロジェクトのコストが膨らんでしまいます．このような結果に陥らないためにも，Well-written，Well-documented，Well-formatted なコードを書くことを心がけ，ソフトウェアの可読性を高く保つことが重要です．

2.3.1 Python と可読性

本項では，Python に限定して可読性を考えてみます．実は，Python は可読性に焦点を当てて設計された言語です．よく知られた Zen of Python から 1 行を引用します．

“readability counts”（読みやすさとは善である）

Zen of Python は，開発者が Python を書く際に心がけるべき 20 個の原則です．Python インタプリタのプロンプトを開き，次のように入力することで，Zen of Python を確認できます．

```
>>> import this
```

Python は，最低限の演算子と簡潔なキーワードで記述できるように設計されています．この特徴は開発者によって実装方法が大きく変わることを防ぎ，結果的に高い可読性を実現します．また，この特徴は Zen of Python が示す以下の哲学に従っています．

“There should be one – and preferably only one – obvious way to do it.”
（ただ一つの最適なやり方があるべきだ）

以降，この哲学を深く理解するために，具体的なコードを参照しながら解説します．例として，イテレータに対し要素とインデックスを出力する処理を書いてみましょう．

```
for idx in range(len(seq)):
    item = seq[idx]
    print(idx, '=>', item)
```

上記のように記述することもできますが，より一般的なPythonの構文では，イテレータにenumerateという組み込み関数を使用します．この組み込み関数は，シーケンス内の各項目に対して(idx, item)という二つの要素を持つタプルを返します．

```
for idx, item in enumerate(seq):
    print(idx, '=>', item)
```

C++，Java，Rubyなどの言語では，前者と後者の記法に優劣の差はありません．しかし，PythonではZenの原則に基づき，特定のイディオム[*2]で記述するのが良いとされています．

つまり，Pythonでは後者のenumerateを用いた記述が推奨されています．一方，前者のコードはPythonコミュニティの言葉で「Pythonicではない」と形容されます．

Pythonicとは，Pythonコミュニティの会話に頻繁に登場する単語です．この言葉は，単にPythonを用いて問題を解決しているだけでなく，Pythonコミュニティにおける規則やイディオムに従っていることを意味します．

Pythonicの定義は極めて抽象的です．しかし，Pythonicは必ずZenに従ったイディオムで形成されています．コミュニティがZenに従って形成した経験則だと考えてよいでしょう．

Pythonが示すこれらの原則に忠実に従うことで，開発者は可読性の高いコードを容易に書くことができます．しかし，他の言語からPythonに移行するプログラマにとって，Pythonicは落とし穴になり得ます．なぜなら，C++，Javaでの一般的な実装がPythonのイディオムでは最適でないことがあるからです．一つ目に示したループがその最たる例です．Pythonicはこれらの言語に慣れている開発者ほど，注意すべき点だと言えるでしょう．

Pythonプログラマは，Zenの原則に基づいたイディオムを早期に理解することが重要です．多くのPythonコードを読み，Pythonの原則に慣れていけば，自然とPythonicなコードを書けるはずです．

そして，長期的に見ると，他言語を用いた開発よりもPythonを用いた開発の生産性は高くなることでしょう．

2.3.2　可読性のアンチパターン

前項で述べたように，Pythonの特徴の一つとして高い可読性が挙げられます．しかし，Pythonで書かれたすべてのコードが高い可読性を持つわけではありません．

[*2]【訳注】イディオム：アルゴリズムやプログラミングの定石のこと．

Pythonがどれだけ可読性を考慮して設計された言語だとしても，読み取りにくくかつ不適切な記法はそれ相応に存在しています．この事実は，Pythonで記述されたオープンソースコードを読んだ経験がある読者ならば容易に想像できるでしょう．

プログラミング言語には，読み取りにくいコードのパターンが存在します．これらのパターンは，Pythonだけでなく様々な言語にも当てはめられるアンチパターンとして定型化できます．

- **コメントが不十分なコード**：コメントの欠如は可読性の低いコードを生成する主な原因です．開発者は実装に関する説明を文書化しないことがよくあります．コメントがない（もしくは少ない）コードを1か月後に読み返すと，そのコードの意図を理解するために多くの時間を要するでしょう．そして，実装の長所や短所がわからないために，コードの改修が困難になります．

  このように，コメントが不十分なコードは，コード修正を実施するかどうかの意思決定にさえ悪影響を及ぼし，修正容易性を下げる原因にもなることがわかります．また，コメントは実装者や会社の開発規律に対する意識を表す指標にもなります．
- **言語のベストプラクティスに反するコード**：言語のベストプラクティスは，開発者コミュニティの長年の使用経験によって構築され，彼らが行う効率的なフィードバックにより洗練されていきます．また，コミュニティは言語を最大限に活用する方法を議論し，多くのイディオムを導き出します．Pythonの場合，Zenこそがベストプラクティスへの架け橋になっています．

  経験の浅い開発者や他の言語からPythonに移行する開発者は，これらの慣習に従わないことがよくあります．その結果，可読性の低いPythonのコードを書いてしまう傾向があります．
- **プログラミングアンチパターン**：読み取りにくいコードを生成し，保守を非効率にする，コードの実装方法に関するアンチパターンにも様々な種類があります．
  - **スパゲティコード**：スパゲティコードとは，構造や制御フローが複雑に絡み合っているコードのことです．無条件ジャンプ[*3]や，曖昧な例外処理はスパゲティコードを生成する原因です．並行処理構造を伴う複雑なロジックを実装した場合も，フローが見えづらく，スパゲティコードになる可能性が高まります．
  - **大きな泥だんご**：大きな泥だんごとは，全体構造や目的が理解しにくいシステムのことです．ドキュメントを作成せず，複数の開発者がアップデートを繰り返した場合に，このようなシステムが構築されてしまいます．また，大量のスパゲティコードで構築されているシステムは，典型的な大きな泥だんごだと言えます．
  - **コピー&ペーストプログラミング**：コピー&ペーストプログラミングとは，コピーとペーストがあちこちで行われ，重複コードが多いプログラミングのことです．シス

[*3]【訳注】無条件ジャンプ：プロセッサの分岐命令の一種であり，無条件ジャンプ命令とも呼ばれます．プロセッサは命令列をアドレス順に実行していますが，次に実行するアドレスを任意のアドレスに無条件で変更する命令を指します．

テムのデザインよりも短期的な開発効率を優先した場合に，よく陥ります．この場合，短期的には素早い開発ができるかもしれませんが，長期的に見るとコードの肥大化の原因となり，保守が不可能なシステムを構築してしまうでしょう．

　また，コピー&ペーストプログラミングに類似したアンチパターンとして，カーゴ・カルト（cargo-cult）プログラミングが挙げられます．これは，開発者が解決しようとしている問題やシナリオに適しているかどうかを考慮せず，すでに存在するデザインやプログラムパターンを妄信的に繰り返すことを指します．

- **エゴプログラミング**：エゴプログラミングとは，開発者が独自のスタイルでコーディングすることを意味します．独自のスタイルとは，ドキュメントや組織の定めるコーディングスタイルに従わない独善的な開発スタイルのことです．エゴプログラミングは，新人や経験の浅い開発者にとって難解なコードを作り出す原因になります．具体的なエゴプログラミングの例として，関数型言語を過度に使用したワンライナーなどが挙げられます．

これらのアンチパターンは，言語に即したコーディングガイドラインとベストプラクティスを組織が定め，開発者がそれらの規則に従うことで回避できます．

次にPythonに特有のアンチパターンを紹介します．

- **インデントの混在**：C/C++やJavaではコードブロックを区切るために中括弧を使用しますが，Pythonではインデントを用います．しかし，インデントにはタブ（`\t`）とスペースが混在しやすいため，注意しなければなりません．エディタの設定の違いなどでもこの問題は起こりうるため，典型的なアンチパターンと言えるでしょう．Pythonではtabnannyというモジュールを用いて，コードのインデント問題をチェックできます．
- **文字列リテラルの混在**：Pythonは，シングルクォート，ダブルクォート，トリプルクォート（"""または'''）の3種類の文字列リテラルを提供しています．これら3種類の文字列リテラルを，同じコードブロックやメソッドに混在させることはアンチパターンに当たります．また，文字列リテラルに関連するアンチパターンとして，トリプルクォートを用いたインラインドキュメントが挙げられます．モジュールのドキュメントとしてトリプルクォートは頻繁に用いられますが，インラインドキュメントには`#`が適しています．詳しいコメントの書き方は，2.4節で説明します．
- **関数型プログラミングの多用**：マルチパラダイム言語[*4]であるPythonは，`map`，`reduce`，`filter`および`lambda`式を利用した関数型プログラミングをサポートしています．経験豊富な開発者や，関数型言語からPythonに移行してきた開発者は，これらの関数を過度に使用する可能性があり，その場合，実装がわかりにくい可読性に欠けたコードに陥ります．

[*4]【訳注】マルチパラダイム言語：複数のパラダイムを利用できるプログラミング言語のこと．パラダイムとは，論理型，関数型，オブジェクト指向など，言語の核をなす考え方を意味します．

2.4 可読性向上のテクニック

ここまでで，可読性に関する様々な性質を紹介してきました．本節から，具体的なコードを書きながら，Pythonで可読性を向上させるためのテクニックを学びましょう．

2.4.1 ドキュメンテーション

可読性を向上させるためのシンプルかつ効果的な方法は，書いたコードに対しドキュメントを用意することです．ドキュメントによって可読性が向上すると，修正容易性に対しても長期的に良い効果を与えます．

ドキュメントには大きく分けて3種類の方法が存在します．

- **インラインドキュメント**：プログラミング言語のコメント機能を用いて記載された，関数，モジュール，その他様々な機能を説明する文章を，インラインドキュメントと呼びます．この方法は，コードドキュメントの中で最も一般的かつ効果的です．
- **外部ドキュメント**：プログラムコードとは別ファイルで，コードの使用方法，更新内容，インストール手順，デプロイ方法などを記述した文章を，外部ドキュメントと呼びます．外部ドキュメントの例として，GNU Autotoolsによって作成されることが多い，`README`，`INSTALL`，`CHANGELOG`などのファイルが挙げられます．これらは，オープンソースのプロジェクトでよく見かけます．
- **ユーザーマニュアル**：システムのユーザーのために，画像やテキストを使用して書かれた文書をユーザーマニュアルと呼びます．一般的に，ユーザーマニュアルは開発チームとは別に構成された専門のチームによって作成されます．このようなドキュメントは，製品が安定してリリース可能な状態になると準備されます．本書では，この種のドキュメントは扱いません．

Pythonは，スマートにインラインドキュメントを記述できるように設計されています．以降，ドキュメントの記述方法をコードとともに解説します．

[1] コードコメント

シャープ（#）で始めて，コード中に記述するインラインドキュメントです．コードの中で自由に使用でき，各ステップの処理を説明する際に用いるのに適しています．

```
# URLを指定して，そのページのコンテンツを取得するプログラム．
# レスポンスがエラーの場合，再試行を最大3回だけ繰り返す．
# それでもコンテンツが取得できなかった場合はエラーを返す．

# 変数の初期化
count, ntries, result, error = 0, 3, None, None

while count < ntries:
    try:
```

```
        # 30秒でタイムアウト
        result = requests.get(url, timeout=30)
    except Exception as error:
        print('Caught exception', error, 'trying again after a while')
    # カウントをインクリメント
    count += 1
    # 毎ループ, 1秒だけスリープする
    time.sleep(1)

if result == None:
    print("Error, could not fetch URL",url)
    #  (<return code>, <lasterror>)のタプルを返す
    return (2, error)

# URLのコンテンツを返す
return result.content
```

上記のコメント例が冗長だと感じる読者もいるでしょう．コメントする際の一般的なルールは後述しますので，ここでは # を使うことでステップごとにドキュメントが書けるという点にだけ注目してください．

[2]　関数ドックストリング

関数定義のすぐ下に文字列リテラルを使用することで，関数の機能を簡潔に文書化できます．以下の例ではダブルクォートを用いていますが，3 種類の文字列リテラルのいずれかであれば同様に使用できます．

```
def fetch_url(url, ntries=3, timeout=30):
    "URLからコンテンツを取り出す関数"

    # ネットワークを介して, URLからコンテンツを取得する.
    # エラーになったとしてもntriesの数だけ, 再試行を繰り返す.
    # 再試行してもコンテンツが取得できなかった場合はエラーを返す.

    # 変数の初期化
    count, result, error = 0, None, None

    while count < ntries:
        try:
            result = requests.get(url, timeout=timeout)
        except Exception as error:
            print('Caught exception', error, 'trying again after a while')

        # カウントをインクリメント
        count += 1
        # 毎ループ, 1秒だけスリープする
        time.sleep(1)

    if result == None:
        print("Error, could not fetch URL", url)
```

```
        #  (<return code>, <lasterror>)のタプルを返す
        return (2, error)

    # URLのコンテンツを返す
    return result.content
```

関数ドックストリングは，"URL からコンテンツを取り出す関数" と記述された 2 行目の部分です．

上記のようなドキュメントでも有用ですが，用途の説明だけで，引数や戻り値の説明をしていないため，ドキュメントから得られる情報は限られています．これらの点を踏まえて以下に改良版を示します．

```
def fetch_url(url, ntries=3, timeout=30):
    """ URLからコンテンツを取り出す関数
    @params
        url - 情報を取得するURL
        ntries - 再試行する回数
        timeout - 1回の呼び出しに対するタイムアウト
    @returns
        成功した場合 - URLのコンテンツを返す
        失敗した場合 - エラーコードとエラー部分の情報のタプルを返す
    """

    # ネットワークを介して，URLからコンテンツを取得する.
    # エラーになったとしてもntriesの数だけ，再試行を繰り返す.
    # 再試行してもコンテンツが取得できなかった場合はエラーを返す.

    # 変数の初期化
    count, result, error = 0, None, None

    while count < ntries:
        try:
            result = requests.get(url, timeout=timeout)
        except Exception as error:
            print('Caught exception', error, 'trying again after a while')

        # カウントをインクリメント
        count += 1
        # 毎ループ，1秒だけスリープする
        time.sleep(1)

    if result == None:
        print("Error, could not fetch URL", url)
        #  (<return code>, <lasterror>)のタプルを返す
        return (2, error)

    # URLのコンテンツを返す
    return result.content
```

改良を施した上のドキュメントは，上記の関数を使用したい開発者にとって非常に有益な情報を与えています．

このような複数行にまたがるドキュメントでは，トリプルクォートの使用を推奨します．

[3]　クラスドックストリング

クラスドックストリングは，クラスの機能を記述するドキュメントです．これはクラス定義の宣言後に記述します．

```
class UrlFetcher(object):
    """ URLからコンテンツを取り出すためのクラス
    Main methods:
        fetch - URLからコンテンツを取得する関数
        get - 取得したURLのデータを返す関数
    """
    def __init__(self, url, timeout=30, ntries=3, headers={}):
        """ コンストラクタ
        @params
            url - 情報を取得するURL
            timeout - 接続ごとのタイムアウト（秒）
            ntries - 再試行する回数
            headers - リクエストヘッダのオプション
        """
        self.url = url
        self.timeout = timeout
        self.ntries = retries
        self.headers = headers
        # カプセル化した取得結果
        self.result = result

    def fetch(self):
        """ URLをフェッチして結果を保存する """
        # ネットワークを介して，URLからコンテンツを取得する．
        # エラーになったとしてもntriesの数だけ，再試行を繰り返す．
        # 再試行してもコンテンツが取得できなかった場合はエラーを返す．

        # 変数の初期化
        count, result, error = 0, None, None
        while count < self.ntries:
            try:
                result = requests.get(self.url,
                                      timeout=self.timeout,
                                      headers=self.headers)
            except Exception as error:
                print('Caught exception', error, 'trying again after a while')
                # カウントをインクリメント
                count += 1
                # 毎ループ，1秒だけスリープする
                time.sleep(1)
```

```
        if result != None:
            # 結果を保存
            self.result = result

    def get(self):
        """ URLのデータを返す """
        if self.result != None:
            return self.result.content
```

クラスドックストリングが主要となるメンバーメソッドの概要を記述している点に注目してください．このようにクラスドックストリングを記述することで，開発者は各関数のドキュメントを一つずつ調べることなく有益な情報を獲得できます．

[4]　モジュールドックストリング

モジュールドックストリングは，モジュールに含まれる関数やクラスの詳細を説明するドキュメントです．記述方法はクラスドックストリングと同様で，モジュールコードの先頭に記述します．

モジュールドックストリングを読むことで，サードパーティ製のパッケージなどの使用用途や外部依存関係を把握できます．

```
"""
    urlhelper - URLの操作に関するユーティリティクラスや関数
    Members:
        # get_web_url
            - Web接続のためにURLをコンバートする関数
        # get_domain
            - URLのドメインを返す関数
        # UrlFetcher
            - URLのフェッチ操作をカプセル化したクラス
"""
import urllib

def get_domain(url):
    """ URLのドメイン名を返す """
    urlp = urllib.parse.urlparse(url)
    return urlp.netloc

def get_web_url(url, default='http'):
    """ Web接続のためにURLをコンバートする
        - URLスキームがない場合は付与する
    """
    urlp = urllib.parse.urlparse(url)
    if urlp.scheme == '' and urlp.netloc == '':
        # デフォルトスキームを付与
        return default + '://' + url
    return url
```

```
class UrlFetcher(object):
    """ URLからコンテンツを取り出すためのクラス
    Main methods:
        fetch - URLからコンテンツを取得する関数
        get - 取得したURLのデータを返す関数
    """
    def __init__(self, url, timeout=30, ntries=3, headers={}):
        """ コンストラクタ
        @params
            url - 情報を取得するURL
            timeout - 接続ごとのタイムアウト（秒）
            ntries - 再試行する回数
            headers - リクエストヘッダのオプション
        """
        self.url = url
        self.timeout = timeout
        self.ntries = retries

        self.headers = headers
        # カプセル化した取得結果
        self.result = result

    def fetch(self):
        """ URLをフェッチして結果を保存する """
        # ネットワークを介して，URLからコンテンツを取得する.
        # エラーになったとしてもntriesの数だけ，再試行を繰り返す.
        # 再試行してもコンテンツが取得できなかった場合はエラーを返す.

        # 変数の初期化
        count, result, error = 0, None, None
        while count < self.ntries:
            try:
                result = requests.get(self.url,
                                      timeout=self.timeout,
                                      headers = self.headers)

            except Exception as error:
                print('Caught exception', error, 'trying again after a while')
        # カウントをインクリメント
        count += 1
        # 毎ループ，1秒だけスリープする
        time.sleep(1)

        if result != None:
            # 結果を保存
            self.result = result

    def get(self):
        """ URLのデータを返す """
        if self.result != None:
            return self.result.content
```

2.4.2 コーディングガイドラインとスタイルガイドライン

多くのプログラミング言語には，それぞれに特有のコーディングガイドラインとスタイルガイドラインが存在します．これらのガイドラインは，長年にわたって，カンファレンスの中で話し合われたり，各プログラミング言語のオンラインコミュニティで議論されたりして，築き上げられてきたものです．C/C++ は前者，Python は後者の良い例です．

Python には，コミュニティによって公開されている**コーディング/スタイルガイドライン**が存在します．PEP-8 と呼ばれるこのガイドラインは Python Enhancement Proposal（PEP）の一部として，オンラインで参照できます．

PEP-8 は以下の URL から参照できます．

`https://www.python.org/dev/peps/pep-0008/` [*5]

PEP は，Python の新機能の説明や提案が記述されている，Web 上のドキュメントです．また，Python コミュニティ向けに，既存の機能に関する情報も提供しています．Python コミュニティは PEP を標準として扱っており，それに基づいて，言語仕様や標準ライブラリに対する新機能の提案や議論をしています．

PEP-8 は 2001 年に初めて公開され，それ以来たびたび改訂が行われてきました．主著者は Python の生みの親である Guido Van Rossum で，Barry Warsaw と Nick Coghlan がサポートしています．PEP-8 は，Guido が執筆していた Python Style Guide に，Barry が考えたスタイルガイドを追加して作成されました．本項の目的は PEP-8 の内容を理解することではないので，これ以上詳細な解説はしませんが，PEP-8 の根底にある原理・原則について議論を深めることは重要なので，主要な提言をリストアップします．

PEP-8 は，以下の四つの項目に要約できます．

- コードは書くことよりも読むことに時間がかかります．そのため，ガイドラインを提供し，コードの全範囲に一貫して適用することで，可読性を向上させる必要があります．
- プロジェクト内での一貫性を保つためには，モジュールやパッケージ内の一貫性を保つことが重要です．そして，モジュールやパッケージ内の一貫性を保つためには，クラスや関数などのコード単位の一貫性を保つことが重要です．つまり，最優先して考慮すべきことは細かい粒度での一貫性です．
- ガイドラインは絶対的な存在ではありません．ガイドラインを盲信的に採用すると，可読性の低下や，周辺コードの強制変更，また下位互換性の欠落などの原因になります．ガイドラインの導入例を学び，個々のプロジェクトに最適な導入方法を考えなければなりません．
- ガイドラインを直接適用できない場合は，適宜調整しつつ使用します．ガイドラインに疑問がある場合は，Python コミュニティに尋ねることができます．

[*5]【訳注】日本語版は `https://pep8-ja.readthedocs.io/ja/latest/` から参照できます．

本書では，これ以上 PEP-8 に言及しません．PEP-8 に興味を持った読者は，上述した URL から Web 上のドキュメントを参照してみるとよいでしょう．

2.4.3　コードレビューとリファクタリング

コードにはメンテナンスが不可欠です．定期的かつ適切なメンテナンスがなされていないコードは，致命的な問題を起こす可能性が高くなります．コードの可読性や，システムの修正容易性，保守性を高く保つためには，定期的にコードをレビューする習慣が必要です．

システムの中核をなすコードは，ユーザーの多種多様な要望を受けて拡張されます．そのため，サービス拡大に伴い，組織単位でパッチやホットフィックスと呼ばれるその場しのぎの対応をとってしまう傾向があります．このような対応をとる場合，ドキュメントやガイドラインなどに従ったコーディングよりも，テストとデプロイを迅速に行うことが優先されます．このように，開発者がドキュメントを書かなくなるケースが往々にして存在します．

その場しのぎの対応を繰り返していると，時間が経つにつれて低品質のコードが蓄積されていきます．ドキュメントが存在しないコードは肥大化し，チームに大きな技術負債を残しながらプロジェクトは破滅の一途を辿ります．この結末を避けるための方法が，定期的なレビューとリファクタリングです．

レビュアーは同じプロジェクトに参加しているエンジニアでなくても構いません．むしろ，第三者はコードに対して先入観がない状態でレビューできるので，開発者が見落としたバグを検出できる可能性が高まります．また，コードに大きな変更を施した際は，経験豊かな複数の開発者がレビューするとよいでしょう．

定期的なレビューとリファクタリングを組み合わせることで，システムの改善や，結合度の低下，凝集度の向上が期待できます．レビューやリファクタリングの方法は，結合度や凝集度を説明した後，2.8 節で詳しく解説します．

2.4.4　コードコメント

可読性についての議論も最終項になりました．最後に，コードコメントを書く際の一般的な経験則を紹介します．

- コメントはコードを簡潔に説明しなければならない

  名前から処理を容易に想像できる関数に対して，単純に関数名を繰り返しているようなコメントは無益です．

  2 種類の具体例を見てみましょう．以下は根 2 乗平均速度のコードにおけるコメント例です．一つ目のコードは，得られる情報が少ないため，コメントを有効活用できていません．そのため，二つ目のコードのようなコメントを心がけましょう．

```
def rms(varray=[]):
    """ 根2乗平均速度 """
    squares = map(lambda x: x*x, varray)
```

```
    return pow(sum(squares), 0.5)
```

```
def rms(varray=[]):
    """ 根2乗平均速度
    速度の2乗和の平方根を返す """
    squares = map(lambda x: x*x, varray)
    return pow(sum(squares), 0.5)
```

- コメントはコードの上に書くべきである

```
# 速度の2乗和を計算する
squares = map(lambda x: x*x, varray)
```

上記の例は上から下へ自然に読み進められるので，以下の例のような，コードの下にコメントを記述するよりもはるかに読みやすいです．

```
squares = map(lambda x: x*x, varray)
# これにより速度の2乗和が計算される
```

- インラインコメントはできるだけ使用しない

インラインコメントとは，コードと同じ行に書くコメントのことです．# が誤って削除されてエラーになったとき，開発者がコメントをコードの一部と認識し，混乱する可能性があります．

```
# （悪い例）
squares = map(lambda x: x*x, varray)   # 速度の2乗和を計算する
```

- コードを日本語に訳したような冗長なコメントを避ける

```
# （悪い例）
# 奇数を繰り返す
for num in nums:
    # 偶数ならばスキップする
    if num % 2 == 0: continue
```

最後のコメントはほとんど価値がないので削除するべきです．

2.5 凝集度と結合度

さて，本章のメイントピックとなる修正容易性の解説を始めます．本節では修正容易性の核をなす凝集度と結合度について解説します．まず，これらについて第 1 章で学んだことを，少し復習しておきましょう．

凝集度とは，モジュールの機能同士がどれほど密接に関連しているかを表す指標です．単一のタスクまたは関連する複数のタスクに絞って構成されたモジュールは，高い凝集度を持ちます．一方，様々な種類のタスクを実行するように構成されたモジュールの凝集度は低くなります．

結合度とは，ある二つのモジュールがどの程度依存しているかを表す指標です．二つのモジュールの機能が，関数またはメソッドの呼び出し部分で強く依存していると，一方のモジュールの変更は，もう一方のモジュールの変更を強いる可能性が高まります．このように結合度の高いシステムでは，コードベースの修正が多岐にわたるため，運用コストが高くなってしまいます．

これらの特徴を考えると，修正容易性を向上させるためには，高い凝集度かつ低い結合度が求められることがわかります．

以下では，いくつかの例を用いて凝集度と結合度を定量的に分析する方法を学びます．

2.5.1　凝集度と結合度の分析——配列の演算処理

凝集度と結合度を定量的に分析する方法を学ぶために，二つの簡単なモジュール例を用います．以下のコードは，配列に対して処理を行う関数が実装されたモジュール A です．

```
""" モジュールA (a.py)
    - 数値配列を操作する関数を実装しているモジュール """

def squares(narray):
    """ 数値配列の要素を2乗する """
    return pow_n(array, 2)

def cubes(narray):
    """ 数値配列の要素を3乗する """
    return pow_n(narray, 3)

def pow_n(narray, n):
    """ 数値配列の要素をn乗する """
    return [pow(x, n) for x in narray]

def frequency(string, word):
    """ 文字列中の単語の出現頻度をパーセンテージで求める """
    word_l = word.lower()
    string_l = string.lower()

    # 文中の単語数
    words = string_l.split()
    count = w.count(word_l)

    # パーセントとして出現頻度を返す
    return 100.0 * count / len(words)
```

次に，モジュールBを見てみましょう．

```
""" モジュールB (b.py)
    - 統計的手法を提供するモジュール """

import a

def rms(narray):
    """ 数値配列の2乗平均を計算する """
    return pow(sum(a.squares(narray)), 0.5)

def mean(array):
    """ 数値配列の平均を計算する """
    return 1.0 * sum(array) / len(array)

def variance(array):
    """ 数値配列の分散を計算する """
    avg = mean(array)
    array_d = [(x - avg) for x in array]
    variance = sum(a.squares(array_d))
    return variance

def standard_deviation(array):
    """ 数値配列の標準偏差を計算する """
    # 標準偏差は分散の2乗根
    return pow(variance(array), 0.5)
```

ここで，モジュールA, Bの関数を分析すると，表2.1のようになります．

表2.1

モジュール	コア機能	関係を持たない機能	関数の依存
B	4	0	$3 \times 1 = 3$
A	3	1	0

具体的には，以下の4点が説明できます．

- モジュールBは四つの関数を持っており，これらはすべてコア機能に関連したものである．よって，モジュールBの凝集度は100%である．
- モジュールAは四つの関数を持っており，そのうち三つがコア機能に関連しているが，最後の一つは異なる．よって，モジュールAの凝集度は75%である．
- モジュールBの関数のうち三つは，モジュールAのsquares関数に依存している．これによりモジュールBはモジュールAに強く依存しており，依存度は75%である．
- モジュールAの中でモジュールBに依存している関数は一つもない．よって，モジュールAのモジュールBに対する依存度は0%である．

さて，どのようにモジュール A の凝集度を改善すればよいでしょうか？ この例では，コア機能に関係のない frequency 関数を別のモジュールに移動させるだけで，凝集度を改善できます．

以下に，改善を加えることで凝集度が 100% になったモジュール A を示します．

```
""" モジュールA (a.py)
    - 数値配列を操作する関数を実装しているモジュール """

def squares(narray):
    """ 数値配列の要素を2乗する """
    return pow_n(array, 2)

def cubes(narray):
    """ 数値配列の要素を3乗する """
    return pow_n(narray, 3)

def pow_n(narray, n):
    """ 数値配列の要素をn乗する """
    return [pow(x, n) for x in narray]
```

ここでもう一度，モジュール B からモジュール A への結合の状態を分析し，修正容易性に影響する実装の性質を列挙してみます．

- モジュール B の三つの関数は，モジュール A の一つの関数にのみ依存している．
- この関数の名前は squares であり，配列を引数とし，その要素を 2 乗した配列を返す．
- 関数名がシンプルなので，将来的に関数名を変更する機会は少ないと考えられる．
- システムの双方向結合がなく，従属性は B から A に対するのみである．

これらの観点をまとめると，B は A に強く結合していても，結合自体に問題はないことがわかります．したがって，システムの修正容易性にはまったく影響しません．

もう一つ具体的な例を見ることで，さらに理解を深めましょう．

2.5.2　凝集度と結合度の分析 —— 文字列処理

本項では，文字列処理のモジュールを例とします．

```
""" モジュールA (a.py)
    - 文を処理する関数を提供するモジュール """

import b

def ntimes(string, char):
    """ 文(string)に特定の文字列(char)が出現する回数を計算する """
    return string.count(char)

def common_words(text1, text2):
    """ 二つの文章で共通して出現する単語を返す """
```

```
    # 文章(text)は改行コードによって分割された文(string)の集合である
    strings1 = text1.split("\n")
    strings2 = text2.split("\n")
    common = []
    for string1 in strings1:
        for string2 in strings2:
            common += b.common(string1, string2)
    # 重複を削除
    return list(set(common))
```

次に，モジュール B を見てみましょう．

```
""" モジュールB (b.py)
    - 文章を処理する関数を提供するモジュール """

import a

def common(string1, string2):
    """ 二つの文で共通して出現する単語を返す """
    s1 = set(string1.lower().split())
    s2 = set(string2.lower().split())
    return s1.intersection(s2)

def common_words(filename1, filename2):
    """ 二つのファイルで共通の単語を返す """
    lines1 = open(filename1).read()
    lines2 = open(filename2).read()
    return a.common_words(lines1, lines2)
```

これらのモジュールの凝集度と結合度を定量的に分析すると，表 2.2 のようになります．

表 2.2

モジュール	コア機能	関係を持たない機能	関数の依存
B	2	0	$1 \times 1 = 1$
A	2	0	$1 \times 1 = 1$

表 2.2 は以下のように解釈できます．

- モジュール A, B はそれぞれ二つの関数を持ち，それぞれがコア機能を満たしている．したがって，モジュール A および B の凝集度はどちらも 100% である．
- モジュール B の common_words は，モジュール A の common_words に依存している．同様に，モジュール A の common_words は，モジュール B の common に依存している．つまり，双方向に強い依存関係が存在している．

モジュール間の双方向依存は修正容易性を著しく低下させます．なぜなら，いずれかの修正は必ずもう片方の機能修正を余儀なくさせるからです．このようなコードには迅速な改善が求められます．次節では，これらのモジュールをどのように修正すれば問題が解決するかを考え，実際にリファクタリングを施していきます．

2.6　修正容易性向上のテクニック

前節では結合度と凝集度に関する例を見てきました．本節では，修正容易性を向上させるために，ソフトウェア設計者が利用できる具体的なテクニックを学びます．

2.6.1　明示的なインタフェースの提供

モジュールは，外部から用いられるインタフェースとして，関数，クラス，メソッドを提供します．これらはモジュールの API と見なせます．この API を使用する外部のコードは，モジュールのクライアントになります．

しかし，モジュールには，クライアントに API として提供しない機能も存在します．そのような機能は，明示的にプライベートにするか，ドキュメントにその旨を記述する必要があります．

アクセス修飾子が存在しない Python では，関数名やクラスメソッド名に，接頭辞として一つまたは二つのアンダースコアを付けることによって，プライベートであることを明示します．このような規則によって，クライアントはプライベートな機能を区別できます．

2.6.2　双方向結合の削減

前節の例のように結合が一方向の場合，それらのモジュール間における結合の管理は容易です．一方，双方向結合はモジュール間の結合を非常に強固にし，メンテナンスコストの増大を招きます．

また，双方向の依存関係はメモリ管理にも悪影響を及ぼします．Python は参照カウントのガベージコレクションを採用しています．双方向結合している場合，変数は循環参照に陥り，ガベージコレクションによりメモリを解放できなくなる可能性があります．

このような依存関係は，結合が一方向になるようにリファクタリングすることで改善できます．例えば，関連するすべての関数を同じモジュールに移動し，凝集度を上げるようにカプセル化する方法は，有効な解決策です．

前節で扱ったモジュール A とモジュール B をリファクタリングしてみましょう．モジュール B に実装されていた common 関数をモジュール A に移動します．

```
""" モジュールA (a.py)
    - 文を処理する関数を提供するモジュール """
```

```
def ntimes(string, char):
    """ 文(string)に特定の文字列(char)が出現する回数を計算する """
    return string.count(char)

def common(string1, string2):
    """ 二つの文で共通して出現する単語を返す """
    s1 = set(string1.lower().split())
    s2 = set(string2.lower().split())
    return s1.intersection(s2)

def common_words(text1, text2):
    """ 二つの文章で共通して出現する単語を返す """
    # 文章(text)は改行コードによって分割された文(string)の集合である
    strings1 = text1.split("\n")
    strings2 = text2.split("\n")

    common_w = []
    for string1 in strings1:
        for string2 in strings2:
            common_w += common(string1, string2)
    return list(set(common_w))
```

モジュール B の common 関数は削除します．

```
""" モジュールB (b.py)
    - 文章を処理する関数を提供するモジュール """

import a

def common_words(filename1, filename2):
    """ 二つのファイルで共通の単語を返す """
    lines1 = open(filename1).read()
    lines2 = open(filename2).read()
    return a.common_words(lines1, lines2)
```

このように，common 関数を移動するだけで双方向結合を解消できました．しかし，関数やメソッドを移動する方法が適さない状況も存在します．以下では，新たな抽象クラスを実装することで結合度を低下させる方法を学びます．

2.6.3　抽象共通サービス

共通の機能を抽象化するヘルパーモジュールを実装すると，結合度の低下と凝集度の上昇が期待できます．2.5.1 項の例で，モジュール A はモジュール B のヘルパーモジュールとして機能しています．また，リファクタリングを施した前項の例においても，モジュール A はモジュール B のヘルパーモジュールとして機能しています．

ヘルパーモジュールは，共通サービスを抽象化するメディエータと考えられます．各モジュールがメディエータを介して通信することで，依存する機能を 1 か所にまとめることができます．

さらに，ヘルパーモジュールに各モジュールの機能を適切に移動することで，各モジュールの凝集度を向上させることができます．

2.6.4　継承の活用

複数のクラスに類似の機能が存在する場合，それらを共有するための抽象クラスを作成するべきです．その抽象クラスを継承する階層構造を構築することで，リファクタリングを行います．

次の例を見てみましょう．

```
""" textrankモジュール
    - 特定の単語の出現頻度の順にテキストファイルをランク付けする """

import operator

class TextRank(object):
    """ 複数のテキストファイルを入力として，
        特定の単語の出現頻度でランク付けする """
    def __init__(self, word, *filenames):
        self.word = word.strip().lower()
        self.filenames = filenames

    def rank(self):
        """ ファイルをランク付けする.
            ファイル名と出現回数のタプル(filename, #occur)を
            降順でソートしたリストで返す.  """
        occurs = []
        for fpath in self.filenames:
            data = open(fpath).read()
            words = map(lambda x: x.lower().strip(), data.split())
            # 空文字をフィルタする
            count = words.count(self.word)
            occurs.append((fpath, count))
        # 降順にソートしてリストを返す
        return sorted(occurs, key=operator.itemgetter(1), reverse=True)
```

さらに，URL に対して同様の処理を行う UrlRank クラスがあったとします．

```
""" urlrankモジュール
    - 特定の単語の出現頻度の順にURLをランク付けする """

import operator
import requests

class UrlRank(object):
    """ 複数のURLを入力として，
        特定の単語の出現頻度でランク付けする """
    def __init__(self, word, *urls):
        self.word = word.strip().lower()
```

```
        self.urls = urls

    def rank(self):
        """ URLをランク付けする.
            URLと出現回数のタプル(url, #occur)を
            降順でソートしたリストで返す. """
        occurs = []
        for url in self.urls:
            data = requests.get(url).content
            words = map(lambda x: x.lower().strip(), data.split())
            # 空文字をフィルタする
            count = words.count(self.word)
            occurs.append((url, count))
        # 降順にソートしてリストを返す
        return sorted(occurs, key=operator.itemgetter(1), reverse=True)
```

これらのモジュールは，与えられた文字列に含まれる単語数でソートするという点で類似した機能を備えています．開発が進むほど，これらのクラスでは類似した機能が実装される可能性が高く，このままの形でモジュールを実装し続けると，重複コードは増える一方です．結果的に修正コストは膨大なものになってしまうでしょう．

重複コードが増加する問題は，共通ロジックを抽象化した親クラスを実装し，それを各モジュールが継承することで避けられます．

それでは，実際に RankBase という名前の親クラスを実装してみましょう．RankBase は，TextRank と UrlRank の共通ロジックを移動するだけで容易に実装できます．

```
""" rankbaseモジュール
    - 単語の出現頻度を用いてテキストをランク付けする """

import operator

class RankBase(object):
    """ 複数のテキストデータを入力として,
        特定の単語の出現頻度でランク付けする """
    def __init__(self, word):
        self.word = word.strip().lower()

    def rank(self, *texts):
        """ 入力データをランク付けする.
            インデックスと出現回数のタプル(idx, #occur)を
            降順でソートしたリストで返す. """
        occurs = {}
        for idx,text in enumerate(texts):
            words = map(lambda x: x.lower().strip(), text.split())
            count = words.count(self.word)
            occurs[idx] = count
        # 辞書を返す
        return occurs
```

```
    def sort(self, occurs):
        """ 降順でソートしたランキングを返す """
        return sorted(occurs, key=operator.itemgetter(1), reverse=True)
```

親クラスのロジックを継承するために，**TextRank** と **UrlRank** を書き直します．

```
""" textrankモジュール
    - 特定の単語の出現頻度の順にテキストファイルをランク付けする """

import operator
from rankbase import RankBase

class TextRank(object):
    """ 複数のテキストファイルを入力として,
        特定の単語の出現頻度でランク付けする """
    def __init__(self, word, *filenames):
        self.word = word.strip().lower()
        self.filenames = filenames

    def rank(self):
        """ ファイルをランク付けする.
            ファイル名と出現回数のタプル(filename, #occur)を
            降順でソートしたリストで返す.  """
        texts = map(lambda x: open(x).read(), self.filenames)
        occurs = super(TextRank, self).rank(*texts)
        # ファイル名のリストに変換
        occurs = [(self.filenames[x],y) for x,y in occurs.items()]
        return self.sort(occurs)
```

続いて UrlRank です．

```
""" urlrankモジュール
    - 特定の単語の出現頻度の順にURLをランク付けする """

import requests
from rankbase import RankBase

class UrlRank(RankBase):
    """ 複数のURLを入力として,
        特定の単語の出現頻度でランク付けする """
    def __init__(self, word, *urls):
        self.word = word.strip().lower()
        self.urls = urls

    def rank(self):
        """ URLをランク付けする.
            URLと出現回数のタプル(url, #occur)を
            降順でソートしたリストで返す.  """
        texts = map(lambda x: requests.get(x).content, self.urls)
        # 親クラスのランクメソッドを使ってランク付けする
        occurs = super(UrlRank, self).rank(*texts)
```

```
    # URLのリストに変換
    occurs = [(self.urls[x],y) for x,y in occurs.items()]
    return self.sort(occurs)
```

このリファクタリングによって，各モジュールのコードサイズが縮小されました．また，コードの共通部分を独立に開発が可能な親モジュール/クラスに抽象化したことで，各クラスの修正容易性が向上しました．

2.6.5 遅延バインディング

遅延バインディングとは，値のパラメータへのバインドをできるだけ長く延期することで，結合度を下げる技術であり，様々な手法で実現できます．遅延バインディングによって，コードレベルの修正を防ぐことができます．

以下に，いくつかの有効な遅延バインディング手法を示します．

- **プラグインのメカニズム**：実行時に使われた値を使用して，特定の依存コードのみを実行するプラグインを読み込むことで，モジュール同士の結合度が静的に増加することを防ぎます．計算中に名前が取得できる Python モジュールやデータベースクエリー，もしくは設定ファイルからロードされた ID または変数名を介して，プラグインは取得されます．
- **ブローカーとレジストリ検索サービス**：必要に応じてレジストリからサービス名を検索し，各サービスを，動的にブローカーに遅延バインディングさせることができます．具体例として，ある通貨を入力とする通貨交換サービス（USDINR など）が挙げられます．このサービスは実行時にサービス（通貨）を検索して構成するので，システム上では，常に同じコードを実行するだけで十分です．入力に伴って変化するような依存コードがシステム上に存在せず，外部サービスに遅延バインディングしているため，ビジネスロジックを変更した場合でも，システムは必要最小限の変更だけで済みます．
- **通知サービス**：揮発性のパラメータからシステムを切り離すためには，パブリッシュ/サブスクライブ機能が有効です．通知サービスは，オブジェクトの値が変更されたときや，イベントが生じたとき，サブスクライバにそれらを通知する機能です．変数やオブジェクトの変更をシステム内部で追跡すると，多くの依存コードを作る原因になります．一方，パブリッシュ/サブスクライブ機能によって，値の変更をクライアントに通知する外部 API のみにバインドさせれば，依存関係を抑えることができます．
- **デプロイ時のバインディング**：変数値を設定ファイルに保存することで，オブジェクトや変数をデプロイ時に遅延バインディングすることができます．これらの値は，ソフトウェアシステムによって起動時にバインドされ，コード内で呼び出せます．このアプローチは，変数名や ID を指定して実行時に必要なオブジェクトを作成する Factory パターンと相性が合います．こうすることで，コードレベルの変更をせずに生成するオブジェクトを変更できます．

- **生成に関するパターンへの適用**：Factory パターンや Builder パターンなどの，オブジェクトを生成する操作を抽象化するデザインパターンは，クライアントモジュールの依存を解消するために有効です．これらのデザインパターンと設定ファイルによるバインディングを組み合わせると，システムの柔軟性と修正容易性を大幅に向上させることができます．

Python でのデザインパターンは，第7章で詳しく解説します．

2.7 静的解析ツールとメトリクス測定

静的解析ツールを用いることで，コードの複雑さや凝集度，結合度などの情報を客観的かつ機械的に測定できます．本節では，解析ツールを用いてコードの複雑さ，修正容易性・可読性を分析し，改善に役立てる方法を学びます．

幸いにも，Python には静的解析のサードパーティツールが数多く存在します．これらのツールを用いれば，以下に示すような評価指標を機械的に測定できます．

- PEP-8 をはじめとするコーディング規約に対する適合度
- コードの複雑さ
- 構文，インデント，インポート忘れ，変数の上書きなどから生じるエラー
- プログラムロジックのミス
- コードの臭い

コードの複雑さとコードの臭いに関しては，本節で詳しく解説します．まずは，以上のようなコードのメトリクスを測るための一般的なツールをいくつか紹介します．

- **Pylint**：Python のコードチェッカーです．コーディングエラー，スタイルエラー，コードの臭いを検出できます．スタイルエラーでは，PEP-8 に近いスタイルで検査します．また，Pylint の最新のバージョンでは，コードの複雑さに関する分析結果を標準出力することができます．Pylint はコードをチェックするためにプログラムを実行する必要があります．詳しい情報は，`http://pylint.org/` を参照してください．
- **PyFlakes**：Pylint よりも新しいツールです．PyFlakes はコーディングスタイルをいっさいチェックせず，ロジックのチェックのみを行います．また，コードを実行せずにエラーチェックが可能な点が，Pylint と異なります．ドキュメントは，`https://launchpad.net/pyflakes` で参照できます．
- **McCabe**：コードの複雑さをチェックすることに特化したツールです．Pylint と同様に分析結果を出力できます．ドキュメントは，`https://pypi.python.org/pypi/mccabe` で参照できます．

- **Pycodestyle**：Python コードを PEP-8 のコーディング規約と照合するツールです．以前このツールは PEP-8 と呼ばれていましたが，Guido の提案により Pycodestyle に名称が変更されました．ドキュメントは，`https://github.com/PyCQA/pycodestyle` で参照できます．
- **Flake8**：PyFlakes，McCabe，Pycodestyle のラッパーです．これらのツールに実装されている機能を `flake8` コマンドのみで使えることに加えて，Flake8 独自のコードチェックも実行できます．ドキュメントは，`https://gitlab.com/pycqa/flake8` で参照できます．

2.7.1 コードの臭い

コードの臭いとは，深刻な問題が生じる前の潜在的問題のことです．具体的には，将来的にバグを引き起こす可能性のある設計上の問題や，継続的な開発に悪影響を与えるコードのことを指します．

コードの臭い自体はバグではありません．これは，問題解決のアプローチに誤りがあることを示す一種のパターンであり，リファクタリングを促すサインです．

コードの臭いには，クラスレベルのものと，メソッドや関数のレベルのものがあります．クラスレベルのコードの臭いには，一般的に次のようなものが存在します．

- **ゴッドオブジェクト**：あまりにも多くのことをしようとするクラスのことです．つまり，凝集度を著しく欠いているクラスを指します．
- **定数クラス**：他のファイルで使用されている定数の集合に過ぎないクラスは，定義するべきではありません．
- **拒否された遺産**：親クラスの実装を有効活用せずに，継承の置換原則を破っているクラスのことです．
- **フリーローダー**：機能がほとんどなく，価値のないクラスのことです．
- **属性・操作の横恋慕**：別クラスのメソッドに過度に依存するクラスのことです．

関数やメソッドのレベルのコードの臭いには，次のようなものがあります．

- **ロングメソッド**：巨大化した複雑なメソッドのことです．
- **パラメータクリープ**：関数やメソッドのパラメータが多すぎるために関数呼び出しやテストが困難になっている状態のことです．
- **循環的複雑度**：あまりにも多くの分岐やループを持ち，循環的複雑度が高い関数やメソッドのことです．複数の関数に処理を分解したり，多くの分岐を避けるようなロジックの修正が必要になります．
- **長すぎる，または短すぎる識別子**：名前が過度に長い，または短いために，目的が不明確な関数や変数のことです．

コードの臭いに似たアンチパターンとして，デザインの臭いも存在します．これは，アーキテクチャの根底にある深刻な問題に繋がる，システム設計上の潜在的な問題のことです．

2.7.2　循環的複雑度

循環的複雑度（cyclomatic complexity）とは，プログラムの複雑さを定量的に測るための尺度です．コードを実行した際に生成されるパスの総数を用いて測定されます．

具体的に見てみましょう．次のような分岐のないコードの場合，コードを通るパスは一つです．したがって，循環的複雑度は1になります．

```
""" モジュール power.py """
def power(x, y):
    """ xのy乗を返す """
    return x^y
```

次のように一つの分岐を持つコードは，循環的複雑度が2になります．

```
""" モジュール factorial.py """
def factorial(n):
    """ nの階乗を返す """
    if n == 0:
        return 1
    else:
        return n*factorial(n-1)
```

制御グラフを用いて測られる循環的複雑度をコードのメトリクスとして使用する手法は，1976年にThomas J. McCabeによって開発されました．そのため，循環的複雑度はMcCabeの複雑度や，McCabeのインデックスと呼ばれることもあります．本書では循環的複雑度に統一します．

測定には，制御グラフが用いられます．制御グラフは，プログラムのブロックをノードとして表し，あるブロックから別のブロックへの制御をエッジとして表した有向グラフです．

プログラムの制御グラフに関して，循環的複雑度Mは以下のように定義されます．

$$M = E - N + 2P$$

ここで，Eはグラフの枝の数，Nはグラフの接点の数，Pはグラフの連結成分の数を示します．

Pythonでは，Ned Batcheldorによって実装されたmccabeパッケージを使用することで，プログラムの循環的複雑度を測定できます．また，mccabeパッケージをスタンドアロンモジュールとして利用したり，Flake8やPylintのプラグインとして機能させることもできます．上記のコードの循環的複雑度を測定すると，図2.1のような結果になります．

```
Chapter 2: Modifiability
(arch) $ python -m mccabe --min 1 power.py
1:1: 'power' 1
(arch) $
(arch) $ python -m mccabe --min 1 factorial.py
1:1: 'factorial' 2
(arch) $
```

図 2.1　Python プログラムの循環的複雑度

このように，引数に `--min` を使うことで，レポートする循環的複雑度の最小値を指定できます．

2.7.3　メトリクスのテスト

ここまで，コードの臭いと循環的複雑度を解説してきました．ここからは，本節冒頭で紹介した静的解析ツールを実際に用いて，コードの静的解析をしていきます．まず，本項で示すモジュールを対象にして，これらのツールが出力する情報を確認します．さらに，その情報を読み解き，何をするべきなのかを学びます．そして，次節では，本節の判断に基づきリファクタリングを施していきます．

これらのツールやオプションの使用方法を伝えることが目的ではありません．なぜなら，ドキュメントを熟読すれば，ツールの使用法はわかるからです．本節の目的は，これらのツールから提供される豊富な情報に触れ，それらの情報を正しく理解して改善に役立てる方法を学ぶことです．この目的が達成されれば，読者のプロジェクトにもこれらのツールを効果的に適用できるはずです．

ここでは，出力をわかりやすくするために，意図的に不自然に実装されたモジュールを扱います．このモジュールには，多くのコーディングエラーやスタイルエラー，コードの臭いが含まれています．

また，これらのツールは行番号によってエラーの位置を表示するため，素早くコードを修正できます．

```
"""
モジュール metrictest.py

メトリクスの例 - 静的解析の例として用いるためのモジュール
そのため，様々な機能を持つ関数やクラスが混在している
"""
import random

def fn(x, y):
    """ 引数の和をとる関数 """
    return x + y
```

```
def find_optimal_route_to_my_office_from_home(start_time,
                                               expected_time,
                                               favorite_route='SBS1K',
                                               favorite_option='bus'):
    # もし家を出る時間が遅れたら，必ず車を使う
    d = (expected_time - start_time).total_seconds()/60.0
    if d<=30:
        return 'car'
    # もし 30 < d < 45 ならば，まず車を使い，そのあとメトロを使う
    if d>30 and d<45:
        return ('car', 'metro')
    # もし d>45 ならば，様々な選択肢を組み合わせる
    if d>45:
        if d<60:
            # まず車を使い，そのあとバスに乗り換える
            return ('bus:335E','bus:connector')
        elif d>80:
            # 普通のバスで行くかもしれない
            return random.choice(('bus:330',
                                  'bus:331',
                                  ':'.join((favorite_option, favorite_route))))
        elif d>90:
            # リラックスして，好きなルートを使う
            return ':'.join((favorite_option,
                             favorite_route))

class C(object):
    """ ほとんど何もしないクラス """
    def __init__(self, x,y):
        self.x = x
        self.y = y

    def f(self):
        pass

    def g(self, x, y):
        if self.x>x:
            return self.x+self.y
        elif x>self.x:
            return x + self.y

class D(C):
    """ Dクラス """
    def __init__(self, x):
        self.x = x

    def f(self, x,y):
        if x>y:
            return x-y
        else:
            return x+y
```

```
def g(self, y):
    if self.x>y:
        return self.x+y
    else:
        return y-self.x
```

2.7.4　静的解析ツールの活用

前項で示したモジュールは不自然な点を多く含んでいます．まずは，このモジュールに対して Pylint のエラーチェックを適用してみましょう．

Pylint は多くのスタイルエラーも出力しますが，ここではロジックの問題とコードの臭いに焦点を当てます．

Pylint は以下のように実行できます．図 2.2, 2.3 に実行結果を示します．

```
$ pylint --reports=n metrictest.py
```

```
Chapter 2: Modifiability
(arch) $ pylint --reports=n metrictest.py
************* Module metrictest
C: 22, 0: Exactly one space required around comparison
        if d<=30:
            ^^ (bad-whitespace)
C: 24, 0: Exactly one space required around comparison
        elif d<45:
              ^ (bad-whitespace)
C: 26, 0: Exactly one space required around comparison
        elif d<60:
              ^ (bad-whitespace)
C: 28, 0: Exactly one space required after comma
            return ('bus:335E','bus:connector')
                              ^ (bad-whitespace)
C: 29, 0: Exactly one space required around comparison
        elif d>80:
              ^ (bad-whitespace)
C: 31, 0: Exactly one space required after comma
            return random.choice(('bus:330','bus:331',':'.join((favorite_option,
                                            ^ (bad-whitespace)
C: 31, 0: Exactly one space required after comma
            return random.choice(('bus:330','bus:331',':'.join((favorite_option,
                                                      ^ (bad-whitespace)
C: 32, 0: Wrong continued indentation (remove 4 spaces).
                                                                   favorite_route))))
```

図 2.2　Pylint の出力結果（1 枚目）

図 2.2 に出力されているスタイルエラーは，次の Flake8 で扱います．ここでは図 2.3 に注目してください．

```
Chapter 2: Modifiability
File Edit View Search Terminal Help
C: 11, 0: Invalid function name "fn" (invalid-name)
C: 11, 0: Invalid argument name "x" (invalid-name)
C: 11, 0: Invalid argument name "y" (invalid-name)
W: 15, 4: Unreachable code (unreachable)
C: 15, 4: Invalid function name "find_optimal_route_to_my_office_from_home" (invalid-name)
C: 15, 4: Missing function docstring (missing-docstring)
C: 21, 8: Invalid variable name "d" (invalid-name)
E: 32,19: Undefined variable 'random' (undefined-variable)
W: 15, 4: Unused variable 'find_optimal_route_to_my_office_from_home' (unused-variable)
C: 39, 0: Invalid class name "C" (invalid-name)
C: 43, 8: Invalid attribute name "x" (invalid-name)
C: 44, 8: Invalid attribute name "y" (invalid-name)
C: 46, 4: Invalid method name "f" (invalid-name)
C: 46, 4: Missing method docstring (missing-docstring)
C: 49, 4: Invalid method name "g" (invalid-name)
C: 49, 4: Invalid argument name "x" (invalid-name)
C: 49, 4: Invalid argument name "y" (invalid-name)
C: 49, 4: Missing method docstring (missing-docstring)
W: 49,19: Unused argument 'y' (unused-argument)
C: 56, 0: Invalid class name "D" (invalid-name)
W: 59, 4: __init__ method from base class 'C' is not called (super-init-not-called)
W: 62, 4: Arguments number differs from overridden 'f' method (arguments-differ)
W: 68, 4: Arguments number differs from overridden 'g' method (arguments-differ)
C: 75, 0: Invalid argument name "a" (invalid-name)
C: 75, 0: Invalid argument name "b" (invalid-name)
C: 75, 0: Missing function docstring (missing-docstring)
E: 77,15: Undefined variable 'c' (undefined-variable)
W:  9, 0: Unused import sys (unused-import)
```

図 2.3　Pylint の出力結果（2 枚目）

表 2.3 は，出力されたエラーを表に分類したものです．類似のエラーは省略しています．

表 2.3

エラー	原因箇所	説明	コードの臭い
Invalid function name	関数 fn	関数の名前が短すぎる	短すぎる識別子
Invalid variable name	関数 f の変数 x, y	変数の名前が短すぎる	短すぎる識別子
Invalid function name	関数 find_optimal_route_to_my_office_from_home	関数の名前が長すぎる	長すぎる識別子
Invalid variable name	変数 d	変数の名前が短すぎる	短すぎる識別子
Invalid class name	クラス C	名前からクラスの内容が想起できない	短すぎる識別子
Invalid method name	クラス C のメソッド f	メソッド名が短すぎる	短すぎる識別子
Invalid __init__ method	クラス D のメソッド __init__	親クラスの __init__ を呼んでいない	拒否された遺産
Arguments of f differ in class D from class C	クラス D のメソッド f	クラスの置換原則に従っていない	拒否された遺産
Arguments of g differ in class D from class C	クラス D のメソッド g	クラスの置換原則に従っていない	拒否された遺産

このように，Pylintは多くのコードの臭いを検出しました．

ここで興味深いのは，長すぎる関数名をどのように検出したかと，サブクラス`D`が親クラス`C`に対する継承のルールをどのように拒否したかです．

続いてFlake8でもコードチェックを行ってみましょう．ここでは，エラー数の統計と要約を得るためにFlake8を実行します．そのためには，`--statistics`と`--count`のオプションを用います．

```
$ flake8 --statistics --count metrictest.py
```

実行結果を図2.4に示します．

```
$ flake8 --statistics --count metrictest.py
metrictest.py:8:1: F401 'sys' imported but unused
metrictest.py:10:1: E302 expected 2 blank lines, found 1
metrictest.py:22:13: E225 missing whitespace around operator
metrictest.py:24:15: E225 missing whitespace around operator
metrictest.py:26:15: E225 missing whitespace around operator
metrictest.py:28:31: E231 missing whitespace after ','
metrictest.py:29:15: E225 missing whitespace around operator
metrictest.py:31:20: F821 undefined name 'random'
metrictest.py:31:44: E231 missing whitespace after ','
metrictest.py:31:54: E231 missing whitespace after ','
metrictest.py:32:69: E127 continuation line over-indented for visual indent
metrictest.py:37:1: W293 blank line contains whitespace
metrictest.py:41:25: E231 missing whitespace after ','
metrictest.py:44:1: W293 blank line contains whitespace
metrictest.py:50:18: E225 missing whitespace around operator
metrictest.py:52:15: E225 missing whitespace around operator
metrictest.py:53:21: E225 missing whitespace around operator
metrictest.py:55:1: E302 expected 2 blank lines, found 1
metrictest.py:61:18: E231 missing whitespace after ','
metrictest.py:62:13: E225 missing whitespace around operator
metrictest.py:69:18: E225 missing whitespace around operator
metrictest.py:74:1: E302 expected 2 blank lines, found 1
metrictest.py:75:9: E225 missing whitespace around operator
metrictest.py:76:16: F821 undefined name 'c'
1       E127 continuation line over-indented for visual indent
10      E225 missing whitespace around operator
5       E231 missing whitespace after ','
3       E302 expected 2 blank lines, found 1
1       F401 'sys' imported but unused
2       F821 undefined name 'c'
2       W293 blank line contains whitespace
24
```

図2.4　Flake8の出力結果

レポートされたエラーは「カンマのあとにスペースがない」や「演算子の周りにスペースがない」などで，これらはPEP-8のスタイルガイドラインに準じています．これらのエラーを修正することで，PEP-8のスタイルガイドラインに準じたコードを書けるので，可読性の向上が見込めます．

PEP-8テストに関する詳細は，`-show-pep8`オプションを指定することで参照できます．

Flake8 を用いてスタイリングの修正ができたので，次はコードの複雑度をチェックしましょう．まず，`mccabe` を直接使用します．その後，`mccabe` のラッパーである Flake8 を用いて複雑度をチェックします．

図 2.5 に示すように，`mccabe` では，`find_optimal_route_to_my_office_from_home` 関数は分岐が多いため，複雑度は 7 という非常に高い結果になっています．

```
Chapter 2: Modifiability
(arch) $ python -m mccabe --min 3 metrictest.py
54:1: 'C.g' 3
14:1: 'find_optimal_route_to_my_office_from_home' 7
(arch) $
```

図 2.5　テストプログラムの循環的複雑度

次に，Flake8 を用いて複雑度をチェックします．Flake8 はあまりにも多くのスタイルエラーを出力するので，複雑度に関するレポートのみを `grep` コマンドで取り出しましょう．図 2.6 に示すように，`mccabe` の結果と同様に，`find_optimal_route_to_my_office_from_home` の複雑度が高いというレポートが得られました．

```
Chapter 2: Modifiability
(arch) $ flake8 --max-complexity 3 metrictest.py | grep complex
metrictest.py:14:1: C901 'find_optimal_route_to_my_office_from_home' is too compl
ex (7)
(arch) $
```

図 2.6　テストプログラムの循環的複雑度（Flake8 の出力結果）

Pylint からプラグインとして `mccabe` を実行する方法もありますが，多少の設定を必要とするので，ここでは説明を省きます．

最後に PyFlakes を実行しましょう．

図 2.7 に示すように，何も出力されません．PyFlakes が示したこの結果は，コードに致命的なエラーが存在せず実行可能であることを表しています．PyFlakes は明示的な構文エラーやロジックエラー，未使用のインポート，変数名の欠落などの，基本的な文法のみをチェックします．確認のため，意図的にエラーを追加し，PyFlakes を再実行してみましょう．

```
(arch) $ pyflakes metrictest.py
(arch) $
```

図 2.7　PyFlakes による静的解析結果

```
"""
モジュール metrictest.py
メトリクスの例 - 静的解析の例として用いるためのモジュール
そのため，様々な機能を持つ関数やクラスが混在している
"""

import sys

def fn(x, y):
    """ 引数の和をとる関数 """
    return x + y

def find_optimal_route_to_my_office_from_home(start_time,
                                              expected_time,
                                              favorite_route='SBS1K',
                                              favorite_option='bus'):
    # もし家を出る時間が遅れたら，必ず車を使う
    d = (expected_time - start_time).total_seconds()/60.0
    if d<=30:
        return 'car'
    # もし 30 < d < 45 ならば，まず車を使い，そのあとメトロを使う
    if d>30 and d<45:
        return ('car', 'metro')
    # もし d>45 ならば，様々な選択肢を組み合わせる
    if d>45:
        if d<60:
            # まず車を使い，そのあとバスに乗り換える
            return ('bus:335E','bus:connector')
        elif d>80:
            # 普通のバスで行くかもしれない
            return random.choice(('bus:330',
                                  'bus:331',
                                  ':'.join((favorite_option, favorite_route))))
        elif d>90:
            # リラックスして，好きなルートを使う
            return ':'.join((favorite_option,
                             favorite_route))

class C(object):
    """ ほとんど何もしないクラス """
```

```
    def __init__(self, x,y):
        self.x = x
        self.y = y

    def f(self):
        pass

    def g(self, x, y):
        if self.x>x:
            return self.x+self.y
        elif x>self.x:
            return x + self.y

class D(C):
    """ Dクラス """
    def __init__(self, x):
        self.x = x

    def f(self, x,y):
        if x>y:
            return x-y
        else:
            return x+y

    def g(self, y):
        if self.x>y:
            return self.x+y
        else:
            return y-self.x

def myfunc(a, b):
    if a>b:
        return c
    else:
        return a
```

再実行の結果は図 2.8 のようになります．

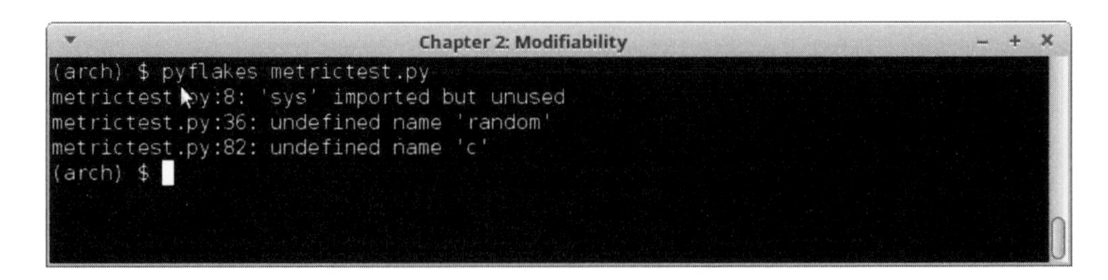

図 2.8　修正後の PyFlakes による静的解析結果

PyFlakes は，未定義のオブジェクト（random と c）と未使用のインポート（sys）に関してエラーを返すようになりました．このように，PyFlakes は有益な静的解析を行います．プログラム実行前に PyFlakes を用いてコードをチェックすることで，早期のバグ修正が可能になります．また，使用していない変数や未定義の変数に関する情報は，コードの明らかなバグを修正するのに有効です．

コードを書き終えた後に Pylint や PyFlakes を実行して，積極的にロジックエラーや構文エラーをチェックしましょう．Pylint で構文エラーのみをレポートさせるには -E オプションを使用します．

2.8 コードリファクタリング

前節では，静的ツールを使用し，バグやコードの臭いを検知する方法を解説しました．本節では，これらのツールから得た情報をもとに，コードをリファクタリングする方法を学びます．前節で扱ったモジュールを実際にリファクタリングしますので，ツールの結果を用いたリファクタリングの流れを掴んでください．

まず，本節の見通しを良くするために，リファクタリングを行う際に従うべき大まかなガイドラインを以下に示します．

1. **最初に複雑なコードを修正する**：複雑なコードをリファクタリングすれば，多くのコードが削除され，行数を削減できます．結果的にコードの臭いは減り，コードの品質が向上するでしょう．このリファクタリングでは，新しい関数やクラスを作成してコードを抽象化することがよくあります．ツールによる静的解析を行った後に新たな関数やクラスを作成すると，再度静的解析が必要になります．したがって，最初に複雑なコードをリファクタリングするとよいでしょう．
2. **コードを分析する**：次に，ツールを用いて複雑度をチェックし，関数やクラス，モジュールなどのコード全体の複雑さがどの程度減少したのかを確認します．改善が見られない場合は，もう一度複雑さの解消を行います．
3. **コードの臭いを修正する**：コードの臭いに関する問題を修正します．ここまで行えば，リファクタリング前よりもはるかに優れたコードになります．
4. **チェッカーを実行する**：Pylint のようなチェッカーを実行し，コードの臭いに関するレポートを確認します．エラー数がゼロに近いこと，もしくはリファクタリング前に比べて大きく削減できていることが理想です．
5. **簡単に解決できる問題を修正する**：コードスタイルに関するエラーなどの細かい修正を行います．コードの複雑さとコードの臭いを軽減するためには，多くのコードを新規追加および削除することになります．そのため，初期の段階でコードスタイルを厳密に改善する方法は，効率的ではありません．これらの修正は最後に行いましょう．

6. **ツールを使用して最終チェックを実行する**：コードの臭いについては Pylint を，また PEP-8 の規則については Flake8 を，ロジック，構文，変数の問題については PyFlakes を使ってチェックし，リファクタリングに問題がないか再度確認します．

以下の項から，前節で扱ったモジュールを上のガイドラインに基づいて修正する方法を，段階的に解説します．

2.8.1　複雑度の削減

自宅から会社までの最適な経路を調べる関数の複雑度が最も高いので，まず，この関数からリファクタリングを施していきましょう．以下に，リファクタリングを施して if ... else 条件の重複を取り除いた関数を示します．

```
def find_optimal_route_to_my_office_from_home(start_time,
                                              expected_time,
                                              favorite_route='SBS1K',
                                              favorite_option='bus'):
    # もし家を出る時間が遅れたら，必ず車を使う
    d = (expected_time - start_time).total_seconds()/60.0
    if d<=30:
        return 'car'
    elif d<45:
        return ('car', 'metro')
    elif d<60:
        # まず車を使い，そのあとバスに乗り換える
        return ('bus:335E','bus:connector')
    elif d>80:
        # 普通のバスで行くかもしれない
        return random.choice(('bus:330',
                              'bus:331',
                              ':'.join((favorite_option, favorite_route))))
    # リラックスして，好きなルートを使う
    return ':'.join((favorite_option, favorite_route))
```

ここで，もう一度複雑度をチェックしてみましょう．図 2.9 の結果が得られます．

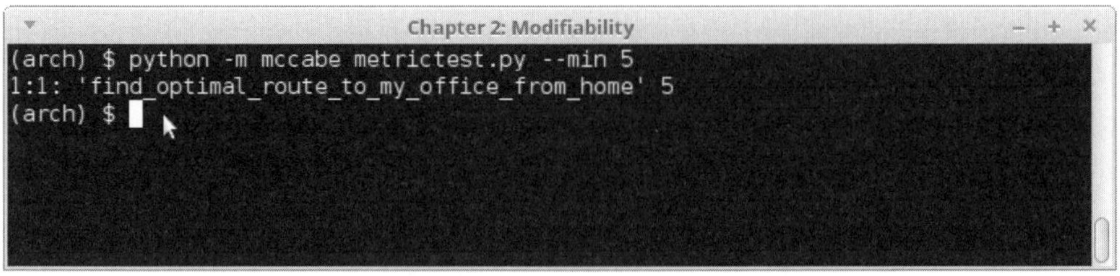

```
Chapter 2: Modifiability
(arch) $ python -m mccabe metrictest.py --min 5
1:1: 'find_optimal_route_to_my_office_from_home' 5
(arch) $
```

図 2.9　テストプログラムの循環的複雑度（一つ目のリファクタリング後）

これで複雑度を 7 から 5 に減らすことができました．ほかには何ができるでしょうか？

次は，辞書型を用いてコードの複雑さを軽減します．ここでは移動時間をキーとし，対応する移動手段をバリューとする辞書型を定義しました．このキーに対して判定を行うことで，コードはよりシンプルになります．また，デフォルトリターンは不要なので削除します．これにより複雑度は一つ下がります．

これらのリファクタリングを施したコードを以下に示します．最初のバージョンよりもコードは圧倒的にシンプルになっています．

```
def find_optimal_route_to_my_office_from_home(start_time,
                                              expected_time,
                                              favorite_route='SBS1K',
                                              favorite_option='bus'):
    # もし家を出る時間が遅れたら，必ず車を使う
    d = (expected_time - start_time).total_seconds()/60.0
    options = { range(0,30): 'car',
                range(30, 45): ('car','metro'),
                range(45, 60): ('bus:335E','bus:connector')}
    if d<80:
        # dの範囲をfor文で確認して，
        # 適した選択肢を返す
        for drange in options:
            if d in drange:
                return drange[d]
    # 普通のバスで行くかもしれない
    return random.choice(('bus:330',
                          'bus:331',
                          ':'.join((favorite_option, favorite_route))))
```

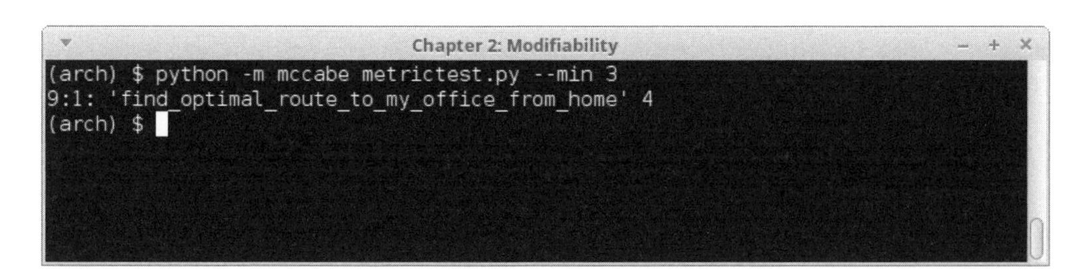

図 2.10　テストプログラムの循環的複雑度（二つ目のリファクタリング後）

図 2.10 からわかるように，複雑度は 4 まで下がりました．この複雑度なら管理可能なコードと言えるでしょう．

2.8.2 コードの臭いの削減

このステップではコードの臭いを修正しましょう．前節の分析で修正すべきコードの臭いを整理したので，それらの修正を実際に行います．主に関数名や変数名を改善し，子クラスから親クラスへの契約の問題を修正する必要がありました．前節でまとめたリストを見ながら，コードを修正しましょう．

以下は，すべての修正を施したコードの例です．

```
""" モジュール metrictest.py
- 静的解析の例として用いるためのモジュール """

import random

def sum_fn(xnum, ynum):
    """ 引数の和をとる関数 """
    return xnum + ynum

def find_optimal_route(start_time,
                       expected_time,
                       favorite_route='SBS1K',
                       favorite_option='bus'):
    """ 自宅からオフィスまでの最適なルートを返す関数 """
    # 時間差を計る(分)
    # - 入力はdatetimeインスタンスである必要がある
    tdiff = (expected_time - start_time).total_seconds()/60.0
    options = {range(0, 30): 'car',
               range(30, 45): ('car', 'metro'),
               range(45, 60): ('bus:335E', 'bus:connector')}
    if tdiff < 80:
        # dの範囲をfor文で確認して,
        # 適した選択肢を返す
        for drange in options:
            if tdiff in drange:
                return drange[tdiff]
    # 普通のバスで行くかもしれない
    return random.choice(('bus:330',
                          'bus:331',
                          ':'.join((favorite_option, favorite_route))))

class MiscClassC(object):
    """ いくつかのユーティリティメソッドを持つ雑多なクラス """
    def __init__(self, xnum, ynum):
        self.xnum = xnum
        self.ynum = ynum

    def compare_and_sum(self, xnum=0, ynum=0):
        """ ローカル変数と引数を比較し，和をとるメソッド """
        if self.xnum > xnum:
            return self.xnum + self.ynum
```

```
        else:
            return xnum + self.ynum

class MiscClassD(MiscClassC):
    """ MiscClassCのいくつかのメソッドをオーバーライドしたいくつかのメソッド """
    def __init__(self, xnum, ynum=0):
        super(MiscClassD, self).__init__(xnum, ynum)

    def some_func(self, xnum, ynum):
        """ 加算を行うメソッド """
        if xnum > ynum:
            return xnum - ynum
        else:
            return xnum + ynum

    def compare_and_sum(self, xnum=0, ynum=0):
        """ ローカル変数と引数を比較し，和をとる """
        if self.xnum > ynum:
            return self.xnum + ynum
        else:
            return ynum - self.xnum
```

本書に記載するコード量を減らすため，スタイリングに関する修正も同時に行っています．変数名などが変わっていることに注意してください．それでは，修正したコードに対して Pylint を走らせてみましょう．結果を図 2.11 に示します．

```
Chapter 2: Modifiability
(arch) $ pylint --reports=n metrictest.py
************* Module metrictest
W: 42,38: Unused argument 'ynum' (unused-argument)
R: 35, 0: Too few public methods (1/2) (too-few-public-methods)
R: 57, 4: Method could be a function (no-self-use)
This option 'required-attributes' will be removed in Pylint 2.0This option 'ignor
e-iface-methods' will be removed in Pylint 2.0(arch) $
```

図 2.11　リファクタリング後のテストプログラムの Pylint による解析結果

パブリックメソッドが少なすぎることと，`MiscClassD` の `some_func` メソッドがクラスのメンバーとして使用されていないため関数化が推奨されることが指摘されていますが，それでも，コードの臭いの数は 0 に近いところまで減少しました．

Pylint のサマリレポートは，出力が長くなりすぎる問題があります．そのため，`--reports=n` オプションを指定してレポートを簡単にしています．`--reports=y` とするか，オプションなしで Pylint を呼び出すと，サマリレポートのすべての出力を確認できます．

2.8.3　スタイリングの修正

ここまでで，複雑度とコードの臭いを削減し，主要な問題を解決しました．最後に，スタイルエラーなどの簡単な修正を行いましょう．しかし，前項で述べたように，スタイリングの修正もコードの臭いの修正と一緒にすでに済ませています．スペースに関するいくつかの警告を除いて，すべての問題は修正されました．これでリファクタリングの作業は完了です．

2.9　まとめ

本章では，**修正容易性**とそれに関わる性質について解説しました．その中で，可読性やコーディングのアンチパターンを紹介し，修正容易性と可読性の関係を説明しました．また，これらの議論の中で，Python が可読性に優れた言語であることにも触れました．

そして，コードの可読性を向上させるための様々な手法を検討しました．コードコメントの様々な性質を取り上げ，関数レベル，クラスレベル，およびモジュールレベルでのドキュメンテーションをまとめました．また，Python のコーディング規約のガイドラインである PEP-8 を紹介し，コードの継続的なリファクタリングによって，長期的なメンテナンスコストを削減することの重要性を学びました．

次に，コードコメントのいくつかのルールを見た後に，修正容易性の基礎となる，コードの結合度と凝集度について議論しました．ここでは，いくつかのコード例を挙げて，結合度と凝集度を具体的に解説しました．その後，インタフェースや API の提供，双方向結合の削減，共通サービスのヘルパーモジュールへの抽象化，継承の使用など，コードの修正容易性を向上させる戦略について説明しました．

最後に，Pylint, Flake8, PyFlakes などの，Python で静的コードメトリクスを提供する様々なツールを紹介しました．McCabe の循環的複雑度について，いくつかの例を通して学びました．また，コードの臭いを学び，段階的にコードの品質を改善するリファクタリングの練習を行いました．

次の章では，修正容易性と同じようにソフトウェアアーキテクチャの重要な品質属性である，テスト容易性について説明します．

第3章

テスト容易性

第2章では，ソフトウェアアーキテクチャの中でも重要な性質である修正容易性と，それに関連する事柄について説明しました．本章では，ソフトウェアの**テスト容易性**に関わる内容を取り上げます．

第1章では，テスト容易性の概要を説明し，テスト容易性とコードの複雑さとの関係を簡単に紹介しました．本章では，テスト容易性に関わる他の事柄についても深く説明します．

ソフトウェアテストは独自の標準と，プロセスやツールが発展しているため，すでに一般的に知られた分野です．そこで，本書では，それらの一般的な性質は取り扱いません．その代わり，ソフトウェアテストをソフトウェアアーキテクチャの観点から説明することで，他の品質属性との関係を明らかにすることを目指します．また，本章の後半では，Python でテストを行うためのテストツールやライブラリの使い方を紹介します．

3.1 テスト容易性とは

本書ではテスト容易性を次のように定義します．

> **テスト容易性とは，ソフトウェアシステムにおいて，動的テストを行ったときのバグの見つけやすさの程度を表す．**

ソフトウェアのテスト容易性が高いと，テストでバグを発見できる可能性がより高くなります．それにより，開発者はソフトウェアの問題に早く気づき，より早くバグの修正に着手できるでしょう．それに対して，ソフトウェアのテスト容易性が低い場合，開発者がバグに気づきにくくなり，予期しないエラーが頻繁に起こることが想定されます．したがって，テスト容易性は，ソフトウェアの品質や安定性，予測可能性を保証するための重要な性質であることがわかります．

3.1.1　テスト容易性に関連する性質

もしテストの実施者が簡単にバグを発見できるのならば，そのソフトウェアシステムはテスト容易と言えます．このようなシステムでは，開発者はシステムの振る舞いが予測しやすく，テストの設計が簡単になります．それに対して，テストのたびに同じ入力に対する出力が変化するような，振る舞いの予測が難しいシステムは，テスト容易とは言えません．そして，残念ながら，多くのソフトウェアにそのような機能が存在しています．

振る舞いの予測が難しいというレベルを超えて，複雑で混沌としたシステムでは，テストすることさえ困難です．例えば，負荷をかけた際に状態が激しく変わり続けるようなシステムは，出力が予測できないので負荷テストが行えません．テスト容易性を測るにあたっては，システムが決まった挙動をとることが大事な要素となります．

テスト容易性では，テスト実施者が操作を行えるサブシステムの数も大切です．有意義なテストを実施するためには，明確なAPIを持つサブシステムに分けてテストを行う必要があります．サブシステムのAPIが定義されていない場合や，システム自体が複雑な場合，仕様を把握できず，テスト容易性は下がります．

システムの構造が複雑になればなるほど，テストは困難になります．

これを表にまとめると，表3.1のようになります．

表3.1

振る舞いの予測	複雑さ	テスト容易性
容易	低	高
困難	高	低

3.1.2　様々なソフトウェアアーキテクチャの性質に対するテスト

一般的にソフトウェアテストという言葉は，成果物に対する機能性を評価することを意味します．しかしながら，実際のソフトウェアテストにおいて，機能性はテストを実施するべき一つの側面でしかありません．ソフトウェアのパフォーマンス，セキュリティ，安定性などについてもテストを行わなければならず，ソフトウェアテストという言葉はそれらも含みます．

このように，ソフトウェアテストにはいくつかの種類があり，テストする対象によってグループ化されます．ここでは，ソフトウェアアーキテクチャの観点から，これらを見ていきます．

以下に，ソフトウェアが持つ各側面に対応するテストを簡単に説明します．

- **機能テスト**：ソフトウェアの機能を検証するテストです．ソフトウェアを決まった単位の部品に分割して，それぞれが仕様に従って正しく挙動するかを検証します．機能テストは大きく分けて二つの種類があります．
  - **ホワイトボックステスト**：開発者がソフトウェアのコードを知っている状態で行うテストのことです．ホワイトボックステストにおいてテストの対象となる部品は，エンドユーザーに提供するような大きい単位の機能ではなく，関数，メソッド，クラス，モジュールなどです．ホワイトボックステストの最も基本的な形式は，**単体テスト**です．他の例としては，結合テストやシステムテストが挙げられます．

- **ブラックボックステスト**：コードの内容は無視して，システム全体をブラックボックスのように扱って行うテストです．多くの場合，開発チーム外の人によって実行されます．そのことから，ブラックボックステストでは内部の詳細を知ることなく，エンドユーザーに提供するための機能をテストします．ブラックボックステストは，テスト専門のエンジニアや QA エンジニア[*1]によって行われるのが普通です．しかし，Web アプリケーションの場合，最近では Selenium のような発達したテストフレームワークを使用することで，ブラックボックステストを自動化できます．

- **パフォーマンステスト**：ソフトウェアに高い負荷をかけたときの安定性や応答性を計測するテストです．パフォーマンステストには，以下のテストが含まれます．
  - **負荷テスト**：特定の条件下でシステムがどのように挙動するかを確認するテストです．ここで言う特定の条件には，ユーザー数，入力データ数，トランザクション数などが挙げられます．
  - **ストレステスト**：大きな負荷をかけたときの安定性や応答性を計測するテストです．ユーザー数や入力データ数などが，ソフトウェアの要件で定義された限界以上に入力される状況を想定しています．ストレステストでは，通常，ソフトウェアの要件で定義された限界をわずかに超えた負荷でテストを行います．その負荷を長時間かけ続けて，ソフトウェアの安定性や応答性を計測します．
  - **スケーラビリティテスト**：スケーラビリティテストは，負荷が増加したときに，システムがどのくらいスケールアップまたはスケールアウトできるかを計測するテストです．例えば，クラウドサービスのシステムをテストしたい場合は，平行スケールと垂直スケールの観点でテストを実行します．平行スケールテストでは，高負荷時にシステムが自動でスケールしてどの程度ノードを増やせるかをテストします．垂直スケールテストでは，CPU やメモリの使用量の変化を見て，性能が十分かどうかをテストします．

- **セキュリティテスト**：システムのセキュリティを検証するテストです．例えば，Web アプリケーションでは，正しい手順でログインした場合にログイン機能が正常に実行されるかどうかを確かめることで，ユーザー認証機能のテストが行われます．他の例として，アプリケーションの持つ機密ファイルや機密データにアクセスを試みて，機密情報がログインなどによる適切な認証プロセスによって保護されているかを確認するテストも，セキュリティテストに該当します．

- **ユーザビリティテスト**：ユーザビリティテストでは，システムのユーザーインタフェー

[*1]【訳注】QA（quality assurance）エンジニア：プロダクトの品質保証を専門とするエンジニアです．

スがどれだけ利用しやすく，直感的で，エンドユーザーが理解しやすいかをテストします．ユーザビリティテストは，システムのターゲットとしているエンドユーザーを実際に集めて，そのグループを対象にテストするのが一般的です．

- **インストールテスト**：そのソフトウェアの配布方法が，顧客側でインストールさせる方法の場合，インストールテストはとても重要です．インストールテストでは，顧客のマシンで行われるビルドやインストールのステップが期待どおり動くかどうかを検証します．開発者のハードウェアがユーザーのハードウェアと異なる場合，ユーザーのハードウェアでもインストールのステップが正常に動作することをテストする必要があります．ソフトウェアのアップデートや部分的なアップグレードを提供する際にも，インストールテストによって検証することが重要です．
- **アクセシビリティテスト**：ソフトウェアの観点におけるアクセシビリティとは，障がいのあるユーザーに対するソフトウェアシステムの有用性と包括性の程度を指します．アクセシビリティを向上させるためには，アクセシビリティツールのサポートをシステムに組み込んだり，アクセシブルなデザイン原則に基づいたユーザーインタフェースを設計するなどが考えられます．これまでに数多くの標準とガイドラインが発表されており，開発者はこれらに従うことでアクセシビリティの高いソフトウェアを作成できます．代表的な例として，W3C の Web Content Accessibility Guidelines（WCAG）[*2] やアメリカ政府による「リハビリテーション法 第 508 条」[*3]が挙げられます．アクセシビリティテストは，これらの標準に基づいて，ソフトウェアのアクセシビリティを評価します．

これら以外にもソフトウェアテストは多数存在し，様々なアプローチによるテストがソフトウェア開発のあらゆる段階で実行されます．他のテストの種類として，回帰テスト，受け入れテスト，アルファ・ベータテストなどが挙げられます．しかし，本章の焦点は，ソフトウェアアーキテクチャの観点からテストを解説することなので，以下では，リストでピックアップしたテストだけを取り上げます．

3.2　テストの戦略

3.1.1 項では，ソフトウェアシステムの複雑さによってテスト容易性がどのように変化するかを説明しました．

そのほかにテスト容易性に影響する重要な点として挙げられるのは，テスト対象となるシステムが，分離や変更を容易に行える設計になっているかどうかです．というのは，コンポーネ

[*2]【訳注】WCAG：Web コンテンツを障がいのある人に使いやすくするためのガイドライン．WWW で使用される各技術の国際標準化機構である W3C（World Wide Web Consortium）によって公開されています．

[*3]【訳注】リハビリテーション法 第 508 条：アメリカ合衆国の法律で，電子・情報技術について遵守すべき内容をアクセシビリティスタンダードとして定めています．

ントに区切ってテストをしたり，依存関係がある外部システムから独立させてテストを行う必要があるためです．

それでは，区切ったコンポーネントがテストしやすく，そのテストの効果を最大化するためには，どのようにソフトウェアを設計するべきでしょうか？ 本節ではその戦略を紹介します．

3.2.1 複雑さの削減

前節で述べたように，複雑なシステムはテスト容易性が低くなります．システムの複雑さを減らすためには，システムをサブシステムに分割する方法や，明確な API を提供してシステムの挙動をわかりやすくする方法などがあります．以下に，代表的なテクニックを紹介します．

- **結合度を下げる**：容易にコンポーネントに分離できるように，システム内の結合度を下げます．また，コンポーネント間の依存関係は，明確に定義した上でドキュメントに残しておくことが理想です．
- **凝集度を上げる**：モジュールやクラスが，明確に定義された機能のみを実行するように，システムの凝集度を上げます．
- **明確なインタフェースを用意する**：コンポーネントやクラスの状態を取得・設定するためのインタフェースを明確に定義します．例えば，`getter` や `setter` はクラスの変数の取得・設定をする特別なメソッドであり，機能が明確なインタフェースとなります．また，インスタンス作成時の内部状態を設定するリセットメソッドも，明確なインタフェースを提供しています．Python では property によってこの機能を提供しています．
- **クラスの複雑さを減らす**：クラスの数を減らすために，クラスは継承して使うべきです．クラス間の複雑さを測るために，RFC（response for class）と呼ばれる指標があります．RFC は，あるクラスのメソッドによって呼び出される，他クラスのメソッド数を指します．小中規模のシステムでは，RFC は 50 以下にするのが望ましいとされています．

3.2.2 予測可能性の改善

ソフトウェアのテストの多くはテストハーネスによって実行されます．テストハーネスとは，テスト実行ソフトウェアのことで，プログラムでテストを記述して，毎回決まったテストを繰り返し実行します．したがって，テストハーネスでテストを作成しやすくするために，システムの挙動が予測しやすいソフトウェアに設計することは重要です．ここでは，予測可能性を上げるためのポイントをいくつか紹介します．

- **正しい例外処理**：例外処理が不適切な場合や，数が不十分な場合，バグの原因になることが多く，したがってソフトウェアの予測可能性が大きく下がります．例外が起こる可能性のある箇所を確実に見つけ出し，例外処理を書くことは重要です．ほとんどの場合，例外は外部リソースにアクセスするときに起こります．例えば，データベースクエリーの実行，URL のフェッチ，shared mutex による排他処理などで例外が発生します．

- **無限ループやデッドロック**：mutexや共有キュー，ハンドルのような外部リソースの状態に依存するループ処理を書くときは，確実かつ安全に処理が終わるようにコードを記述することが重要です．もしそうしなければ，無限ループやリソースを待ち続けるデッドロック状態になる可能性が高くなります．また，このようなバグは，いったん出現すると修正が困難になるおそれがあります．
- **時間に依存する処理**：特定の時間（日付や時刻など）に依存する機能を実装する場合，時刻によって出力が変化するため，予測どおりに動作するかどうかを確認しながら実装することが重要です．これらの機能のテストは，スタブやモックを用いて，特定の時間との依存性を切り離して行います．
- **並行処理**：マルチプロセスやマルチスレッドによる並行処理では，ロジックがプロセスやスレッドの起動順序に依存しないように実装します．起動順序によって状態が変わるシステムは，同じ状態を再現することが難しく，テスト容易性を低下させます．システムは常に，特定の関数やメソッドによってのみ初期化され，同じ状態を常に再現できるように設計するべきです．
- **メモリ管理**：ソフトウェアに起きる予期しないエラーには，メモリの管理不足によるものもあります．Python，Java，Rubyなどの実行環境では，動的なメモリ管理をサポートしているので，こういったエラーは起きにくくなっています．しかし，メモリリークやメモリ未解放といったメモリに関するエラーは，現在のソフトウェア開発でも十分に起こりうる問題であり，無視することはできません．そのため，ソフトウェアの最大メモリ使用量を分析して予測し，十分なメモリを割り当て，適切なハードウェアで実行することが重要です．また，ソフトウェアに対して，メモリリークやメモリ管理の検証を定期的に行い，大きな問題を未然に解決する必要があります．

3.2.3　外部依存の制御と分離

一般的に，テストするシステムには何らかの外部依存が発生します．例えばデータベースのロードやセーブによってデータを操作したり，日付を取得する機能によってテスト時刻に依存する結果を使用したり，WebサイトのURLをフェッチして取得したりする機能は，ソフトウェアの外部に依存しています．

外部依存を持つ場合，テストのシナリオは複雑になります．なぜなら，外部のシステムはテスト設計者が制御できないためです．上記で説明したデータベースの例では，収容するデータセンターが違っていたり，接続に失敗したりするかもしれず，Webサイトの例では，タイムアウトやサーバーエラーが起きるかもしれません．このように，外部依存を含むテストのシナリオは複雑になります．

再現可能なテストを設定するためには，このような外部依存を分離することが重要です．そのためのテクニックを紹介します．

[1] データソースに関するテクニック

テストを行うには，何らかの形でデータを用意しなければなりません．多くのソフトウェアはデータベースを使用していると考えられますが，外部依存となるデータベースは，テストにおいてしっかり動く保証はありません．ここでは，データソースへの依存を制御する手法をいくつか紹介します．

- **データを記述したローカルファイルの使用**：データベースに保存されているデータをローカルファイルに前もって書き出しておくことで，データベースのクエリー実行の際，代わりにこのファイルのデータを読み込むことができます．このようなファイルの形式には，一般的にテキスト，JSON，CSV，YAML が用いられます．これらのファイルは，モックオブジェクトやスタブオブジェクトとして読み込まれ，使用されます．
- **インメモリデータベースの使用**：実際に使用するデータベースを用いるのではなく，テスト専用のデータベースをメモリ上に作成して使用する方法です．この場合，SQLite がよく使用されます．SQLite はファイルベースまたはメモリベースのデータベースです．SQL の最低限の機能が実装されているので，置き換えるのに最適でしょう．
- **テストデータベースの使用**：テストにおいて，ソフトウェアで使用するものと同様のデータベースを使用しなければならない場合は，データベースのトランザクションを利用して，テスト用のデータベースを作成する方法もあります．Python では，テストケースの `setUp` メソッドでデータベースを設定できます．操作の最後には，実データが残らないように `tearDown` メソッドでロールバックを行います．

[2] リソースの仮想化に関するテクニック

システム外部に存在するリソースの振る舞いを仮想化することで，依存関係を制御する方法もあります．これは，外部のリソース自体を直接操作せずに，リソースの API を模倣した仮想リソースに差し替えることで実現します．リソース仮想化の一般的な技術を紹介します．

- **スタブ**：テスト中に呼ばれる関数の応答は，スタブにより変更できます．その関数が呼び出されると，それは仮想化した関数に置き換えられ，スタブによって定義された出力が返ります．

  スタブの実装例を紹介します．まず，URL を含んだ `data` が戻り値となる関数を定義します．

```
import hashlib
import requests

def get_url_data(url):
    """ URLの内容を返す """
    # URLの内容を，URLのハッシュ値をファイル名とするファイルに保存して返す
    data = requests.get(url).content
```

```
    # ファイルに保存する
    filename = hashlib.md5(url).hexdigest()
    open(filename, 'w').write(data)
    return data
```

このメソッドはURLリクエストの際に外部依存していることがわかります．この関数をスタブとして置き換えると，以下のようになります．

```
import os

def get_url_data_stub(url):
    """ get_url_data関数を置き換えたスタブによる関数 """
    # 実際にWebのリクエストは行わずに，
    # ファイルにアクセスを行ってdataを返している
    filename = hashlib.md5(url).hexdigest()
    if os.path.isfile(filename):
        return open(filename).read()
```

また，この場合は，get_url_data関数でWebリクエストする前に，ファイルキャッシュの読み込み処理を行うことでも解決できます．このようにすることで，URLリクエストは初回に呼び出された場合のみ要求され，それ以降はキャッシュファイルからデータが読み込まれます．

```
def get_url_data(url):
    """ URLの内容を返す """
    # まず，キャッシュされたファイルがあるかどうかをチェックする．
    # なお，ファイルの保存期間はチェックしていないため，
    # コンテンツが古くなっている可能性がある．
    filename = hashlib.md5(url).hexdigest()
    if os.path.isfile(filename):
        return open(filename).read()

    # 初めにURLのレスポンスデータを取得して保存する．
    # これ以降は保存されたファイルの内容を返す．
    data = requests.get(url).content
    open(filename, 'w').write(data)

    return data
```

- **モック**：モックはAPIの機能を模倣したオブジェクトを作成して置き換えるためのものです．テスト時，モックオブジェクトに振る舞いを直接設定して使用します．このとき，置き換える機能に合わせて，引数の型や引数の数，また，その関数の戻り値などを設定します．設定した内容に基づいて振る舞いが正しいかをチェックできます．

スタブとモックの大きな違いは，スタブはテスト時に機能の置き換えのみを行うのに対し，モックはさらに，引数が正しく呼ばれていたかなど，オブ

ジェクトが正しく振る舞うかもチェックする点です．モックがテストで使われている場合は，作成したモックオブジェクトが正しく使われているかも含めてテストされます．つまり，スタブとモックは両方とも出力が正しいかどうかを確かめますが，モックは出力の過程も確認します．

後に，Python でモックを用いた単体テストの方法を紹介します．

- **フェイク**：フェイクオブジェクトは，実際に動作するように最低限実装されたテスト用オブジェクトです．完全ではないので，製品版に組み込むことはできません．スタブほど単純ではありませんが，軽量に実装されているのが普通です．ここでは，Python のロギングモジュールである `logging` 内にある `Logger` オブジェクトの API を最低限模倣した，フェイクオブジェクトの実装例を見てみましょう．

```
import logging

class FakeLogger(object):
    """
    logging.Loggerのインタフェースを最低限模倣するクラス
    """
    def __init__(self):
        self.lvl = logging.INFO

    def setLevel(self, level):
        """ ロギングレベルを設定する """
        self.lvl = level

    def _log(self, msg, *args):
        """ ログを出力する """
        # フェイクオブジェクトでは，実際のログ出力を行わずに
        # 標準出力に出力する
        print (msg, end=' ')
        for arg in args:
            print(arg, end=' ')
        print()

    def info(self, msg, *args):
        """ infoレベルのログ """
        if self.lvl<=logging.INFO:
            return self._log(msg, *args)

    def debug(self, msg, *args):
        """ debugレベルのログ """
        if self.lvl<=logging.DEBUG:
            return self._log(msg, *args)

    def warning(self, msg, *args):
        """ warningレベルのログ """
        if self.lvl<=logging.WARNING:
            return self._log(msg, *args)
```

```
    def error(self, msg, *args):
        """ errorレベルのログ """
        if self.lvl<=logging.ERROR:
            return self._log(msg, *args)

    def critical(self, msg, *args):
        """ criticalレベルのログ """
        if self.lvl<=logging.CRITICAL:
            return self._log(msg, *args)
```

FakeLogger クラスは，logging.Logger クラスを模倣するために主要なメソッドのみを実装していることがわかります．テスト実行時に Logger クラスを置き換える，上記のようなフェイクオブジェクトを作成できるとよいでしょう．

3.3 ホワイトボックステスト

ソフトウェアアーキテクチャの観点から見ると，ソフトウェアの開発段階でテストを実行することはとても重要です．ソフトウェアがエンドユーザーに提供する機能は，ソフトウェアを構成する小さな機能の組合せで成立しています．このようにするのは，それらの小さな機能をテストしながら開発することで，個々の機能の動作が保証され，結果的にエンドユーザーにも正しい機能を提供できる安定したシステムを構成できるからです．そのことから，開発者はある機能を実装した段階で，自らテストを実行するべきです．

このとき，開発者にはテストする機能の詳細がわかっているため，このようなテストをホワイトボックステストと呼びます．

本節では，開発者がソフトウェアの開発段階で行うテストにどのようなものがあるか，また，それらのテストをどのように実施すべきかを説明します．

3.3.1　単体テスト

単体テスト（ユニットテストとも呼びます）は，ソフトウェアを構成する「小さな機能」が正しく挙動しているかどうかを確かめるテストです．小さな機能は関数やメソッドを指す場合が多く，その関数やメソッドの出力が予想されたものと合っているかどうかをテストします．

Python での単体テストは，標準ライブラリにある unittest モジュールでサポートされています．

単体テストで扱われる概念のうち重要なものを紹介し，unittest モジュールがどのようにサポートしているかを説明します．

- **テストケース**：単体テストを実行する単位のことです．unittest モジュールでは TestCase クラスによってサポートされており，このクラスを継承したクラスでメソッドを作成し，テストケースを作成します．それらのメソッドを用いて，機能の出力が期待した結果と合っているかを比較します．

- **テストフィクスチャ**：テスト実行のための事前処理や終了処理を行う部分のことです．例えば，テストケースを実行する前に，インメモリデータベースの作成や，サーバーの事前処理が必要な場合は，テストフィクスチャで処理します．unittest モジュールでは，TestCase クラスの setUp メソッドや tearDown メソッド，また，TestSuite クラスのメソッドが，テストフィクスチャをサポートしています．
- **テストスイート**：似たテストをテストスイートとしてまとめることによって，テストケースやテストスイート自身を統合することができます．これにより，複数のテスト結果を同時に解析できるようになります．unittest モジュールでは，TestSuite クラスがテストスイートをサポートしています．
- **テストランナー**：テストの実行や管理を行うオブジェクトです．GUI や CLI の入力からテスト実行のコマンドを受け取り，出力まで行います．unittest モジュールでは TextTestRunner クラスによってサポートされています．
- **テストリザルト**：どのテストが成功・失敗したかなど，テストの実行結果を管理します．unittest モジュールでは TestResult クラスの実装クラス（デフォルトは TextTestResult クラス）によってサポートされています．

unittest モジュールのほかにも，サードパーティ製のユニットテストモジュールを利用することで単体テストを実装できます．その代表例は，本項の後半で紹介する nose（nose2）や pytest です．

[1]　単体テストの実装

ここでは，Python の標準ライブラリでサポートされており，最もオーソドックスな unittest モジュールを利用した単体テストの実装方法を紹介します．

まず，テストの対象となるメソッドを持つモジュールから作成しましょう．作成するクラスのメソッドは，datetime モジュールに含まれる date と datetime というオブジェクトに作用するものです．

```
"""
datetime helper モジュール - datetime.dateオブジェクトおよび
datetime.datetimeオブジェクトに作用するメソッドを含むクラス
DateTimeHelperを持つモジュール
"""

import datetime

class DateTimeHelper(object):
    """ dateとdatetimeに作用する機能を持つクラス """
    def today(self):
        """ 本日のdatetimeを返す """
        return datetime.datetime.now()
```

```
    def date(self):
        """ dd/mm/yyyy型にフォーマットされた本日の文字列を返す """
        return self.today().strftime("%d/%m/%Y")

    def weekday(self):
        """ 本日の曜日を文字列で返す """
        return self.today().strftime("%A")

    def us_to_indian(self, date):
        """ USスタイル(mm/dd/yy)の文字列をインディアンフォーマット(dd/mm/yyyy)に変換する """
        # splitによって月, 日, 年を取得する
        mm,dd,yy = date.split('/')
        yy = int(yy)
        # もし16以下だったら2,000を足す
        if yy<=16: yy += 2000
        # dateオブジェクトを作成する
        date_obj = datetime.date(year=yy, month=int(mm), day=int(dd))
        # フォーマットを指定して文字列を返す
        return date_obj.strftime("%d/%m/%Y")
```

作成した DateTimeHelper クラスは日付に関する三つのメソッドを持っています．

- date メソッド：dd/mm/yyyy 型にフォーマットされた実行時の日付を文字列で返します．
- weekday メソッド：Sunday，Monday などのように，実行時の日付の曜日を文字列で返します．
- us_to_indian メソッド：US フォーマット（mm/dd/(yy) yy）で表された日付の文字列を，インディアンフォーマット（dd/mm/yyyy）[*4] で表された日付の文字列に変換して返します．

では，単体テストを作成しましょう．TestCase を継承して，DateTimeHelper クラスの us_to_indian メソッドの機能に対するテストを作成します．

```
"""
test_datetimehelper - datetimehelperモジュールの単体テストを実行するモジュール
"""

import unittest
import datetimehelper

class DateTimeHelperTestCase(unittest.TestCase):
    """ DateTimeHelperクラスの単体テストを実行するクラス """
    def setUp(self):
        print("Setting up...")
        self.obj = datetimehelper.DateTimeHelper()
```

[*4]【訳注】 著者がインド出身のため，インディアンフォーマットを対象にしています．

```
    def test_us_india_conversion(self):
        """ USフォーマットからインディアンフォーマットへ変換する機能のテスト """
        # 数種類の日付でテストを実行する
        d1 = '08/12/16'
        d2 = '07/11/2014'
        d3 = '04/29/00'
        self.assertEqual(self.obj.us_to_indian(d1), '12/08/2016')
        self.assertEqual(self.obj.us_to_indian(d2), '11/07/2014')
        self.assertEqual(self.obj.us_to_indian(d3), '29/04/2000')

if __name__ == "__main__":
    unittest.main()
```

メインパートで unittest.main を記述しており，これによりモジュール内のテストケースが自動で実行されます．テストの実行は簡単です．test_datetimehelper.py を引数にして，Python のコマンドを実行してみましょう．図 3.1 に表示されている結果から，テストが成功していることを確認できます．

```
(env) anand@ubuntu-pro-book:~/Documents/ArchitectureBook/code/chap3$ python3 test_datetimehelper.py
Setting up...
.
----------------------------------------------------------------------
Ran 1 test in 0.000s

OK
(env) anand@ubuntu-pro-book:~/Documents/ArchitectureBook/code/chap3$
```

図 3.1　datetimehelper モジュールの単体テストの結果（その 1）

[2]　モックを使用した単体テストの実装

シンプルな単体テストが作成できたので，続いて datetimehelper モジュール内の他のメソッドに対して単体テストを作成します．テストの対象とするメソッドは，date メソッドと weekday メソッドです．

date メソッドと weekday メソッドは実行時の日付に関する情報を扱うメソッドで，戻り値の結果がコードを実行している日付に依存します．us_india_conversion メソッドで実装したような，出力を固定値で指定する方法でテストを行うと，ある日は成功したテストが次の日には失敗してしまうなどの問題が起こります．このことから，テストでは日付に依存している部分を制御しなければなりません．

ここで有効な手段として挙げられるのがモックです．モックを使用することで，依存している部分を仮の処理やデータに置き換えることができます．では，unittest モジュールのモックライブラリを利用して，依存関係を切り離した単体テストを作成してみましょう．ここでは，unittest.mock ライブラリにサポートされているパッチという機能を利用します．パッチはメソッドの出力を変更できる機能を持っており，today メソッドの出力を変更することで，依存関係を切り離します．以上の事柄を踏まえて，二つのメソッドの単体テストを作成してみましょう．

```
"""
test_datetimehelper - datetimehelperモジュールの単体テストを実行するモジュール
"""

import unittest
import datetime
import datetimehelper

from unittest.mock import patch

class DateTimeHelperTestCase(unittest.TestCase):
    """ DateTimeHelperクラスの単体テストを実行するクラス """
    def setUp(self):
        self.obj = datetimehelper.DateTimeHelper()

    def test_date(self):
        """ dateメソッドのテスト """
        # テストに使用する日付を定義する
        my_date = datetime.datetime(year=2016, month=8, day=16)
        # todayメソッドの出力をパッチによってmy_dateに置き換える
        with patch.object(self.obj, 'today', return_value=my_date):
            response = self.obj.date()
            self.assertEqual(response, '16/08/2016')

    def test_weekday(self):
        """ weekdayメソッドのテスト """
        # テストに使用する日付を定義する
        my_date = datetime.datetime(year=2016, month=8, day=21)
        # todayメソッドの出力をパッチによってmy_dateに置き換える
        with patch.object(self.obj, 'today', return_value=my_date):
            response = self.obj.weekday()
            self.assertEqual(response, 'Sunday')

    def test_us_india_conversion(self):
        """ USフォーマットからインディアンフォーマットへ変換する機能のテスト """
        # 数種類の日付でテストを実行する
        d1 = '08/12/16'
        d2 = '07/11/2014'
        d3 = '04/29/00'
        self.assertEqual(self.obj.us_to_indian(d1), '12/08/2016')
        self.assertEqual(self.obj.us_to_indian(d2), '11/07/2014')
        self.assertEqual(self.obj.us_to_indian(d3), '29/04/2000')

if __name__ == "__main__":
    unittest.main()
```

パッチによって，各メソッド内部で呼ばれている `today` メソッドの出力を制御しています．コードが作成できたので，テストを実行して結果を確認しましょう．図3.2に結果を示します．

```
(env) anand@ubuntu-pro-book:~/Documents/ArchitectureBook/code/chap3$ python3 test_datetimehelper.py
...
----------------------------------------------------------------------
Ran 3 tests in 0.001s

OK
(env) anand@ubuntu-pro-book:~/Documents/ArchitectureBook/code/chap3$
```

図 3.2　datetimehelper モジュールの単体テストの結果（その 2）

unittest.main は，自動でモジュール内のテストケースを探して，各テストケースに対してテストを行う便利な関数です．

このテスト結果から，パッチによって，today メソッドの出力を指定した日付に変更できていることがわかります．こうして，日付の依存を切り離したテストを作成できました．

テスト実行時に詳細情報を確認したい場合は，unittest.main 関数に verbosity 引数を渡すか，コマンドラインで -v オプションを付けることで，テストランナーが詳細画面を出力します．実際にオプションを付けてテストを実行してみます．図 3.3 のように，どのメソッドのテストが通ったかを確認できます．

```
(env) anand@ubuntu-pro-book:~/Documents/ArchitectureBook/code/chap3$ python3 test_datetimehelper.py -v
test_date (__main__.DateTimeHelperTestCase)
Test date() method ... ok
test_us_india_conversion (__main__.DateTimeHelperTestCase)
Test us=>india date format conversion ... ok
test_weekday (__main__.DateTimeHelperTestCase)
Test weekday() method ... ok

----------------------------------------------------------------------
Ran 3 tests in 0.001s

OK
```

図 3.3　-v オプションによる単体テスト結果の詳細出力

[3]　nose2 を用いた単体テスト

これまでの単体テストでは，unittest モジュールを用いてきました．ここではサードパーティの提供する nose というモジュールを取り上げます．本書執筆時点[*5]で最も新しいバージョンは 2 で，nose2 というライブラリ名で提供されています．nose2 は pip（9.3.2 項を参照）からインストールできます．

```
$ pip install nose2
```

[*5]【訳注】翻訳時点（2018 年 12 月）でも同様です．

nose2 の実行は非常にシンプルです．nose2 は，コマンドを実行したディレクトリに存在する `unittest.TestCase` を継承したクラスの中から，“test_”で始まるメソッドを自動で探して，テストを実行します．

では，作成した `datetimehelper` モジュールが存在するディレクトリ上で，nose2 コマンドを実行してみましょう．図 3.4 のように，nose2 が自動でテストケースを探して，テストを実行している様子がわかります．

```
(env) anand@ubuntu-pro-book:~/Documents/ArchitectureBook/code/chap3$ nose2
...
----------------------------------------------------------------------
Ran 3 tests in 0.001s

OK
```

図 3.4　nose2 を用いた単体テスト

しかし，デフォルトのテストレポートには最低限の情報しか表示されていません．もし詳細な情報が必要な場合は，図 3.5 のように，-v のオプションを付けることで確認できます．

```
(env) anand@ubuntu-pro-book:~/Documents/ArchitectureBook/code/chap3$ nose2 -v
test_date (test_datetimehelper.DateTimeHelperTestCase)
Test date() method ... ok
test_us_india_conversion (test_datetimehelper.DateTimeHelperTestCase)
Test us=>india date format conversion ... ok
test_weekday (test_datetimehelper.DateTimeHelperTestCase)
Test weekday() method ... ok

----------------------------------------------------------------------
Ran 3 tests in 0.001s

OK
```

図 3.5　-v オプションを用いた，nose2 の単体テスト出力

またプラグインを導入することでコードカバレッジについても出力できます．テストコードのカバレッジについては 3.3.2 項で説明します．

[4]　pytest を用いた単体テスト

次に紹介するのは，`py.test` パッケージです．一般的に pytest と呼ばれており，機能が豊富なテストフレームワークです．nose2 と同様にファイルを探索する形式でテストを実行します．

pytest も pip ですぐにインストールできます．

```
$ pip install pytest
```

インストールが完了したら，図 3.6 に示すように，`pytest` コマンドを実行すると，実行したディレクトリ以下のテストケースを自動で探索して，テストを起動してくれます．これは nose2 と似ています．

```
(env) anand@ubuntu-pro-book:~/Documents/ArchitectureBook/code/chap3$ pytest
======================================== test session starts ========================================
platform linux -- Python 3.5.2, pytest-3.0.0, py-1.4.31, pluggy-0.3.1
rootdir: /home/anand/Documents/ArchitectureBook/code/chap3, inifile:
collected 3 items

test_datetimehelper.py ...

======================================== 3 passed in 0.02 seconds ========================================
```

図 3.6　pytest によるテストの実行

pytest も，プラグインによる拡張によってコードカバレッジを出力できます．pytest の特徴は，`unittest.TestCase` を継承していなくてもテストケースとして認識するという点です．pytest は，“Test” で始まるクラス名，“test_” で始まるメソッド名[*6]を再帰的に探索し，それをテストケースとして実行します．

では，`unittest` モジュールに依存しないテストクラスを作成して，pytest でテストを実行できることを確認しましょう．作成するモジュール名を `test_datetimehelper_object` とします．

```
"""
test_datetimehelper_object - 通常のクラスによって作成された
シンプルなテストケースを集めたモジュール
"""

import datetimehelper

class TestDateTimeHelper(object):
    def test_us_india_conversion(self):
        """ USフォーマットからインディアンフォーマットへ変換する機能のテスト """
        obj = datetimehelper.DateTimeHelper()
        assert obj.us_to_indian('1/1/1') == '01/01/2001'
```

コードを見るとわかるとおり，このテストモジュールは `unittest` モジュールには依存しません．ここで作成したテストモジュールが存在するディレクトリ上で `pytest` コマンドを実行して，テスト結果を出力してみましょう．図 3.7 に結果を示します．

```
(env) anand@ubuntu-pro-book:~/Documents/ArchitectureBook/code/chap3$ py.test -v
======================================== test session starts ========================================
platform linux -- Python 3.5.2, pytest-3.0.0, py-1.4.31, pluggy-0.3.1 -- /home/anand/arch3/env/bin/python3
cachedir: .cache
rootdir: /home/anand/Documents/ArchitectureBook/code/chap3, inifile:
plugins: cov-2.3.1
collected 4 items

test_datetimehelper.py::DateTimeHelperTestCase::test_date PASSED
test_datetimehelper.py::DateTimeHelperTestCase::test_us_india_conversion PASSED
test_datetimehelper.py::DateTimeHelperTestCase::test_weekday PASSED
test_datetimehelper2.py::TestDateTimeHelper::test_us_india_conversion PASSED

======================================== 4 passed in 0.02 seconds ========================================
```

図 3.7　pytest による，`unittest` モジュールをサポートしていないテストの実行[*7]

*6【訳注】モジュールも “test_” で始まるモジュール名にする必要があります．

*7【訳注】画像から，著者は `test_datetimehelper_object` ではなく `test_datetimehelper2` というモジュール名でテスト作成しています．なお，pytest は `py.test` でも実行可能です．

図3.7から，pytestが自動でテストケースを探索して，テストを実行していることがわかります．この機能はnose2にも実装されており，**unittest**モジュールに依存しないテストケースを実行できます．**nose2**コマンドを用いてテストを実行すると，図3.8のようになります．新しく加えたテストがpytest同様に実行されていることがわかります．

```
(env) anand@ubuntu-pro-book:~/Documents/ArchitectureBook/code/chap3$ nose2 -v
test_date (test_datetimehelper.DateTimeHelperTestCase)
Test date() method ... ok
test_us_india_conversion (test_datetimehelper.DateTimeHelperTestCase)
Test us=>india date format conversion ... ok
test_weekday (test_datetimehelper.DateTimeHelperTestCase)
Test weekday() method ... ok
test_datetimehelper2.TestDateTimeHelper.test_us_india_conversion ... ok

----------------------------------------------------------------------
Ran 4 tests in 0.001s

OK
```

図3.8　nose2による，**unittest**モジュールをサポートしていないテストの実行

本項では，ソフトウェアアーキテクチャのテスト容易性を向上させる方法として，単体テストとPythonによるその実装例を紹介しました．**unittest**やnose2，pytestには，紹介した機能のほかにも様々な機能があり，テストケースやテストスイートを作成・実行するための高い拡張性を提供しています．残念ながらすべての機能を取り上げることはできませんが，ソフトウェアアーキテクチャのテスト容易性を向上させるためにPythonでどのように実装すべきかを，理解できたでしょう．

次に，単体テストの重要な評価指標となるコードカバレッジを取り上げます．コードカバレッジは，ソフトウェアアーキテクチャの観点から重要な概念です．次の項では，**unittest**やnose2，pytestにおいて，コードカバレッジを取得する方法を説明します．

3.3.2　コードカバレッジ

コードカバレッジは，テスト対象のコードがどのくらいテストをされているかを示す指標です．コードカバレッジが高いほど，そのコードは漏れなくテストされていることになり，潜在的なバグを見つけやすくなります．そのため，実際の開発では，より高いコードカバレッジが得られるようにテストをすることが推奨されます．

コードカバレッジで一般的に用いられる指標として，LOC（lines of code）と呼ばれるものがあります．LOCはテストで実行されたコードの行数に着目した指標であり，実行できる全行数のうち，テスト時に実行された行数の割合を用います．このほかに，テストで実行されたメソッド数に着目した指標を使用することもあります．これは，全メソッド数のうちテストされたメソッドの割合を用います．

この項では，前項で作成した datetimehelper モジュールの例を使って，テストのコードカバレッジを出力する方法を紹介します．

[1] Coverage.py を用いたコードカバレッジの出力

Coverage.py は Python のサードパーティモジュールで，unittest モジュールによって記述されたテストケースやテストスイートを対象に，コードカバレッジを測定することができます．

Coverage.py は pip によってインストールできます．

```
$ pip install coverage
```

Coverage.py の実行は，coverage コマンドによって行われます．コードカバレッジを出力するためには 2 段階のステップがあります．まず，テスト対象のモジュールに対して run コマンドを実行します．

```
$ coverage run <source file1> <source file2>
```

その後，report コマンドによってコードカバレッジの情報を出力します．

```
$ coverage report -m
```

実際に test_datetimehelper のコードカバレッジを出力してみると，図 3.9 のようになります．

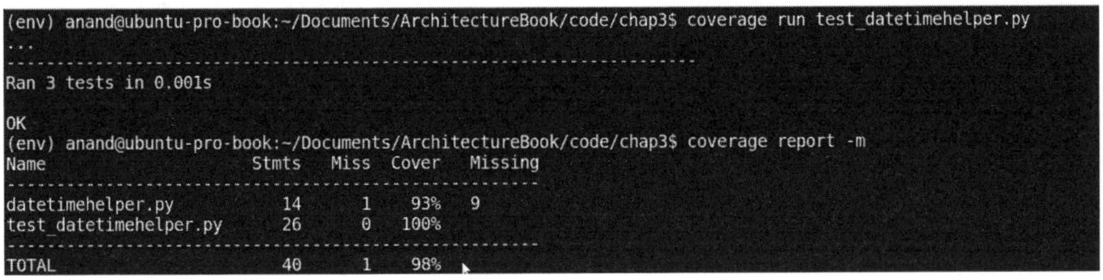

```
(env) anand@ubuntu-pro-book:~/Documents/ArchitectureBook/code/chap3$ coverage run test_datetimehelper.py
...
----------------------------------------------------------------------
Ran 3 tests in 0.001s

OK
(env) anand@ubuntu-pro-book:~/Documents/ArchitectureBook/code/chap3$ coverage report -m
Name                     Stmts   Miss  Cover   Missing
------------------------------------------------------
datetimehelper.py           14      1    93%   9
test_datetimehelper.py      26      0   100%
------------------------------------------------------
TOTAL                       40      1    98%
```

図 3.9　Coverage.py を使用して出力した datetimehelper モジュールのカバレッジレポート

Coverage.py によれば，datetimehelper に対するコードカバレッジは 93% という高い値です．同時にテストモジュールのカバレッジも出力されますが，こちらは無視して構いません．

[2] nose2 を用いたコードカバレッジの出力

nose2 にはデフォルトでコードカバレッジを出力する機能はないので，プラグインをインストールする必要があります．cov-core というプラグインを pip でインストールします．

```
$ pip install cov-core
```

cov-core をインストールすると，nose2 コマンドにオプションを付け加えるだけで，コードカバレッジの出力ができます．

```
$ nose2 -v -C
```

cov-core は内部で Coverage.py を使用しており，出力されるカバレッジレポートは同じです．

実際に実行してコードカバレッジの結果を見てみましょう．図 3.10 のような出力が得られます．

```
(env) anand@ubuntu-pro-book:~/Documents/ArchitectureBook/code/chap3$ nose2 -v -C
test_date (test_datetimehelper.DateTimeHelperTestCase)
Test date() method ... ok
test_us_india_conversion (test_datetimehelper.DateTimeHelperTestCase)
Test us=>india date format conversion ... ok
test_weekday (test_datetimehelper.DateTimeHelperTestCase)
Test weekday() method ... ok
test_datetimehelper2.TestDateTimeHelper.test_us_india_conversion ... ok

----------------------------------------------------------------------
Ran 4 tests in 0.002s

OK
----------- coverage: platform linux, python 3.5.2-final-0 -----------
Name                       Stmts   Miss  Cover
----------------------------------------------
datetimehelper.py             14      1    93%
test_datetimehelper.py        26      1    96%
test_datetimehelper2.py        5      0   100%
----------------------------------------------
TOTAL                         45      2    96%
```

図 3.10　nose2 を使用して出力した datetimehelper モジュールのカバレッジレポート

cov-core のデフォルトは標準出力ですが，他の出力形式もサポートしています．例えば，図 3.11 のように --coverage-report html というオプションを付け加えると，htmlcov ディレクトリ以下に HTML フォーマットのコードカバレッジが出力されます．

```
(env) anand@ubuntu-pro-book:~/Documents/ArchitectureBook/code/chap3$ nose2 -C --coverage-report html
....
----------------------------------------------------------------------
Ran 4 tests in 0.002s

OK
----------- coverage: platform linux, python 3.5.2-final-0 -----------
Coverage HTML written to dir htmlcov
```

図 3.11　nose2 を使用した，HTML 形式でのカバレッジの出力

ブラウザによる表示を図 3.12 に示します．

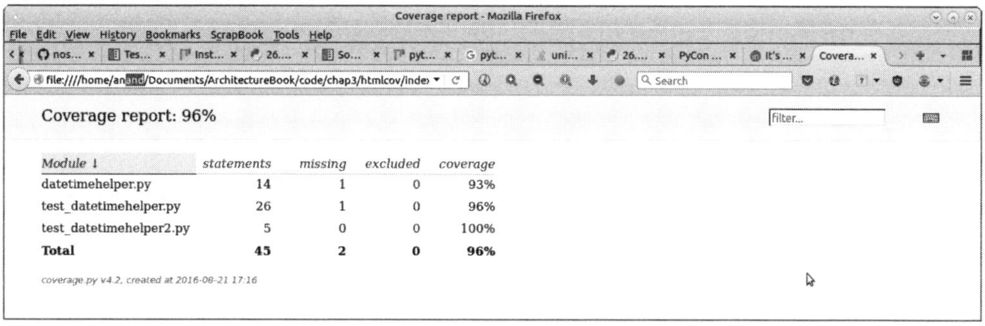
Coverage report - Mozilla Firefox
File Edit View History Bookmarks ScrapBook Tools Help
file:///home/anand/Documents/ArchitectureBook/code/chap3/htmlcov/inde
Search
Coverage report: 96%
filter...
Module ↓ statements missing excluded coverage
datetimehelper.py 14 1 0 93%
test_datetimehelper.py 26 1 0 96%
test_datetimehelper2.py 5 0 0 100%
Total 45 2 0 96%
coverage.py v4.2, created at 2016-08-21 17:16

図 3.12　カバレッジレポートのブラウザ出力

[3]　pytest を用いたコードカバレッジの出力

pytest もデフォルトでコードカバレッジを出力する機能はないので，プラグインをインストールします．pytest では pytest-cov と呼ばれるプラグインを用います．pip でインストールします．

```
$ pip install pytest-cov
```

カレントディレクトリ以下に存在するテストケースのコードカバレッジを出力してみましょう．以下のコマンドを実行します．

```
$ pytest --cov
```

図 3.13 のような，出力が得られます．

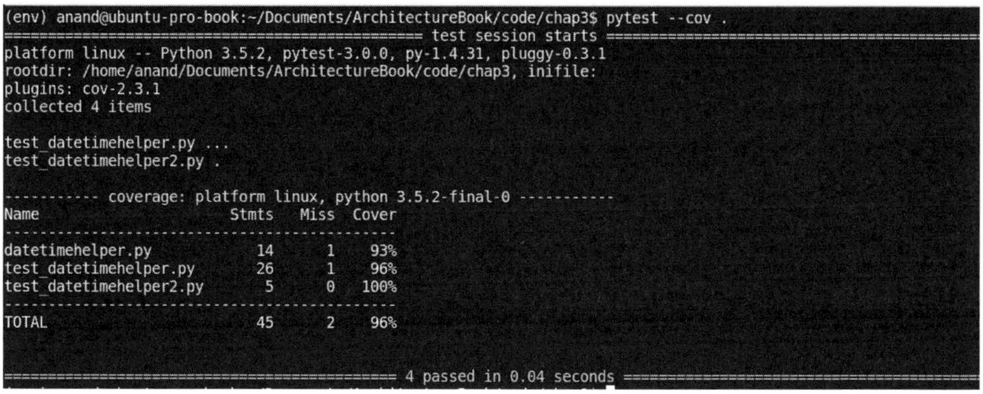
(env) anand@ubuntu-pro-book:~/Documents/ArchitectureBook/code/chap3$ pytest --cov .
test session starts
platform linux -- Python 3.5.2, pytest-3.0.0, py-1.4.31, pluggy-0.3.1
rootdir: /home/anand/Documents/ArchitectureBook/code/chap3, inifile:
plugins: cov-2.3.1
collected 4 items
test_datetimehelper.py ...
test_datetimehelper2.py .
coverage: platform linux, python 3.5.2-final-0
Name Stmts Miss Cover
datetimehelper.py 14 1 93%
test_datetimehelper.py 26 1 96%
test_datetimehelper2.py 5 0 100%
TOTAL 45 2 96%
4 passed in 0.04 seconds

図 3.13　pytest を使用した，カレントディレクトリのコードカバレッジの出力

3.3.3　モックの便利な利用方法

3.3.1 項では，unittest.mock にあるパッチによるモックの利用方法を紹介しました．unittest でサポートされているモックはより強力な機能を備えているので，この項ではそれを紹介します．

モックの機能を発揮するために，大規模なテキストデータセットからキーワードを検索するクラスを考えます．検索によって得られるデータは，あらかじめ与えられた重みの大きい順に並び替えられて出力するとします．データセットはデータベースに保存されており，戻り値は(検索対象の文章, 関連性) となるタプルのリストで返すこととします．「検索対象の文章」はキーワードにマッチした文章，「関連性」はその文章とキーワードの関連度合いを表します．

```
"""
textsearcher - データベースを探索して結果を返すTextSearcherクラスを含むモジュール
"""

import operator

class TextSearcher(object):
    """ テキストを探索して結果を返すクラス """
    def __init__(self, db):
        """ イニシャライザ - キャッシュとデータベースオブジェクトの初期化を行う """
        self.cache = False
        self.cache_dict = {}
        self.db = db
        self.db.connect()

    def setup(self, cache=False, max_items=500):
        """ 設定を行う """
        self.cache = cache
        # DBのconfigureメソッドを呼んで，初期化を行う
        self.db.configure(max_items=max_items)

    def get_results(self, keyword, num=10):
        """ 与えられたキーワードを用いてデータベースを検索し，結果を返す """
        # キャッシュにデータがある場合はそれを返す
        if keyword in self.cache_dict:
            print ('From cache')
            return self.cache_dict[keyword]
        results = self.db.query(keyword)
        # resultsは(string, weightage)のタプルのリストになる
        results = sorted(results, key=operator.itemgetter(1), reverse=True)[:num]
        # キャッシュに登録する
        if self.cache:
            self.cache_dict[keyword] = results
        return results
```

このクラスは以下の三つのメソッドを持っています．

- __init__ メソッド[*8]：引数としてデータベースハンドルを受け取り，データベースとの接続処理やメンバー変数の初期化を行うコンストラクタ
- setup メソッド：データベースオブジェクトの設定処理を行うメソッド
- get_results メソッド：与えられたキーワードによってデータソースを検索し，その結果を返すメソッド

このクラスに対する単体テストでは，データベースへの依存を考慮する必要があります．依存を切り離す上でモックが役に立つことは，以前に述べました．この例では，データベースを仮のデータに置き換えることでデータベースの依存を切り離します．データベースから得られるデータはモックによって開発者側で決定できるので，開発者はロジック，引数，戻り値のテストに集中できます．

モックの強力さを理解しやすくするために，Python インタプリタで対話的に実装してみましょう．

必要なモジュールをインポートします．

```
>>> from unittest.mock import Mock, MagicMock
>>> import textsearcher
>>> import operator
```

コンストラクタで渡すデータベースオブジェクトを，モックオブジェクトによって作成します．

```
>>> db = Mock()
```

次に，TextSearcher のインスタンスを作成します．このときのポイントは，TextSearcher 自体をモック化していないことです．TextSearcher の機能を差し替えないので，純粋に動作のみをテストできます．

```
>>> searcher = textsearcher.TextSearcher(db)
```

このとき，データベースオブジェクトは __init__ メソッドを通っているので，connect メソッドが呼ばれていることが予想されます．それを assertion メソッドを呼び出して確認します．

```
>>> db.connect.assert_called_with()
```

[*8]【訳注】正確には __init__ メソッドはイニシャライザで，__new__ メソッドがコンストラクタですが，本書では，特に区別する必要がない場合，二つのメソッドをコンストラクタと呼びます．

何も問題がなければ，このassertionメソッドは成功します．次に，TextSearcherのインスタンスのsetupメソッドを呼び出します．

```
>>> searcher.setup(cache=True, max_items=100)
```

TextSearcherのコードから，dbオブジェクトの持っているconfigureメソッドがmax_items=100を引数にして呼ばれていることがわかるので，それをassertionメソッドを用いて確認します．

```
>>> searcher.db.configure.assert_called_with(max_items=100)
<Mock name='mock.configure_assert_called_with()' id='139637252379648'>
```

良い調子です．最後に，get_resultsメソッドのロジックのテストを行います．dbはMockのオブジェクトなので，queryメソッドでデータを返すことができません．そのため，ここではqueryメソッドの戻り値を変更します．では，仮のデータを持ったMockオブジェクトを作成してみましょう．

```
>>> canned_results = [('Python is wonderful', 0.4),
    ...                    ('I like Python',0.8),
    ...                    ('Python is easy', 0.5),
    ...                    ('Python can be learnt in an afternoon!', 0.3)]
>>> db.query = MagicMock(return_value=canned_results)
```

get_resultsメソッドに引数を渡して，メソッドを実行してみましょう．

```
>>> keyword, num = 'python', 3
>>> data = searcher.get_results(keyword, num=num)
```

get_resultsの戻り値であるdataを確認します．

```
>>> data
[('I like Python', 0.8), ('Python is easy', 0.5), ('Python is wonderful', 0.4)]
```

問題なく動いていることがわかります．次に，get_resultsの中でdb.queryメソッドが呼ばれているかどうかを確かめてみましょう．

```
>>> searcher.db.query.assert_called_with(keyword)
```

最後に，得られたdataのソートと，スライスが正しく実行されているかを確認してみましょう．

```
>>> results = sorted(canned_results, key=operator.itemgetter(1), reverse=True)[:num]
>>> assert data == results
True
```

これですべて完了です．お疲れさまでした．

この例では，データへの依存度が高いコードに対して，unittest モジュールの Mock オブジェクトを用いて，どのようにモック化を行えば効果的にテストを行えるかを説明しました．うまくモックを使うことで，開発者はロジック，引数値，戻り値のような本質的な部分に集中してテストを作成できます．

この一連の流れをモジュールにして，nose2 によるテストを行ってみましょう．

```
"""
test_textsearch - textsearchモジュールの単体テストを実行するモジュール
"""

from unittest.mock import Mock, MagicMock
import textsearcher
import operator

def test_search():
    """ モックを用いた検索機能のテスト """
    # データベースをモックにする
    db = Mock()
    searcher = textsearcher.TextSearcher(db)
    # connectメソッドが引数なしで呼ばれたことを確認する
    db.connect.assert_called_with()
    # searcherのsetupメソッドを呼ぶ
    searcher.setup(cache=True, max_items=100)
    # configureメソッドが引数ありで呼ばれたことを確認する
    searcher.db.configure.assert_called_with(max_items=100)
    # 結果データのモックを作成する
    canned_results = [('Python is wonderful', 0.4),
                      ('I like Python',0.8),
                      ('Python is easy', 0.5),
                      ('Python can be learnt in an afternoon!', 0.3)]
    db.query = MagicMock(return_value=canned_results)

    keyword, num = 'python', 3
    data = searcher.get_results(keyword,num=num)
    searcher.db.query.assert_called_with(keyword)

    # データの検証
    results = sorted(canned_results, key=operator.itemgetter(1), reverse=True)[:num]
    assert data == results
```

ではテストを実行してみましょう．図 3.14 のような出力が得られます．

```
(env) anand@ubuntu-pro-book:~/Documents/ArchitectureBook/code/chap3$ nose2 -v test_textsearch
test_textsearch.transplant_class.<locals>.C (test_search)
Test search via a mock ... ok

----------------------------------------------------------------------
Ran 1 test in 0.001s

OK
(env) anand@ubuntu-pro-book:~/Documents/ArchitectureBook/code/chap3$
```

図3.14　textsearcher モジュールの単体テスト（nose2）

コードカバレッジもプラグインを用いて，図3.15のように出力できます．

```
(env) anand@ubuntu-pro-book:~/Documents/ArchitectureBook/code/chap3$ pytest --cov textsearcher
========================================== test session starts ==========================================
platform linux -- Python 3.5.2, pytest-3.0.0, py-1.4.31, pluggy-0.3.1
rootdir: /home/anand/Documents/ArchitectureBook/code/chap3, inifile:
plugins: cov-2.3.1
collected 5 items

test_datetimehelper.py ...
test_datetimehelper2.py .
test_textsearch.py .

---------- coverage: platform linux, python 3.5.2-final-0 ----------
Name              Stmts   Miss  Cover
-------------------------------------
textsearcher.py      19      2    89%


======================================= 5 passed in 0.04 seconds ========================================
```

図3.15　textsearcher モジュールのカバレッジの測定（pytest）

この結果から約90%のコードカバレッジを得られたことがわかります．20のステートメントのうち二つが実行できていないことになりますが，これは悪くない結果です．

3.3.4　doctest ――インラインドキュメントによるテスト

Python では，docstring の中に記述されたテストケースを実行する，doctest という機能をサポートしています．メソッド，クラス，モジュールのインラインドキュメントでテストを作成することは，ソースコードとそのテストを同じ場所で管理できるという利点があります．

doctest モジュールは，Python の実行時，docstring に記述されたテストを探し出して実行し，テスト結果が正しいかどうかを確かめます．テストに失敗した場合は，標準出力にその結果が出ます．

では，実際に doctest によるテストを実行してみましょう．テストの対象となる機能は，引数で自然数を受け取り，その自然数の階乗を戻り値とする factorial 関数です．モジュール名を factorial.py とします．

```
"""
factorial - doctestのデモンストレーションするためのモジュール
"""
```

```
import functools
import operator

def factorial(n):
    """ 引数の階乗
    >>> factorial(0)
    1
    >>> factorial(1)
    1
    >>> factorial(5)
    120
    >>> factorial(10)
    3628800
    """
    return functools.reduce(operator.mul, range(1, n + 1))

if __name__ == "__main__":
    import doctest
    doctest.testmod(verbose=True)
```

では，このモジュールを実行してみましょう．図 3.16 に示すような結果が得られます．

```
(env) anand@ubuntu-pro-book:~/Documents/ArchitectureBook/code/chap3$ python3 factorial.py
**********************************************************************
File "factorial.py", line 13, in __main__.factorial
Failed example:
    factorial(0)
Exception raised:
    Traceback (most recent call last):
      File "/usr/lib/python3.5/doctest.py", line 1321, in __run
        compileflags, 1), test.globs)
      File "<doctest __main__.factorial[3]>", line 1, in <module>
        factorial(0)
      File "factorial.py", line 17, in factorial
        return functools.reduce(operator.mul, range(1,n+1))
    TypeError: reduce() of empty sequence with no initial value
**********************************************************************
1 items had failures:
   1 of   4 in __main__.factorial
***Test Failed*** 1 failures.
```

図 3.16　factorial モジュールの doctest によるテスト結果

四つのうち一つが失敗しています．この結果から，0 の階乗という特殊な場合に対する例外処理を忘れていることがわかります．0 を引数に渡すと，reduce メソッドには range(1, 1) を渡すことになり，例外が発生します．

テストが成功するように修正しましょう．

```
"""
factorial - doctestのデモンストレーションするためのモジュール
"""

import functools
```

```
import operator

def factorial(n):
    """ 引数の階乗
    >>> factorial(0)
    1
    >>> factorial(1)
    1
    >>> factorial(5)
    120
    >>> factorial(10)
    3628800
    """
    # 特殊な引数0の例外処理
    if n == 0:
        return 1

    return functools.reduce(operator.mul, range(1, n + 1))

if __name__ == "__main__":
    import doctest
    doctest.testmod(verbose=True)
```

改めてモジュールを実行すると，図3.17のような結果が得られます．

```
(env) anand@ubuntu-pro-book:~/Documents/ArchitectureBook/code/chap3$ python3 factorial.py
Trying:
    factorial(1)
Expecting:
    1
ok
Trying:
    factorial(5)
Expecting:
    120
ok
Trying:
    factorial(10)
Expecting:
    3628800
ok
Trying:
    factorial(0)
Expecting:
    1
ok
1 items had no tests:
    __main__
1 items passed all tests:
   4 tests in __main__.factorial
4 tests in 2 items.
4 passed and 0 failed.
Test passed.
(env) anand@ubuntu-pro-book:~/Documents/ArchitectureBook/code/chap3$
```

図3.17　修正後の factorial モジュールの doctest によるテスト結果

すべてのテストが成功しました.

この例では，doctest モジュールの `testmod` メソッドに `verbose` オプションを付けて実行しています．このオプションによって，テストの結果を標準出力に表示できます．このオプションがないと，doctest によるテスト成功時の標準出力には何も表示されません.

doctest は，Python コードによるテストだけでなく，テキストファイルで書かれたテストでも，Python の対話型セッションを起動して実行できる，汎用的なモジュールです.

pytest パッケージには，doctest の実行環境がビルトインサポートされており，以下のコマンドを実行すると，ディレクトリ以下にある doctest のテストを実行できます.

```
$ pytest -doctest-modules
```

3.3.5　結合テスト

これまでに示したように，単体テストはバグの発見・修正にとても役立ちます．ソフトウェアの開発サイクルに初期段階から組み込むことで，開発効率は大きく向上するでしょう．しかしながら，単体テストにパスしただけでは，ソフトウェアの品質が完璧に保証されているとは言えません．ソフトウェアをエンドユーザーに提供するためには，ソフトウェア自身を構成する各コンポーネントが正常に動作していなければなりません．そして，そうなって初めてアーキテクチャ品質属性を満たしていると言えます．この検証を行うためには，結合テストが不可欠です.

結合テストの目的は，サブシステムの挙動やパフォーマンスなどの品質が担保されているかどうかを確認することです．サブシステムは単体テストの対象となるユニットを組み合わせたものなので，結合テストによってサブシステムの動作を確認することは，単体テストと同様にとても重要です.

一般的に，結合テストは，すべての単体テストを終えたあとか，バリデーションテストを始める前に作成されます.

以下では，ソフトウェア開発サイクルにおいて，単体テストを終えた後に行う結合テストの利点と，ソフトウェアアーキテクトにとっての恩恵を説明します.

- **コンポーネント間の相互作用の確認**：サブシステムの各ユニットは，多くの場合，複数の開発者によって作成されます．もちろん彼らはコンポーネントの正しい動作を知っていて，それに従って単体テストも行っていると考えられます．しかしながら，システム全体を考えたとき，各コンポーネント間の統合ポイントで誤解が生じてエラーが生まれる可能性は十分にあります．結合テストによって，そのようなエラーを未然に防げます．

- **システム要件が変更された場合に起こりうる影響の確認**：実装時に要件が変更された場合に，変更後の要件に対して十分な単体テストを作成できていない可能性があります．また，システム全体が正しく要件を満たすように実装されているとは限りません．このような場合も，結合テストによって実装が不十分な部分をいち早く発見できます．
- **外部依存関係や API のテスト**：最近では，ソフトウェアのコンポーネントとして様々なサードパーティ製 API が提供されており，開発に欠かせないものとなっています．しかし，単体テストでは，API の機能をモックやスタブで置き換える必要があります．結合テストを行うことで初めて，API の呼び出し規約や，レスポンス，パフォーマンスが要件を満たしているかどうかを確認できます．
- **ハードウェアの問題に対するデバッグ**：結合テストは，ハードウェアの情報を得るのに役立ちます．得られた情報により，システムの要件を満たすように，ハードウェアの設定を変更したりすることができます．
- **単体テストでカバーできない例外の発見**：結合テストでは，単体テストで見つからないような，開発者の予期しないエラーを発見できる可能性があります．単体テストでコードカバレッジが高いテストを作成することも大切ですが，アプローチの違う結合テストと組み合わせて実行することで，開発者が見つけられない潜在バグを発見できる可能性が高まります．

結合テストは，以下の三つのアプローチで作成されるのが普通です．

- **ボトムアップ**：下位レベルのコンポーネントを初めにテストし，成功するごとに階層を一つずつ上げるアプローチです（図 3.18）．このプロセスは，システムの最上位レベルのコンポーネントに達するまで繰り返されます．このアプローチでは，上位の重要なコンポーネントに対するテストが不十分（または不適切）になってしまうこともあります．トップレベルのコンポーネントが開発中の場合，モックなどにより機能を置き換えます．この置き換えたものはドライバーと呼ばれます．

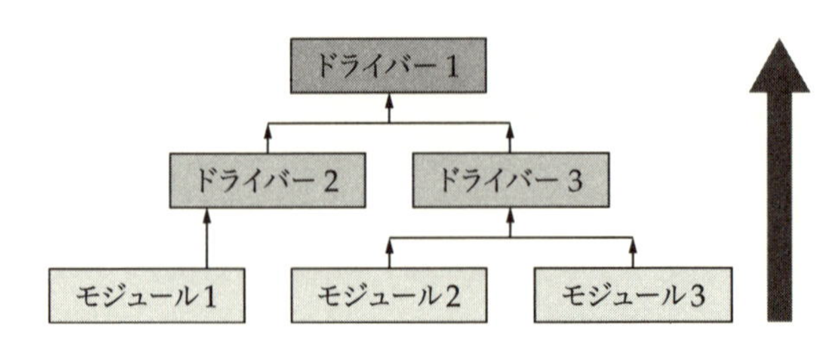

図 3.18　ボトムアップの概要図

- **トップダウン**：上位レベルのコンポーネントからテストし，テストに成功するごとに階層を一つ下げるアプローチです（図 3.19）．このアプローチでは，上位層のモジュール

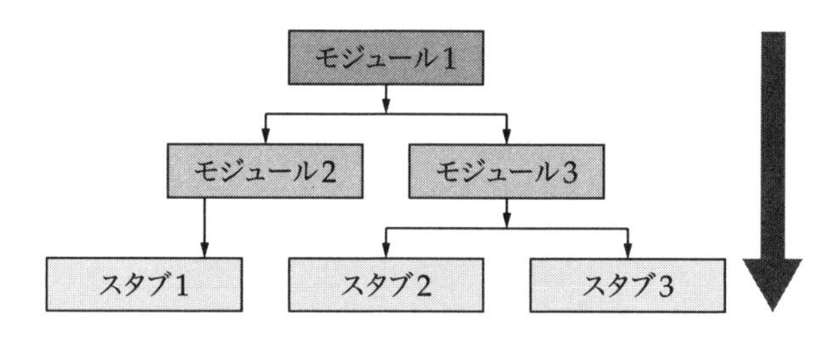

図 3.19　トップダウンの概要図

が優先的にテストされるため，最初に主要な設計・開発の欠陥を特定して修正できます．しかし，下位のコンポーネントに対するテストが不十分になってしまうことがあります．下位コンポーネントをスタブに置き換えられるので，このアプローチはプロトタイプの初期に用いられることがよくあります．

- **ビッグバン**：各コンポーネントのすべてを統合してテストするアプローチです．開発が終了したフェーズでよく実行されます．このアプローチは，時間を節約できるといった利点があります．一方で，統合したコンポーネントに対してテストを実行するのみなので，重要なモジュールのテストに十分な時間がとれず，バグを発見できない可能性があります．

すべての結合テストをサポートするツールはありませんが，Web アプリケーションなど特定のフレームワークでは，独自に結合テストツールをサポートしている場合があります．例えば，Django，Pyramid，Flask のような Web フレームワークでは，独自の結合テスト用フレームワークがコミュニティで開発されています．

そのほかに，webtest フレームワークという有名なテストツールがあります．これは Python WSGI アプリケーションに対する自動テストツールです．詳細については本書では解説しないので，興味のある読者は調べてみてください．

3.3.6　Selenium WebDriver による自動テスト

様々な結合テスト自動化ツールが Web 上で公開されています．ここでは，Selenium という有名な自動テストツールを紹介します．

Selenium は無料かつオープンソースの Web アプリケーション用自動テストツールであり，多くの Web ブラウザに対応しています．開発者が結合テスト，回帰テスト，バリデーションテストを行うときによく用いられます．

Selenium は WebDriver と呼ばれる，ブラウザを外部から操作できるようにする機能を提供しています．WebDriver を用いることで，URL アクセス，クリック，フォームの入力・登録といった様々な操作が，プログラミングにより可能になります．そのため，これまで手作業で確認していたテストを完全に自動化できます．

Selenium は，多くのプログラミング言語とランタイム上での実行をサポートしています．

Python用のSelenium WebDriverはpipでインストールできます.

```
$ pip install selenium
```

ここでは, Seleniumによるテストの簡単な例として, Pythonの公式HPを用いて, Webサイトのテスト方法を紹介します. 使用するテストモジュールはpytestです.

まずはselenium_testcase.pyというモジュール名のテストコードを書きます.

```
"""
selenium_testcase - seleniumフレームワークによる自動UIテストの例を示すモジュール
"""

from selenium import webdriver
import pytest
import contextlib

@contextlib.contextmanager
@pytest.fixture(scope='session')
def setup():
    driver = webdriver.Firefox()
    yield driver
    driver.quit()

def test_python_dotorg():
    """ python.org HPテストの詳細 """
    with setup() as driver:
        driver.get('http://www.python.org')
        # テストを記述する
        assert driver.title == 'Welcome to Python.org'
        # 'Community'リンクを見つける
        comm_elem = driver.find_elements_by_link_text('Community')[0]
        # URLを取得する
        comm_url = comm_elem.get_attribute('href')
        # URLに遷移をする
        print ('Community URL=>',comm_url)
        driver.get(comm_url)
        # タイトルをチェックする
        assert driver.title == 'Our Community | Python.org'
        assert comm_url == 'https://www.python.org/community/'
```

実行する前に, コードの詳細を確認しましょう.

- setup関数はテストフィクスチャで, テストの設定を行っています. ここではFirefoxのWebDriverを使用しています. また, デコレータにより, この関数はコンテキストマネージャになっていることがわかります. with文の後処理として, driverの終了処理であるquitメソッドを呼んでいます.
- test_python_dotorg関数はテスト対象となる関数で, Pythonの公式サイトに訪れてタイトル名が正しいかどうかをテストしています．その後，メインページ内にあるコミュニティのページにアクセスして，そのページタイトルと URL が正しいかどうかをテストしています．

あとは pytest でテストを実行するだけです[*9]．

```
$ pytest -s selenium_testcase.py
```

実行すると，Selenium がブラウザを起動し，Python の公式サイトにアクセスする様子を確認できます．最終的に，図 3.20 に示すように，標準出力にテストの結果がアウトプットされます．

```
(env) anand@ubuntu-pro-book:~/Documents/ArchitectureBook/code/chap3$ pytest -s selenium_testcase.py
======================================== test session starts ========================================
platform linux -- Python 3.5.2, pytest-3.0.0, py-1.4.31, pluggy-0.3.1
rootdir: /home/anand/Documents/ArchitectureBook/code/chap3, inifile:
plugins: cov-2.3.1
collected 1 items

selenium_testcase.py Community URL=> https://www.python.org/community/
.

===================================== 1 passed in 16.35 seconds =====================================
```

図 3.20 Python の公式サイトに対する Selenium のテスト結果

Selenium は提供されているメソッドを駆使することで，HTML のインスペクタや，要素の位置や挙動などをテストする，複雑なテストケースにも対応できます．また，Ajax など，JavaScript による複雑なページの挙動に対するテストケースも，Selenium プラグインを用いることで作成できます．

Selenium はサーバー上でも実行できます．サーバー上で実行する場合は，Selenium のドライバーを操作するためのリモートクライアントを使います．つまり，クライアントマシンからネットワークを介してコマンドを送り，サーバー上で実行されているブラウザによってテストを実行します．なお，ブラウザは X セッションによって仮想化されている場合が多いです．

3.4 テスト駆動開発

テスト駆動開発（test-driven development; TDD）はアジャイルソフトウェア開発手法の一つです．初めにテストケースを用意し，それを通過するようにコードを作成する，という短いサイクルを繰り返すことで開発を行います．

テスト駆動開発では，ソフトウェアの個々の機能に対してすべてテストケースを用意します．各テストケースを必ず通過するように，コードを書かなければなりません．機能を追加する場

[*9]【訳注】geckodriver がなければ実行できません．

合には，先にテストケースを書いてからテスト対象となるコードに変更を加えます．すべての機能を網羅するまで，このプロセスを繰り返します．

テスト駆動開発のステップを具体的に紹介します．

1. 最も単純な基本となる機能のテストケースを作成する
2. 手順1で作成したテストケースを通過するようにコードを書く
3. 新しく実装したい機能のテストケースを作成する
4. すべてのテストを実行し，失敗・成功を確認する[*10]
5. 手順4で失敗した場合，追加したテストケースが通るようにコードを修正する
6. 再度テストを実行する
7. 手順4から手順6を繰り返す
8. 機能を実装するたびに手順3から手順7を繰り返す

テスト駆動開発では，テストケースも，その機能を実現するコードも，どちらも簡潔かつ明確に保つことに重きを置いています．単体テストと機能本体の両方が明確になることで，開発者がソフトウェアの持つ機能を理解しやすくなり，ソフトウェアの品質向上に繋がるためです．

テスト駆動開発では，新しいテストケースを追加してコードを記述した後，追加したコードのリファクタリングに進みます．ひとまず簡単なテストケースを用意すれば，コードも簡潔になるでしょう．したがって，コードの臭いやアンチパターンなどによるコードの複雑化を避けることができ，保守性の向上が見込めます．

テスト駆動開発はソフトウェア開発の方法論なので，専用ツールなどはありません．多くの場合，テスト駆動開発で作成されるテストは単体テストです．そのため，ここでは unittest モジュールと，今までに紹介した関連ツールを用いて，簡単な例で紹介します．

3.4.1　テスト駆動開発の実践

では，Python を用いてテスト駆動開発を体験してみましょう．ここで実装するのは，回文に関する機能です．

回文は上から読んでも下から読んでも同じになる文字列のことです．例えば “bob”，“rotator”，“Malayalam” は回文です．文章にも回文は存在し，“Madam, I'm Adam.” は記号を除くと回文になります．

初めに，テスト駆動開発のステップに従って，回文の基本的なテストケースを作成します．以下のようにテストケースを書きましょう．

```
"""
test_palindromeモジュール - テスト駆動開発を体験するための回文モジュールのテストケース
"""
```

[*10]【訳注】新しいテストケースを追加した場合，当然ながらテストは失敗します．

```
import palindrome

def test_basic():
    """ 回文に対する基本的なテスト """
    # 正例
    for test in ('Rotator','bob','madam','mAlAyAlam', '1'):
        assert palindrome.is_palindrome(test)==True
    # 負例
    for test in ('xyz','elephant', 'Country'):
        assert palindrome.is_palindrome(test)==False
```

このコードをよく見てみると，コード自体が回文をチェックする機能の仕様を示していることがわかります．そのほかに，引数や戻り値といった関数のシグネチャの仕様も示されています．このテストケースから，最初に作成する ver.1 のコードの仕様をリストアップしてみましょう．

- この関数の名前は `is_palindrome` である．引数として文字列を受け取り，その文字列が回文の場合は `True` を返し，それ以外の場合は `False` を返す．この関数は `palindrome` モジュール内に存在する．
- この関数は引数で与えられる文字列内の大文字と小文字を区別しない．

この仕様を満たすように `palindrome` モジュールを作成してみましょう．

```
def is_palindrome(in_string):
    """
    in_stringが回文ならTrue，それ以外ならFalseを返す
    """
    # in_stringをすべて小文字にする
    in_string = in_string.lower()
    # in_stringを逆側から取得したものとin_stringを比較して，
    # 回文かどうかをチェックする
    return in_string == in_string[-1::-1]
```

pytest でテストを実行してみましょう．図 3.21 のような結果が得られます．

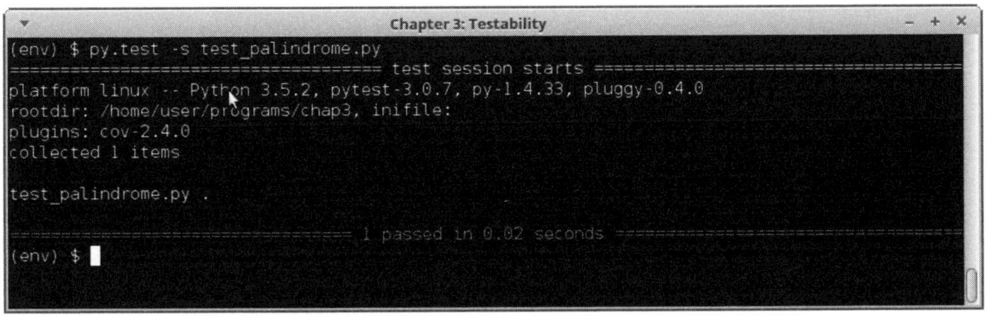

```
Chapter 3: Testability
(env) $ py.test -s test_palindrome.py
==================================== test session starts ====================================
platform linux -- Python 3.5.2, pytest-3.0.7, py-1.4.33, pluggy-0.4.0
rootdir: /home/user/programs/chap3, inifile:
plugins: cov-2.4.0
collected 1 items

test_palindrome.py .

================================= 1 passed in 0.02 seconds =================================
(env) $ 
```

図 3.21　`test_palindrome.py` のテスト結果（ver.1）

図3.21のとおり，テストが成功していることから，ver.1の palindrome モジュールの実装が完了しました．

では，テスト駆動開発の手順3に移りましょう．is_palindrome 関数に新しく機能を追加するため，テストケースを拡張します．ここでは，回文チェックに文字列内の空白を無視する機能を追加します．先ほど作成したテストモジュールにテストを追加しましょう．

```
"""
test_palindromeモジュール - テスト駆動開発を体験するための回文モジュールのテストケース
"""

import palindrome

def test_basic():
    """ 回文に対する基本的なテスト """
    # 正例
    for test in ('Rotator','bob','madam','mAlAyAlam', '1'):
        assert palindrome.is_palindrome(test)==True
    # 負例
    for test in ('xyz','elephant', 'Country'):
        assert palindrome.is_palindrome(test)==False

def test_with_spaces():
    """ 空白を含む文字列の回文チェックのテスト """
    # 正例
    for test in ('Able was I ere I saw Elba',
                 'Madam Im Adam',
                 'Step on no pets',
                 'Top spot'):
        assert palindrome.is_palindrome(test)==True
    # 負例
    for test in ('Top post','Wonderful fool','Wild Imagination'):
        assert palindrome.is_palindrome(test)==False
```

この状態で pytest を実行すると，図3.22に示すような結果になります．

現在の is_palindrome 関数には，空白が存在する場合の処理が記述されていないので，当然ながらテストは失敗します．手順5に移り，この失敗したテストが成功するように，つまり in_string の空白を無視するようにコードを変更します．

```
"""
palindromeモジュール - テスト駆動開発を体験するための回文モジュール
"""

import re

def is_palindrome(in_string):
    """
    in_stringが回文ならTrue，それ以外ならFalseを返す
    """
```

```
Chapter 3: Testability
(env) $ py.test -s test_palindrome.py
=========================================== test session starts ===========================================
platform linux -- Python 3.5.2, pytest-3.0.7, py-1.4.33, pluggy-0.4.0
rootdir: /home/user/programs/chap3, inifile:
plugins: cov-2.4.0
collected 2 items

test_palindrome.py .F

================================================ FAILURES ================================================
____________________________________________ test_with_spaces ____________________________________________

    def test_with_spaces():
        """ Testing palindrome strings with extra spaces """

        # True positives
        for test in ('Able was I ere I saw Elba',
                     'Madam Im Adam',
                     'Step on no pets',
                     'Top spot'):
>           assert palindrome.is_palindrome(test)==True
E           AssertionError: assert False == True
E            +  where False = <function is_palindrome at 0x7fd856207488>('Madam Im Adam')
E            +    where <function is_palindrome at 0x7fd856207488> = palindrome.is_palindrome

test_palindrome.py:28: AssertionError
=================================== 1 failed, 1 passed in 0.07 seconds ===================================
(env) $
```

図 3.22　test_palindrome.py のテスト結果（ver.2 のコード作成前）

```
    # in_stringをすべて小文字にする
    in_string = in_string.lower()
    # 空白を削除する
    in_string = re.sub('\s+','', in_string)
    # in_stringを逆側から取得したものとin_stringを比較して,
    # 回文かどうかをチェックする
    return in_string == in_string[-1::-1]
```

手順 4 に戻り，テストを実行すると，図 3.23 のような結果が得られます．

```
Chapter 3: Testability
(env) $ py.test -s test_palindrome.py -v
========================================== test session starts ==========================================
platform linux -- Python 3.5.2, pytest-3.0.7, py-1.4.33, pluggy-0.4.0 -- /home/anand/py3/env/bin/python
3
cachedir: .cache
rootdir: /home/user/programs/chap3, inifile:
plugins: cov-2.4.0
collected 2 items

test_palindrome.py::test_basic PASSED
test_palindrome.py::test_with_spaces PASSED

=================================== 2 passed in 0.01 seconds ===================================
(env) $
```

図 3.23　コード変更後の test_palindrome.py のテスト結果（ver.2）

変更したコードのテストが成功していることがわかります．

テスト駆動開発の開発サイクルに従って，文字列の回文チェック機能を持つ Python モジュールの更新を行いました．テスト駆動開発の手順 8 に従って，同様の方法でテストの追加とコード変更を繰り返すことで，今後新しく追加される機能は自然にテストケースに示された仕様を満たすことになります.

最後に，回文をチェックするモジュールに，もう一つ機能を追加してみましょう．記号を含んだ文字列は，それらを除いてチェックするように，テストケースを拡張します.

```
"""
test_palindromeモジュール - テスト駆動開発を体験するための回文モジュールのテストケース
"""

import palindrome

def test_basic():
    """ 回文に対する基本的なテスト """
    # 正例
    for test in ('Rotator','bob','madam','mAlAyAlam', '1'):
        assert palindrome.is_palindrome(test)==True
    # 負例
    for test in ('xyz','elephant', 'Country'):
        assert palindrome.is_palindrome(test)==False

def test_with_spaces():
    """ 空白を含む文字列の回文チェックのテスト """
    # 正例
    for test in ('Able was I ere I saw Elba',
                 'Madam Im Adam',
                 'Step on no pets',
                 'Top spot'):
        assert palindrome.is_palindrome(test)==True
    # 負例
    for test in ('Top post','Wonderful fool','Wild Imagination'):
        assert palindrome.is_palindrome(test)==False

def test_with_punctuations():
    """ 記号を含む文字列の回文チェックのテスト """
    # 正例
    for test in ('Able was I, ere I saw Elba',
                 "Madam I'm Adam",
                 'Step on no pets.',
                 'Top spot!'):
        assert palindrome.is_palindrome(test)==True
    # 負例
    for test in ('Top . post','Wonderful-fool','Wild Imagination!!'):
        assert palindrome.is_palindrome(test)==False
```

テストケースを修正できたので，テストが成功するようにコードを変更します.

```
"""
palindromeモジュール - テスト駆動開発を体験するための回文モジュール
"""

import re
```

```
from string import punctuation

def is_palindrome(in_string):
    """
    in_stringが回文ならTrue，それ以外ならFalseを返す
    """
    # in_stringをすべて小文字にする
    in_string = in_string.lower()
    # 空白を削除する
    in_string = re.sub('\s+','', in_string)
    # 記号を削除する
    in_string = re.sub('[' + re.escape(punctuation) + ']+', '',in_string)
    # in_stringを逆側から取得したものとin_stringを比較して，
    # 回文かどうかをチェックする
    return in_string == in_string[-1::-1]
```

本章の最後のテスト結果を図 3.24 に示します．この図からテストの成功がわかります．

```
Chapter 3: Testability
(env) $ py.test -s test_palindrome.py -v
======================================== test session starts ========================================
platform linux -- Python 3.5.2, pytest-3.0.7, py-1.4.33, pluggy-0.4.0 -- /home/anand/py3/env/bin/python
3
cachedir: .cache
rootdir: /home/user/programs/chap3, inifile:
plugins: cov-2.4.0
collected 3 items

test_palindrome.py::test_basic PASSED
test_palindrome.py::test_with_spaces PASSED
test_palindrome.py::test_with_punctuations PASSED

===================================== 3 passed in 0.03 seconds =====================================
(env) $
```

図 3.24　test_palindrome.py のテスト結果（ver.3）

3.5　まとめ

この章では，テスト容易性に対して改めて定義を与え，ソフトウェアの複雑さや決定性がテスト容易性にどのように影響を与えるかを説明しました．また，テストするべきソフトウェアアーキテクチャの性質を明確にして，テストによってそれらがどのように担保されるかをタイプに分けて説明しました．

続いて，テスト容易性を上げるための開発者が用いるべきテクニックについて説明しました．本章で紹介したテクニックを用いることで，システムの複雑さの軽減と，予測可能性の向上，外部依存の切り離しが実現し，テスト容易性が向上するでしょう．

続いて単体テストを取り上げ，その様々な側面を，unittest モジュールでの実装例を用いて紹介しました．具体的には，DateTimeHelper クラスを用いて，パッチやモックを使用して関数を効果的にテストする方法を紹介しました．unittest モジュールのほかにも，Python の単

体テストフレームワークである pytest と nose2 を紹介しました．

その後，コードカバレッジの重要性について触れました．コードカバレッジの出力も，Coverage.py による方法だけでなく，pytest と nose2 のプラグインを用いた方法も紹介したので，どのモジュールでもテストを実施できるはずです．

モックの強力な機能を紹介するために，`TextSearcher` クラスのテストを行いました．モックで依存性を除去して単体テストする方法を理解できたでしょう．クラス，関数，モジュール，メソッドのインラインドキュメントでテストを記述する，Python doctest という特殊なテスト方法についても触れました．

単体テストだけでなく，結合テストの重要性にも触れました．結合テストには3種類の実行方法があり，それぞれメリットとデメリットがあります．そして，自動結合テストの方法として，Python の Web サイトをテスト対象にして，Selenium による自動テストを簡単に紹介しました．

最後に，テスト駆動開発について，簡単ですがハンズオン形式で解説しました．単体テストを作ってから機能を一つずつ実装するという開発サイクルを，回文チェック機能の作成を通して理解できたでしょう．

次の章では，ソフトウェアアーキテクチャの中でも重要な性質である，パフォーマンスを取り上げます．

第4章

パフォーマンス

パフォーマンスは，現代のソフトウェアアプリケーションには不可欠な概念です．普段から私たちは高性能なシステムの恩恵を受けています．

旅行サイトから航空券を予約するとき，何百もの予約処理を同時に実行できるシステムを使用しているでしょう．インターネットバンキングを使用した送金や，クレジットカードによる支払いには，高いスループットを持つパフォーマンスの高いシステムが使われているでしょう．そのほかにも，スマートフォンで楽しめるオンラインゲームで他のプレイヤーとやりとりするときは，並行性が高くレイテンシの低いネットワークサーバーを使用しているでしょう．このネットワークサーバーのおかげで，多くのプレイヤーから送信された入力を直ちに処理し，その結果を各プレイヤーのゲーム環境に素早く送信できます．

高速通信が可能なインターネットの登場と，スペックの高いハードウェアの価格低下により，Web アプリケーションは数百万のユーザーにサービスを提供できるようになりました．このことから，ソフトウェアのパフォーマンスは現代におけるソフトウェアアーキテクチャの重要な品質属性です．ただし，ハイパフォーマンスでスケーラブルなソフトウェアを構築する技術は簡単ではありません．他の品質属性や必要な機能を完璧に実装できていたとしても，パフォーマンステストに失敗した場合は，そのアプリケーションをプロダクション環境に移すべきではありません．

本章と次章で，高性能なシステムを作成するために必要になる，パフォーマンスとスケーラビリティという品質属性について説明します．この章では，パフォーマンスに焦点を当てます．まず，パフォーマンスの様々な性質について解説し，その測定方法を紹介します．その後，データ構造のパフォーマンスを解説し，どのようなデータ構造を採用するべきかを説明します．もちろん，これまでの章と同じように，Python を用いて解説していきます．

4.1　パフォーマンスとは

ソフトウェアシステムのパフォーマンスは，次のように定義されます．

> パフォーマンスとは，ソフトウェアシステムが満たしているスループット要件またはレイテンシ要件，あるいはその両方を指す．

ここで，スループットとは単位時間当たりに処理できるトランザクション数であり，レイテンシはトランザクション一つにかかる処理時間です．

第 1 章で概要を説明したとおり，パフォーマンスはレイテンシや応答時間，あるいはスループットを用いて測定されます．前者はアプリケーションの要求から応答処理にかかる平均時間です．後者は一定時間当たりのデータ処理量で，単位時間に正常処理されたリクエストまたはトランザクション数を用いて算出されます．

システムのパフォーマンスは，ソフトウェアとハードウェアのスペックによって決まります．ソフトウェアの実装に問題があり，パフォーマンスが低い場合でも，ハードウェアをスケーリングすることで，全体のパフォーマンスを向上させることができます．例えば，RAM の増設が有効な手段として挙げられます．

逆にハードウェアを変更せずとも，ソフトウェアの実装を良くすることでパフォーマンスを改善できます．例えば，メモリや時間効率の良い関数やルーチンに書き換えたり，アーキテクチャ設計を改善したりすることが，有効な手段として挙げられます．

しかし，パフォーマンスエンジニアリングが目指すべき理想形は，ソフトウェアとハードウェアに最適なチューニングを施すことによって，ソフトウェアにハードウェアのリソースすべてを効率的に使用させ，大きくスケーリングできるようにすることです．

4.2　ソフトウェアパフォーマンスエンジニアリング

ソフトウェアパフォーマンスエンジニアリング（software performance engineering）は，パフォーマンス要件を満たすために行われるもので，ソフトウェアエンジニアリングと分析に関するすべての作業を総称しています．これらはソフトウェア開発ライフサイクル（software development life cycle; SDLC）内で実施されます．

従来のソフトウェアエンジニアリングでは，パフォーマンステストおよびフィードバックは SDLC の最終段階で実施されていました．このアプローチは，純粋にパフォーマンス測定のみを実施するものでした．開発が完了したシステムに対してテストを実施し，その結果に基づいてシステムを調整します．

それに対して，より正式なモデルであるソフトウェアパフォーマンスエンジニアリングでは，SDLC の早い段階でパフォーマンスモデルを作成して，そのモデルからの結果を用います．そして，パフォーマンス要件を満たすように，ソフトウェア設計とアーキテクチャの修正を反復的に施していきます．

このアプローチの特徴として，非機能要件であるパフォーマンスの改善と，機能要件を満たすソフトウェアの開発とが緊密に連携している点が挙げられます．そのことから，SDLC の手順と並行したパフォーマンスエンジニアリングライフサイクル（performance engineering life cycle; PELC）という手法も存在します（図 4.1）．この手法では，ソフトウェア設計からデプロイまでのすべての段階において，各ライフサイクルでパフォーマンスに関するフィードバックを繰り返し，ソフトウェアの品質を向上させていきます．

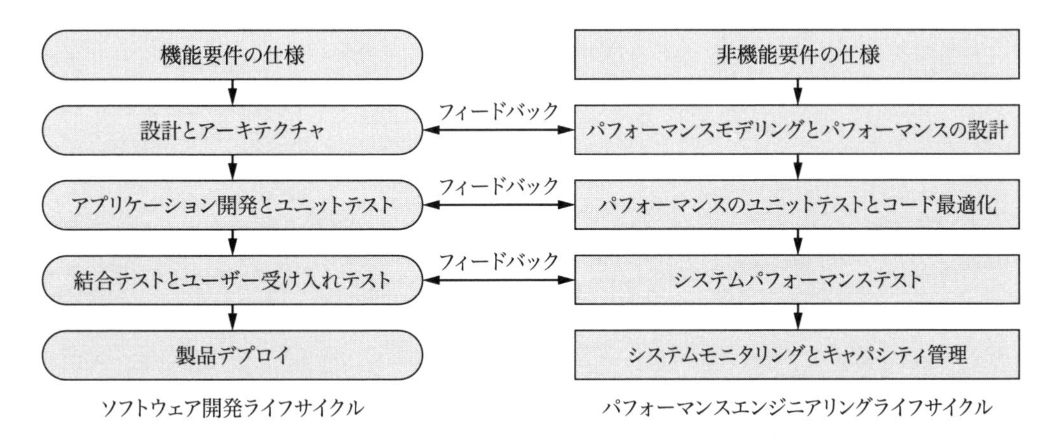

図 4.1　ソフトウェアパフォーマンスエンジニアリング（SDLC と PELC）

いずれのアプローチにおいても，パフォーマンステストとその分析結果はとても重要です．それは，設計・アーキテクチャあるいはコードを調整するための指標として役立つためです．したがって，パフォーマンステストツールと測定（分析）ツールは，このステップにおいて非常に重要な役割を担います．

4.3 パフォーマンステストツールと測定ツール

パフォーマンスに関するツールには，大きく分けて 2 種類があります．一つはパフォーマンステストと分析を実施するツールで，もう一つはパフォーマンスメトリクスの収集と測定を実施するツールです．

パフォーマンスに関するツールには，大きく分けて次の種類があります．

- **負荷テストツール**：システムに，その使用時に想定される負荷を与えるシミュレーションツールです．ツールによっては，負荷の量や与え方を設定できるため，様々な状況を想定したシミュレーションが可能です．例えば，アプリケーションに連続した入力ストリームを送信して，高負荷への耐性をシミュレートしたり，要件で定義された限界数より多いトラフィックを定期的にシステムに送信したりして，システムの堅牢性をテストすることができます．このようなツールは，ロードジェネレータと呼ばれます．Web アプリケーションに使用される一般的な負荷テストツールの例として，httperf，ApacheBench，LoadRunner，Apache JMeter，Locust などがあります．そのほかにも，実際にユーザートラフィックを記録するために使用されるツールもあります．例えば，ネットワークパケットのキャプチャおよび監視ツールとして有名な Wireshark や，コンソールの実行プログラムである tcpdump が代表的です．ネットワーク経由でトラフィックを再現すれば，現実に近い負荷をシミュレートできます．本章ではここで紹介したツールの目的や使い方は説明しません[*1]．

- **モニタリングツール**：コード内の関数と連携して，パフォーマンスに関するメトリクスを出力するツールです．出力するメトリクスには，関数のメモリ消費量・処理時間や，応答や要求ごとに呼び出される関数の数，各関数の平均処理時間や最大処理時間などがあります．
- **インストゥルメンテーションツール**：各計算ステップに必要な時間やメモリを計測したり，コード内の例外などのイベントを追跡したりするツールです．例外が発生したモジュール・関数・行番号や，イベントのタイムスタンプ，アプリケーションの環境情報（環境変数やアプリケーションの設定パラメータ，ユーザー情報，システム情報）などの詳細情報を取得できます．近年の Web アプリケーションシステムでは，これらの情報をより詳細に取得・分析できる外部ツールがよく用いられます．
- **プロファイリングツール**：関数の実行時間や呼び出し頻度に関する統計情報を出力するツールです．これは，動的プログラム解析手法の一つとなります．得られた情報によって，開発者はボトルネックとなる機能を特定しやすくなり，パフォーマンスに関する最適化を行えます．逆に，プロファイリングツールを使用しないで最適化を行う場合，パフォーマンスの向上に関連しない改修をしてしまうおそれがあります．このことからプロファイリングツールを使用しないで行うパフォーマンスの最適化は推奨されません．

インストゥルメンテーションツールとプロファイリングツールは，多くのプログラミング言語でサポートされています．Python では，標準ライブラリである `profile` モジュールや `cProfile` モジュールがサポートしています．また，サードパーティ製のエコシステムを用いることで，これらのモジュールをより高機能に使用できます．これらの使用方法は，後の節で紹介します．

[*1]【訳注】興味のある読者は Web で調べてみてください．

- httperf：`https://github.com/httperf/httperf`
- ApacheBench：`http://httpd.apache.org/docs/2.4/programs/ab.html`
- LoadRunner：`https://software.microfocus.com/ja-jp/software/loadrunner`
- Apache JMeter：`http://jmeter.apache.org/`
- Locust：`https://locust.io/`
- Wireshark：`https://www.wireshark.org/`
- tcpdump：`http://www.tcpdump.org`

4.4 計算量

本節では，パフォーマンスにおける重要な要素の一つである計算量について解説します．その後，パフォーマンスの測定と最適化の方法について，Python のコード例を交えつつ理解を深めていきます．

ルーチンや関数の計算量は，入力サイズの変化量に対する，コード実行時間の変化量で表されます．計算量は一般的に Big-O 表記で表され，大文字 O と n を用いた数学関数で表現されます．この記法は，バッハマン＝ランダウ記法や漸近記法などとも呼ばれます．O は，システムへの入力サイズの増加に対するルーチンや関数の処理量の増加割合を表す数学関数を意味し，一般的に関数の**オーダー**と呼ばれます．

表 4.1 は，Big-O 表記による計算量を複雑さの昇順に並べたものです．

表 4.1

	Big-O 表記	計算量	例
1	$O(1)$	定数	ハッシュマップや辞書などのルックアップテーブルでキーを探す処理
2	$O(\log(n))$	対数	Python の heapq 処理や，二分探索でソートされた配列（Python での list）内の項目を検索する処理
3	$O(n)$	線形	配列内を横断検索する処理
4	$O(kn)$	線形	基数ソートでの最悪処理量（k は定数）
5	$O(n\log(n))$	$n\log(n)$	マージソートやヒープソートの最悪処理量
6	$O(n^2)$	2 乗	バブルソート，挿入ソート，選択ソートの処理，および，クイックソートやシェルソードの最悪処理量
7	$O(2^n)$	指数	文字数 n のパスワードを総当たりで一致させる処理や，巡回セールスマン問題を動的プログラミングで解く処理
8	$O(n!)$	階乗	集合に対してすべての分割を生成する処理

大きなサイズの入力を受け入れるルーチンやアルゴリズムを実装する場合，開発者はなるべく表 4.1 の 5 番目までの計算量で実装するのがよいとされています．つまり，$O(n)$ や $O(n\log(n))$ 以下の計算量であれば，パフォーマンスとしては十分であるということです．

計算量が $O(n^2)$ のオーダーになるアルゴリズムは，より小さい計算量で動作するように最適化を行うべきです．図 4.2 のグラフで，Big-O 表記で示されるルーチンの計算量（複雑度）ごとに，入力 n の増加に従って実際の計算量がどのように増加するかを確認してください．

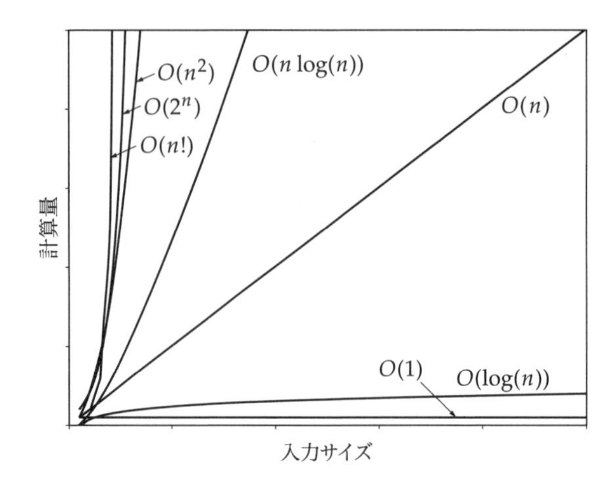

図 4.2　ルーチンの複雑度ごとの入力サイズと計算量の関係

4.5 パフォーマンス測定

計算量およびパフォーマンステストと測定ツールの概要を理解したところで，Python でパフォーマンスを測定する様々な方法を紹介していきます．

POSIX [*2]/Linux システムの `time` コマンドを使用すると，簡単に時間計測できます．下のようにコマンドを実行すると，引数に指定したコマンドの時間計測を行います．

```
$ time <コマンド>
```

図 4.3 に示すように，例として，Web ページを取得したときの処理時間を測ってみましょう．

出力画面からわかるとおり，結果には `real`，`user`，`sys` という出力があります．これらの違いを理解することは重要なので，それぞれについて簡単に解説します．

- **`real`**：処理を始めてから完了するまでに経過した実時間．プロセスのスリープ時間や，I/O 処理の完了を待ってプロセスがブロックされていた時間なども含まれます．
- **`user`**：user モードでの CPU 時間．user モードはカーネル以外のプログラムを実行するモードです．user にはプロセスのスリープ時間や，I/O 処理の待ち時間などは含まれません．
- **`sys`**：カーネル空間内にあるプログラムの実行にかかった CPU 時間．システムコールのような，カーネル空間上で実行が許されている関数内でのみカウントされます．ユーザープログラムの処理時間は `user` によってカウントされます．合計の CPU 時間は `user` と `sys` を合計することで得られます．`real` は純粋にタイムカウンタによって計測された時刻です．

[*2]【訳注】POSIX：UNIX 系 OS の互換性を維持するために策定された API 規格．

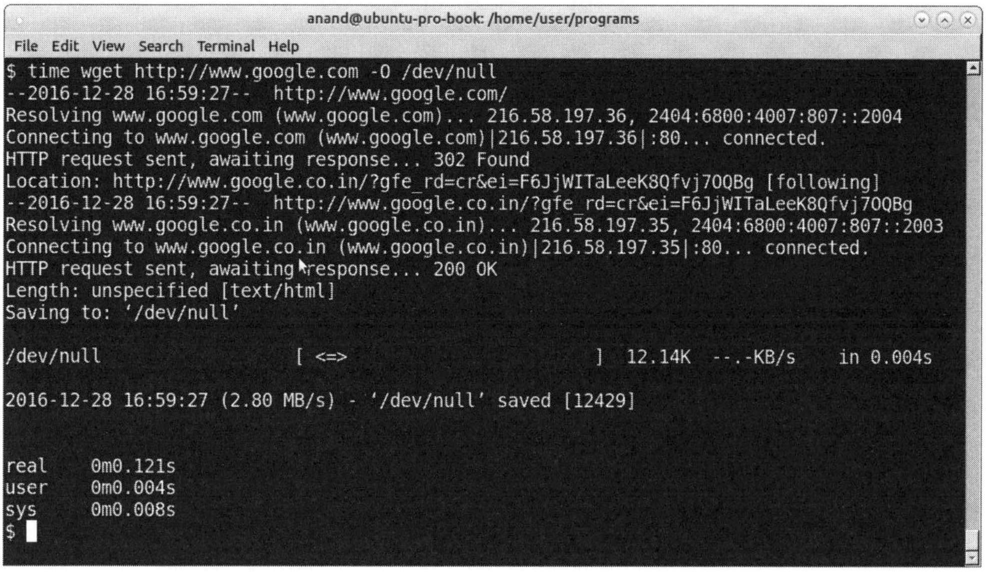

```
anand@ubuntu-pro-book: /home/user/programs
File Edit View Search Terminal Help
$ time wget http://www.google.com -O /dev/null
--2016-12-28 16:59:27--  http://www.google.com/
Resolving www.google.com (www.google.com)... 216.58.197.36, 2404:6800:4007:807::2004
Connecting to www.google.com (www.google.com)|216.58.197.36|:80... connected.
HTTP request sent, awaiting response... 302 Found
Location: http://www.google.co.in/?gfe_rd=cr&ei=F6JjWITaLeeK8Qfvj7OQBg [following]
--2016-12-28 16:59:27--  http://www.google.co.in/?gfe_rd=cr&ei=F6JjWITaLeeK8Qfvj7OQBg
Resolving www.google.co.in (www.google.co.in)... 216.58.197.35, 2404:6800:4007:807::2003
Connecting to www.google.co.in (www.google.co.in)|216.58.197.35|:80... connected.
HTTP request sent, awaiting response... 200 OK
Length: unspecified [text/html]
Saving to: '/dev/null'

/dev/null                  [ <=>                          ]  12.14K  --.-KB/s    in 0.004s

2016-12-28 16:59:27 (2.80 MB/s) - '/dev/null' saved [12429]


real    0m0.121s
user    0m0.004s
sys     0m0.008s
$
```

図 4.3 wget でインターネットから Web ページを取得する際の time コマンドの出力

4.5.1 コンテキストマネージャによる時間計測

任意のコードブロックの実行時間を計測したい場合，Python ではコンテキストマネージャを用いることで簡単に実装できます．

本項では，計測対象となるコードブロックを用意した後，コンテキストマネージャによる時間計測の方法を紹介します．

1. 計測対象となるコードブロックは，二つのリスト内に共通して存在する要素を返す関数とします．

```
def common_items(seq1, seq2):
    """ 二つのリスト内に存在する共通要素を見つける """
    common = []
    for item in seq1:
        if item in seq2:
            common.append(item)
    return common
```

2. 作成した関数の実行時間を計測するために，コンテキストマネージャを作成します．ここでは時間計測に time モジュールの perf_counter を使用します．perf_counter は time モジュール内で最も分解能が高く，正確な計測を行えます．

```
from time import perf_counter as timer_func
from contextlib import contextmanager

@contextmanager
```

```
def timer():
    """ 処理時間を計測する簡単な関数 """
    try:
        start = timer_func()
        yield
    except Exception as e:
        print(e)
        raise
    finally:
        end = timer_func()
        print ('Time spent=>',1000.0*(end - start),'ms.')
```

3. 関数に入力するデータを生成するために，簡単な入力生成器を用意しましょう．入力生成器として作成した `test` 関数は，入力サイズを与えられたら，そのサイズのリストを二つ生成します．リストはランダムな数で構成されています．

```
import random

def test(n):
    """
    与えられた大きさのリストを作成する関数
    """
    a1=random.sample(range(0, 2*n), n)
    a2=random.sample(range(0, 2*n), n)

    return a1, a2
```

では，`timer` メソッドを用いて，`test` 関数の実行時間を計測してみましょう．Python のインタプリタ上で実行します．

```
>>> with timer() as t:
common = common_items(*test(100))
Time spent=> 2.0268699999999864 ms.
```

時間が計測できていることが確認できました．

4. 次に，入力データの生成と時間計測を同じ機能として組み込んで，様々な入力サイズに対して，簡単に時間計測できるようにしましょう．

```
def test(n, func):
    """
    与えられた大きさのリストを作成して，func関数の実行時間を計測する
    """
    a1=random.sample(range(0, 2*n), n)
    a2=random.sample(range(0, 2*n), n)

    with timer() as t:
        result = func(a1, a2)
```

5. Pythonのインタプリタで，データサイズを変化させたときの処理時間を見てみましょう．

```
>>> test(100, common_items)
Time spent=> 0.6799279999999963 ms.

>>> test(200, common_items)
Time spent=> 2.7455590000000085 ms.

>>> test(400, common_items)
Time spent=> 11.440810000000024 ms.

>>> test(500, common_items)
Time spent=> 16.83928100000001 ms.

>>> test(800, common_items)
Time spent=> 21.15130400000004 ms.

>>> test(1000, common_items)
Time spent=> 13.200749999999983 ms.
```

得られた結果から，入力サイズが1,000の場合にかかった処理時間が，800の場合より速いことがわかります．そのようなことはありうるのでしょうか？ もう一度計測しましょう．

```
>>> test(800, common_items)
Time spent=> 8.328282999999992 ms.

>>> test(1000, common_items)
Time spent=> 34.85899500000001 ms.
```

今度は入力サイズが800の場合にかかった処理時間が，400や500の場合より速くなっています．また，入力サイズが1,000の場合にかかった処理時間は，前回より2倍以上大きくなっています．これは，リストの要素がランダムであることから，共通要素が多い場合と少ない場合で処理時間に差が生じているためだと考えられます．つまり，ここで作成した時間計測関数は，大まかな実行時間は計測できても，実際の実行時間の統計的な測定値は得られないということです．

6. そのため，タイマーを何度か動かして，平均を算出する必要があります．この場合，アルゴリズムの償却解析に似た手法が有効です．具体的には，実行時間の下限と上限を考慮に入れて，現実的な実行時間の平均値を見積もります．

Pythonでは標準ライブラリのtimeitモジュールを使用することで，そのような時間分析を行うことができます．次項でtimeitモジュールについて紹介します．

4.5.2　timeit モジュールによる時間計測

Python の標準ライブラリにある timeit モジュールによって，開発者は，Python のステートメント，式，関数といった小さなコードスニペットの実行にかかる時間を計測できます．

timeit モジュールは，Python コマンドのオプションとして timeit を指定することで，簡単に実行できます．

まず簡単に，リストの内包表記によるリスト生成の実行時間を計測してみましょう．計測対象となるリストは，range 関数で生成される数の 2 乗を要素として持ちます．以下のように Python のインラインコードを実行して，時間を計測してみます．

```
$ python3 -m timeit '[x*x for x in range(100)]'
100000 loops, best of 3: 5.5 usec per loop

$ python3 -m timeit '[x*x for x in range(1000)]'
10000 loops, best of 3: 56.5 usec per loop

$ python3 -m timeit '[x*x for x in range(10000)]'
1000 loops, best of 3: 623 usec per loop
```

コマンドラインで実行した場合，timeit モジュールはコードスニペットの実行回数を自動で決定して，平均実行時間も計算します．

結果から，サイズ 100 での実行時間が約 5.5 マイクロ秒，サイズ 1,000 での実行時間が約 56.5 マイクロ秒であり，実行時間が約 10 倍になっています．これは，実行したスニペットの計算量が $O(n)$ であることを示しています．マイクロ秒（μsec）は 100 万分の 1 秒，つまり 1×10^{-6} 秒です．

Python インタプリタ内で timeit モジュールを使用する場合は，次のようになります．

```
>>> import timeit
>>> 1000000.0*timeit.timeit('[x*x for x in range(100)]',number=100000)/100000.0
6.007622049946804

>>> 1000000.0*timeit.timeit('[x*x for x in range(1000)]',number=10000)/10000.0
58.761584300373215
```

Python スクリプト内で使用する場合，number 引数として反復回数を渡さなければならず，さらに，平均時間を算出するために反復回数で除算しなければならないので注意が必要です．上の例では，時間をマイクロ秒に変換するために，1,000,000 で除算を行っています．

timeit モジュールでは，バックグラウンドで timeit モジュール内に存在する Timer クラスを使用しています．Timer クラスを直接用いることで，timeit モジュールをより多機能に使用できます．Timer クラスを使用する場合，反復回数のみを引数として受け付ける Timer.timeit メソッドで計測します．Timer クラスのコンストラクタでは，オプションの setup 引数も使用できます．setup 引数は Timer クラスの設定情報を渡す引数です．この設定情報では，関数を使用するためにモジュールをインポートしたり，グローバル変数を設定したりすることができます．セミコロンで区切って，複数の設定を渡せます．これらは次に紹介する例でも使用します．

[1]　timeit モジュールによるパフォーマンス測定

4.5.1 項で作成した，二つのリスト内に存在する共通な要素を返す関数のパフォーマンスを，test 関数を書き換えて，timeit モジュールで計測してみましょう．コンテキストマネージャは使用しないので，コードから削除します．また，test 関数内で common_items の呼び出しもハードコーディングします．

ランダムな入力を生成する時間が計測対象に含まれないよう，テスト関数の外部でランダムな入力を生成します．したがって，変数をモジュール内のグローバル変数に移動して，setup 関数によって設定を行います．Timer コンストラクタの setup 引数に渡すことで，時間計測を行う前にデータを用意できます．

では，test 関数を書き直しましょう．

```
def test():
    """ common_items関数のテスト """
    common = common_items(a1, a2)
```

続いて，グローバル変数と setup 関数を以下のように作成します．

```
# 入力データのグローバル変数
a1, a2 = [], []
def setup(n):
    """ test関数に渡す入力データを作成する """
    global a1, a2
    a1=random.sample(range(0, 2*n), n)
    a2=random.sample(range(0, 2*n), n)
```

test と common_items の両方を含むモジュールの名前を common_items.py とします．このとき，計測は以下のように行えます．

```
>>> t=timeit.Timer('test()', 'from common_items import test,setup;setup(100)')
>>> 1000000.0*t.timeit(number=10000)/10000
116.58759460115107
```

入力のサイズが100の場合，実行にかかる時間は平均で約117マイクロ秒であることがわかりました．

他の入力サイズを指定してみましょう．

```
>>> t=timeit.Timer('test()','from common_items import test,setup;setup(200)')
>>> 1000000.0*t.timeit(number=10000)/10000
482.8089299000567

>>> t=timeit.Timer('test()','from common_items import test,setup;setup(400)')
>>> 1000000.0*t.timeit(number=10000)/10000
1919.577144399227

>>> t=timeit.Timer('test()','from common_items import test,setup;setup(800)')
>>> 1000000.0*t.timeit(number=1000)/1000
7822.607815993251

>>> t=timeit.Timer('test()','from common_items import test,setup;setup(1000)')
>>> 1000000.0*t.timeit(number=1000)/1000
12394.932234004957
```

結果から，最も処理の時間がかかるのは，入力サイズが1,000の場合で，そのときの処理時間は12.4マイクロ秒です．

4.5.3　グラフによる計算量の決定

時間計測によって得られたデータを用いて，作成した機能の計算量を判定することができるでしょうか？ ここではグラフをプロットして，計算量を決定する方法を紹介します．

matplotlib[3]は，データをプロットしてグラフとして表示ができる，とても便利なPythonライブラリです．任意の型を入力として使用できます．

グラフ化を行う簡単な関数を作成しましょう．

```
import matplotlib.pyplot as plt

def plot(xdata, ydata):
    """
    x軸にxdata, y軸にydataをプロット
    """
    plt.plot(xdata, ydata)
    plt.show()
```

この関数を用いて，前項で得られた実行時間をグラフにしてみましょう．

[3]【訳注】matplotlibはPythonに標準搭載されていないので，公式ドキュメント（https://matplotlib.org/users/installing.html）を参考にインストールする必要があります．

```
>>> xdata = [100, 200, 400, 800, 1000]
>>> ydata = [117,483,1920,7823,12395]
>>> plot(xdata, ydata)
```

図 4.4 に結果を示します．

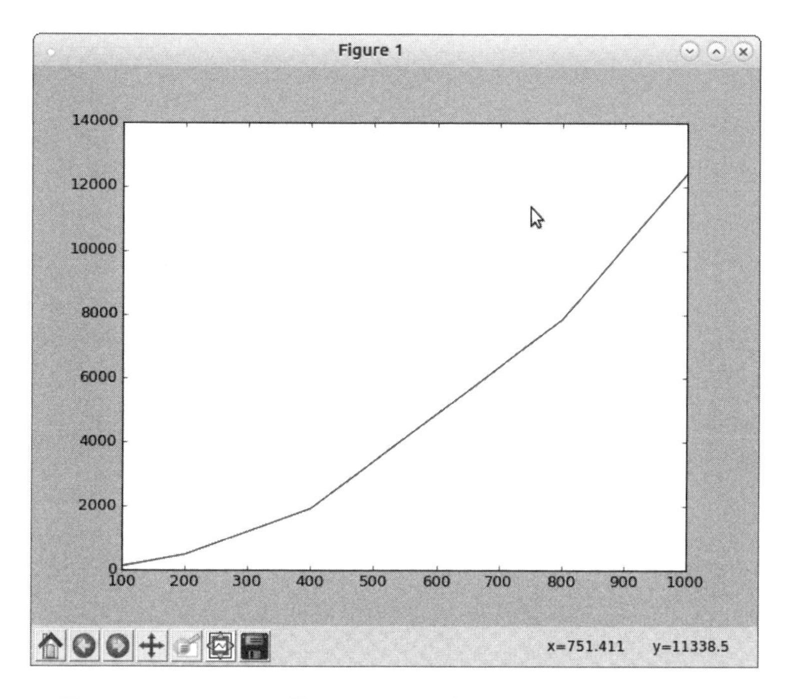

図 4.4 common_items 関数の入力サイズに対する実行時間のプロット

表示された結果から，線形時間より増加の度合いが大きいものの，2 乗時間ほどではないことがわかります（表 4.1（p.113）を参考にしてください）．ここで，$O(n \log(n))$ のプロットを重ね合わせたグラフを作成して，どれくらい一致しているかを確認してみましょう．

系列が二つ必要であるため，plot 関数を拡張した新しい関数を作成します．

```
def plot_many(xdata, ydatas):
    """
    x軸にxdata, y軸にydatas内の配列をプロット
    """
    for ydata in ydatas:
        plt.plot(xdata, ydata)
    plt.show()
```

続いて以下を実行し，グラフ化しましょう．

```
>>> import math
>>> ydata2=list(map(lambda x: x*math.log(x, 2), xdata))
>>> plot_many(xdata, [ydata2, ydata])
```

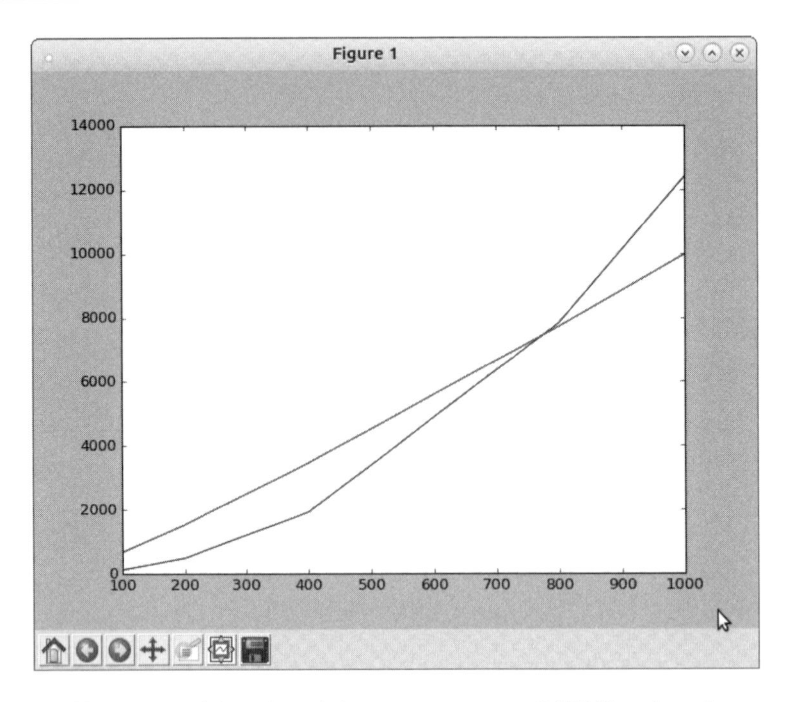

図 4.5　$x\log(x)$ のプロットと common_items の実行時間のプロット

図 4.5 の重ね合わせたプロットを見ると，厳密に同じではないものの，概ね一致していることがわかります．したがって，作成したコードの計算量はおおよそ $O(n\log(n))$ となります．

パフォーマンス分析ができたので，今度はそのパフォーマンスを向上させる方法を考えてみましょう．まず，実装について確認してみましょう．

```
def common_items(seq1, seq2):
    """ 二つのリスト内に存在する共通要素を見つける """
    common = []
    for item in seq1:
        if item in seq2:
            common.append(item)
    return common
```

このルーチンでは，for ループが n 回繰り返されて，ループ内で n 個の要素を探索しています．このことから，ループ一つの計算量の平均は $O(n)$ になりそうです．

しかしながら，いくつかの試行において，要素が直ちに見つかる場合や，線形時間 $k\,(1 < k < n)$ で見つかる場合が考えられます．そのため，平均計算量は最良計算量 $O(n)$ と最悪計算量 $O(n^2)$ の間で分布すると考えられます．よって，このルーチンは $O(n\log(n))$ に近い平均計算量であると予想できます．

それでは，このルーチンを高速化してみましょう．内部で実行している探索は，辞書型を使用することで回避できます．まずは，for ループで回していた配列を辞書として扱えるように少々手を加えます．この辞書のキーは配列の各要素で，それぞれの対応するバリューはすべて 1

にしておきます．最終的に，バリューが 1 より大きい場合，その辞書エントリーのキーが共通要素となります．

高速化したコードを以下に示します．

```
def common_items(seq1, seq2):
    """ 二つのリスト内に存在する共通要素を見つける(ver. 2.0) """
    seq_dict1 = {item:1 for item in seq1}
    for item in seq2:
        try:
            seq_dict1[item] += 1
        except KeyError:
            pass
    # 共通要素はバリューが1より大きい要素
    return [item[0] for item in seq_dict1.items() if item[1]>1]
```

時間計測を実行して，実行時間の変化を確認してみましょう．

```
>>> t=timeit.Timer('test()','from common_items import test,setup;setup(100)')
>>> 1000000.0*t.timeit(number=10000)/10000
35.777671200048644

>>> t=timeit.Timer('test()','from common_items import test,setup;setup(200)')
>>> 1000000.0*t.timeit(number=10000)/10000
65.20369809877593

>>> t=timeit.Timer('test()','from common_items import test,setup;setup(400)')
>>> 1000000.0*t.timeit(number=10000)/10000
139.67061050061602

>>> t=timeit.Timer('test()','from common_items import test,setup;setup(800)')
>>> 1000000.0*t.timeit(number=10000)/10000
287.0645995993982

>>> t=timeit.Timer('test()','from common_items import test,setup;setup(1000)')
>>> 1000000.0*t.timeit(number=10000)/10000
357.764518300246
```

$O(n)$ のプロットと重ね合わせたグラフを作成します．

```
>>> input=[100,200,400,800,1000]
>>> ydata=[36,65,140,287,358]

# y=xとなるydata2を作成
>>> ydata2=input
>>> plot.plot_many(xdata, [ydata, ydata2])
```

図 4.6 に示すグラフが得られます．上側の線が $y = x$ のプロットで，下側の線が作成した関数の実行時間のプロットです．グラフからも，計算量が線形で $O(n)$ であることは明白です．しかしながら，係数が異なるため，二つの線の傾きが異なっています．係数が概ね 0.35 であることは，簡単な計算で求められます．

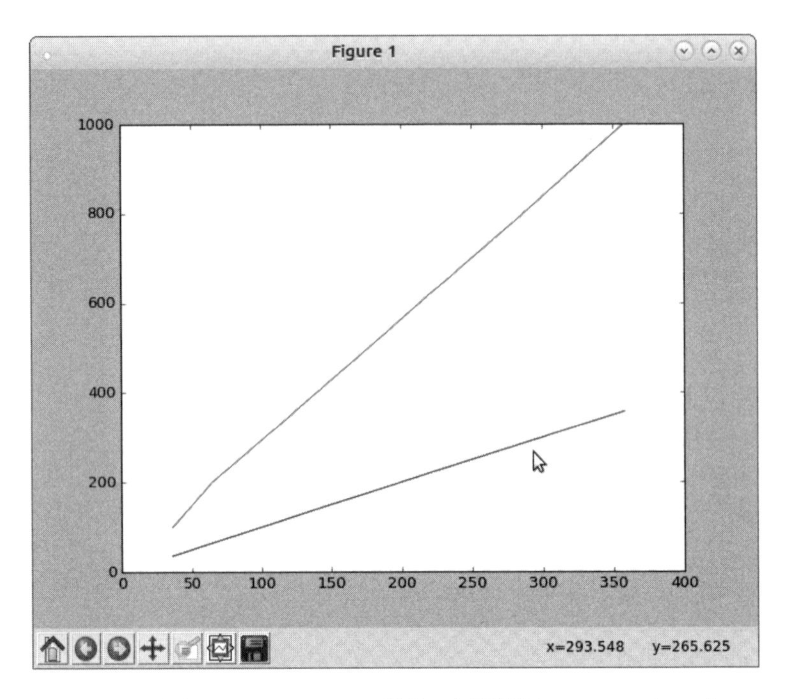

図 4.6　修正した common_items 関数の実行時間と $y = x$ のプロット

このことを考慮して，グラフを再び表示してみましょう．

```
>>> input=[100,200,400,800,1000]
>>> ydata=[36,65,140,287,358]

# 係数を考慮してydata2を作成
>>> ydata2=list(map(lambda x: 0.35*x, input))
>>> plot.plot_many(xdata, [ydata, ydata2])
```

図 4.7 から，プロットがほとんど重なっていることがわかります．このことから，作成した関数は計算量 $O(cn)$（$c \fallingdotseq 0.35$）で実行されていることがわかります．

common_items 関数を高速化する他の実装として，両方の配列をセットに変換して積をとる方法が挙げられます．読者自身で関数の修正を行い，時間を計測した後，グラフにプロットして計算量を判断すると，より良い経験になるでしょう．

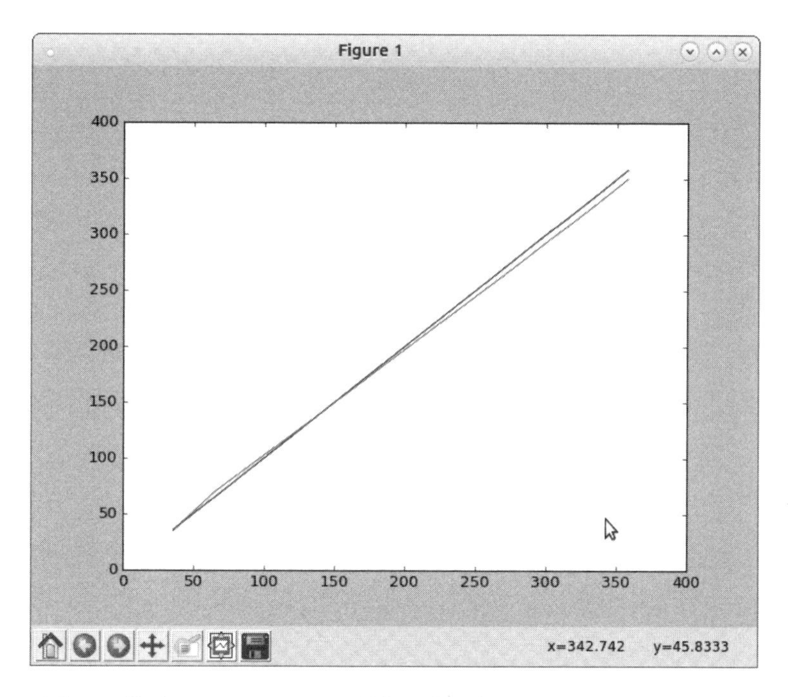

図 4.7 修正した common_items 関数の実行時間と $y = 0.35x$ のプロット

4.5.4 timeit を用いた CPU 時間の計測

Timer クラスは，time モジュールの perf_counter 関数をデフォルトの timer 関数として使用します．前述したように，perf_counter は高精度の時間計測を行い，実時間を返します．したがって，計測結果にはスリープ時間や I/O 処理にかかった時間などが含まれます．

以下のように，時間計測の対象となる test 関数にスリープ機能を追加してみましょう．実時間を計測している様子を確認できます．

```
def test():
    """ common_items関数のテスト """
    sleep(0.01)
    common = common_items(a1, a2)
```

時間を計測します．

```
>>> t=timeit.Timer('test()','from common_items import test,setup;setup(100)')
>>> 1000000.0*t.timeit(number=100)/100
10545.260819926625
```

得られた実行時間は，スリープを足す前の 300 倍以上になっています．呼び出されるたびに 0.01 秒（10 ミリ秒）スリープしており，実行時間のほとんどがスリープしている時間になると考えられます．10,545.260819926625 マイクロ秒（約 10 ミリ秒）という結果からも，それがわかります．

スリープ時間やブロック・待機時間が含まれることもありますが，計測したいのは，関数実行時のCPU時間のみです．そのためには，タイマー関数として time モジュールの process_time 関数を使用して，Timer オブジェクトを作成しましょう．Timer オブジェクトを作成するときに timer 引数を渡すことによって実行できます．

```
>>> from time import process_time
>>> t=timeit.Timer('test()','from common_items import test,setup;setup(100)',
    timer=process_time)
>>> 1000000.0*t.timeit(number=100)/100
345.22438
```

スリープする時間を10倍に増やしても，テストの時間は長くなるものの，計測される時間は変わりません．

実際に，1秒間スリープ状態にした場合の結果を出力してみましょう．100回実行されているため，結果は約100秒後に出力されますが，測定結果である呼び出しごとにかかる平均時間は変わらないことがわかります．

```
>>> t=timeit.Timer('test()','from common_items import test,setup;setup(100)',
    timer=process_time)
>>> 1000000.0*t.timeit(number=100)/100
369.8039100000002
```

続いてプロファイリングを紹介します．

4.6 プロファイリング

この節では，プロファイラに焦点を当てて議論をします．そして，Python の標準ライブラリが提供しているモジュールによるプロファイリングを詳しく解説します．それらのモジュールは，決定論的プロファイリングというプロファイリング方法をサポートしています．決定論的プロファイルについて，以下で解説します．また，line_profiler や memory_profiler といったサードパーティ製のプロファイラも取り上げます．

4.6.1 決定論的プロファイリング

決定論的プロファイリングとは，すべての関数の呼び出し，関数の戻り値，例外イベントを監視して，これらの発生時刻を正確に収集し，発生時刻の差をとることで実行時間を計測するプロファイリング方法です．決定論的プロファイリング以外のプロファイリング方法は存在し，**統計的プロファイリング**は，ランダムに実行情報を収集する命令ポインタをサンプリングして，実行時間を推定する方法です．しかしながら，統計的プロファイリングでは正確に時間を推定できない可能性があります．

多くの決定論的プロファイラは，プログラム実行時に出力されるメタデータを計測で使用しています．インタプリタ言語である Python ではそういったメタデータをすでに保持していることから，プロファイラを使用したときの余計なオーバーヘッドは最小限に抑えられます．このことから，決定論的プロファイラを Python で使用する際，コストが高くなることはありません．

4.6.2 cProfile と profile を用いたプロファイリング

Python 標準ライブラリ内に含まれている profile モジュールと cProfile モジュールは，決定論的プロファイルをサポートしています．profile モジュールは Python で書かれているのに対し，cProfile モジュールは C 言語で書かれた拡張モジュールであり，profile モジュールのインタフェースを模倣して作られています．プロファイリング実行時のオーバーヘッドは，profile モジュールより cProfile モジュールのほうが小さくなっています．

どちらのモジュールも，pstats モジュールによって統計情報をフォーマットして結果を表示します．

それでは，profile モジュールの使用例を紹介しましょう．プロファイルの対象となるコードは，素数を順番に生成するプログラムです．

```
class Prime(object):
    """ n番目までの素数を生成するイテレータ """
    def __init__(self, n):
        self.n = n
        self.count = 0
        self.value = 0

    def __iter__(self):
        return self

    def __next__(self):
        """ 次の素数を出力する """
        if self.count == self.n:
            raise StopIteration("end of iteration")
        return self.compute()

    def is_prime(self):
        """ 素数かどうかを判定する """
        vroot = int(self.value ** 0.5) + 1
        for i in range(3, vroot):
            if self.value % i == 0:
                return False
        return True

    def compute(self):
        """ 次の素数を探索する """
        # 2回目にメソッドが入ったとき初期化
        if self.count == 1:
            self.value = 1
        while True:
```

```
            self.value += 2
            if self.is_prime():
                self.count += 1
                break
        return self.value
```

この素数イテレータは引数 n を受け取り，1 番目から n 番目の素数までを生成します．

```
>>> for p in Prime(5):
...     print(p)
...
2
3
5
7
11
```

このコードをプロファイリングしてみましょう．cProfile モジュールか profile モジュールの run メソッドにプロファイリングしたいコードを文字列で渡して実行します．ここでは，cProfile モジュールを用いてプロファイリングします．

```
>>> cProfile.run("list(primes.Prime(100))")
```

```
anand@ubuntu-pro-book: /home/user/programs/chap4
File  Edit  View  Search  Terminal  Help
>>> cProfile.run("list(primes.Prime(100))")
         477 function calls in 0.004 seconds

   Ordered by: standard name

   ncalls  tottime  percall  cumtime  percall filename:lineno(function)
        1    0.000    0.000    0.004    0.004 <string>:1(<module>)
        1    0.000    0.000    0.000    0.000 primes.py:25(__init__)
        1    0.000    0.000    0.000    0.000 primes.py:30(__iter__)
      101    0.000    0.000    0.003    0.000 primes.py:33(__next__)
      271    0.003    0.000    0.003    0.000 primes.py:40(is_prime)
      100    0.001    0.000    0.003    0.000 primes.py:49(compute)
        1    0.000    0.000    0.004    0.004 {built-in method builtins.exec}
        1    0.000    0.000    0.000    0.000 {method 'disable' of '_lsprof.Profiler' objects}


>>> 
```

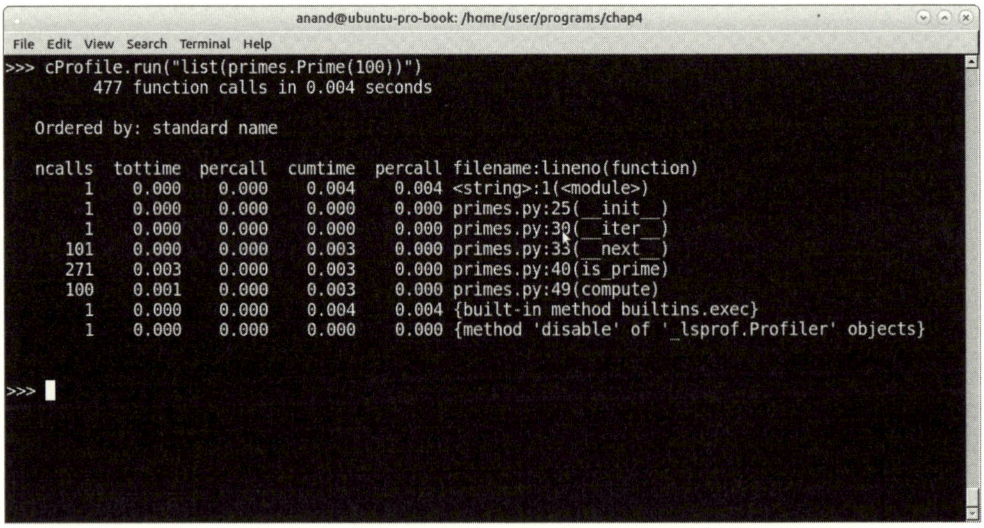

図 4.8　素数イテレータで素数を 100 個出力する処理のプロファイリング

図 4.8 のプロファイラの出力結果を見てみましょう．各列は以下の意味を持ちます．

- ncalls：関数が呼ばれた回数
- tottime：関数の合計実行時間（内部で呼び出した関数の実行時間は含まない）

- percall：tottime を ncalls で割った値
- cumtime：関数が内部で呼び出した関数の処理も含めた累積実行時間
- percall：cumtime を対象関数の呼び出し回数（内部で行われた関数呼び出しは含まない）で割った値
- filename:lineno(function)：ファイル名と関数の行数

図 4.8 では，4 ミリ秒ですべての処理が完了していることがわかります．実行時間の大部分は，is_prime メソッドの内部で費やされており，271 回呼び出されています．

では，n に 1,000 と 10,000 を指定したときの処理もプロファイリングしてみましょう．結果をそれぞれ図 4.9, 4.10 に示します．

```
anand@ubuntu-pro-book: /home/user/programs/chap4
File Edit View Search Terminal Help
>>> cProfile.run("list(primes.Prime(1000))")
         5966 function calls in 0.043 seconds

   Ordered by: standard name

   ncalls  tottime  percall  cumtime  percall filename:lineno(function)
        1    0.001    0.001    0.043    0.043 <string>:1(<module>)
        1    0.000    0.000    0.000    0.000 primes.py:25(__init__)
        1    0.000    0.000    0.000    0.000 primes.py:30(__iter__)
     1001    0.001    0.000    0.042    0.000 primes.py:33(__next__)
     3960    0.035    0.000    0.035    0.000 primes.py:40(is_prime)
     1000    0.005    0.000    0.040    0.000 primes.py:49(compute)
        1    0.000    0.000    0.043    0.043 {built-in method builtins.exec}
        1    0.000    0.000    0.000    0.000 {method 'disable' of '_lsprof.Profiler' objects}


>>> 
```

図 4.9　素数イテレータで素数を 1,000 個出力する処理のプロファイリング

```
anand@ubuntu-pro-book: /home/user/programs/chap4
File Edit View Search Terminal Help
>>> cProfile.run("list(primes.Prime(10000))")
         72371 function calls in 0.458 seconds

   Ordered by: standard name

   ncalls  tottime  percall  cumtime  percall filename:lineno(function)
        1    0.006    0.006    0.458    0.458 <string>:1(<module>)
        1    0.000    0.000    0.000    0.000 primes.py:25(__init__)
        1    0.000    0.000    0.000    0.000 primes.py:30(__iter__)
    10001    0.006    0.000    0.452    0.000 primes.py:33(__next__)
    52365    0.417    0.000    0.417    0.000 primes.py:40(is_prime)
    10000    0.028    0.000    0.445    0.000 primes.py:49(compute)
        1    0.000    0.000    0.458    0.458 {built-in method builtins.exec}
        1    0.000    0.000    0.000    0.000 {method 'disable' of '_lsprof.Profiler' objects}


>>> 
```

図 4.10　素数イテレータで素数を 10,000 個出力する処理のプロファイリング

図から，n を 1,000 にしたときは 43 ミリ秒で処理が完了し，10,000 にしたときは 458 ミリ秒で完了していることがわかります．この素数イテレータは n が 1,000〜10,000 の間では，大まかに $O(n)$ に従って増加していることがわかります．

プロファイリング結果から，is_prime に多くの時間が費やされていることがわかりました．では，この実行時間を減らす方法を考えてみましょう．

[1]　素数イテレータクラスのパフォーマンスの改善

実行時間を減らすために，コードを簡単に分析してみましょう．is_prime メソッドの内部では，素数判定する value の平方根を取得して，3 からその値の間に存在する数値に対して除算を行っています．

このループ処理では，2 以外の偶数は明らかに素数ではないため，わざわざ除算をして素数判定をする必要はありません．つまり，奇数のときにのみ除算を実行することで，不要な計算を回避できます．

以上のことを踏まえて，is_prime メソッドを変更して計算量を減らしましょう．

```
def is_prime(self):
    """ 素数かどうかを判定する """
    vroot = int(self.value ** 0.5) + 1
    for i in range(3, vroot, 2):
        if self.value % i == 0:
            return False
    return True
```

では，前回と同様に，n に 1,000 と 10,000 を指定したときの処理をプロファイリングしてみましょう．結果をそれぞれ図 4.11, 4.12 に示します．

```
anand@ubuntu-pro-book: /home/user/programs/chap4
File  Edit  View  Search  Terminal  Help
>>> cProfile.run("list(primes.Prime(1000))")
         5966 function calls in 0.038 seconds

   Ordered by: standard name

   ncalls  tottime  percall  cumtime  percall filename:lineno(function)
        1    0.001    0.001    0.038    0.038 <string>:1(<module>)
        1    0.000    0.000    0.000    0.000 primes.py:25(__init__)
        1    0.000    0.000    0.000    0.000 primes.py:30(__iter__)
     1001    0.002    0.000    0.037    0.000 primes.py:33(__next__)
     3960    0.029    0.000    0.029    0.000 primes.py:40(is_prime)
     1000    0.006    0.000    0.035    0.000 primes.py:49(compute)
        1    0.000    0.000    0.038    0.038 {built-in method builtins.exec}
        1    0.000    0.000    0.000    0.000 {method 'disable' of '_lsprof.Profiler' objects}


>>> 
```

図 4.11　調整後の素数イテレータで素数を 1,000 個出力する処理のプロファイリング

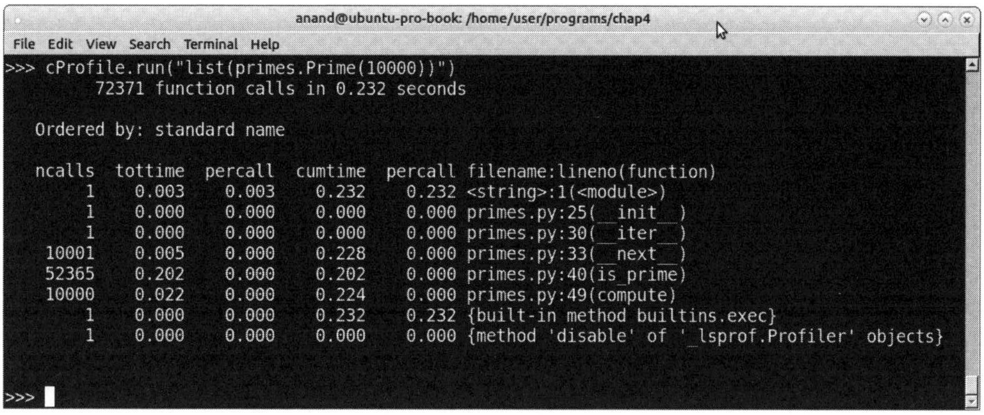

```
anand@ubuntu-pro-book: /home/user/programs/chap4
File Edit View Search Terminal Help
>>> cProfile.run("list(primes.Prime(10000))")
         72371 function calls in 0.232 seconds

   Ordered by: standard name

   ncalls  tottime  percall  cumtime  percall filename:lineno(function)
        1    0.003    0.003    0.232    0.232 <string>:1(<module>)
        1    0.000    0.000    0.000    0.000 primes.py:25(__init__)
        1    0.000    0.000    0.000    0.000 primes.py:30(__iter__)
    10001    0.005    0.000    0.228    0.000 primes.py:33(__next__)
    52365    0.202    0.000    0.202    0.000 primes.py:40(is_prime)
    10000    0.022    0.000    0.224    0.000 primes.py:49(compute)
        1    0.000    0.000    0.232    0.232 {built-in method builtins.exec}
        1    0.000    0.000    0.000    0.000 {method 'disable' of '_lsprof.Profiler' objects}


>>> 
```

図 4.12　調整後の素数イテレータで素数を 10,000 個出力する処理のプロファイリング

結果を見ると，n を 1,000 にしたときは，43 ミリ秒から 38 ミリ秒まで実行時間が短くなったものの，大きな変化はありません．しかし，n を 10,000 にしたときは，458 ミリ秒から 232 ミリ秒まで短くなっており，処理時間を約半分にできています．この関数のパフォーマンスを改善して，n が 1,000〜10,000 の範囲で $O(n)$ よりも計算量を減らすことに成功しました．

4.6.3　プロファイリング結果の保存と出力

前項の例では，cProfile を使用して統計情報を直接出力しました．この方法とは別に，引数にファイル名を渡すことで統計情報をファイルに出力できます．このファイルは，あとで pstats モジュールによって読み込むことができます．

cProfile の実行方法を変更して，ファイルに出力してみましょう．

```
>>> cProfile.run("list(primes.Prime(100))", filename='prime.stats')
```

実行すると，結果が標準出力に出力される代わりに，prime.stats という名前のファイルが作成されて，統計情報が保存されます．

次に，作成したファイルの pstats モジュールによる読み込み方法を紹介します．早速，関数の呼び出し回数（ncalls）でソートして結果を出力してみましょう．図 4.13 のように実行します．

pstats モジュールでは，単純に統計情報を読み込む以外に，合計時間（tottime），呼び出し回数（ncalls），累積時間（cumtime）などの情報でソートした結果を表示できます．図 4.13 は，関数の呼び出し回数（ncalls）でソートしているので，最も頻繁に呼び出されているメソッドが is_prime であることが，すぐにわかります．

なお，pstats モジュール内にある Stats クラスは，すべての操作後に自身の参照を返します．Python ではメソッドの呼び出しを連鎖できるので，コンパクトな 1 行のコードで複数処理を表すことができます．

```
anand@ubuntu-pro-book: /home/user/programs/chap4
File Edit View Search Terminal Help
>>> pstats.Stats('prime.stats').sort_stats('ncalls').print_stats()
Thu Dec 29 06:34:39 2016    prime.stats

         577 function calls in 0.002 seconds

   Ordered by: call count

   ncalls  tottime  percall  cumtime  percall filename:lineno(function)
      271    0.001    0.000    0.001    0.000 /home/user/programs/chap4/primes.py:41(is_prime)
      101    0.000    0.000    0.002    0.000 /home/user/programs/chap4/primes.py:34(__next__)
      100    0.000    0.000    0.000    0.000 {method 'append' of 'list' objects}
      100    0.000    0.000    0.001    0.000 /home/user/programs/chap4/primes.py:51(compute)
        1    0.000    0.000    0.000    0.000 /home/user/programs/chap4/primes.py:31(__iter__)
        1    0.000    0.000    0.002    0.002 <string>:1(<module>)
        1    0.000    0.000    0.000    0.000 /home/user/programs/chap4/primes.py:25(__init__)
        1    0.000    0.000    0.002    0.002 {built-in method builtins.exec}
        1    0.000    0.000    0.000    0.000 {method 'disable' of '_lsprof.Profiler' objects}


<pstats.Stats object at 0x7f5b97262da0>
>>>
```

図 4.13　pstats モジュールを使用した，保存されたプロファイル結果の出力

Stats クラスのもう一つの便利な機能は，オブジェクトの呼び出し先や呼び出し元を可視化できることです．print_stats メソッドの代わりに print_callers メソッドを使用してみましょう．図 4.14 に示すように，結果に各メソッドの呼び出し元が表示されます．

```
anand@ubuntu-pro-book: /home/user/programs/chap4
File Edit View Search Terminal Help
>>> pstats.Stats('prime.stats').sort_stats('pcalls').print_callers()
   Ordered by: primitive call count

Function                                           was called by...
                                                       ncalls  tottime  cumtime
/home/user/programs/chap4/primes.py:41(is_prime)  <-     271    0.001    0.001  /home/user/programs/chap
4/primes.py:51(compute)
/home/user/programs/chap4/primes.py:34(__next__)  <-     101    0.000    0.002  <string>:1(<module>)
{method 'append' of 'list' objects}               <-     100    0.000    0.000  /home/user/programs/chap
4/primes.py:51(compute)
/home/user/programs/chap4/primes.py:51(compute)   <-     100    0.000    0.001  /home/user/programs/chap
4/primes.py:34(__next__)
/home/user/programs/chap4/primes.py:31(__iter__)  <-       1    0.000    0.000  <string>:1(<module>)
<string>:1(<module>)                              <-       1    0.000    0.002  {built-in method builtin
s.exec}
/home/user/programs/chap4/primes.py:25(__init__)  <-       1    0.000    0.000  <string>:1(<module>)
{built-in method builtins.exec}                   <-
{method 'disable' of '_lsprof.Profiler' objects}  <-


<pstats.Stats object at 0x7f5b9907e550>
>>>
```

図 4.14　pstats モジュールを使用して出力した呼び出し先と呼び出し元の関係

4.6.4　サードパーティ製のプロファイラ

Python のエコシステムでは，様々な課題に対してそれを解決するためのサードパーティモジュールが多数開発されています．プロファイラの場合も同様です．この項では，Python コミュニティの開発者によって提供されている，人気のあるサードパーティ製プロファイラアプリケーションを簡単に紹介します．

[1]　line_profiler

line_profiler は Robert Kern によって開発された，各行にプロファイリングを実行できる Python アプリケーションです．Cython によって記述されています．Cython は Python の静的コンパイラで，最適化を施しプロファイリング時のオーバーヘッドを軽減できます．

line_profiler は pip によってインストールできます．

```
$ pip3 install line_profiler
```

Python の標準ライブラリが提供するプロファイラモジュールでは，関数ごとにプロファイリングしていましたが，line_profiler では行ごとにプロファイリングするので，詳細な統計情報を取得できます．

line_profiler では，付属している `kernprof.py` というスクリプトを使用することで，簡単にプロファイリングを実行できます．`kernprof` を使用するためには，`@profile` というデコレータをプロファイリングしたい関数に記述します．

先ほどの素数イテレータの例では，実行時間のほとんどが `is_prime` メソッドで費やされていることを突き止めました．line_profiler ではさらに詳細な情報が出力されるため，実行時間が費やされている部分が行単位でわかります．

では，`@profile` を記述して確かめてみましょう．

```
@profile
def is_prime(self):
    """ 素数かどうかを判定する """
    vroot = int(self.value ** 0.5) + 1
    for i in range(3, vroot, 2):
        if self.value % i == 0:
            return False
    return True
```

`kernprof` はスクリプトを引数として受け入れるので，素数イテレータを実行する処理をスクリプト内で呼び出す必要があります．そのため，`primes.py` モジュールの最後にメイン処理を追加しましょう．

```
# コードの実行
if __name__ == "__main__":
    l=list(Prime(1000))
```

では，以下のコマンドを実行してみましょう．

```
$ kernprof -l -v primes.py
```

-v オプションを付けると，結果を保存するだけでなく，標準出力に結果を出力します．実行した結果は，図 4.15 のようになります．

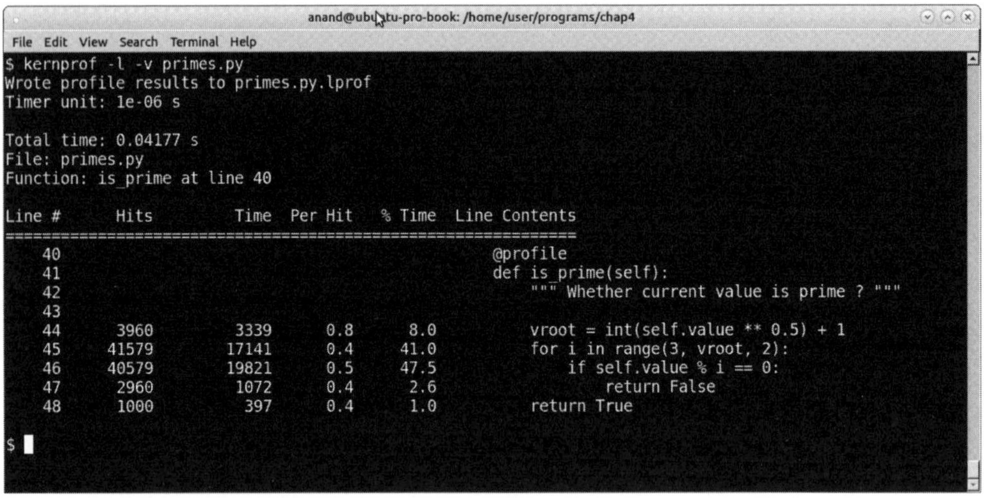

```
anand@ubuntu-pro-book: /home/user/programs/chap4
File Edit View Search Terminal Help
$ kernprof -l -v primes.py
Wrote profile results to primes.py.lprof
Timer unit: 1e-06 s

Total time: 0.04177 s
File: primes.py
Function: is_prime at line 40

Line #      Hits         Time  Per Hit   % Time  Line Contents
==============================================================
    40                                           @profile
    41                                           def is_prime(self):
    42                                               """ Whether current value is prime ? """
    43
    44      3960         3339      0.8      8.0      vroot = int(self.value ** 0.5) + 1
    45     41579        17141      0.4     41.0      for i in range(3, vroot, 2):
    46     40579        19821      0.5     47.5          if self.value % i == 0:
    47      2960         1072      0.4      2.6              return False
    48      1000          397      0.4      1.0      return True

$ █
```

図 4.15　is_prime メソッドの line_profiler によるプロファイル結果

line_profiler によって，最初の 2 行にかかる処理時間がメソッド実行総時間の 90% を占めていることがわかりました．これは for ループと除算の判定部分に時間が費やされていることを示しています．

メソッドを最適化するためには，この 2 行に注目するべきです．

[2]　memory_profiler

memory_profiler は，各行のメモリ消費量に対してプロファイリングを実行します．行単位でプロファイリングを行う点で，line_profiler に似ていますが，各コード行の実行時間は収集しません．

memory_profiler も pip でインストールできます．

```
$ pip install memory_profiler
```

一度インストールすれば，line_profiler のように @profile デコレータを記述することで，各行のメモリ消費量をプロファイリングできます．

簡単な例を見てみましょう．まずは，単純なスクリプトを作成します．

```
# mem_profile_example.py
@profile
def squares():
    return [x*x for x in range(1, n+1)]

squares(1000)
```

図 4.16 のように，memory_profiler を実行します．

```
$ python3 -m memory_profiler mem_profile_example.py
Filename: mem_profile_example.py

Line #    Mem usage    Increment   Line Contents
================================================
     1   31.559 MiB    0.000 MiB   @profile
     2                             def squares(n):
     3   31.559 MiB    0.000 MiB       return [x*x for x in range(1, n+1)]

$ 
```

図 4.16　is_prime メソッドの memory_profiler によるプロファイル結果（n＝1,000）

memory_profiler は各行で使用するメモリの増分を示します．この例は処理するサイズが小さかったので，要素を 2 乗するリストの内包表記の行において，メモリはほとんど増加しませんでした．メモリの合計使用量は 32MB で，初期状態のままです．

n の値を 100,000 に変えることで，メモリ使用量がどのように変化するかを見てみましょう．コードの最後を以下のように変更して，再び memory_profiler を実行します．

```
squares(100000)
```

```
$ python3 -m memory_profiler mem_profile_example.py
Filename: mem_profile_example.py

Line #    Mem usage    Increment   Line Contents
================================================
     1   31.418 MiB    0.000 MiB   @profile
     2                             def squares(n):
     3   70.027 MiB   38.609 MiB       return [x*x for x in range(1, n+1)]

$ 
```

図 4.17　is_prime メソッドの memory_profiler によるプロファイル結果（n＝100,000）

図 4.17 の出力結果を見ると，要素を 2 乗するリストの内包表記を実行するために，メモリが約 39MB 必要になったことがわかります．その結果，最終的なメモリ使用量は約 70MB となりました．

次項では，他の例を用いて，メモリプロファイリングの実用性を確認しましょう．

[3]　memory_profiler の実用性 —— substring の問題

メモリプロファイリングの実用性を確認するために，問題設定を行います．まず，文字列のリスト seq1 を定義します．

```
>>> seq1 = ["capital","wisdom","material","category","wonder"]
```

もう一つ文字列のリスト seq2 を定義します．

```
>>> seq2 = ["cap","mat","go","won","to","man"]
```

ここで，seq1 に存在する文字列に部分一致する seq2 の文字列を探したいとします．この場合，答えは以下です．

```
>>> sub = ["cap","mat","go","won"]
```

この問題は，総当たりに探索すれば簡単に解けます．つまり，seq2 内の文字列それぞれについて，seq1 の各文字列に部分一致するかどうかをチェックします．

```
def sub_string_brute(seq1, seq2):
    """ 総当たり """
    subs = []
    for item in seq2:
        for parent in seq1:
            if item in parent:
                subs.append(item)
    return subs
```

しかし，seq2 の各要素を取得するループ内に，seq1 の要素を取得するループが存在しているため，二重ループとなっています．つまり，計算量は $O(n_1 n_2)$ となり，n_1 と n_2 の増加に従って実行時間が大きく増加することがわかります．

表 4.2 は，文字数が 2〜10 のランダムな文字列を要素に持つ，同じ要素数の seq1 と seq2 を，関数の引数に渡した場合の処理時間です．これを見ると，実行時間がほぼ正確に $O(n^2)$ に従って増加していることがわかります．

表 4.2

入力サイズ	処理時間
100	450 マイクロ秒
1,000	52 ミリ秒
10,000	5.4 秒

この関数のパフォーマンスを向上させましょう．まず，新しく sub_string 関数を以下のように実装します．

```
def slices(s, n):
    return map(''.join, zip(*(s[i:] for i in range(n))))

def sub_string(seq1, seq2):
    """
    seq1の部分文字列となるseq2を取得する
    """
    # 与えられた範囲内に収まるすべての部分文字列を作成する
    min_l, max_l = min(map(len, seq2)), max(map(len, seq2))
    sequences = {}
    for i in range(min_l, max_l+1):
        for string in seq1:
            # 部分文字列を作成する
            sequences.update({}.fromkeys(slices(string, i)))
    subs = []
    for item in seq2:
        if item in sequences:
            subs.append(item)
    return subs
```

この方法では，seq1 の文字列から部分文字列を事前にすべて取得して，部分文字列を辞書に格納します．次に，seq2 の文字列が辞書に含まれているかどうかをチェックして，含まれていればリストに追加します．

計算量を減らすために，seq2 の最小サイズと最大サイズをあらかじめ計算して，その範囲内に収まるサイズの部分文字列のみを辞書に格納しています．

パフォーマンスの問題では，ほぼすべての解決策が実行時間とメモリのトレードオフになります．このケースでは，すべての部分文字列を事前に格納することにより，メモリは増加しますが，その結果，実行時間は短縮されます．

プロファイリングを実行するために，テストコードを作成しましょう．

```
import random
import string

seq1, seq2 = [], []

def random_strings(n, N):
    """
    4文字からn-1文字のランダムな文字列をN個作成して，グローバル変数seq1, seq2に格納する
    """
    global seq1, seq2
    for i in range(N):
        seq1.append(''.join(random.sample(string.ascii_lowercase,
                             random.randrange(4, n))))
    for i in range(N):
        seq2.append(''.join(random.sample(string.ascii_lowercase,
                             random.randrange(2, n/2))))
```

```
def test(N):
    random_strings(10, N)
    subs=sub_string(seq1, seq2)

def test2():
    # random_stringsはすでに呼ばれている
    subs=sub_string(seq1, seq2)
```

timeit モジュールで実行時間を確認してみましょう．

```
>>> t=timeit.Timer('test2()',setup='from sub_string import test2,
    random_strings;random_strings(10, 100)')
>>> 1000000*t.timeit(number=10000)/10000.0
1081.6103347984608

>>> t=timeit.Timer('test2()',setup='from sub_string import test2,
    random_strings;random_strings(10, 1000)')
>>> 1000000*t.timeit(number=1000)/1000.0
11974.320339999394

>>> t=timeit.Timer('test2()',setup='from sub_string import test2,
    random_strings;random_strings(10, 10000)')
>>> 1000000*t.timeit(number=100)/100.0124718.30968977883
124718.30968977883

>>> t=timeit.Timer('test2()',setup='from sub_string import test2,
    random_strings;random_strings(10, 100000)')
>>> 1000000*t.timeit(number=100)/100.0
1261111.164370086
```

この結果をまとめると，表 4.3 のようになります．$O(n)$ のオーダーに従って，実行時間が増加している様子がわかります．かなり速くなりました．

表 4.3

入力サイズ	処理時間
100	1.08 ミリ秒
1,000	11.97 ミリ秒
10,000	0.12 秒
100,000	1.26 秒

しかしながら，この実装には，あらかじめ作成された各部分文字列を保存するメモリが必要です．そこで，メモリプロファイラを呼び出して，メモリ使用量を見積もってみましょう．プロファイリングを行うために @profile デコレータを加えます．

```
@profile
def sub_string(seq1, seq2):
    """
    seq1の部分文字列となるseq2を取得する
    """
    # 与えられた範囲内に収まるすべての部分文字列を作成する
    min_l, max_l = min(map(len, seq2)), max(map(len, seq2))
    sequences = {}
    for i in range(min_l, max_l+1):
        for string in seq1:
            sequences.update({}.fromkeys(slices(string, i)))
    subs = []
    for item in seq2:
        if item in sequences:
            subs.append(item)
```

また，プロファイリングを実行するために，テストコードを変更します．

```
def test(N):
    random_strings(10, N)
    subs = sub_string(seq1, seq2)
```

では，リストのサイズを 1,000 と 10,000 にして，プロファイリングを行いましょう．それぞれの結果を図 4.18, 4.19 に示します．

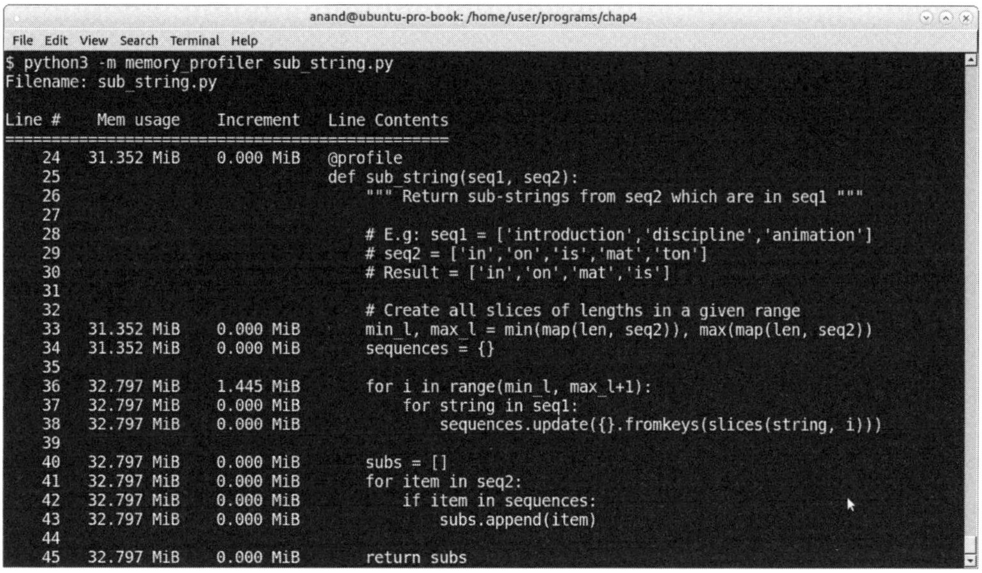

```
anand@ubuntu-pro-book: /home/user/programs/chap4
File  Edit  View  Search  Terminal  Help
$ python3 -m memory_profiler sub_string.py
Filename: sub_string.py

Line #    Mem usage    Increment   Line Contents
================================================
    24   31.352 MiB    0.000 MiB   @profile
    25                             def sub_string(seq1, seq2):
    26                                 """ Return sub-strings from seq2 which are in seq1 """
    27
    28                                 # E.g: seq1 = ['introduction','discipline','animation']
    29                                 # seq2 = ['in','on','is','mat','ton']
    30                                 # Result = ['in','on','mat','is']
    31
    32                                 # Create all slices of lengths in a given range
    33   31.352 MiB    0.000 MiB       min_l, max_l = min(map(len, seq2)), max(map(len, seq2))
    34   31.352 MiB    0.000 MiB       sequences = {}
    35
    36   32.797 MiB    1.445 MiB       for i in range(min_l, max_l+1):
    37   32.797 MiB    0.000 MiB           for string in seq1:
    38   32.797 MiB    0.000 MiB               sequences.update({}.fromkeys(slices(string, i)))
    39
    40   32.797 MiB    0.000 MiB       subs = []
    41   32.797 MiB    0.000 MiB       for item in seq2:
    42   32.797 MiB    0.000 MiB           if item in sequences:
    43   32.797 MiB    0.000 MiB               subs.append(item)
    44
    45   32.797 MiB    0.000 MiB       return subs
```

図 4.18 memory_profiler による sub_string のプロファイル結果（n = 1,000）

```
anand@ubuntu-pro-book: /home/user/programs/chap4
File Edit View Search Terminal Help
$ python3 -m memory_profiler sub_string.py
Filename: sub_string.py

Line #    Mem usage    Increment   Line Contents
================================================
    24   32.523 MiB    0.000 MiB   @profile
    25                             def sub_string(seq1, seq2):
    26                                 """ Return sub-strings from seq2 which are in seq1 """
    27
    28                                 # E.g: seq1 = ['introduction','discipline','animation']
    29                                 # seq2 = ['in','on','is','mat','ton']
    30                                 # Result = ['in','on','mat','is']
    31
    32                                 # Create all slices of lengths in a given range
    33   32.523 MiB    0.000 MiB       min_l, max_l = min(map(len, seq2)), max(map(len, seq2))
    34   32.523 MiB    0.000 MiB       sequences = {}
    35
    36   38.770 MiB    6.246 MiB       for i in range(min_l, max_l+1):
    37   38.770 MiB    0.000 MiB           for string in seq1:
    38   38.770 MiB    0.000 MiB               sequences.update({}.fromkeys(slices(string, i)))
    39
    40   38.770 MiB    0.000 MiB       subs = []
    41   38.770 MiB    0.000 MiB       for item in seq2:
    42   38.770 MiB    0.000 MiB           if item in sequences:
    43   38.770 MiB    0.000 MiB               subs.append(item)
    44
    45   38.770 MiB    0.000 MiB       return subs
```

図 4.19　memory_profiler による sub_string のプロファイル結果（n = 10,000）

結果を見ると，メモリ増加量は，入力サイズが 1,000 の場合，わずか 1.4MB であり，入力サイズが 10,000 の場合でも 6.2MB です．これらの増加量であれば問題ないでしょう．

memory_profiler を使用することにより，作成したアルゴリズムは，時間性能が良いだけでなく，メモリ効率も十分に優れていることを確認できました．

4.7　その他のツール

本節では，開発者がメモリリークをデバッグする際に役立つツールと，オブジェクトとその関係を可視化するためのツールについて説明します．

4.7.1　Objgraph

Objgraph はオブジェクト間の参照を可視化するのに役立つツールです．Objgraph では，graphviz[*4]パッケージを用いて関係グラフの描画を行います．

Objgraph は，複雑なプログラムにおけるオブジェクト同士の参照を，オブジェクトツリーとして可視化することにより，明確化します．オブジェクトの参照を明らかにすることは，解放されないオブジェクトの特定に繋がります．プロファイリングツールやインストゥルメンテーションツールとともに用いることで，メモリリークを引き起こす箇所の特定に役に立つでしょう．

[*4]【訳注】graphviz：オープンソースのグラフ描画ツールです．https://www.graphviz.org/ を参照してください．

他のツールと同様に，Objgraph も pip 経由でインストールできます．

```
$ pip3 install objgraph
```

Objgraph を利用するためには，グラフを生成して出力するためのパッケージが必要です．描画するために graphviz パッケージと xdot [5] ツールをインストールします．

Debian/Ubuntu システムでは，以下のようにしてインストールできます [6]．

```
$ sudo apt install graphviz xdot -y
```

objgraph を使って複雑なオブジェクト参照を可視化しましょう．

```
import objgraph

class MyRefClass(object):
    pass

ref=MyRefClass()
class C(object):pass

c_objects=[]
for i in range(100):
    c=C()
    c.ref=ref
    c_objects.append(c)

import pdb; pdb.set_trace()
```

このコードでは，MyRefClass クラスの単一インスタンスである ref が存在して，ref は C クラスのインスタンス 100 個に参照されています．なお，C クラスのインスタンス 100 個は for ループによって作成されています．この参照はメモリリークのおそれがあります．objgraph により，どのように表示されるでしょう．

以下のコードが実行されると，デバッガ（pdb）によって実行が停止されます．

```
$ python3 objgraph_example.py
--Return--
[0] > /home/user/programs/chap4/objgraph_example.py(15)<module>()->None-> import pdb; pdb.
set_trace()
```

[5]【訳注】xdot：dot 言語（graphviz 専用の言語）を用いたグラフ描画に使用する対話的なビューアです．https://pypi.python.org/pypi/xdot を参照してください．

[6]【訳注】macOS の場合は，以下のようにインストールします．

```
$ brew install graphviz
$ pip install objgraph
```

```
(Pdb++) objgraph.show_backrefs(ref, max_depth=2, too_many=2, filename='refs.png')
Graph written to /tmp/objgraph-xxhaqwxl.dot (6 nodes)
Image generated as refs.png
```

出力を図 4.20 に示します（画像は左側を切り離し，重要な部分のみを表示しています）.

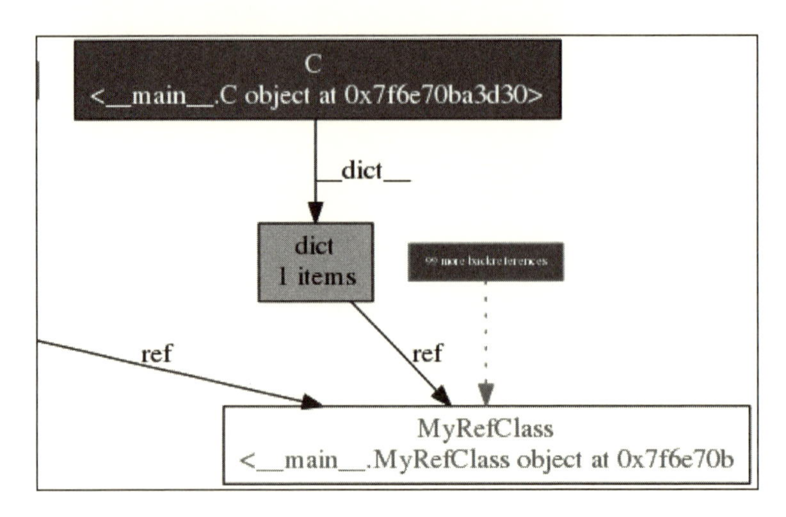

図 4.20　Objgraph によるオブジェクト参照の視覚化

このグラフでは，中央右の横長のボックスが，参照が 99 個存在することを示しています．つまり，クラス C のインスタンス 1 個と，他のインスタンス 99 個を合わせた 100 インスタンスが単一の `ref` インスタンスを参照していることになります．

複雑なプログラムになると，メモリリークに繋がるオブジェクトの参照は，頭で考えるだけでは追いきれません．そのようなときは，オブジェクト間の参照を描画することが，開発者の助けになります．

4.7.2　Pympler

Pympler はオブジェクトのメモリ使用量を監視・測定できる，Python アプリケーションに含まれるツールです．Python 2.x と Python 3.x の両バージョンで動作します．pip を使用してインストールできます．

```
$ pip3 install pympler
```

Pympler のドキュメントはあまり充実していません．しかし，Pympler の `asizeof` モジュールを使用して，オブジェクトのメモリ使用量を取得できることはよく知られています．

ここでは，4.6.4 項で作成した `sub_string` 関数を利用して，部分文字列を格納している辞書のメモリ使用量を可視化してみましょう．

```
from pympler import asizeof

def sub_string(seq1, seq2):
    """
    seq1の部分文字列となるseq2を取得する
    """
    # 与えられた範囲内に収まるすべての部分文字列を作成する
    min_l, max_l = min(map(len, seq2)), max(map(len, seq2))
    sequences = {}

    for i in range(min_l, max_l+1):
        for string in seq1:
            sequences.update({}.fromkeys(slices(string, i)))

    subs = []
    for item in seq2:
        if item in sequences:
            subs.append(item)
    print('Memory usage',asizeof.asized(sequences).format())

    return subs
```

リストのサイズを 10,000 にして実行してみましょう．

```
$ python3 sub_string.py
Memory usage {'awg': None, 'qlbo': None, 'gvap': No....te':
                             None, 'luwr':
                             None, 'ipat': None}
size=5874384
flat=3145824
```

メモリサイズは 5,874,384 バイト（約 5.6MB）であり，プロファイラの出力である 6MB とほぼ一致していることがわかります．

Pympler には，プログラム内に存在するすべてのオブジェクトを追跡できる muppy と呼ばれるパッケージも付属しています．muppy はまた，summary パッケージと組み合わせることで，アプリケーション内で使用されているオブジェクトの使用量に関する（オブジェクトタイプ別の）概要を出力できます．

リストのサイズを 10,000 にして sub_string モジュールを実行したときのレポートを出力してみましょう．そのためには，関数の実行部分を次のように変更する必要があります．

```
if __name__ == "__main__":
    from pympler import summary
    from pympler import muppy
    test(10000)
    all_objects = muppy.get_objects()
    sum1 = summary.summarize(all_objects)
    summary.print_(sum1)
```

Pymplerの出力を図4.21に示します.

```
anand@ubuntu-pro-book: /home/user/programs/chap4
File  Edit  View  Search  Terminal  Help
$ python3 sub_string.py
Memory usage {'gra': None, 'usrq': None, 'slx': Non....gj': None, 'yzfp': None, 'egfa': None} size=588
7488 flat=3145824
                                 types |   # objects |   total size
====================================== | =========== | ============
                            <class 'str |       30048 |      2.14 MB
                           <class 'dict |        1540 |      1.19 MB
                           <class 'type |         462 |    458.64 KB
                           <class 'code |        3067 |    431.45 KB
                           <class 'list |         413 |    229.49 KB
                            <class 'set |         363 |    139.91 KB
             <class 'wrapper_descriptor |        1106 |     86.41 KB
                          <class 'tuple |        1266 |     83.86 KB
                        <class 'weakref |         975 |     76.17 KB
  <class 'builtin_function_or_method |         920 |     64.69 KB
              <class 'method_descriptor |         828 |     58.22 KB
                   <class 'abc.ABCMeta |          51 |     48.13 KB
                            <class 'int |        1489 |     41.66 KB
              <class 'getset_descriptor |         504 |     35.44 KB
                      <class 'frozenset |          42 |     27.94 KB
$
```

図4.21　Pymplerによるオブジェクトタイプ別のメモリ使用量の要約

4.8 データ構造のプログラミングパフォーマンス

本章では，まずパフォーマンスの定義をし，次に計算量の定義と計測方法を説明した後，パフォーマンスを計測するための様々なツールを紹介しました．また，プロファイリングにより実行時間の統計量やメモリ使用量を出力して分析することで，パフォーマンスに影響する箇所を特定する方法を説明しました．さらに，プログラムを最適化して実行時間を減らすことで，パフォーマンスを改善する例をいくつか紹介しました．

本節では，一般的にPythonで用いられるデータ構造について，パフォーマンスの観点から解説します．あるデータ構造を使用した場合における，良いパフォーマンスを得るシナリオと，悪いパフォーマンスに陥るシナリオを両面から議論することで，そのデータ構造を使用すべき理想的な状況と不適切な状況を明らかにします．

4.8.1 可変コンテナオブジェクト――リスト，辞書，セット

リスト，辞書，セットは，Pythonで最もよく用いられる可変（ミュータブル）コンテナです．

リストは，インデックスを用いた要素のアクセスに適しています．辞書は，キーを持つオブジェクトにほぼ一定の時間でアクセスできます．セットは，重複を許さない要素の集合の保持に適しており，集合同士の差，和，積を線形時間で取得できます．

以下では，それぞれのコンテナの特徴を見ていきます．

[1] リスト

リストは，以下に紹介する二つの操作を，ほぼ $O(1)$ のオーダーで実行できます．

- オペレータ [ ] による要素の取得
- append メソッドによる要素の追加

しかし，次の操作では，最悪の場合 $O(n)$ となってしまいます．

- 演算子 in による要素の探索
- insert メソッドによる要素の追加

リストは次の場合に使用するのが適しています．

- 様々な型やクラスの複数要素を保持できる，変更可能なコンテナが必要な場合
- オブジェクトの検索において，既知のインデックスによって要素を取得する必要がある場合
- 要素の検索に使用するキーがない場合
- 格納する要素がハッシュ化できない場合（辞書やセットはハッシュ化ができないエントリーは使用できないため）

逆に，100,000 以上の要素を持つ巨大なリストに対して，演算子 in による要素の検索をしなければならない場合は，後述する辞書に置き換えるべきでしょう．

同様に，append メソッドを使用せず，insert メソッドを多用する場合は，実行時間が長くなるおそれがあるため，パフォーマンス向上を考慮して，collections モジュールの deque を使用することを検討しましょう．

[2] 辞書

辞書は次の操作を一定時間で完了します．

- キーと要素の保存
- キーによる要素の取得
- キーによる要素の削除

しかしながら，辞書は，要素数が同じリストより少しだけ多くのメモリを使用します．辞書は以下のような状況で役に立つでしょう．

- 要素の挿入の順番を保持しなくてよい場合
- 重複するキーを持たない場合

辞書は，キーが一意に定まるならば，巨大なデータを保持・取得するのに最適な構造です．データベースやディスクから読み込むような巨大なデータでも，素早く処理を行えるでしょう．

しかしながら，巨大なデータを扱えるように最適化されていることから，少ないデータ数では，無駄に処理が多いことになります．

[3]　セット

セットはリストと辞書の中間の機能を持っています．Python のセットの実装は，辞書に近いものになっています．すなわち，要素は順序付けされておらず，重複した要素は格納できず，また，キーによって要素を取得する処理は一定時間でできます．一方，ポップ操作をサポートしている点では（インデックスによるアクセスはサポートしていませんが）リストと似ています．

Python において，セットは重複した要素の削除や共通要素の検索が速いので，他のコンテナを処理するための中間データ構造としてよく使用されます．

セットの処理順序は辞書の順序とまったく一緒であることから，キーに値が関連付けられていないことを除いて，辞書の利用が適したほとんどの状況で使用できます．

使用場面として適した例を挙げます．

- 別のコレクションから，順序付けられている必要がなく重複を許さないコレクションがほしい場合
- 特定の目的でアプリケーションのコレクションを処理する場合（例えば，複数コンテナで共通要素を検索したい場合や，固有要素を取り出したい場合もしくは要素の重複を削除したい場合）

4.8.2　不可変コンテナオブジェクト ── タプル

Python のタプルは，要素の変更が不可能なリストです．作成後に変更できないため，リストを修正する挿入や追加などの操作は，いずれもサポートされません．

インデックスや，in 演算子を用いた要素の取得にかかる計算量は，リストと同じです．しかしながら，リストでの操作と比較すると，メモリのオーバーヘッドが非常に小さくなります．インタプリタ自体が不変であることを前提に最適化を行うことで，オーバーヘッドを小さくすることができています．

したがって，順序付けされたデータの取得をしたい状況で，変更する必要のないデータのコンテナが必要な場合は，タプルが最適です．

使用するべき具体的な状況を紹介します．

- DB のクエリー実行や CSV ファイルからの読み込みなど，読み取り限定のデータストアからデータを読み込んで，行単位のデータを保持したい場合
- 構成ファイルからロードされた構成パラメータのリストなど，何度も反復してアクセスする定数値のコレクションが必要な場合
- 関数から複数の値を返す場合（明示的に指定しない限り，Python ではタプルが返されます）

- 可変コンテナが辞書のキーである必要がある場合（内部の値の不変性が保証されているタプルはキーとして適切であり，リストやセットをキーとして値に関連付けさせる必要がある場合は，タプルに変換することを推奨します）

4.8.3 ハイパフォーマンスのコンテナ── collections モジュール

collections モジュールは，前項までで紹介したリスト，セット，辞書，タプルといった Python に組み込まれている標準的なコンテナの代わりとなる，高性能なコンテナを提供しています．

collections モジュールが提供しているコンテナ内で，以下のコンテナを本項で解説します．

- deque：両端での高速な要素の挿入と取り出しをサポートしている，リストの代わりになるコンテナ
- defaultdict：指定されたキーに対して要素がなかった場合に，指定された型を返すファクトリ関数[*7]によってデフォルト値を返せるようにした，dict クラスを継承したコンテナ
- OrderedDict：保存したキーの順番を記憶できる，dict クラスを継承したコンテナ
- Counter：ハッシュ化可能な型の個数と統計を保持できる，dict クラスを継承したコンテナ
- ChainMap：複数のマッピングオブジェクトを集約して，一つの辞書として扱えるインタフェースを提供するクラス
- namedtuple：名前付きのフィールドを追加して，クラスに似たフィールドアクセスを可能にしたタプルのサブクラス

[1] deque

deque（両端キュー）はリストに似ていますが，先端に対する要素の挿入やポップ（要素を取り出して削除すること）の計算量は，リストが $O(n)$ であるのに対し，$O(1)$ しかかかりません．

deque では，全要素を k 回左右に移動させる操作である rotate もサポートされています．挿入やスライスを用いることでリストでも実現できますが，deque のほうがわずかに速く，$O(k)$ で処理できます．

```
def rotate_seq1(seq1, n):
    """ リストの全要素を右側に二つずらす """
    # 例えば，rotate([1,2,3,4,5], 2) => [4,5,1,2,3]
    k = len(seq1) - n
    return seq1[k:] + seq1[:k]
```

[*7] 【訳注】ファクトリ関数：特定の型やクラスのオブジェクトを返す関数．

```
def rotate_seq2(seq1, n):
    """ dequeの全要素を右側に二つずらす """
    d = deque(seq1)
    d.rotate(n)
    return d
```

上記は，rotate 操作をリストと deque それぞれで実装したコードです．timeit モジュールで簡単な時間計測を行うと，deque のパフォーマンスが約 10～15% ほどリストを上回ることが確認できます．

[2]　defaultdict

defaultdict は dict を継承したコレクションであり，指定されたキーアクセスに対して要素がなかった場合に，ファクトリ関数を利用して，デフォルト値を返せるようにしたコンテナです．

リスト内に存在する要素の個数を数えるプログラムを記述したいとしましょう．リストの要素をキーとする辞書を用いることで，リストのループ内で，それぞれの出現回数を記録できます．しかし，このとき辞書のキーが存在しない場合はインクリメントができないので，辞書のキーが存在することを確かめなければなりません．

もう少し具体的な例で見てみましょう．テキスト中にある単語の出現回数を数えようとする処理は，以下のようになります．

```
counts = {}
for word in text.split():
    word = word.lower().strip()
    try:
        counts[word] += 1
    except KeyError:
        counts[word] = 1
```

機能を実装するためには，バリデーションの処理を書かなければならないことがわかります．

その他の例として，キーによってオブジェクトをグループ化する実装を考えてみます．こちらも具体的な例を用いて説明すると，同じ長さの文字列をグループ化する処理は，以下のようになるでしょう．

```
cities = ['Jakarta','Delhi','Newyork','Bonn','Kolkata','Bangalore','Seoul']
cities_len = {}
for city in cities:
    clen = len(city)
    # 初めてのキーを使用する場合
    if clen not in cities_len:
        cities_len[clen] = []
    cities_len[clen].append(city)
```

defaultdict コンテナでは，これらを美しく実装できます．辞書に定義されていないキーを用いたアクセスがあったら，ファクトリ関数によって指定された型の規定値を返します．ファクトリ関数は，標準の型をサポートしています．型を指定していない場合は None を返します．

ファクトリ関数の戻り値と型の対応は以下のようになります．

- 0：integer 型
- []：リスト型
- ''：string 型
- {}：辞書型
- None：型の指定がないとき

単語の出現回数をカウントするコードは，以下のように書き換えられます．

```
counts = defaultdict(int)
for word in text.split():
    word = word.lower().strip()
    # 単語の出現数を数える．キーがなかった場合は0を返す．
    counts[word] += 1
```

同様に，同じ長さの文字列をグループ化するコードは，以下のように書き換えられます．

```
cities = ['Jakarta','Delhi','Newyork','Bonn','Kolkata','Bangalore','Seoul']
cities_len = defaultdict(list)
for city in cities:
    # 空のリストが一度追加されている
    cities_len[len(city)].append(city)
```

[3] OrderedDict

OrderedDict は，要素の挿入順序を記憶する dict のサブクラスです．辞書とリストを合わせたような振る舞いをします．キーに対して値をマッピングする機能や，挿入順序を覚えたり，最初もしくは最後の要素を削除したりする popitem のような機能をサポートしています．

例を見てみましょう．

```
>>> cities = ['Jakarta','Delhi','Newyork','Bonn','Kolkata','Bangalore','Seoul']
>>> cities_dict = dict.fromkeys(cities)
>>> cities_dict
{'Kolkata': None, 'Newyork': None, 'Seoul': None, 'Jakarta': None,'Delhi': None, 'Bonn':
None, 'Bangalore': None}

# OrderedDict
>>> cities_odict = OrderedDict.fromkeys(cities)
>>> cities_odict
OrderedDict([('Jakarta', None), ('Delhi', None), ('Newyork', None),('Bonn', None),
```

```
('Kolkata', None), ('Bangalore', None), ('Seoul',None)])

>>> cities_odict.popitem()
('Seoul', None)

>>> cities_odict.popitem(last=False)
('Jakarta', None)
```

この例を見ると，`dictionary`がどのように順番を変更して，`OrderedDict`がどのように順番を保持しているかがわかります．`OrderedDict`コンテナの性能を有効に活かした例を紹介しましょう．

■順序を失うことなくコンテナから重複を削除する方法　街の名前のリストには重複があるので，これを順序を保ったまま削除してみましょう．

```
>>> cities = ['Jakarta','Delhi','Newyork','Bonn','Kolkata','Bangalore','Bonn','Seoul',
    'Delhi','Jakarta','Mumbai']
>>> cities_odict = OrderedDict.fromkeys(cities)
>>> print(cities_odict.keys())
odict_keys(['Jakarta','Delhi','Newyork','Bonn','Kolkata','Bangalore','Seoul','Mumbai'])
```

順序を保ったまま重複を削除できていることがわかります．

■LRUキャッシュの実装　LRU（least recently used）キャッシュは，最近使用された（アクセスされた）エントリーを優先して保持して，しばらく使用されていないエントリーを削除するというキャッシュ機能です．これは，SquidなどHTTPキャッシングサーバーで使用される一般的なキャッシュアルゴリズムです．限られたメモリサイズを考慮しながら，最近アクセスしたアイテムを他のアイテムよりも優先的に保持します．

この機能を`OrderedDict`の動作を利用して実現しましょう．以下の実装では，削除して再追加された既存のキーは，末尾に追加されます．

```
class LRU(OrderedDict):
    """ LRU キャッシュ辞書 """
    def __init__(self, size=10):
        self.size = size

    def set(self, key):
        # キーが存在する場合は，挿入し直すことで，
        # 要素を末尾に持っていく
        if key in self:
            del self[key]
        self[key] = 1
        if len(self)>self.size:
            # 先頭の要素を削除する
            self.popitem(last=False)
```

デモンストレーションをしてみましょう.

```
>>> d=LRU(size=5)
>>> d.set('bangalore')
>>> d.set('chennai')
>>> d.set('mumbai')
>>> d.set('bangalore')
>>> d.set('kolkata')
>>> d.set('delhi')
>>> d.set('chennai')

>>> len(d)
5

>>> d.set('kochi')
>>> d
LRU([('bangalore', 1), ('chennai', 1), ('kolkata', 1), ('delhi', 1),('kochi', 1)])
```

mumbai というキーは一度しか使用されていないため，先頭に来て削除されたことがわかります.

次の削除対象は，bangalore，chennai と続きます.

[4] Counter

Counter はハッシュ可能なオブジェクトの数を保持するために作成された，dict のサブクラスです．数えたいオブジェクトは辞書のキーとして保存され，保持している数がバリューで保持されます．Counter クラスは，C++ の multisets や smalltalk の Bag など，要素がいくつ含まれているかがわかる多重集合に似ています.

あるコンテナ内に存在する要素の出現頻度を数えたいときに，Counter は威力を発揮します．例えば，テキスト内の単語の出現頻度や，単語内の文字の出現頻度を簡単に数えることができます.

次に紹介する二つのコードスニペットは同じ操作を行いますが，Counter のほうが冗長にならず，コンパクトに書けています．なお，この二つのスニペットは，シャーロック・ホームズの長編小説である *The Hound of Baskerville*（バスカヴィル家の犬）のテキストから頻出単語上位 10 件を出力します.

- defaultdict を使用した場合

```
import requests, operator

text=requests.get('https://www.gutenberg.org/files/2852/2852-0.txt').text
freq=defaultdict(int)
```

```
for word in text.split():
    if len(word.strip())==0: continue
    freq[word.lower()] += 1

print(sorted(freq.items(), key=operator.itemgetter(1),reverse=True) [:10])
```

- Counter を使用した場合

```
import requests

text = requests.get('https://www.gutenberg.org/files/2852/2852-0.txt').text
freq = Counter(filter(None, map(lambda x:x.lower().strip(), text.split())))

print(freq.most_common(10))
```

[5] ChainMap

ChainMap は，複数の辞書をグループ化して，一つの辞書のように要素の更新や参照を可能にする，Python 3.3 で追加された新しいクラスです．グループ化する辞書は，マッピング型のデータ構造であれば，dict 型でなくてもかまいません．

ChainMap クラスは，通常使われる辞書のメソッドをすべてサポートしています．要素を取得するときは，キーが見つかるまで，グループ化されたすべての辞書を探索します．

ある辞書を参考にして他の辞書を何度も繰り返し更新しなければならないとき，ChainMap が力を発揮するでしょう．その更新数が多ければ多いほど，パフォーマンス面で有効になります．

ChainMap は，以下のような場面で効果を発揮します．

- Web フレームワークにおいて，設定情報や GET/POST メソッドに必要なパラメータを別々の辞書で管理している場合
- 多層レイヤーのアプリケーションにおいて，各レイヤーに存在するアプリケーションの設定情報を横断的に管理したい場合
- 重複するキーがない複数の辞書にアクセスしたい場合

ChainMap は，先にグループ化された辞書のキーを優先して探索することに注意する必要があります．また，ChainMap は辞書を参照しているだけなので，元の辞書が更新されると，ChainMap 内に存在する辞書も更新されることにも，注意が必要です．例を使って，これらの特徴を示します．

```
>>> d1={i:i for i in range(100)}
>>> d2={i:i*i for i in range(100) if i%2}
>>> c=ChainMap(d1,d2)

# キーが被っている場合は，先に参照した辞書を優先する
>>> c[5]
5
```

```
>>> c.maps[0][5]
5

# d1を更新する
>>> d1.update(d2)

# ChainMapの中身も更新されている
>>> c[5]
25
>>> c.maps[0][5]
25
```

[6] namedtuple

namedtuple は，固定フィールドを持つクラスのように振る舞うタプルです．通常用いられるクラスのようにフィールドにアクセスできるだけでなく，インデックスでもフィールドにアクセスできます．namedtuple 自体はコンテナとして振る舞うこともできるので，namedtuple はクラスとタプルを組み合わせたものと言えるでしょう．

```
>>> Employee = namedtuple('Employee', 'name, age, gender, title,department')
>>> Employee
<class '__main__.Employee'>
```

Employee インスタンスを作ってみましょう．

```
>>> jack = Employee('Jack',25,'M','Programmer','Engineering')
>>> print(jack)
Employee(name='Jack', age=25, gender='M', title='Programmer',department='Engineering')
```

フィールドに対してイテレーションできます．

```
>>> for field in jack:
... print(field)
...
Jack
25
M
Programmer
Engineering
```

タプルの特性を持ち合わせているため，一度インスタンスを作成したら，代入による属性の変更はできません．

```
>>> jack.age=32
Traceback (most recent call last):File "<stdin>", line 1, in <module>
AttributeError: can't set attribute
```

_replace メソッドを用いることで，値を更新できます．_replace メソッドは，引数として指定されたキーワードと設定したい値を受け取り，値を置き換えた新しいインスタンスを返します．

```
>>> jack._replace(age=32)
Employee(name='Jack', age=32, gender='M', title='Programmer',department='Engineering')
```

namedtuple は，同じフィールドを持つクラスに比べて非常に高いメモリ効率を示します．したがって，namedtuple は以下のような状況で力を発揮します．

- データストアからの大量のデータを，読み取り専用データとして保持する場合．例えばDB クエリーで列や値をロードする場合や，大規模な CSV ファイルからデータを読み込む場合にメモリを節約できます．
- インスタンスが大量に必要ではあるが，フィールドに値を書き込む操作はあまり必要でない場合．クラスインスタンスを作成する代わりに，namedtuple でメモリに保存しましょう．
- 書式の整ったファイルからインスタンスとして読み出したい場合．_make メソッドを用いることで，フィールドと同じ順序で値が書いてあるファイルを namedtuple のインスタンスで読み出せます．例えば，名前，年齢，性別，タイトル，部門の順に並んだ employees.csv ファイルがある場合，次のように _make メソッドを用いて namedtuple コンテナに値を読み出せます．

```
employees = map(Employee._make, csv.reader(open('employees.csv')))
```

4.8.4　確率的データ構造 —— Bloom Filter

最後に紹介する Python のコンテナ型データ構造は，Bloom Filter という重要な確率的データ構造です．Bloom Filter は Python ではコンテナのように動作しますが，本質的な実装は確率的です．

Bloom Filter は，ある要素がコンテナ内に存在するかどうかをチェックできる疎なデータ構造です．コンテナ内にある要素が含まれていないと判断された場合，その要素は確実に含まれていません．つまり，偽陰性を示すことはありません．逆に，Bloom Filter がコンテナ内にある要素が含まれていると判断した場合は，その要素はない可能性もあります．

Bloom Filter は通常，ビット列のベクトルとして実装されています．要素アクセス時にハッシュ値を使用している点は，Python の辞書と同様です．しかしながら，辞書とは異なり，Bloom Filter は実際の要素を格納しません．また，一度追加された要素は削除できません．

Bloom Filter は，メモリのほとんどを食い尽くすような大量のデータを扱いたい場合に使用します．Bloom Filter を使うと，ハッシュ値の衝突を避けて要素を保存できます．

Python では，pybloom パッケージによって Bloom Filter の実装が提供されます（ただし，執筆時点では Python 3.x がサポートされていないため[*8]，以下の例は Python 2.7.x を使って示しています）．pip によってインストールをします．

```
$ pip install pybloom
```

以下では，Counter の使用例を紹介するときに用いたシャーロック・ホームズ長編小説 *The Hound of Baskerville*（バスカヴィル家の犬）の索引付けを，Bloom Filter を用いて行います．

```
# bloom_example.py
from pybloom import BloomFilter
import requests

f=BloomFilter(capacity=100000, error_rate=0.01)

text=requests.get('https://www.gutenberg.org/files/2852/2852-0.txt').text

for word in text.split():
    word = word.lower().strip()
    f.add(word)

print len(f)
print len(text.split())
for w in ('holmes','watson','hound','moor','queen'):
    print 'Found',w,w in f
```

このスクリプトを実行してみましょう．

```
$ python bloomtest.py
9403
62154
Found holmes True
Found watson True
Found moor True
Found queen False
```

holmes，watson，moor はストーリーの中でも頻繁に使われている単語なので，誤検出の可能性があるものの，Bloom Filter は正しく判断していると確信できます．その一方で，queen はストーリーに現れないため，偽陰性を示さない Bloom Filter の判断は必ず合っています．なお，今回のケースでは，ストーリー内の 62,154 単語のうち，フィルタに索引付けされたのは 9,403 単語でした．

[*8]【訳注】翻訳時点でも Python 3.x にサポートされていません．

メモリプロファイラを用いて，Counter と Bloom Filter のメモリ使用量を比較してみましょう．

Counter クラスを使用して，次のようにコードを書き直します．

```
# counter_hound.py
import requests
from collections import Counter

@profile
def hound():
    text=requests.get('https://www.gutenberg.org/files/2852/2852-0.txt').text
    c = Counter()
    words = [word.lower().strip() for word in text.split()]
    c.update(words)

if __name__ == "__main__":
    hound()
```

次に，Bloom Filter のスクリプトを書き直します．

```
# bloom_hound.py
from pybloom import BloomFilter
import requests

@profile
def hound():
    f=BloomFilter(capacity=100000, error_rate=0.01)
    text=requests.get('https://www.gutenberg.org/files/2852/2852-0.txt').text
    for word in text.split():
        word = word.lower().strip()
        f.add(word)

if __name__ == "__main__":
    hound()
```

メモリプロファイラを使用して，Counter を実行したときのメモリの状態を見てみましょう．図 4.22 のような結果が得られます．Bloom Filter は，図 4.23 のような結果になります．

最終的なメモリ使用量は，それぞれ約 50MB でほぼ同じです．Counter の場合，初期化の段階ではほとんどメモリの割り当ては行われていませんが，データを追加するたびに 0.7MB 増えていることがわかります．

この点に注目すると，Counter と Bloom Filter には大きな違いがあることがわかります．Bloom Filter は 0.16MB を使用して初期化されてから，データを足してもメモリ量が増えていません．

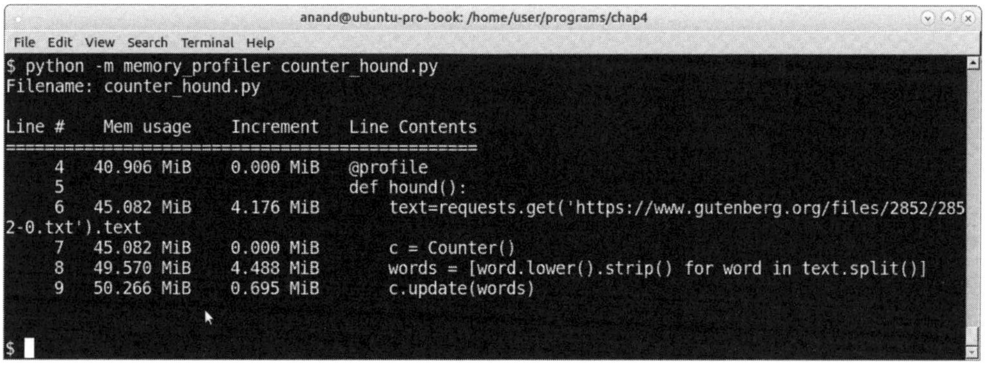

```
anand@ubuntu-pro-book: /home/user/programs/chap4
File Edit View Search Terminal Help
$ python -m memory_profiler counter_hound.py
Filename: counter_hound.py

Line #    Mem usage    Increment   Line Contents
================================================
     4   40.906 MiB    0.000 MiB   @profile
     5                             def hound():
     6   45.082 MiB    4.176 MiB       text=requests.get('https://www.gutenberg.org/files/2852/285
2-0.txt').text
     7   45.082 MiB    0.000 MiB       c = Counter()
     8   49.570 MiB    4.488 MiB       words = [word.lower().strip() for word in text.split()]
     9   50.266 MiB    0.695 MiB       c.update(words)

$ 
```

図 4.22 テキスト解析時に使用される Counter オブジェクトのメモリ量

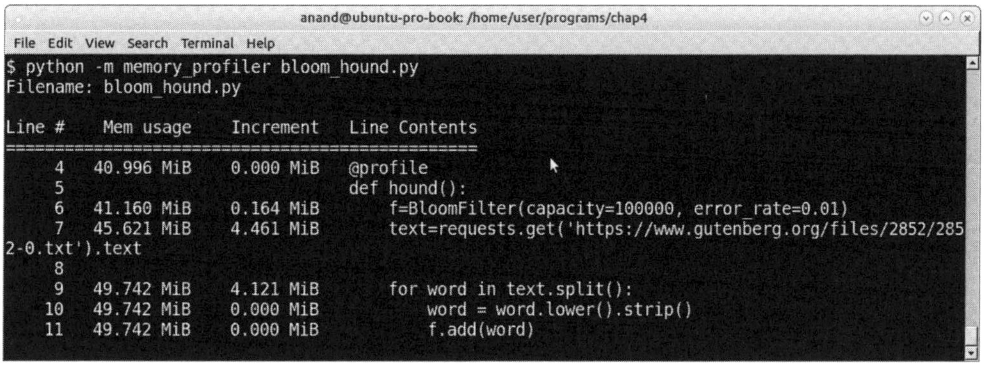

```
anand@ubuntu-pro-book: /home/user/programs/chap4
File Edit View Search Terminal Help
$ python -m memory_profiler bloom_hound.py
Filename: bloom_hound.py

Line #    Mem usage    Increment   Line Contents
================================================
     4   40.996 MiB    0.000 MiB   @profile
     5                             def hound():
     6   41.160 MiB    0.164 MiB       f=BloomFilter(capacity=100000, error_rate=0.01)
     7   45.621 MiB    4.461 MiB       text=requests.get('https://www.gutenberg.org/files/2852/285
2-0.txt').text
     8
     9   49.742 MiB    4.121 MiB       for word in text.split():
    10   49.742 MiB    0.000 MiB           word = word.lower().strip()
    11   49.742 MiB    0.000 MiB           f.add(word)
```

図 4.23 テキスト解析時に使用される Bloom Filter のメモリ量

辞書やセットを使わずに，Bloom Filter を使用するのはどんなときでしょうか？ 使用が適した場面をいくつか紹介します．

- 要素そのものを保持するのではなく，その存在を確かめたい場合．アプリケーションにデータの有無を確かめる機能が必要な場合は Bloom Filter を使うのが適切でしょう．
- 保持したいデータが巨大な場合．辞書を含むハッシュテーブルなど，要素そのものを保持するデータ構造では，巨大なデータはその分だけメモリを必要とします．このとき，データの存在が確率的になってしまうことを許容すれば，Bloom Filter により，使用メモリを非常に小さくすることができます．
- エラーレートとメモリ使用量のトレードオフを調整したい場合．例えば 100 万回のデータの存在確認に対して 5%（5 万回）誤検出されたとしても許容できる要件であれば，Bloom Filter をうまく設定することで，低メモリで実現できるでしょう．

実際に使用されている例を紹介します．

- **セキュリティテスト**：例えば悪意のある Web サイトの URL を保存したい場合に使用されています．

- **生命情報科学**：ゲノム中の特定のパターン（k-mer）の存在を調べる場合に使用されています．
- **URL のキャッシュ**：一度しかヒットしていない URL を，キャッシュサーバーにキャッシュさせたくない場合に使用されています．

4.9　まとめ

この章では，パフォーマンスについて解説してきました．まず，パフォーマンスを定義して，ソフトウェアパフォーマンスエンジニアリングについて紹介しました．また，パフォーマンスのテストツールや測定ツールとして，負荷テストツール，モニタリングツール，インストゥルメンテーションツール，プロファイリングツールを紹介しました．

次に，Big-O 表記を用いて計算量を定義し，実行時間の見積もり方について議論しました．POSIX システムにおいて関数の実行時間を計測する際に得られる `real`，`user`，`sys` の意味も学びました．

あるアルゴリズムにかかる時間を計測するために，単純なコンテキストマネージャタイマーをまず作成し，その後，`timeit` モジュールを使用して，より正確な時間計測を行いました．また，入力サイズに対する実行時間をプロットし，それを Big-O 表記の計算量のグラフに重ねることで，作成した関数の計算量を視覚的に理解し，分析しました．その後，$O(n\log(n))$ のパフォーマンスを最適化し，再びグラフ化することで $O(n)$ まで向上したことを確認しました．

次に，`cProfile` モジュールを使用しながら，プロファイリングツールの特徴を紹介しました．プロファイルデータをもとにして，計算量 $O(n)$ であった素数イテレータを $O(n)$ を下回る計算量まで高速化することに成功しました．`pstats` モジュールについても簡単に紹介しました．`Stats` クラスを使用してプロファイルデータを読み込み，各フィールドについてソートするなど，利用目的によって出力を変更できるレポートを作成しました．そのほかにも，サードパーティ製のプロファイラである line_profiler と memory_profiler について，それぞれのプロファイリングの特徴を解説し，使用方法を説明しました．具体的には，文字列シーケンスからサブシーケンスを見つけ出す機能に対して，コードの行ごとの実行時間と使用メモリを可視化して，最適化しました．

また，その他のパフォーマンスに関わる可視化ツールとして，Objgraph と Pympler について議論しました．Objgraph は，オブジェクト間の参照関係を視覚化するツールであり，メモリリークの探索に役立ちます．Pympler は，コード内のオブジェクトのメモリ使用量を監視して出力するツールです．

さらに，Python のコンテナのパフォーマンスを取り上げました．まず，リスト，辞書，セット，タプルという標準的な Python コンテナのベストプラクティスと不適切な利用例をそれぞれ紹介しました．その後，`deque`，`defaultdict`，`OrderedDict`，`Counter`，`ChainMap`， namedtuple など，collections モジュールの高性能コンテナクラスについて，例を用いて学びました．例えば，OrderedDict を使用すると，LRU キャッシュが簡単に実装できました．

章の最後に，Bloom Filter と呼ばれる特殊なデータ構造について解説しました．これは，偽陰性がないことは保証されるが，事前に定義されたエラーレートの偽陽性を持つ確率的データ構造であり，使用用途によっては非常に強力です．

次の章では，パフォーマンスと関わりの深い品質属性であるスケーラビリティについて解説します．スケーラブルなアプリケーションを記述するテクニックや，並列プログラミングを Python で記述する方法などを説明します．

第5章

スケーラビリティ

土曜日夕方のスーパーマーケットを想像してください．この時間帯は1週間で最も混雑するため，レジには長い行列ができています．この待ち時間を短縮するために，スーパーの店長はどう対応すべきでしょうか？

まず，店長はレジを担当する従業員に対応スピードを上げるよう伝えたり，各レジの待ち時間を公平にするために行列に並ぶ客を誘導する従業員を配置したりするでしょう．つまり，既存リソースの**パフォーマンス**を最適化することによって，現在の負荷に，現在利用可能なリソースで対応しようとします．

次に，対応できる客の数を増やすため，空いているレジに新たな従業員を割り当てるでしょう．つまり，新規のリソースを追加することで現在の負荷に対応しようとします．

スーパーの店長が試みるこれらの対応は，ソフトウェアシステムの拡張方法に似ています．ソフトウェアアプリケーションは，レジの行列を再分配したり，レジを追加したりすることと同様に，計算リソースを最適化・追加することで拡張できます．

既存の計算ノード内で新たにCPUやRAMなどのリソースを追加したり，リソースを有効活用したりすることによりシステムを拡張することを，**垂直スケール**または**スケールアップ**と呼びます．

一方，負荷分散されたサーバークラスタを作成するなど，計算ノードの新規追加によってシステムを拡張することを，**水平スケール**または**スケールアウト**と呼びます．

そして，計算リソースが追加されてソフトウェアシステムが拡張される程度を**スケーラビリティ**といいます．スケーラビリティは，リソースの追加に対して，**スループット**や**レイテンシ**などのシステムのパフォーマンス特性がどの程度向上するかによって測定されます．例えば，サーバー数を2倍にしたとき，システム全体のスループットも同じく2倍になった場合，そのシステムはスケーラビリティを持つと判断されます．リソースの増加に対して単調増加に性能が向上するシステムは優れたスケーラビリティを持つとされ，一般にスケーラブルなシステムと呼ばれます．

システムの並行性を高めることで，スケーラビリティは向上します．並行性とは，システム内で同時に実行される作業量を表すシステムの性質です．冒頭のスーパーマーケットの例で，レジを追加することは，レジにおける並行処理の量を増加させることと同義であり，オペレーションを水平スケールすることに当たります．

本章では，Python で書かれたソフトウェアをスケールするための様々なテクニックを紹介します．

5.1 スケーラビリティとパフォーマンス

システムのスケーラビリティはどのように測定すればよいのでしょうか？ 本節では簡単なレポート作成システムを例として，スケーラビリティを定量的に測定する方法を紹介します．このレポート作成システムは，データベースから従業員のデータを読み込み，給与，税額控除，従業員休暇などの様々なレポートを一括して作成するシステムです．

単位時間当たりの処理能力のことを，システムの**スループット**または**キャパシティ**と呼びます．また，リクエストを受けてからサーバーが結果を返すまでの遅延時間を，システムの**レイテンシ**と呼びます．このシステムのスループットは毎分 120 件のレポート作成で，レイテンシは約 2 秒です．

アーキテクトが行った取り組みを見ていきましょう．まず，アーキテクトはサーバーの RAM を 2 倍にすることで，システムを垂直スケールすることに決めました．

このアップデートの完了後，スループットが毎分 180 件に増加したことをテストで確認できました．レイテンシは 2 秒のままで，変化はありません．

したがって，このシステムのメモリ倍増に対するスケーラビリティは，スループットを用いて（180/120 =）1.5 倍と計算されます．

次のステップとして，アーキテクトは同じスペックを持つサーバーを新規に追加しました．この追加によって，システムのスループットは毎分 350 件に増加しました．このアプローチに対するスケーラビリティは，（350/180 =）約 1.9 倍と計算されます．

サーバー追加によるスケーラビリティは単調増加に近く，システムは大きく改善されました．

さらなる調査の結果，レポート作成の処理を，単一プロセスではなく複数プロセスで実行するようにコードを書き換えることで，サーバーでの処理時間を 1 リクエスト当たり約 1 秒に抑えられることがわかりました．つまり，この改修によりレイテンシは 2 秒から 1 秒に半減できます．

レイテンシに関するシステムのパフォーマンスは，（2/1 =）2 倍と計算されます．

このパフォーマンスの向上は，どのようにスケーラビリティの改善に影響しているのでしょうか？ このアップデートでレイテンシが半減したことで，各要求の処理時間が短くなりました．つまり，このシステムは，以前のバージョンと比べて半分の処理時間で同様の負荷に対応できます．よって，同一リソースを持つシステムは等しいスループットを持つという仮定のもとで，レイテンシの減少はスケーラビリティの増加に影響していると考えられます．

ここで，今までの議論をまとめます．

1. 最初のステップでは，単一システムのメモリを追加することでスループットを高め，システムのスケーラビリティを向上させました．つまり，垂直スケールによって単一システムのパフォーマンスを向上させ，システム全体のパフォーマンスを改善しました．
2. 2番目のステップでは，サーバーを増設することで並行性を向上させました．このステップで，スループットが約2倍になり，ほぼ単調増加のスケーラビリティを実現することもわかりました．また，サーバー増設はリソース容量を拡張して，システムのスループットを向上させています．つまり，計算ノードを追加する水平スケールによって，システム全体のパフォーマンスを改善しました．
3. 3番目のステップでは，単一プロセスの処理を複数プロセスによる処理に修正しました．つまり，処理を分割して，それらを並行に実行することで，単一システムの並行性を向上させました．そして，この改良によってサーバーのレイテンシは軽減しました．結果的に，並行性を高めることでアプリケーションのパフォーマンスを向上させ，高負荷の中でもうまく処理できることがわかりました．

以上のことから，スケーラビリティ，パフォーマンス，並行性，レイテンシは深い関係にあることがわかります．これらは次のように整理できます．

1. システム内に存在する一つのコンポーネントのパフォーマンスが上がると，システム全体のパフォーマンスが向上する
2. 単一マシンで並行性を向上させてアプリケーションを拡張すると，パフォーマンスの向上が見込め，結果的に，システムのスケーラビリティが向上する
3. サーバーでの処理時間やレイテンシを削減すると，システムのスケーラビリティが向上する

これらの関係を表5.1に示します．

表5.1

並行性	レイテンシ	パフォーマンス	スケーラビリティ
高	低	高	高
高	高	変動	変動
低	高	低	低

理想的なシステムとは，並行性が高くレイテンシが低いシステムです．そのようなシステムでは，垂直スケールや水平スケールが効果的に働くでしょう．

並行性が高いがレイテンシも高いシステムは，システムの負荷やネットワークの混雑，計算リソース，サーバーの物理的距離などの様々な要因に対して，パフォーマンスが敏感に変動してしまいます．それに伴い，スケーラビリティも敏感に変動する可能性が高くなります．

並行性が低くレイテンシが高いシステムは，最悪のケースです．垂直スケール・水平スケールに対してパフォーマンスの向上が見込めないため，このようなシステムを拡張することは難しいでしょう．この場合，アーキテクトがシステムのスケールを決める前に，並行性およびレイテンシの問題を解決する必要があります．

本節で見てきたように，スケーラビリティは常にパフォーマンスのスループットの観点から議論されます．

5.2 並行性

システムの**並行性**とは，システムが同時に処理できる作業量の程度を表します．一般的に並行性を考慮したアプリケーションは，逐次処理のアプリケーションよりも単位時間に多くの処理を実行できます．

逐次処理のアプリケーションを並行処理に変更すると，システム内に存在するCPUやRAMをはじめとするコンピューティングリソースを，限られた時間の中で有効に使うことができるようになります．つまり，システムに並行性を備えることで既存のリソースを最大限に有効活用できるため，マシン内でアプリケーションをスケールさせる最もコストパフォーマンスの良い方法です．

並行性は様々な手法で実現できます．一般的には以下のものが挙げられます．

1. **マルチスレッディング**：最も単純な並行処理の方法は，アプリケーションを書き換えて，並列タスクを複数スレッドで実行することです．スレッドとは，CPUによって実行可能なプログラミング命令の中で，最も単純な逐次処理の実行単位のことです．プログラムは任意の数のスレッドで構成されます．タスクを複数のスレッドに分散することで，プログラムはより多くの作業を同時に実行できます．すべてのスレッドは同一プロセス内で実行されます．
2. **マルチプロセッシング**：プログラムを垂直スケールするもう一つの方法は，単一のプロセスではなく複数のプロセスでプログラムを実行することです．マルチプロセッシングは，メッセージパッシングやメモリ共有の際に，マルチスレッドよりもオーバーヘッドを伴います．しかし，CPU集約計算型のプログラムの多くは，マルチスレッドよりもマルチプロセスで演算を行うことで，より大きな効果を得られます．
3. **非同期処理**：この手法では，タスクの実行順序に優先度を付けず，非同期にタスクを実行します．一般的に，非同期処理はキューに存在するタスクが将来実行されるように，スケジューリングを行います．実行結果は，コールバック関数や`future`オブジェクトで受け取るのが普通です．非同期処理は，通常一つのスレッド上で実行されます．

並行計算には他の手法もありますが，本章ではこれらの三つの手法に焦点を当てます．

Python，特にPython 3.xでは，標準ライブラリにこれらの並行計算技術がすべて組み込まれています．例えば，threadingモジュールを用いたマルチスレッディングや，multiprocessingモジュールを用いたマルチプロセッシングなどが有名です．さらに，asyncioモジュールを用いれば，非同期処理も実現できます．スレッドおよびプロセスを組み合わせた非同期処理による並行処理は，concurrent.futuresモジュールを用いることで実装できます．

asyncioモジュールはPython 3.xでのみ使用可能です．

本章では，これらモジュールの使用例を提示しつつ，使い方を解説していきます．

5.2.1　並行性と並列性

ライブラリの詳細を解説する前に，並行性と，並行性に近い概念である**並列性**について簡単に解説します．

並行性と並列性は，どちらも逐次処理ではなく同時にタスクを処理することを指します．ただし，並行処理では二つのタスクを**まったく同じ時間に実行する必要はありません**．その代わりに，適切なスケジューリングによって，タスクを同時に処理しています．一方，並列性とは，複数のタスクがあるタイミングに**同時実行される**ことを指します．

例えば，ある家の外壁の2面分を塗装しているとしましょう．雇っているペンキ屋は一人だけで，想定より多くの時間を要しているとします．この問題は，以下の二つの方法で解決できます．

1. ペンキ屋に1面目の作業を完全に終えてから2面目の作業に移るのではなく，1面目である塗装工程を終えたら，その作業を2面目でも行うように指示します．このようにタスクを行うことで，同時に（厳密に同時刻ではないが）両方の壁で作業を進められます．つまり，作業時間にわたって両方の壁で同程度の仕上がりを達成できます．これは**並行性**を用いた解決策です．
2. もう一人のペンキ屋を雇い，それぞれに1面ずつ担当させます．これは**並列性**を用いた解決策です．

シングルコアCPUは，まったく同じタイミングで複数のスレッドを実行することはできません．そのため，シングルコアCPU内で，二つのスレッドが同時にバイトコード[*1]を演算しているように見えていても，実際には並列計算をしていません．CPUスケジューラが並行に実行さ

[*1]【訳注】バイトコード：仮想マシンで実行できるように設計されたプログラムのことです．一般的にソースコードはバイトコードにコンパイルされます．

れるようにスレッドの入出力を高速に切り替えているため，プログラマの視点からは並列して動作しているように見えるだけです．

一方，マルチコアCPUでは，異なるコアを用いることで，二つのスレッドをまったく同じタイミングで処理できます．これが真の並列性です．

並列計算では，計算リソースのスケールに対して少なくとも単調にリソースが増加することが要求されます．並行計算は，マルチタスキングの手法を使用することで実現できます．マルチタスキングでは，スケジューリングとタスク実行を繰り返すことで，既存のリソースをより有効に活用できます．

本書では，並行性という用語を，並列性も含んだ意味で一貫して使用します．したがって，従来の並行処理を示す場合と，真の並列処理を示す場合があります．これらの曖昧性は文脈によって排除します．

5.3 マルチスレッディング

Pythonでマルチスレッディングを使用した並行処理について解説します．

Pythonは`threading`モジュールによってマルチスレッドの処理をサポートしています．`threading`モジュールは実行スレッドをカプセル化する`Thread`クラスを持っています．これに加えて，以下の**同期プリミティブ**[*2]も実装されています．

1. `Lock`オブジェクト：共有リソースへの同期的なアクセス制限のために使われます．これに似たオブジェクトとして`RLock`があります．
2. `Condition`オブジェクト：任意の条件で待機しているスレッドを同期するために用いられるオブジェクトです．
3. `Event`オブジェクト：スレッド間での基本的なシグナル送信機構を提供します．
4. `Semaphore`オブジェクト：制限リソースへの同期アクセスを可能にします．
5. `Barrier`オブジェクト：固定されたスレッドセットを互いに待機させ，特定の状態になったとき，スレッドを同期して処理を続行させます．

Pythonの`Thread`オブジェクトは，同期的な`Queue`クラスと組み合わせられます．この`Queue`クラスはqueueモジュール内に実装されており，スレッドセーフなプロデューサ/コンシューマのワークフローを実現するために用いられます．

それでは，画像URLからサムネイルを生成するプログラムを例として，Pythonにおけるマルチスレッディングについて議論を始めましょう．

[*2] 【訳注】同期プリミティブ：マルチスレッドの相互作用を制御するため，スレッドのスリープや再開，共有資源の管理を行う機能のこと．

▶ 5.3.1　サムネイルジェネレータ

マルチスレッディングの例として，指定した複数の URL から並行に画像をダウンロードするプログラムを実装してみましょう．

なお，この例では画像を扱うため，Python Imaging Library（PIL）が提供する **Pillow** を用います．

```
# thumbnail_converter.py
from PIL import Image
import urllib.request

def thumbnail_image(url, size=(64, 64), format='.png'):
    """ 画像URLからサムネイルを保存する """
    im = Image.open(urllib.request.urlopen(url))
    # ファイル名は，URLに含まれるファイル名に"_thumb"を加え，
    # 拡張子をformat引数に指定されたものに差し替える
    pieces = url.split('/')
    filename = ''.join((pieces[-2], '_', pieces[-1].split('.')[0], '_thumb', format))
    im.thumbnail(size, Image.ANTIALIAS)
    im.save(filename)
    print('Saved',filename)
```

上に示した関数は，ある一つの画像 URL に対して動作します．例えば5枚のサムネイルを生成したい場合，この関数は以下のように扱われます．

```
img_urls = ['https://dummyimage.com/256x256/000/fff.jpg',
            'https://dummyimage.com/320x240/fff/00.jpg',
            'https://dummyimage.com/640x480/ccc/aaa.jpg',
            'https://dummyimage.com/128x128/ddd/eee.jpg',
            'https://dummyimage.com/720x720/111/222.jpg']
for url in img_urls:
    thumbnail_image(urls)
```

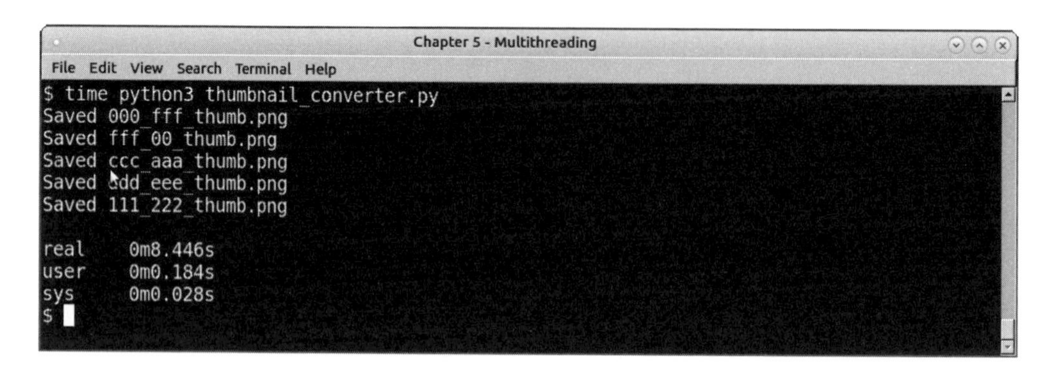

図 5.1　シングルスレッドによるサムネイルジェネレータの実行時間

実行時の出力は，図 5.1 のようになります．一つの URL に対して約 1.7 秒で処理が完了しています．

次に，この関数を複数のスレッドで実行し，並行に処理ができるように拡張しましょう．threading モジュールを用いて，以下のように書き換えます．

```
import threading

for url in img_urls:
    t=threading.Thread(target=thumbnail_image, args=(url, ))
    t.start()
```

実行結果は図 5.2 のようになります．

```
Chapter 5 - Multithreading
File Edit View Search Terminal Help
$ time python3 thumbnail_converter.py
Saved 000_fff_thumb.png
Saved ccc_aaa_thumb.png
Saved ddd_eee_thumb.png
Saved fff_00_thumb.png
Saved 111_222_thumb.png

real    0m1.755s
user    0m0.140s
sys     0m0.012s
$
```

図 5.2 マルチスレッドによるサムネイルジェネレータの実行時間

マルチスレッディングにより，5 枚すべての処理を 1 枚の処理にかかっていた約 1.7 秒で完了できました．この結果から，作成したプログラムはスレッドの数に対して線形にスケールしていることがわかります．スケーラビリティをさらに高めるには，関数そのものを改良しなくてはならないことに注意してください．

5.3.2 サムネイルジェネレーター——プロデューサ/コンシューマモデル

前項ではマルチスレッディングによって並行に関数を実行することで，画像 URL からサムネイルを生成する処理を高速化する例を示しました．マルチスレッドを用いることで，逐次実行した場合と比較して，より線形に近いスケーラビリティを実現できました．

しかし，実際には特定の URL リストを処理するのではなく，URL プロデューサによって生成される URL データを処理する方法が一般的です．ここで言う URL プロデューサとは，データベースや CSV ファイル，TCP ソケットなどから，URL データを取得する機能を指します．このようなシナリオのもとで一つの URL ごとにスレッドを生成させた場合，膨大な数のスレッドを生成することになり，多くのリソースを消費してしまいます．また，スレッドを作成するには一定のオーバーヘッドを伴います．リソースを効率的に扱うためには，一度生成したスレッドを再利用する必要があります．

スレッドの再利用を効率的に行うためには，**プロデューサ/コンシューマモデル**（producer/consumer model）が理想的です．これは，データを生成するためのスレッドセットと，データを消費・処理するスレッドセットを分け，それらを相互に作用させるモデルです．プロデューサ/コンシューマモデルは，以下のようにまとめることができます．

1. プロデューサはデータの生成に特化したワーカー（スレッド）です．ある特定のソースからデータを取得する，もしくは自らデータを生成するなどの処理を担当します．
2. プロデューサは同期された共有キューにデータを送ります．Python の場合，このキューは queue モジュールが提供する Queue クラスに用意されています．
3. コンシューマはキューに送られてきたデータを消費するワーカーです．キューからデータを受け取ると，それを処理して結果を生成します．
4. このプログラムは，プロデューサがデータの生成を停止し，コンシューマがデータを消費し終えたときに完了します．これらを実現するために，タイムアウトやポーリングなどのテクニックが使われます．これらが起こるとすべてのスレッドが終了し，プログラムは完了します．

それでは，先ほどのサムネイル生成プログラムを，プロデューサ/コンシューマモデルの設計に基づいて書き直してみましょう．クラスごとに実装例を提示し，詳細な説明を加えていきます．

まず，必要なモジュールをインポートします．

```
# thumbnail_pc.py
import threading
import time
import string
import random
import urllib.request
from PIL import Image
from queue import Queue
```

次に，プロデューサクラスです．

```
class ThumbnailURL_Generator(threading.Thread):
    """ 画像のURLを生成するプロデューサクラス """
    def __init__(self, queue, sleep_time=1,):
        self.sleep_time = sleep_time
        self.queue = queue
        # 停止フラグ
        self.flag = True
        # サイズの選択肢
        self._sizes = (240,320,360,480,600,720)
        # URLスキーム
        self.url_template = 'https://dummyimage.com/%s/%s/%s.jpg'
        threading.Thread.__init__(self, name='producer')
```

```
    def __str__(self):
        return 'Producer'

    def get_size(self):
        return '%dx%d' % (random.choice(self._sizes),
                          random.choice(self._sizes))

    def get_color(self):
        return ''.join(random.sample(string.hexdigits[:-6], 3))

    def run(self):
        """ スレッドを実行する """
        while self.flag:
            # ランダムにサイズと背景色・前景色を選択し，画像URLを生成する
            url = self.url_template % (self.get_size(),
                                       self.get_color(),
                                       self.get_color())
            # キューに追加
            print(self,'Put',url)
            self.queue.put(url)
            time.sleep(self.sleep_time)

    def stop(self):
        """ スレッドを停止する """
        self.flag = False
```

プロデューサは次のように構成されています．

1. クラス名は ThumbnailURL_Generator です．このクラスは http://dummyimage.com の Web サービスを用いて，サイズや前景色・背景色が異なる様々なサムネイル画像 URL を生成します．このクラスは threading.Thread を継承しています．
2. このクラスは，共有キューに URL を送り続けるループを発生させる run メソッドを持ちます．このループは 1 周ごとに sleep_time パラメータの時間だけ停止します．
3. このクラスは，メンバー変数のフラグが False になるとループ処理を停止させる stop メソッドを持ちます．このメソッドは，別のスレッドから呼び出せるようになっています．通常，この呼び出しはメインスレッドから行われます．

次に，コンシューマクラスを見てみましょう．

```
class ThumbnailURL_Consumer(threading.Thread):
    """ URLからサムネイルを生成するコンシューマクラス """
    def __init__(self, queue):
        self.queue = queue
        self.flag = True
        threading.Thread.__init__(self, name='consumer')

    def __str__(self):
        return 'Consumer'
```

```
    def thumbnail_image(self, url, size=(64,64), format='.png'):
        """ 画像URLからサムネイルを保存する """
        im=Image.open(urllib.request.urlopen(url))
        # ファイル名は，URLに含まれるファイル名に"_thumb"を加え，
        # 拡張子をformat引数に指定されたものに差し替える
        filename = url.split('/')[-1].split('.')[0] + '_thumb' + format
        im.thumbnail(size, Image.ANTIALIAS)
        im.save(filename)
        print(self,'Saved',filename)

    def run(self):
        """ スレッドを実行する """
        while self.flag:
            url = self.queue.get()
            print(self,'Got',url)
            self.thumbnail_image(url)

    def stop(self):
        """ スレッドを停止する """
        self.flag = False
```

コンシューマクラスは次のように構成されています．

1. クラス名は ThumbnailURL_Consumer です．このクラスは，キューから URL を受け取りサムネイル画像を生成します．
2. run メソッドはキューから受け取った URL を thumbnail_image メソッドに渡すことで，サムネイル画像を生成し続けるループを発生させます（この thumbnail_image メソッドは，前項で取り上げていたものと同じです）．
3. ThumbnailURL_Generator クラスと同じように，ループ処理を停止させる stop メソッドを持ちます．

これらのプロデューサ/コンシューマを用いたメインパートは以下のようになります．

```
q = Queue(maxsize=200)
producers, consumers = [], []

for i in range(2):
    t = ThumbnailURL_Generator(q)
    producers.append(t)
    t.start()

for i in range(2):
    t = ThumbnailURL_Consumer(q)
    consumers.append(t)
    t.start()
```

このプログラムを実行すると，図 5.3 のようにループ処理の結果が出力されます．

```
Chapter 5 - Multithreading
File Edit View Search Terminal Help
Producer Put https://dummyimage.com/240x600/4c8/1d0.jpg
Producer Put https://dummyimage.com/240x240/18d/c05.jpg
Consumer Got https://dummyimage.com/240x600/4c8/1d0.jpg
Consumer Got https://dummyimage.com/240x240/18d/c05.jpg
Producer Put https://dummyimage.com/320x600/e41/58d.jpg
Producer Put https://dummyimage.com/360x720/9c0/b39.jpg
Consumer Saved 1d0_thumb.png
Consumer Got https://dummyimage.com/320x600/e41/58d.jpg
Consumer Saved c05_thumb.png
Consumer Got https://dummyimage.com/360x720/9c0/b39.jpg
Producer Put https://dummyimage.com/600x480/b9d/8e5.jpg
Producer Put https://dummyimage.com/360x600/62a/fc9.jpg
Producer Put https://dummyimage.com/320x240/eb7/c9b.jpg
Producer Put https://dummyimage.com/360x320/a90/340.jpg
Consumer Saved b39_thumb.png
Consumer Got https://dummyimage.com/600x480/b9d/8e5.jpg
Consumer Saved 58d_thumb.png
Consumer Got https://dummyimage.com/360x600/62a/fc9.jpg
Producer Put https://dummyimage.com/240x320/4f7/036.jpg
Producer Put https://dummyimage.com/480x720/8d9/d03.jpg
```

図 5.3　プロデューサ/コンシューマモデルで実装したサムネイルジェネレータの実行結果

上記のプログラムでは，プロデューサはランダムな URL データを生成し続け，コンシューマはそれを処理し続けます．つまり，このプログラムは適切な終了条件を持っていません．したがって，このプログラムはネットワークエラーやタイムアウト，ディスク領域の不足などの外的要因が起こるまで，永遠に実行し続けます．

しかし実際には，プログラムの終了条件を設けるべきでしょう．終了条件を定義する方法はいくつか存在します．

- 特定の時間内にコンシューマがデータを取得できない場合，タイムアウトとして処理を終了させます．これは，キューが持つ get メソッドに対してタイムアウト時間を設定することで実現できます．
- もう一つのアプローチとして，生成・消費するリソースの上限をあらかじめ設定しておく方法があります．上記のプログラムを例に挙げると，生成される URL を 1,000 通りに制限することで終了条件を定義できます．

次項以降では，ロックやセマフォなどのスレッド同期プリミティブを使用することで，このようなリソース制約を実装する方法を解説します．

メインパートを見るとわかるように，スレッドは，オーバーライドした run メソッドではなく start メソッドによって実行されます．なぜなら，start メソッドが様々な状態を設定してから，内部で run メソッドを呼ぶように実装されているからです．これが Thread の run メソッドの正しい実行方法です．直接 run メソッドを呼び出すべきではありません．

5.3.3 サムネイルジェネレーター――ロック

前項では，プロデューサ/コンシューマモデルに基づいてサムネイル生成プログラムを実装しました．しかし，このプログラムは，すべてのディスクスペースを消費しない限り，もしくはネットワークエラーが起きない限り，永遠に終了しないという問題を抱えています．

本項では，ロックを用いることで生成するサムネイル数を制限し，この問題を解決する方法を紹介します．

Python の Lock オブジェクトは，スレッドの共有リソースへの**排他制御**[*3]を可能にします．擬似コードは以下のようになります．

```
try:
    lock.acquire()
    # 共有リソースに対して変更を行う
    mutable_object.modify()
finally:
    lock.release()
```

しかし，Lock オブジェクトは with 文を介したコンテキストマネージャをサポートしているため，一般的に以下のように記述されます．

```
with lock:
    mutable_object.modify()
```

生成する画像に上限を設けるためには，カウンタを設け，サムネイルを生成するごとにカウンタをインクリメントする処理を実装しなければなりません．しかし，単純な実装では複数スレッドで共通のカウンタを制御できないため，Lock オブジェクトを用いた同期処理が必要です．

Lock オブジェクトを使用したリソースカウンタクラスの実装例を以下に示します．

```
class ThumbnailImageSaver(object):
    """ URLからサムネイルを保存して，
    保存枚数のカウンタを保持するクラス """
    def __init__(self, limit=10):
        self.limit = limit
        self.lock = threading.Lock()
        self.counter = {}

    def thumbnail_image(self, url, size=(64,64), format='.png'):
        """ 画像URLからサムネイルを保存する """
        im=Image.open(urllib.request.urlopen(url))
        # ファイル名は，URLに含まれるファイル名に"_thumb"を加え，
        # 拡張子をformat引数に指定されたものに差し替える
        pieces = url.split('/')
        filename = ''.join((pieces[-2],'_',pieces[-1].split('.')[0],'_thumb',format))
```

[*3]【訳注】排他制御：あるプロセスが共有資源に対して処理している間，他のプロセスはその共有資源へアクセスできないようにする仕組みのこと．

```
        im.thumbnail(size, Image.ANTIALIAS)
        im.save(filename)
        print('Saved',filename)
        self.counter[filename] = 1
        return True

    def save(self, url):
        """ サムネイルを保存する """
        with self.lock:
            if len(self.counter)>=self.limit:
                return False
            self.thumbnail_image(url)
            print('Count=>',len(self.counter))
            return True
```

コンシューマクラスにも，Lock オブジェクトを用いた修正が必要です．そのため，上記のコードを解説する前にコンシューマクラスの変更を以下に示します．

```
class ThumbnailURL_Consumer(threading.Thread):
    """ URLからサムネイルを生成するコンシューマクラス """
    def __init__(self, queue, saver):
        self.queue = queue
        self.flag = True
        self.saver = saver
        # 内部ID
        self._id = uuid.uuid4().hex
        threading.Thread.__init__(self, name='Consumer-'+ self._id)

    def __str__(self):
        return 'Consumer-' + self._id

    def run(self):
        """ スレッドを実行する """
        while self.flag:
            url = self.queue.get()
            print(self,'Got',url)
            if not self.saver.save(url):
                # 最大数に達したらブレークする
                print(self, 'Set limit reached, quitting')
                break

    def stop(self):
        """ スレッドを停止する """
        self.flag = False
```

それでは，Lock オブジェクトを用いたこれらのクラスを解説します．まず，新しく実装した ThumbnailImageSaver クラスは，次のように構成されています．

1. このクラスは，Thread ではなく object を継承しています．

2. コンストラクタで Lock オブジェクトとカウンタ辞書を初期化しています．ロックは複数スレッドによるカウンタへのアクセス同期を実現します．また，保存する画像の最大数として limit パラメータを受け取ります．
3. コンシューマクラスから thumbnail_image メソッドを移植しています．これは，Lock オブジェクトを使用した同期コンテキストを持つ save メソッドから呼ばれます．
4. save メソッドは，カウンタが limit に達しているかどうかを監視しています．もし limit に達したら，このメソッドは False を返します．それまでは thumbnail_image メソッドを呼び，画像を保存し続けます．また，画像を保存する際，ファイル名にカウンタの数字を加えます．

次に，ThumbnailURL_Consumer クラスの修正を確認しましょう．

1. ThumbnailImageSaver のインスタンスをコンストラクタで受けるように修正しました．残りの引数に変更はありません．
2. thumbnail_image メソッドは ThumbnailImageSaver に移動したので，削除しました．
3. run メソッドは saver インスタンスの save メソッドを呼び出し，False が返された場合，ループを終了させてコンシューマスレッドを停止させます．この saver インスタンスにより，処理がシンプルになりました．
4. __str__ メソッドも，スレッドごとに，uuid モジュールが返すユニークな ID を返すように修正しました．この修正によって，デバッグがしやすくなるでしょう．

新しいオブジェクトを設定する必要があるため，メインパートにも多少の修正が必要です．

```
q = Queue(maxsize=2000)
# ThumbnailImageSaverをインスタンス化
saver = ThumbnailImageSaver(limit=100)

producers, consumers = [], []
for i in range(3):
    t = ThumbnailURL_Generator(q)
    producers.append(t)
    t.start()

for i in range(5):
    t = ThumbnailURL_Consumer(q, saver)
    consumers.append(t)
    t.start()

for t in consumers:
    t.join()
    print('Joined', t, flush=True)

# プロデューサがキューをブロックしないようにする
while not q.empty():
    item=q.get()
```

```
for t in producers:
    t.stop()
    print('Stopped', t, flush=True)

print('Total number of PNG images',len(glob.glob('*.png')))
```

これらの修正ポイントを以下にまとめました.

1. 新たに `ThumbnailImageSaver` クラスを作成し，そのインスタンスをコンシューマスレッドに渡すように設計しました.
2. コンシューマの処理が終了するまで待機します．メインスレッドは `stop` メソッドではなく `join` メソッドを呼んでいる点に注意してください．これは，カウンタが制限数に達したとき，コンシューマが自動で停止するように実装したため，メインスレッドはその停止を待つだけで十分だからです.
3. プロデューサには終了条件がないため，コンシューマの停止後にプロデューサを明示的に停止させています.

ここでは，データの性質上，整数型の代わりに辞書型でカウンタを実装しています.

このプログラムでは画像の URL をランダムに生成しているため，以前生成した URL と同じ URL を生成する可能性があります．その場合，ファイル名が競合し，最初に保存された画像が上書きされてしまいます．辞書型を使うことで，このような重複を回避できるようにしています.

それでは，`limit` を 100 として，修正済みのプログラムを実行してみましょう．図 5.4 では，実行結果の最後の数行のみが表示されていることに注意してください.

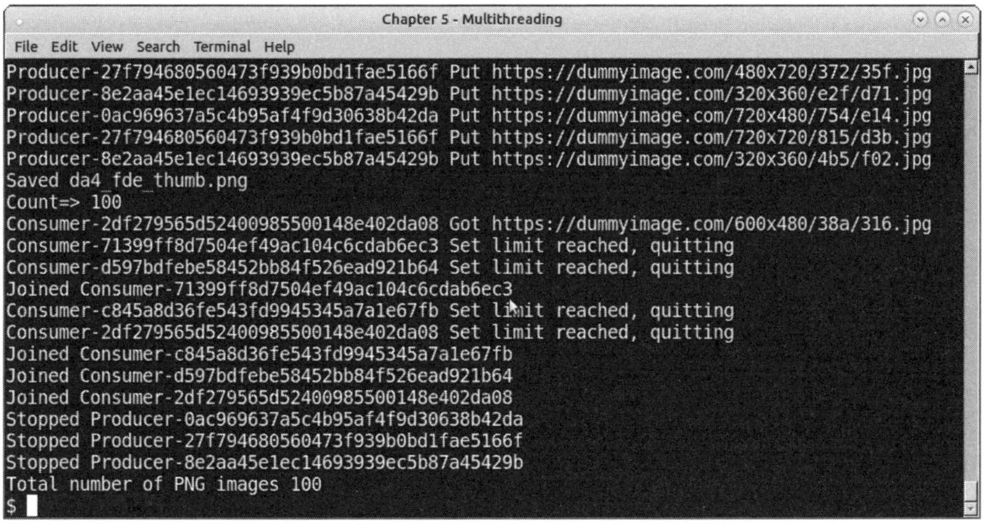

```
Chapter 5 - Multithreading
File Edit View Search Terminal Help
Producer-27f794680560473f939b0bd1fae5166f Put https://dummyimage.com/480x720/372/35f.jpg
Producer-8e2aa45e1ec14693939ec5b87a45429b Put https://dummyimage.com/320x360/e2f/d71.jpg
Producer-0ac969637a5c4b95af4f9d30638b42da Put https://dummyimage.com/720x480/754/e14.jpg
Producer-27f794680560473f939b0bd1fae5166f Put https://dummyimage.com/720x720/815/d3b.jpg
Producer-8e2aa45e1ec14693939ec5b87a45429b Put https://dummyimage.com/320x360/4b5/f02.jpg
Saved da4_fde_thumb.png
Count=> 100
Consumer-2df279565d52400985500148e402da08 Got https://dummyimage.com/600x480/38a/316.jpg
Consumer-71399ff8d7504ef49ac104c6cdab6ec3 Set limit reached, quitting
Consumer-d597bdfebe58452bb84f526ead921b64 Set limit reached, quitting
Joined Consumer-71399ff8d7504ef49ac104c6cdab6ec3
Consumer-c845a8d36fe543fd9945345a7a1e67fb Set limit reached, quitting
Consumer-2df279565d52400985500148e402da08 Set limit reached, quitting
Joined Consumer-c845a8d36fe543fd9945345a7a1e67fb
Joined Consumer-d597bdfebe58452bb84f526ead921b64
Joined Consumer-2df279565d52400985500148e402da08
Stopped Producer-0ac969637a5c4b95af4f9d30638b42da
Stopped Producer-27f794680560473f939b0bd1fae5166f
Stopped Producer-8e2aa45e1ec14693939ec5b87a45429b
Total number of PNG images 100
$
```

図 5.4 ロックを使用して，画像の枚数を 100 枚に設定したサムネイルジェネレータの実行結果

画像の枚数に制限が設けられ，適切なタイミングでプログラムが停止していることを確認できます．

次項では，セマフォを用いてリソース制約を設けるクラスの実装方法を解説します．

5.3.4　サムネイルジェネレーター――セマフォ

例えばシステムが使用または生成するリソースを制限するために，同期制約を実装した上で任意のロジックを追記する方法は，ロックだけではありません．コンピュータサイエンスの中で歴史ある**同期プリミティブ**の一つである**セマフォ**は，このような問題の解決に適しています．

セマフォは，0よりも大きいある整数値で初期化されます．

1. ある正の値を持っているセマフォに対してスレッドが acquire を呼び出すと，セマフォの値がデクリメントされます．その後スレッドの処理が実行されます．
2. あるスレッドがセマフォに対して release を呼び出すと，セマフォはインクリメントされます．
3. セマフォが0のときにスレッドが acquire を呼んだ場合，そのスレッドはセマフォ上でブロックされます．このスレッドは，他のスレッドが release を呼び出すまで処理を開始できません．

共有リソースに対する制限を設ける場合，上記のように振る舞うセマフォは実装に適しています．

以下に，セマフォを用いてサムネイルの生成数を制限するクラスのコード例を示します．

```
class ThumbnailImageSemaSaver(object):
    """ 保存した画像のカウンタを保持し，
    セマフォによって保存の最大枚数を制限するクラス """
    def __init__(self, limit = 10):
        self.limit = limit
        self.counter = threading.BoundedSemaphore(value=limit)
        self.count = 0

    def acquire(self):
        # カウンタを取得し，
        # 最大数に達したらFalseを返す
        return self.counter.acquire(blocking=False)

    def release(self):
        # カウンタをリリースする
        return self.counter.release()

    def thumbnail_image(self, url, size=(64,64), format='.png'):
        """ 画像URLからサムネイルを保存する """
        im=Image.open(urllib.request.urlopen(url))
        # ファイル名は，URLに含まれるファイル名に"_thumb"を加え，
        # 拡張子をformat引数に指定されたものに差し替える
        pieces = url.split('/')
```

```
        filename = ''.join((pieces[-2],'_',pieces[-1].split('.')[0],format))
        try:
            im.thumbnail(size, Image.ANTIALIAS)
            im.save(filename)
            print('Saved',filename)
            self.count += 1
        except Exception as e:
            print('Error saving URL', url, e)
            # 画像枚数をカウントできなかった場合はカウンタをリリースする
            self.release()
        return True

    def save(self, url):
        """ サムネイルを保存する """
        if self.acquire():
            self.thumbnail_image(url)
            return True
        else:
            print('Semaphore limit reached, returning False')
            return False
```

上記のセマフォを用いた `ThumbnailImageSemaSaver` クラスは，前項のロックを用いたクラスと同じインタフェースで実装されています．そのため，他の部分のコード修正は必要ありません．

メインパートでは，インスタンス化するクラスの変更のみ，修正が必要です．ロックでは，以下の行で `ThumbnailImageSaver` インスタンスを初期化していました．

```
saver = ThumbnailImageSaver(limit=100)
```

これを次のように変更してください．

```
saver = ThumbnailImageSemaSaver(limit=100)
```

それ以外にコード修正は必要ありません．

実際にコードを実行する前に，セマフォを使った新しいクラスについて簡単に解説します．

1. `acquire` メソッドと `release` メソッドは，`BoundedSemaphore` が持つ同名のメソッドのラッパーです．
2. セマフォの値は生成する画像の最大数で初期化されています．
3. `save` メソッドの中で `acquire` メソッドを呼んでいます．セマフォが 0 に達した場合，`save` メソッドは `False` を返しスレッドを停止させます．それまでは画像を保存し，`True` を返し続けます．

このクラスのメンバー変数である `count` は，デバッグのためだけに用いられます．画像を制限するロジックには関係ありません．

このクラスを用いた実行結果は，ロックの実装と似た結果になります．図5.5は `limit` を200に設定した場合の実行結果です．

```
Chapter 5 - Multithreading
File  Edit  View  Search  Terminal  Help
Consumer-275279a36ff049c38c77b506c5fa4010 Got https://dummyimage.com/720x360/47e/76b.jpg
Semaphore limit reached, returning False
Consumer-275279a36ff049c38c77b506c5fa4010 Set limit reached, quitting
Producer-cac6092edbbf40fa89ebdb530f1afc40 Put https://dummyimage.com/480x720/172/1fe.jpg
Producer-cc88bd03b49b43348aa3d6128869aea4 Put https://dummyimage.com/320x320/2f1/75c.jpg
Producer-b6fa5b443b8045e792278b4c49c6037f Put https://dummyimage.com/720x360/eab/570.jpg
Saved f96_3d0.png
Consumer-8b3103b9076640b1a4387b6cdc81f7c7 Got https://dummyimage.com/360x320/5be/567.jpg
Semaphore limit reached, returning False
Consumer-8b3103b9076640b1a4387b6cdc81f7c7 Set limit reached, quitting
Joined Consumer-8b3103b9076640b1a4387b6cdc81f7c7
Joined Consumer-275279a36ff049c38c77b506c5fa4010
Joined Consumer-ef6c97e1618744c9af41cc31c70552da
Joined Consumer-92460417f9984080bea7417159a9112b
Producer-cac6092edbbf40fa89ebdb530f1afc40 Put https://dummyimage.com/240x320/4fb/bc5.jpg
Producer-b6fa5b443b8045e792278b4c49c6037f Put https://dummyimage.com/360x320/792/491.jpg
Stopped Producer-cc88bd03b49b43348aa3d6128869aea4
Stopped Producer-cac6092edbbf40fa89ebdb530f1afc40
Stopped Producer-b6fa5b443b8045e792278b4c49c6037f
Total number of PNG images 200
$
```

図5.5　セマフォを使用して，画像の枚数を200枚に設定したサムネイルジェネレータの実行結果

5.3.5　ロック vs. セマフォ

ここまで，リソース制約を実装する具体例として，ロックとセマフォを学びました．
これらの手法には，以下のような違いがあります．

- ロックを使用すると，リソースを変更するすべてのコードが保護されます．サムネイルジェネレータの例では，カウンタのチェック，サムネイルの保存，カウンタのインクリメントのコードが該当します．これらすべてを管理することで，データに矛盾がないことが保証されます．
- セマフォはリソースを管理するゲートのように振る舞います．このゲートはカウンタが制限を下回っている間は開き続け，スレッド数が制限を超えたときに閉じます．つまり，各スレッドのサムネイルを保存する関数に対して排他制御を行っていません．

以上の違いから，ロックを用いた実装よりもセマフォを用いた実装のほうが，高速に処理が行われます．では，どの程度の差があるのでしょうか？ 100枚の画像を生成するまでの処理時間を比べてみましょう．

ロックを用いた実装の処理時間を測ると図5.6の結果が得られ，セマフォでは図5.7の結果が得られます．

図 5.6　ロックを使用したサムネイルジェネレータの処理時間

図 5.7　セマフォを使用したサムネイルジェネレータの処理時間

図からわかるように，セマフォを用いた実装のほうが，ロックを用いた実装よりも約 4 倍速くなっています．つまり，ロックの代わりにセマフォを用いることで，4 倍スケールできました．

▶ 5.3.6　サムネイルジェネレーター── Condition

本項では，ロックやセマフォと同様に，スレッド処理において重要な同期プリミティブである **Condition** を解説します．

初めに，どのような状況で Condition を使うべきかを説明します．具体的には，前項までで作成したサムネイルを取得するプログラムを使用する場合に起こりうる問題を，Condition を用いて解決します．その際，プロデューサのデータ生成速度を調整するスロットルという機能を，Condition によって実装します．

それでは，プロデューサ/コンシューマモデルを実際に用いる場合を考えてみましょう．データの生産・消費の割合の観点から，次の 3 種類のシナリオが想定されます．

1. コンシューマよりもプロデューサの処理が速い場合．このときプロデューサはコンシューマよりも速いペースでデータを生成します．よって，コンシューマが常にプロデューサの処理を追いかける状態になってしまい，過剰なデータがキューに蓄積される可能性が高くなります．結果として，ループごとにキューによってメモリと CPU 使用率は圧迫され，プログラムのパフォーマンスは劣化します．
2. プロデューサよりもコンシューマの処理が速い場合．このとき，コンシューマは常にキューにデータが溜まった状態になります．このケースは，プロデューサが過度に遅延しない限り大きな問題にはなりません．しかし，もしプロデューサとコンシューマの処理速度に大きな差があると，コンシューマが受け持っているシステムの半分がアイドル状態になってしまいます．

3. プロデューサとコンシューマの処理速度が実行完了までほぼ同等に保たれている場合．これは理想的なシナリオです．

これらの問題には多くの解決策があります．その中のいくつかを以下にまとめます．

1. **キューのサイズを固定する**：キューのサイズが制限まで達したときに，コンシューマがデータを消費するまでプロデューサを強制的に待機させる方法です．しかし，この方法では常にキューが一杯になってしまう可能性が高くなります．
2. **タイムアウトさせることで他の処理をワーカーに与える**：キューに対する処理が可能になるまでブロックさせるのではなく，タイムアウトを使用することで，プロデューサやコンシューマのキューに対する処理を待機させる方法です．待機している間は，スリープ状態にさせたり他の処理を行わせたりすることで，効率的な処理を行えます．
3. **ワーカー数を動的に変更する**：ワーカープールのサイズを要求に応じて自動的に増減させる方法です．あるクラスのワーカーが増加した場合，バランスを保つために対のクラスのワーカーも増加させます．
4. **データ生成速度を調整する**：データ生成速度をプロデューサが静的または動的に調整する方法です．静的に調整する場合，例えば1分に50個のURLを生成するように，プロデューサのデータ生成速度を固定します．それに対して，動的に調整する場合は，コンシューマの処理頻度を計算し，バランスを保つようにプロデューサのデータ生成速度を変更します．

四つ目の方法を採用する際，Conditionが有効です．これから紹介する例では，Conditionオブジェクトを用いて生成レートを制限します．

Conditionオブジェクトは，定めた条件がTrueになるまでスレッドを待機させることができる同期プリミティブの一種です．また，内部ではロックが関連付けられています．ある条件のもとでスレッドがwaitメソッドを呼び出すと，そのスレッドは待機状態になります．

```
# スレッド #1
cond = threading.Condition()
with cond:
    while not some_condition_is_satisfied():
        # ここでスレッドは待機状態になる
        cond.wait()
```

この状態で，他のスレッドがnotifyメソッドかnotify_allメソッドを呼び出すと，待機状態だったスレッドは再び起動し，処理を続行します．

```
# スレッド #2
with cond:
    if some_condition_is_satisfied():
        # 条件が満たされた場合，待機状態のスレッドを起動する
        cond.notify_all()
```

それでは，Condition オブジェクトを使用して URL 生成のレートの制御を実現する，新しい ThumbnailURLController クラスを実装しましょう．

```
class ThumbnailURLController(threading.Thread):
    """ Conditionを用いたURL生成速度管理スレッド """
    def __init__(self, rate_limit=0, nthreads=0):
        # レートの値を設定
        self.rate_limit = rate_limit
        # プロデューサスレッドの数
        self.nthreads = nthreads
        self.count = 0
        self.start_t = time.time()
        self.flag = True
        self.cond = threading.Condition()
        threading.Thread.__init__(self)

    def increment(self):
        # カウントをインクリメントする
        self.count += 1

    def calc_rate(self):
        rate = 60.0*self.count/(time.time() - self.start_t)
        return rate

    def run(self):
        while self.flag:
            rate = self.calc_rate()
            if rate<=self.rate_limit:
                with self.cond:
                    print('Notifying all...')
                    self.cond.notify_all()

    def stop(self):
        self.flag = False

    def throttle(self, thread):
        """ レートを管理するスロットル """
        # 現在の生成レートを計算する
        rate = self.calc_rate()
        print('Current Rate',rate)
        # レートがlimitを上回っている場合，スレッドをさらにスリープさせる
        diff = abs(rate - self.rate_limit)
        sleep_diff = diff/(self.nthreads*60.0)
```

```
        if rate>self.rate_limit:
            # スレッドのスリープ時間を調整
            thread.sleep_time += sleep_diff
            # レートが5%以内の誤差で落ち着くまでスレッドを保持する
            with self.cond:
                print('Controller, rate is high, sleep more by', rate, sleep_diff)
                while self.calc_rate() > self.rate_limit:
                    self.cond.wait()
        elif rate<self.rate_limit:
            print('Controller, rate is low, sleep less by', rate, sleep_diff)
            # スリープ時間を減らす
            sleep_time = thread.sleep_time
            sleep_time -= sleep_diff
            # スリープ時間が0より小さくなった場合は0にする
        thread.sleep_time = max(0, sleep_time)
```

この ThumbnailURLController クラスを使用するプロデューサの説明を始める前に，このクラスの機能を説明します．

1. Thread を継承しているため，このクラス自身が実行スレッドになります．また，Condition オブジェクトを保持しています．
2. カウンタとタイムスタンプを使用して URL 生成速度を計算する calc_rate メソッドが実装されています．
3. run メソッドを用いて，URL 生成速度をチェックします．設定した閾値を下回っている場合，Condition オブジェクトは待機中のすべてのスレッドに通知します．
4. 最も重要なポイントは，throttle メソッドです．このメソッドは calc_rate で計算した生成レートをもとに，プロデューサのスリープ時間を調整します．具体的には主に次の2点を実行します．
   - 4-1. 設定された閾値を生成レートが上回ったとき，閾値を下回るように Condition オブジェクトの wait メソッドを呼び出します．また，適切な水準にレートを調整するために，ループ内でスレッドがスリープする適切な時間も計算して，スリープ時間を増やします．
   - 4-2. 設定された閾値を生成レートが下回っているとき，プロデューサはより多くのデータを生成する必要があります．そのために，設定したレートと現在の生成レートの差を計算し，それに応じてスリープ時間を短くします．

ThumbnailURLController を使用するように書き換えた，プロデューサクラスの実装を以下に示します．

```
class ThumbnailURL_Generator(threading.Thread):
    """ 外部のコントローラによってレートを管理しながら，
        URLの生成を行うワーカークラス """
    def __init__(self, queue, controller=None, sleep_time=1):
        self.sleep_time = sleep_time
```

```
        self.queue = queue
        # 停止フラグ
        self.flag = True
        # 画像サイズ
        self._sizes = (240,320,360,480,600,720)
        # URLスキーム
        self.url_template = 'https://dummyimage.com/%s/%s/%s.jpg'
        # レートコントローラ
        self.controller = controller
        # スレッドID
        self._id = uuid.uuid4().hex
        threading.Thread.__init__(self, name='Producer-'+self._id)

    def __str__(self):
        return 'Producer-'+self._id

    def get_size(self):
        return '%dx%d' % (random.choice(self._sizes),
                          random.choice(self._sizes))

    def get_color(self):
        return ''.join(random.sample(string.hexdigits[:-6], 3))

    def run(self):
        """ メインの関数 """
        while self.flag:
            # サイズと色がランダムな画像URLを生成
            url = self.url_template % (self.get_size(),
                                       self.get_color(),
                                       self.get_color())
            # キューに追加
            print(self,'Put',url)
            self.queue.put(url)
            self.controller.increment()
            # 少量の画像を追加した後にスロットルを回す
            if self.controller.count>5:
                self.controller.throttle(self)
            time.sleep(self.sleep_time)

    def stop(self):
        """ スレッドを停止させる関数 """
        self.flag = False
```

上記のコードの仕組みをまとめます．

1. コンストラクタで追加のコントローラオブジェクトを受け入れるようになりました．ThumbnailURLController クラスのインスタンスを受け取ります．
2. キューに URL が入力されると，コントローラのカウントがインクリメントされます．プロデューサのスロットルの制限が弱すぎると，キューにデータがない状態でコンシューマが起動してしまうので，そのような挙動を防ぐために閾値を設定します．この実装例では閾値を5に設定しています．カウントが閾値に達すると，`self`を引数としてコントローラ上のスロットルを呼び出します．

メインコードには大きな変更が必要です．以下に変更後のコードを示します．

```
q = Queue(maxsize=2000)
# コントローラはプロデューサと同数で構成する
controller = ThumbnailURLController(rate_limit=50, nthreads=3)
saver = ThumbnailImageSemaSaver(limit=200)

controller.start()

producers, consumers = [], []
for i in range(3):
    t = ThumbnailURL_Generator(q, controller)
    producers.append(t)
    t.start()

for i in range(5):
    t = ThumbnailURL_Consumer(q, saver)
    consumers.append(t)
    t.start()

for t in consumers:
    t.join()
    print('Joined', t, flush=True)

# プロデューサがキュー上でブロックしないようにする
while not q.empty():
    item=q.get()
controller.stop()

for t in producers:
    t.stop()
    print('Stopped',t, flush=True)

print('Total number of PNG images',len(glob.glob('*.png')))
```

主な変更点は次のとおりです．

1. コントローラオブジェクトをインスタンス化する際に，実行時に用意するプロデューサのスレッド数を引数として渡します．この値はスリープ時間を正確に計算するために役立ちます．
2. プロデューサのコンストラクタに，コントローラのインスタンスを渡します．
3. コントローラのスレッドを一番初めに実行させます．

毎分50枚の割合で，総数200枚のサムネイル画像を生成するプログラムの実行結果を，以下に示します．実行中のプログラムの出力を二つ示します．図5.8, 5.9はプログラムを実行して間もないもの，図5.10はプログラム終了の直前のものです．

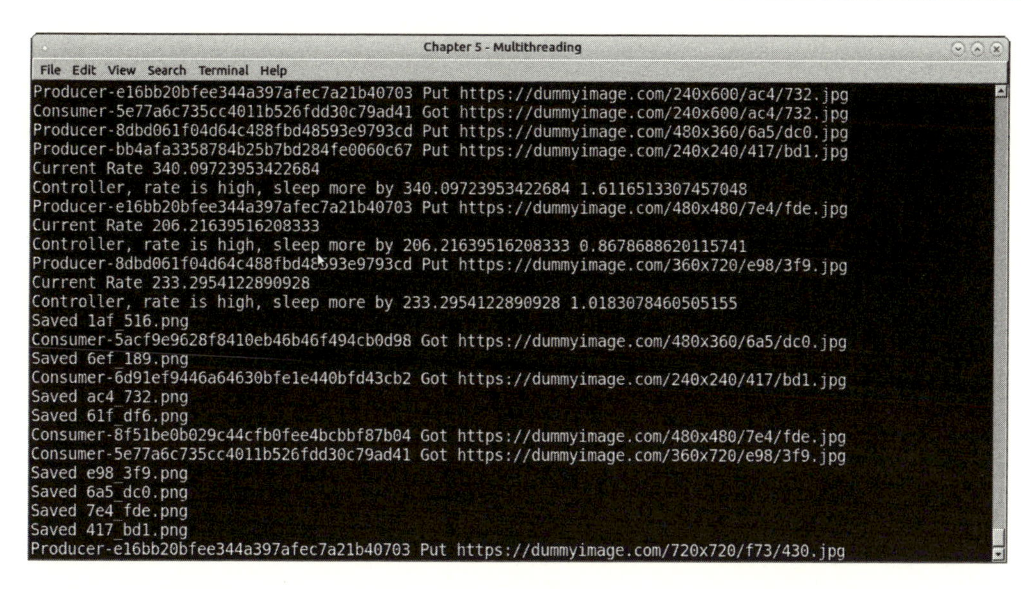

図 5.8　毎分 50 枚の速度で URL 生成するプログラムの実行画面（起動時）

プログラムの開始直後は，スロットルによる制御が働かないため，生成速度は速くなります．その後，プロデューサの処理速度は直ちに減速し，ほぼ停止していることがわかります．このプロデューサの全スレッドのブロックは，`Condition` オブジェクトによって行われています．

この間に URL は生成されないため，数秒後にレートは設定した閾値まで下がります．この状態の変化はコントローラの run 内の while ループ内で検出され，`notify_all` メソッドが呼び出されて，プロデューサのスレッドを再度起動させます．

しばらくすると，1 分当たりの URL 生成数が設定した 50 個に近づき始めます．

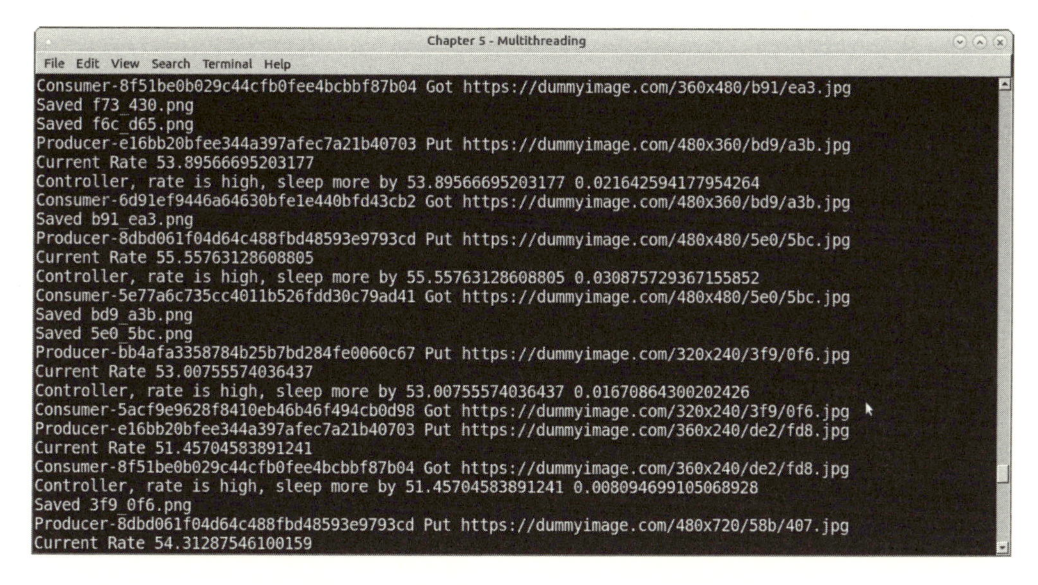

図 5.9　毎分 50 枚の速度で URL 生成するプログラムの実行画面（起動してから 5, 6 秒後）

プログラム終了時の生成レートはほぼ50に落ち着きました．

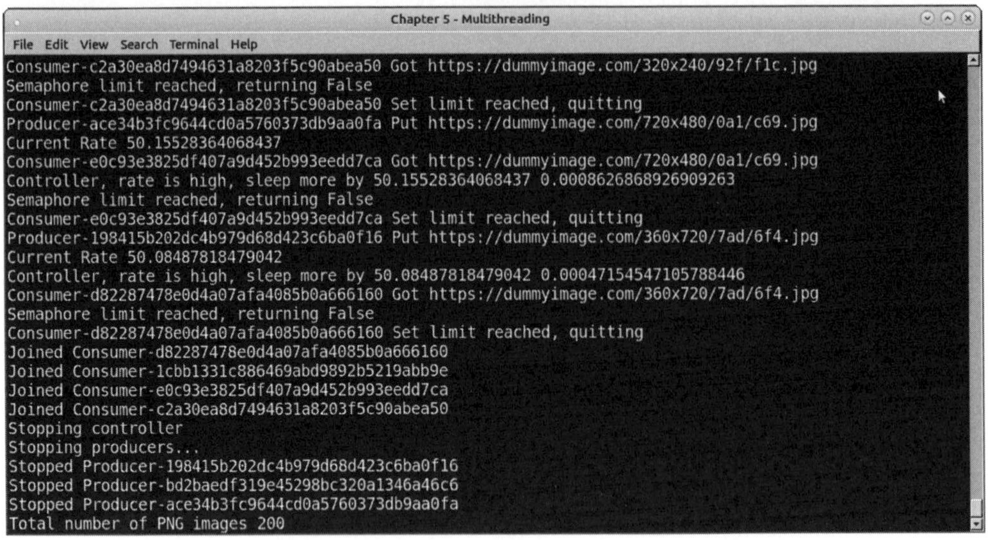

```
Chapter 5 - Multithreading
File Edit View Search Terminal Help
Consumer-c2a30ea8d7494631a8203f5c90abea50 Got https://dummyimage.com/320x240/92f/f1c.jpg
Semaphore limit reached, returning False
Consumer-c2a30ea8d7494631a8203f5c90abea50 Set limit reached, quitting
Producer-ace34b3fc9644cd0a5760373db9aa0fa Put https://dummyimage.com/720x480/0a1/c69.jpg
Current Rate 50.15528364068437
Consumer-e0c93e3825df407a9d452b993eedd7ca Got https://dummyimage.com/720x480/0a1/c69.jpg
Controller, rate is high, sleep more by 50.15528364068437 0.0008626868926909263
Semaphore limit reached, returning False
Consumer-e0c93e3825df407a9d452b993eedd7ca Set limit reached, quitting
Producer-198415b202dc4b979d68d423c6ba0f16 Put https://dummyimage.com/360x720/7ad/6f4.jpg
Current Rate 50.08487818479042
Controller, rate is high, sleep more by 50.08487818479042 0.00047154547105788446
Consumer-d82287478e0d4a07afa4085b0a666160 Got https://dummyimage.com/360x720/7ad/6f4.jpg
Semaphore limit reached, returning False
Consumer-d82287478e0d4a07afa4085b0a666160 Set limit reached, quitting
Joined Consumer-d82287478e0d4a07afa4085b0a666160
Joined Consumer-1cbb1331c886469abd9892b5219abb9e
Joined Consumer-e0c93e3825df407a9d452b993eedd7ca
Joined Consumer-c2a30ea8d7494631a8203f5c90abea50
Stopping controller
Stopping producers...
Stopped Producer-198415b202dc4b979d68d423c6ba0f16
Stopped Producer-bd2baedf319e45298bc320a1346a46c6
Stopped Producer-ace34b3fc9644cd0a5760373db9aa0fa
Total number of PNG images 200
```

図5.10 毎分50枚の速度でURL生成するプログラムの実行画面（終了時）

ここまで，プログラムの並行性を向上させるために，スレッドの同期プリミティブを使用して，共有リソースの制約とコントローラを実装する方法を解説してきました．スレッドの同期プリミティブに関する議論は以上です．

最後に，Pythonマルチスレッドプログラムにおいて CPU リソースを最大限利用することを妨げている，Global Interpreter Lock について解説します．

5.3.7 Python と GIL

Pythonには，バイトコードを複数のスレッドが同時に実行することを防ぐ，グローバルロックが存在します．CPython（Pythonのネイティブ実装）のメモリ管理はスレッドセーフではないため，この機能は必要不可欠です．このロックは Global Interpreter Lock の頭文字をとって GIL と呼ばれています．

Python は GIL のためにバイトコードを CPU で並行に処理できないことから，次のような状況には適していません．

- 処理が重いバイトコードに依存するプログラムを並行に実行したいとき
- マルチスレッドを用いて，単一のマシン上でマルチコア CPU のリソースを最大限まで利用したいとき

通常，I/O や長期実行操作は GIL の外部で行われます．そのため，Python における効果的なマルチスレッディングは，本節で扱ってきた，大量の画像の I/O を含む処理などに限られます．

上記のような状況においては，マルチプロセスを用いて並行にスケーリングするほうが適しています．Python では multiprocessing モジュールを用いることで，このアプローチを実現できます．次節ではこの multiprocessing モジュールを用いた並行処理について解説します．

5.4 マルチプロセッシング

Python の標準ライブラリに含まれる multiprocessing モジュールは，複数のスレッドを用いる代わりに，複数のプロセスを利用することで並行処理を可能にします．

マルチプロセッシングは，複数のプロセスを用いて演算することによりスケールするため，Python の GIL がもたらす様々な問題を解決してくれます．開発者はこのモジュールを利用することで，マルチコア CPU の性能を最大限に発揮できるでしょう．

このモジュールが提供する主要なクラスは，Process クラスです．このクラスは，threading モジュールが提供する Thread クラスとほぼ同様の機能を持ちます．また，このモジュールは threading モジュールと同様に，多くの同期プリミティブを提供しています．

以下では，このモジュールが提供する Pool クラスを解説します．このクラスを用いることでマルチプロセッシングが可能になり，複数の入力に対する特定の関数の並行処理を実現できます．

5.4.1 素数チェッカーの実装

次の関数は，ある整数 n が素数かどうかを判定する簡単なチェッカーです．このチェッカーを用いて，マルチスレッドの処理に対して GIL が働いていることを確認しましょう．

```
def is_prime(n):
    """ 入力した数が素数かどうかをチェックする """
    for i in range(3, int(n**0.5+1), 2):
        if n % i == 0:
            print(n,'is not prime')
            return False
    print(n,'is prime')
    return True
```

キューから受け取った数字を上記の関数を用いて素数判定するスレッドクラスを，以下に示します．

```
# prime_thread.py
import threading

class PrimeChecker(threading.Thread):
    """ 素数チェックをするスレッドクラス """
    def __init__(self, queue):
        self.queue = queue
```

```
        self.flag = True
        threading.Thread.__init__(self)

    def run(self):
        while self.flag:
            try:
                n = self.queue.get(timeout=1)
                is_prime(n)
            except Empty:
                break
```

ここで 1,000 個の大きな素数で上記のクラスをテストします．スペースの節約のために 10 個の素数を代表として選び，そのリストを 100 倍することで 1,000 個の素数を用意しましょう．

```
numbers = [1297337, 1116281, 104395303, 472882027, 533000389, 817504243, 982451653,
           112272535095293, 115280095190773, 1099726899285419]*100

q = Queue(1000)

for n in numbers:
    q.put(n)

threads = []
for i in range(4):
    t = PrimeChecker(q)
    threads.append(t)
    t.start()

for t in threads:
    t.join()
```

このテストには四つのスレッドを用いました．実行結果は図 5.11 のようになります．

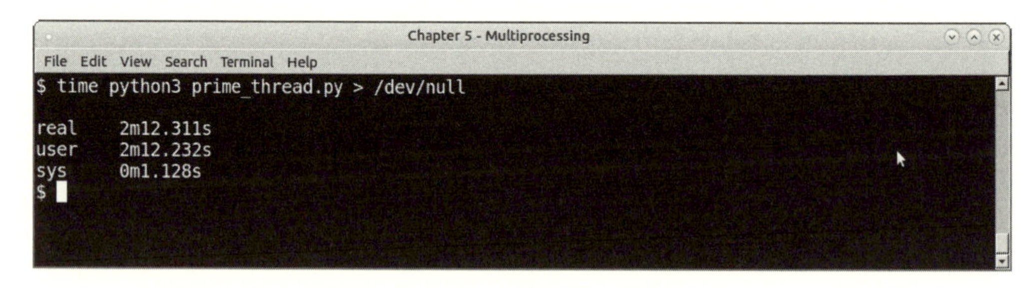

図 5.11　四つのスレッドを用いたマルチスレッドでの素数チェッカーの実行

さて，メインパートを `multiprocessing` の `Pool` オブジェクトを用いて書き換えてみましょう．

```
numbers = [1297337, 1116281, 104395303, 472882027, 533000389, 817504243, 982451653,
          112272535095293, 115280095190773, 1099726899285419]*100
pool = multiprocessing.Pool(4)
pool.map(is_prime, numbers)
```

同じ素数の配列に対するマルチプロセッシングでの実行結果は，図 5.12 のようになります．

```
Chapter 5 - Multiprocessing
File  Edit  View  Search  Terminal  Help
$ time python3 prime_process.py > /dev/null

real    1m9.633s
user    4m22.372s
sys     0m0.084s
$
```

図 5.12　四つのプロセスを用いたマルチプロセッシングでの素数チェッカーの実行

両者の比較結果は，以下の 3 点にまとめられます．

1. 実行時間はプロセスプールを用いた実装が 1 分 9.6 秒（69.6 秒）であるのに対し，スレッドプールは 2 分 12 秒（132 秒）であり，プロセスプールの実装のほうが約 2 倍速い結果となりました．
2. しかし，ユーザープログラムによって費やされた CPU 稼働時間であるユーザー CPU 時間（user time）は逆の結果になっています．プロセスプールを用いた実装が 4 分 22 秒（262 秒）であるのに対し，スレッドプールは 2 分 12 秒（132 秒）であり，プロセスプールの実装のほうが約 2 倍長い結果となりました．
3. スレッドプールの実行時間（real time）とユーザー CPU 時間（user time）は約 2 分 12 秒で，ほとんど同じ値です．この結果は，スレッドプールの実装が単一の CPU コアで実行されていることを表しています．

つまり，プロセスプールは，スレッドプールの半分の実行時間の間に，ユーザー CPU 時間をスレッドプールの約 2 倍使っており，複数の CPU コアを効果的に使用できていることがわかります．

ここで，ユーザー CPU 時間と実行時間の比を定量的に比較して，どれほどパフォーマンスが向上したのか計算してみましょう．

$$\text{スレッドバージョン：}\frac{132\text{ 秒}}{132\text{ 秒}} = 1$$

$$\text{プロセスバージョン：}\frac{262\text{ 秒}}{69.6\text{ 秒}} = 3.76 \fallingdotseq 4$$

したがって，プロセスバージョンとスレッドバージョンの実際のパフォーマンス比は，以下のように求められます．

$$\frac{4}{1} = 4$$

プログラムが実行されたマシンには，4 コアの CPU が搭載されています．つまり，この結果は，マルチプロセスを用いた実装が，CPU のコアすべてをほぼ同等に利用していることを示しています．これは，マルチスレッディングが GIL によって制限されているのに対して，マルチプロセッシングはそのような制限がなく，すべてのコアを自由に使用できるからです．

次項では，ディスク上のファイルをマルチプロセスでソートするプログラムを扱います．

5.4.2　ファイルのソート

ディスク上に，整数がいくつか記述されているファイルがあると仮定します．具体的には以下のようなファイルです．

```
20
3136
13
126
98
297
305
5781
```

これらのファイルに含まれる整数すべてをソートし，一つのファイルに書き出してみましょう．

もし，これらのファイルをすべてメモリに読み込もうとすると，膨大な RAM が必要です．このような問題を考慮しつつ，1 から 10,000 までの整数が 100 個記述されている，100 万個のファイルを素早く処理しましょう．

ここで，それぞれのファイルは整数のリストとしてロードされると仮定します．つまり，当面は文字列処理（ファイルを文字列で読み込み，リストに変換する処理など）を無視します．

処理に必要なメモリは，以下のように `sys.getsizeof` 関数を使うことで概算できます．

```
>>> sys.getsizeof([100000]*1000)*100000/(1024.0*1024.0)
769.04296875
```

このように，一度にすべてのファイルを読み込む場合は，約 800MB が必要になります．この値をそれほど大きなメモリ使用量だと感じない読者もいるでしょう．しかし，リストが大きくなるにつれてソートに必要なメモリも増大していくため，容量の問題は無視できません．

以下に，ファイルをロードした後に，メモリに読み込んだすべての整数をソートするシンプルなコードを示します．

```
# sort_in_memory.py
import sys
```

```
all_lists = []
for i in range(int(sys.argv[1])):
    num_list = map(int, open('numbers/numbers_%d.txt' % i).readlines())
    all_lists += num_list
print('Length of list',len(all_lists))
print('Sorting...')
all_lists.sort()
open('sorted_nums.txt','w').writelines('\n'.join(map(str, all_lists)) + '\n')
print('Sorted')
```

このコードは，まずディスクから特定の数のファイルを読み込みます．各ファイルには 1 から 10,000 の範囲の整数が 100 個含まれています．そして，整数のリストにマップし，各リストを all_lists に追加していきます．すべてのファイルを all_lists に読み込むと，このリストがソートされ，最終的にファイルに書き込まれます．

ファイル数に対するソート処理の実行時間を表 5.2 にまとめます．

表 5.2

ファイル数	所要時間
1000	17.4 秒
1,0000	101 秒
100,000	138 秒
1,000,000	NA

このように，処理時間は $O(n)$ より小さくスケールされています．しかし，処理時間以上に，これらの処理を行うスペース，つまりメモリ領域が大きな問題です．

例えば，メモリ 8GB で 4 コアの CPU を搭載したノート PC（Linux 64bit）を，テストを行うために使用したところ，システムがハングしてしまったため，100 万ファイルのテストを完了できませんでした．

5.4.3 ファイルのソート——カウンタ

表 5.2 に示したファイル数と処理速度の関係から，問題点は処理速度よりもメモリスペースであることがわかります．これは，整数の最大値が 10,000 であるという条件のもとで得られたデータです．

すべてのデータを別々のリストとして読み込み，そのあとに結合するのではなく，カウンタのようなデータ構造を使用することで，この問題に対応できます．この方法の基本的な考え方は次のとおりです．

1. まず，整数カウンタとなるデータ構造を作成します．このデータ構造は，各整数が 1〜10,000 の範囲で定義されます．すべてのカウントは 0 に初期化されます．

2. 各ファイルを読み込み，それらのデータをリストに変換します．手順1で初期化したデータ構造を用いて，リスト内の整数値の出現回数をカウントします．
3. 最後にカウンタを1から順番にループさせます．1回でも出現しているのであれば，その回数だけ，その整数をファイルに書き込みます．最終的な出力は，マージとソートがされている単一のファイルです．

これらを踏まえ，以下に実装例を示します．なお，比較のため，前項のプログラムを「インメモリソート」，以下で示すプログラムを「カウンタソート」と呼ぶことにします．

```
import sys
import collections

MAXINT = 100000

def sort():
    """ カウンタを使ってディスク上のファイルをソートする関数 """
    counter = collections.defaultdict(int)
    for i in range(int(sys.argv[1])):
        filename = 'numbers/numbers_%d.txt' % i
        for n in open(filename):
            counter[n] += 1
    print('Sorting...')
    with open('sorted_nums.txt','w') as fp:
        for i in range(1, MAXINT+1):
            count = counter.get(str(i) + '\n', 0)
            if count>0:
                fp.write((str(i)+'\n')*count)
    print('Sorted')
```

このコードでは，collections モジュールの defaultdict をカウンタとして使用します．新たな整数が出現するたびに，その出現回数としてカウンタをインクリメントします．すべての整数値の読み込みが終わったら，カウンタをループさせ，各整数の出現回数を出力します．

また，整数値のリストをソートするという問題から，出現回数をカウントし，小さな整数から順にファイルへ書き込むという問題に変換することで，マージとソートを実現しています．

表5.3は，整数値のマージとソートに要した時間をファイル数に対してまとめたものです．

表5.3

ファイル数	所要時間
1,000	16.5秒
10,000	83秒
100,000	86秒
1,000,000	359秒

ファイル数が最も少ない場合のパフォーマンスは，前項の結果と似ていますが，`defaultdict` を用いたカウンタソートの場合，入力のサイズが大きくなるにつれてパフォーマンスが向上します．この実装では，100 万ファイル（1 億個の整数）のソートを 5 分 59 秒で行えました．

ファイルをメモリに読み取るプロセスの実行時間計測は，常にカーネル内のバッファキャッシュの影響を受けます．Linux はファイルの内容をバッファにキャッシュするため，同じパフォーマンステストを連続して実行すると，驚くべき改善が見られることがあります．したがって，同じ入力で連続にテストする場合は，バッファキャッシュを消去する必要があります．Linux では，次のコマンドでバッファキャッシュを消去できます．

```
$ echo 3 > /proc/sys/vm/drop_caches
```

上で示したように，このテストではバッファキャッシュをリセットしていません．これは，以前の実行中に作成されたキャッシュがパフォーマンスを向上させるためです．

このアルゴリズムは，整数のリストをループしながら `defaultdict` のカウントを増やしているだけです．そのため，扱うファイル数が多くなっても必要メモリは同じであるため，メモリを大幅に節約できます．

前章で紹介した memory_profiler を使用して，100,000 個のファイルをソートした場合のメモリ使用量を比較してみましょう．図 5.13 にインメモリソートのメモリ使用量を，図 5.14 に本項で実装した，カウンタソートのメモリ使用量を示します．

```
Chapter 5 - Multiprocessing
File Edit View Search Terminal Help
$ python3 -m memory_profiler sort_in_memory.py 100000
Length of list 10000000
Sorting...
Sorted
Filename: sort_in_memory.py

Line #    Mem usage    Increment   Line Contents
================================================
     5   31.328 MiB    0.000 MiB   @profile
     6                             def sort():
     7   31.328 MiB    0.000 MiB       all_lists = []
     8
     9  447.043 MiB  415.715 MiB       for i in range(int(sys.argv[1])):
    10  447.043 MiB    0.000 MiB           num_list = map(int, open('numbers/numbers_%d.txt
' % i).readlines())
    11  447.043 MiB    0.000 MiB           all_lists += num_list
    12
    13  447.043 MiB    0.000 MiB       print('Length of list',len(all_lists))
    14  447.043 MiB    0.000 MiB       print('Sorting...')
    15  456.887 MiB    9.844 MiB       all_lists.sort()
    16  465.199 MiB    8.312 MiB       open('sorted_nums.txt','w').writelines('\n'.join(map
(str, all_lists)) + '\n')
    17  465.199 MiB    0.000 MiB       print('Sorted')
```

図 5.13　100,000 個のファイルをインメモリソートした場合のメモリ使用量

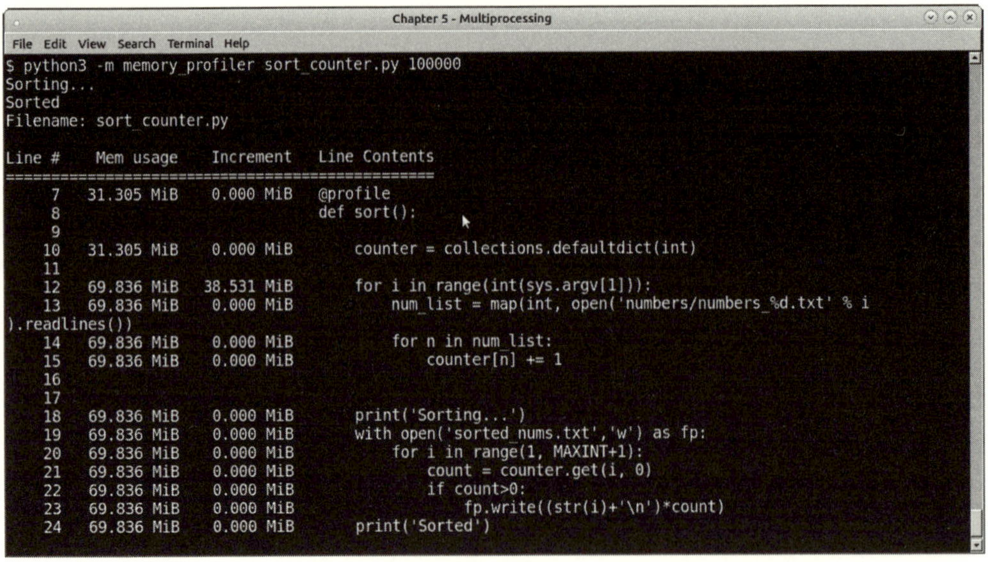

```
Chapter 5 - Multiprocessing
File Edit View Search Terminal Help
$ python3 -m memory_profiler sort_counter.py 100000
Sorting...
Sorted
Filename: sort_counter.py

Line #    Mem usage    Increment   Line Contents
================================================
     7   31.305 MiB    0.000 MiB   @profile
     8                             def sort():
     9
    10   31.305 MiB    0.000 MiB       counter = collections.defaultdict(int)
    11
    12   69.836 MiB   38.531 MiB       for i in range(int(sys.argv[1])):
    13   69.836 MiB    0.000 MiB           num_list = map(int, open('numbers/numbers_%d.txt' % i
).readlines())
    14   69.836 MiB    0.000 MiB           for n in num_list:
    15   69.836 MiB    0.000 MiB               counter[n] += 1
    16
    17
    18   69.836 MiB    0.000 MiB       print('Sorting...')
    19   69.836 MiB    0.000 MiB       with open('sorted_nums.txt','w') as fp:
    20   69.836 MiB    0.000 MiB           for i in range(1, MAXINT+1):
    21   69.836 MiB    0.000 MiB               count = counter.get(i, 0)
    22   69.836 MiB    0.000 MiB               if count>0:
    23   69.836 MiB    0.000 MiB                   fp.write((str(i)+'\n')*count)
    24   69.836 MiB    0.000 MiB       print('Sorted')
```

図 5.14　100,000 個のファイルをカウンタソートした場合のメモリ使用量

インメモリソートのメモリ使用量は 465MB であり，カウンタソートの 70MB の 6 倍以上です．また，インメモリソートでは，ファイルの読み込みとは別に，約 10MB のメモリがソート処理に必要であることも確認できます．

5.4.4　ファイルのソート——マルチプロセッシング

本項では，複数のプロセスを使用できるように，カウンタソートプログラムを書き直します．ファイルパスのリストをプロセスプールに分割して渡すことで，データを並列に処理します．書き換え後のコードを以下に示します．

```
# sort_counter_mp.py
import sys
import time
import collections
from multiprocessing import Pool

MAXINT = 100000

def sorter(filenames):
    """ カウンタを使用してファイルをソートする関数 """
    counter = collections.defaultdict(int)
    for filename in filenames:
        for i in open(filename):
            counter[i] += 1
    return counter

def batch_files(pool_size, limit):
    """ multiprocessingのPoolサイズに合わせたバッチを作成する関数 """
    batch_size = limit // pool_size
    filenames = []
```

```
    for i in range(pool_size):
        batch = []
        for j in range(i*batch_size, (i+1)*batch_size):
            filename = 'numbers/numbers_%d.txt' % j
            batch.append(filename)
        filenames.append(batch)
    return filenames

def sort_files(pool_size, filenames):
    """ multiprocessingのPoolを用いてファイルをソートする関数 """
    with Pool(pool_size) as pool:
        counters = pool.map(sorter, filenames)
    with open('sorted_nums.txt','w') as fp:
        for i in range(1, MAXINT+1):
            count = sum([x.get(str(i)+'\n',0) for x in counters])
            if count>0:
                fp.write((str(i)+'\n')*count)
    print('Sorted')

if __name__ == "__main__":
    limit = int(sys.argv[1])
    pool_size = 4
    filenames = batch_files(pool_size, limit)
    sort_files(pool_size, filenames)
```

変更点は以下の三つです．

1. すべてのファイルを一つのリストとして処理するのではなく，ファイル名のリストは，プールサイズと等しい数のバッチに分けられます．
2. sorter 関数がファイル名のリストを受け取り，カウンタとなる defaultdict を返します．
3. 1 から MAXINT 間の整数値の出現回数をカウントします．最終的に，すべての整数はソートされ，一つのファイルに書き込まれます．

表 5.4 は，プールサイズと扱うファイル数を変え，上のプログラムを実験した結果です．プールサイズは 2 個と 4 個の場合を試しました．

表 5.4

ファイル数	プールサイズ	所要時間
1,000	2	18 秒
	4	20 秒
10,000	2	92 秒
	4	77 秒
100,000	2	96 秒
	4	86 秒
1,000,000	2	350 秒
	4	329 秒

結果として，興味深いデータが得られました．詳しく分析してみましょう．

1. 4 プロセス（マシンのコア数に等しい）で実行した結果は，二つもしくは一つのプロセスで実行したものと比較して，全体的に処理速度が優れています．
2. ただし，シングルプロセスの場合と比較して，マルチプロセスにパフォーマンス上のメリットはほとんどありません．パフォーマンスの数値は非常に似ており，誤差の範囲内です．例えば 100 万件のファイルを入力とした場合，4 プロセスを使用した場合のパフォーマンスは，単一プロセスでのパフォーマンスに比べて，わずか 8% しか向上していません．
3. また，ポイントとなるのは **I/O の処理**部分です．ファイルをメモリに読み込む処理が，このプログラムのボトルネックになっています．これは，ソートに必要な演算処理が単なるカウンタの増加であることに起因します．単一のプロセスでは同じアドレス空間内のすべてのファイルを読み込めるので，効率的な処理ができます．複数プロセスのものは，ファイルを複数のアドレス空間に読み込むことで多少の改善ができますが，劇的ではありません．

この結果は，演算処理が少なく，ディスクやファイルの I/O がボトルネックになっている状況では，マルチプロセッシングによるスケーリング効果が非常に小さいことを示しています．

`multiprocessing` モジュールを用いたマルチプロセッシングの解説は以上です．最後に，マルチスレッディングとマルチプロセッシングを比較しましょう．

5.5 マルチスレッディング vs. マルチプロセッシング

本節では，マルチスレッディングとマルチプロセッシングがそれぞれどのようなときに適しているかをまとめます．実装時にどちらの手法を用いるべきか，正しい判断を下せるようになりましょう．

ここでは，いくつかのガイドラインを提示します．まず，以下のような場合では，マルチスレッディングを用いるとよいでしょう．

1. 多くの共有資源の管理を必要とする場合．特に，それがミュータブルな場合．リスト，辞書などの Python の標準的なデータ構造の多くは**スレッドセーフ**です．そのため，プロセスではなくスレッドを使用して変更可能な共有資源を維持したほうが，コストを低く抑えられるでしょう．
2. 大きな**メモリフットプリント**[*4]を必要としない場合．
3. I/O に長い時間を要する場合．I/O を実行するスレッドによって GIL が解放されるため，そのスレッドの所要時間は GIL の影響を受けません．

[*4] 【訳注】メモリフットプリント：プログラムの実行に必要なメインメモリの容量のこと．

4. マルチプロセスで処理するべきデータの並列処理が特に必要でない場合.

次に，マルチプロセッシングを用いるべき状況をまとめます.

1. 膨大なバイトコード処理や数値計算など，CPU で処理する必要がある重い処理を実行する場合.
2. チャンクに分割でき，かつ最終的に結合できるデータを扱う場合．言い換えると，データ並列性のある演算を行う場合.
3. 十分な RAM と CPU コアを搭載した PC でプログラムを実行できる場合.
4. プロセス間で同期された可変な値を扱わない場合．プロセス間で可変な数を共有できますが，マルチプロセッシングのパフォーマンスを大きく下げるため，避けたほうがよいでしょう.
5. ファイルやディスクの I/O，ソケット I/O などの I/O 処理にさほど依存していないプログラムの場合.

5.6 非同期処理

これまで，マルチスレッドやマルチプロセスを使用して並行処理を実現する方法を学習してきました．マルチスレッドでは，様々な同期プリミティブを活用した複数の例を扱いました．また，マルチプロセスでは，複数のプロセスで実行してもあまりパフォーマンスが向上しない例を扱い，マルチプロセスのメリットとデメリットを確認しました.

これら二つの方法以外に，非同期処理によって，並行処理が実現できます．非同期処理では，**スケジューラ**[*5]がキューから次のタスクを選択し，実行します．スケジューラは，キューに存在するタスクを**インターリーブ方式**[*6]で選択します．つまり，タスクが特定の順序で実行される保証はありません．タスクの実行順序は，タスク間の `yield` の呼び出しのタイミングで決まります．したがって，非同期処理は協調的マルチタスク[*7]によって行われます.

通常，非同期処理はシングルスレッドで行われます．つまり，これは本来の意味のデータ並列性や並列処理を満たしていません.

また，順不同でタスクが実行されるため，そのタスクの結果を用いた別の処理を行いたい場合は，タスクの実行結果を呼び出し元に返す機能が必要です．この機能は，ある関数の戻り値が準備されたときに呼び出されるコールバック関数や，実行結果を受け取れる特殊な `future` オブジェクトによって実現できます.

[*5]【訳注】スケジューラ：複数のプログラムに優先度を設け，実行する順番を決める仕組みのこと.

[*6]【訳注】インターリーブ方式：不連続にデータを送信・配置する方式.

[*7]【訳注】協調的マルチタスク：複数のプログラムを実行する際に，OS ではなくタスク間でスケジューリングを行う方式のこと．逆に，OS が割り込みを行うことで複数のプログラムのスケジューリングする方式を，プリエンプティブマルチタスクと呼びます.

Python 3.x では，以上のような非同期処理を，コルーチンを用いた asyncio モジュールによってサポートしています．しかし，asyncio モジュールを扱うためには，プリエンプティブマルチタスクと協調的マルチタスクを理解していることが望まれます．そこで，ジェネレータを使用した，スケジューラのシンプルな実装方法から解説を始めます．

5.6.1　プリエンプティブマルチタスクと協調的マルチタスク

この章の前半では，並行処理の例としてマルチスレッドを紹介しました．それらの実装を振り返ると，実行する関数とスレッドを定義するだけで，プログラムが実行できていました．つまり，実装者は，スレッドが実行される順番に注意を払う必要がありませんでした．実は，このような実行順序の管理は，OS が行っています．

CPU クロックの数ティックごとに，OS は実行中のスレッドを中断させ，実行するスレッドを切り替えます．この切り替えは様々な理由によって行われますが，開発者がその詳細を深く知る必要はありません．開発者はスレッドを作り，処理するためのデータを用意し，適切な同期プリミティブを定め，それらを実行するだけでよいのです．スケジューリングやスレッドのスイッチングは，すべて OS が行ってくれます．

OS は，実行時間などのあらゆるステータスが，スレッド間で等しくなるようにプログラムを管理します．以上のような，スレッドの中断・切り替えを繰り返す OS のスケジューリング機能を，**プリエンプティブマルチタスク**と呼びます．

これに対して，**協調的マルチタスク**と呼ばれるスケジューリング方法が存在します．協調的マルチタスクを備えた OS は，スレッドやプロセスに対して実行の優先度を指示しません．その代わりに，実行中のスレッドやプロセスは，意図的に別のスレッドやプロセスに実行権限を譲ることで，タスクの切り替えを行います．これを利用することで，アイドリング（スリープ）中のスレッドや I/O を待っている状態のスレッドを切り替えることができます．

この協調的マルチタスクは，コルーチンを用いた並行処理を行う非同期モデルで利用されるテクニックです．ある関数は，ネットワークから受け取るデータを待っている間に，他の関数やタスクに実行権限を譲渡します．

asyncio を用いたコルーチンや非同期処理を解説する前に，Python ジェネレータを用いて，独自の協調的マルチタスクスケジューラを実装してみましょう．以下のとおり，実装はとてもシンプルです．

```
# generator_tasks.py
import random
import time
import collections
import threading

def number_generator(n):
    """ 1からnの数を生成するコルーチン """
    for i in range(1, n+1):
        yield i
```

```
def square_mapper(numbers):
    """ 数を2乗するコルーチン """
    for n in numbers:
        yield n*n

def prime_filter(numbers):
    """ 素数を生成するコルーチン """
    primes = []
    for n in numbers:
        if n % 2 == 0: continue
            flag = True
    for i in range(3, int(n**0.5+1), 2):
        if n % i == 0:
            flag = False
            break
    if flag:
        yield n

def scheduler(tasks, runs=10000):
    """ コルーチンのタスクスケジューラ """
    results = collections.defaultdict(list)
    for i in range(runs):
        for t in tasks:
            print('Switching to task',t.__name__)
            try:
                result = t.__next__()
                print('Result=>',result)
                results[t.__name__].append(result)
            except StopIteration:
                break
    return results
```

このコードのポイントを以下にまとめます．

- あるタスクを処理するための `yield` を用いた三つのジェネレータと一つの関数で構成されています．
- `square_mapper` は，整数を返すイテレータを引数とし，それらの整数を 2 乗にして返すジェネレータです．
- `prime_filter` は，同様のイテレータを引数とし，素数の判別を行い，素数のみを返すジェネレータです．
- `number_generator` は，上記の関数に対してイテレータとして振る舞い，整数を返すジェネレータです．

次に，上記の四つの手続きを結び付けるメインパートを見てみましょう．

```
import sys

tasks = []
start = time.clock()
```

```
limit = int(sys.argv[1])

# タスクリストにsquare_mapperを追加する
tasks.append(square_mapper(number_generator(limit)))
# タスクリストにprime_filterを追加する
tasks.append(prime_filter(number_generator(limit)))

results = scheduler(tasks, runs=limit)
print('Last prime=>',results['prime_filter'][-1])
end = time.clock()
print('Time taken=>',end-start)
```

以下にメインパートの処理をまとめます.

- まず, number_generator が, コマンドラインから受け取った整数 (limit) で初期化されます. そして, square_mapper に引数として渡され, tasks リストに追加されます.
- prime_filter も同様に, number_generator を受け取り tasks リストに追加されます.
- その後, scheduler が tasks リストを受け取り, 実行されます. scheduler が for ループによりタスクを順番に処理します. その結果は関数名をキーとした辞書に格納されていき, 実行終了時にその辞書が返されます.
- 最後に, 正しい結果が得られているかどうかを確認できるように, スケジューラの戻り値を表示し, また, スケジューラの処理に要した時間を表示します.

それでは, limit を 10 にして実行してみましょう. 図 5.15 に示すスクリーンショットで, すべての出力結果を確認してください.

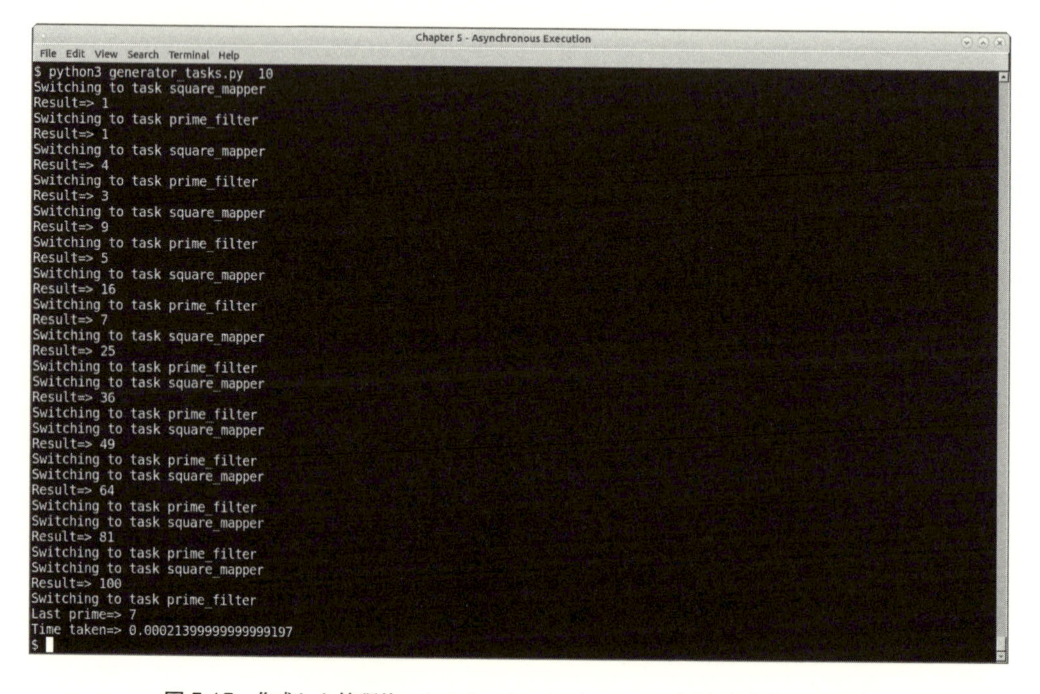

図 5.15　作成した協調的マルチタスクスケジューラの実行画面（入力：10）

出力結果を分析してみましょう.

1. square_mapper 関数と prime_filter 関数の出力は，コンソール上で交互に表示されます．これは，スケジューラが for ループ内でそれらの実行順序を切り替えるためです．それぞれの関数はコルーチン（ジェネレータ）なので，yield によって，関数から次の関数へと制御が移ります．このように，状態を維持しつつタスクを処理することで，並行処理を実現しています．
2. ジェネレータの中の yield キーワードによって，順に素数が表示されていく自然な結果を提供しています．

5.6.2 asyncio

Python の **asyncio** モジュールは，コルーチンを用いたシングルスレッドでの並行処理をサポートしています．このモジュールは，Python 3.x でのみ利用可能な点に注意してください．

asyncio モジュールを用いたコルーチンの実装方法は，2 種類あります．

- async def 構文を用いて関数を定義する方法
- @asyncio.coroutine というデコレータを用いる方法

yield from を使用したジェネレータに基づいたコルーチンは，後者の手法で実現できます．前者の方法を用いて実装されたコルーチンの場合は，future の結果を待機するために await <future> を使用します．

コルーチンは，イベントループ[*8]によってスケジューリングされます．イベントループは，処理をスケジューリングして，タスクとして紐づける役割を担っています．asyncio モジュールは，OS ごとに異なるタイプのイベントループを用意しています．

それでは，前項で扱った協調的マルチタスクの実装例を，asyncio モジュールを使って書き直してみましょう．

```
# asyncio_tasks.py
import asyncio

def number_generator(m, n):
    """ (m...n+1) の整数ジェネレータコルーチン """
    yield from range(m, n+1)

async def prime_filter(m, n):
    """ 素数コルーチン """
    primes = []
    for i in number_generator(m, n):
        if i % 2 == 0: continue
        flag = True
```

[*8] 【訳注】イベントループ：プログラムの中でイベントを待機し，イベントがあったときにそれに対応する関数に処理を割り振る仕組みのこと．

```
        for j in range(3, int(i**0.5+1), 2):
            if i % j == 0:
                flag = False
                break
        if flag:
            print('Prime=>',i)
            primes.append(i)
            # この時点でコルーチンは実行を中断し,
            # 別のコルーチンをスケジューリングできる
        await asyncio.sleep(1.0)
    return tuple(primes)

async def square_mapper(m, n):
    """ 2乗マッパーコルーチン """
    squares = []
    for i in number_generator(m, n):
        print('Square=>',i*i)
        squares.append(i*i)
        # この時点でコルーチンは実行を中断し,
        # 別のコルーチンをスケジューリングできる
        await asyncio.sleep(1.0)
    return squares

def print_result(future):
    print('Result=>',future.result())
```

このプログラムは以下のように動いています.

1. number_generator 関数は，イテレータの range(m, n+1) から生成されるコルーチンです．他のコルーチンは，このコルーチンを呼び出すことができます.
2. square_mapper 関数は，async def キーワードを用いて定義されたコルーチンです．number_generator から整数値を受け取り，それらを 2 乗した数で生成されるリストを返します.
3. prime_filter 関数も，square_mapper 関数と同様にコルーチンです．number_generator から整数値を受け取り，素数のみが追加されたタプルを返します.
4. どちらのコルーチンも，asyncio.sleep 関数によって処理を待機することで，もう一方のコルーチンへ処理を移しています．この機能により，両方のコルーチンが**インターリーブ形式**で並行に動作します.

これらのコルーチンとイベントループを用いたメインパートを以下に示します.

```
loop = asyncio.get_event_loop()
# 先にfutureを受け取っておく
future = asyncio.gather(prime_filter(10, 50), square_mapper(10, 50))
# futureのデータ取得完了時に動かすコールバック関数を定義できる
future.add_done_callback(print_result)
```

```
# futureが完了するまでループさせる
loop.run_until_complete(future)
loop.close()
```

このプログラムの実行結果を図 5.16 に示します．インターリーブされた各タスクの結果が，どのように出力されているかに注目してください．

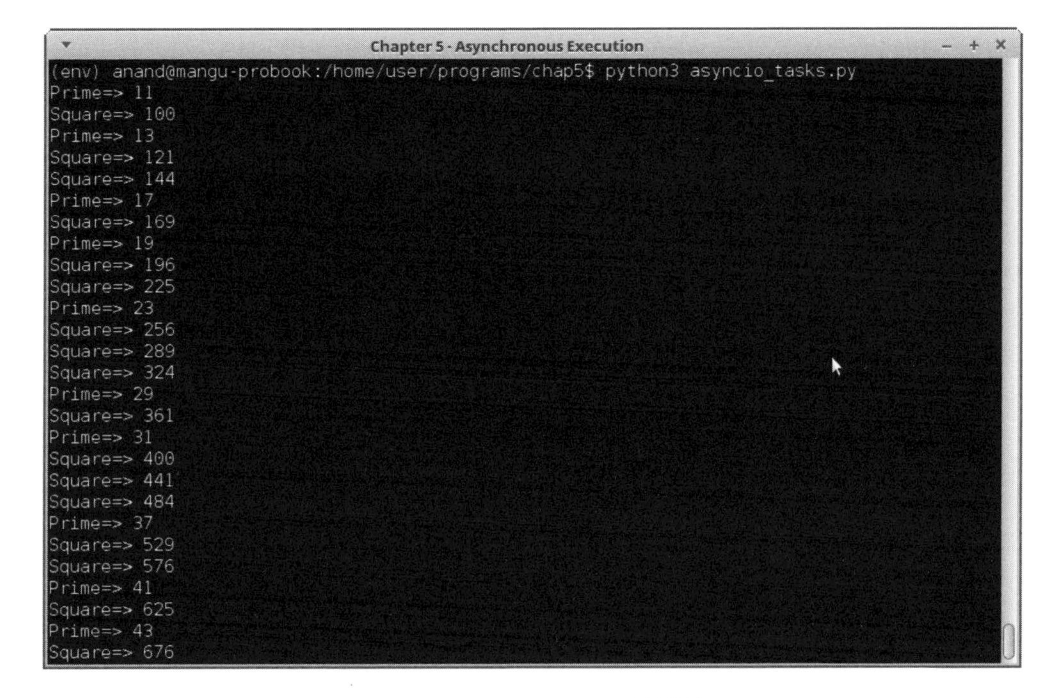

図 5.16 asyncio タスクの実行結果

メインパートの処理を深く理解するために，1 行ずつ解説します．

- ファクトリメソッドである asyncio.get_event_loop を用いて，loop インスタンスを取得します．この関数は，OS に依存しているデフォルトのイベントループを返します．
- asyncio モジュールの gather メソッドを用いて，future オブジェクトをセットアップします．このメソッドは，引数に渡されたコルーチンや future の戻り値をまとめるために用いられます．ここでは，prime_filter と square_mapper が渡されています．
- print_result がコールバック関数として future オブジェクトに追加されています．よって，各 future の実行が完了するたびに，print_result が自動的に呼ばれます．
- run_until_complete メソッドで future の処理を開始しています．このループは future の実行がすべて完了するまで続き，各 future が完了するたびに print_result を呼びます．また，asyncio モジュールの sleep メソッドを使用することで，各タスクは別のタスクに処理を移すようになっています．asyncio を用いた非同期処理がどのようにインターリーブされているかに注目して，出力結果を観察してみてください．

- 最後に，close メソッドを呼び出して，ループを終了させます．

5.6.3　async と await

前項では，await を用いることで，コルーチンから得られる future のデータ取得を待機する方法について解説しました．また，await によって，他のコルーチンに処理を移す例を紹介しました．本項では，前項のような数値計算の結果ではなく，Web からデータを取得する future において I/O を待機する例を見てみましょう．

この例では，aiohttp モジュールを使います．このモジュールは，asyncio モジュールと連携して動作するために設計されたモジュールです．HTTP クライアントと HTTP サーバーを提供し，future をサポートします．また，async_timeout モジュールも必要です．このモジュールは，非同期コルーチンのタイムアウト機能を提供しています．これらのモジュールは，pip を使用してインストールできます．

URL を取得するコルーチンを実装します．このコルーチンはタイムアウト機能を持ち，レスポンス結果となる future オブジェクトを待機します．

```
# async_http.py
import asyncio
import aiohttp
import async_timeout

@asyncio.coroutine
def fetch_page(session, url, timeout=60):
    """ 非同期URLフェッチ """
    with async_timeout.timeout(timeout):
        response = session.get(url)
    return response
```

そして，この関数を用いたイベントループを持つメインパートは，以下のようになります．

```
loop = asyncio.get_event_loop()
urls = ('http://www.google.com',
        'http://www.yahoo.com',
        'http://www.facebook.com',
        'http://www.reddit.com',
        'http://www.twitter.com')

session = aiohttp.ClientSession(loop=loop)
tasks = map(lambda x: fetch_page(session, x), urls)
# タスクを待つ
done, pending = loop.run_until_complete(asyncio.wait(tasks, timeout=120))

for future in done:
    response = future.result()
```

```
    print(response)
    response.close()

session.close()
loop.close()
```

上記のメインパートの処理を以下にまとめます.

1. まず，イベントループと URL のリストを作成します．URL をフェッチするオブジェクトである，aiohttp モジュールの ClientSession オブジェクトをインスタンス化します.
2. 次に，fetch_page 関数を各 URL にマッピングすることで，タスクリストを生成します．session オブジェクトは，第 1 引数として fetch_page 関数に渡されます.
3. 各タスクは，120 秒で全体の future タスクを終えるように，asyncio の wait メソッドに渡されます.
4. ループは，すべてのタスクが完了するまで実行されます．そして，最終的に done と pending を返します.
5. 最後に，done を for 文でループさせ，future の result メソッドを使用して結果を受け取り，レスポンスを出力します.

このプログラムの出力結果は図 5.17 のようになります．このスクリーンショットは，出力結果のうち最初の数行のみであることに注意してください.

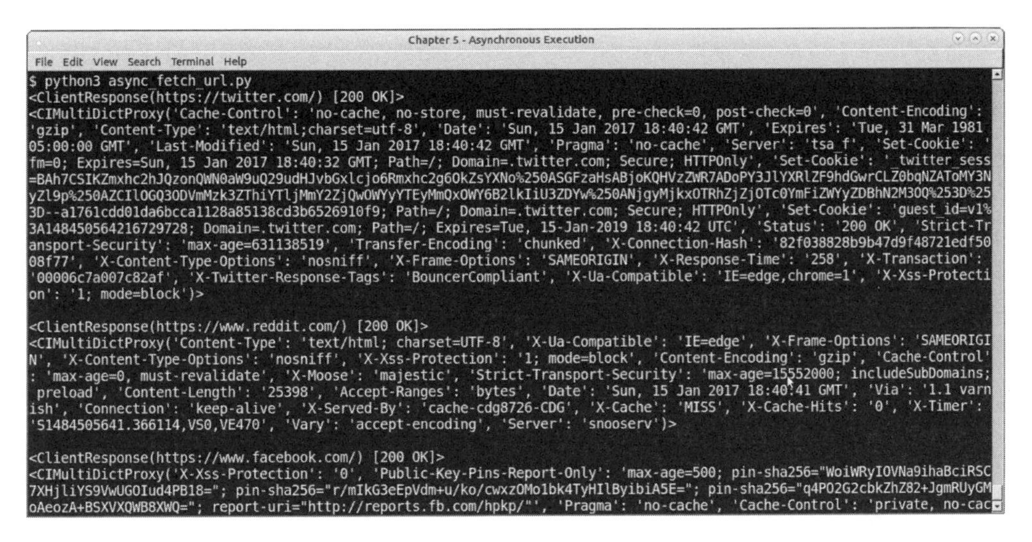

図 5.17 非同期で URL を取得するプログラムの実行結果

結果からわかるように，この実装ではレスポンスを単に出力しているだけです．これでは，URL レスポンスを処理する最適な出力結果とは言えないでしょう．次は，実際のレスポンステキストやコンテンツの長さ，ステータスコードなど，より詳細な情報を取得する方法を解説します．

以下の parse_response は，done に含まれる future をパースする関数です．この関数は，text メソッドに await を付与して，レスポンスのデータを取得するまで待機します．そして，text メソッドは非同期にレスポンスデータを返します．

```
async def parse_response(futures):
    """ レスポンスをパース """
    for future in futures:
        response = future.result()
        data = await response.text()
        print('Response for URL',response.url,'=>', response.status, len(data))
        response.close()
```

response オブジェクトの詳細（URL，ステータスコード，データの長さ）は，レスポンスを閉じる前に parse_response 関数によって出力されます．

それでは，parse_response を使用するようにメインパートを書き換えます．

```
session = aiohttp.ClientSession(loop=loop)
# futureを待機する
tasks = map(lambda x: fetch_page(session, x), urls)
done, pending = loop.run_until_complete(asyncio.wait(tasks, timeout=300))

# futureから受け取った値を解析するステップ
loop.run_until_complete(parse_response(done))

session.close()
loop.close()
```

ここで，二つのコルーチンが連鎖していることに注意してください．連鎖内の最後のリンクは parse_response コルーチンです．future のリスト（done）を処理した後に，ループは終了します．

このプログラムの出力結果を図 5.18 に示します．

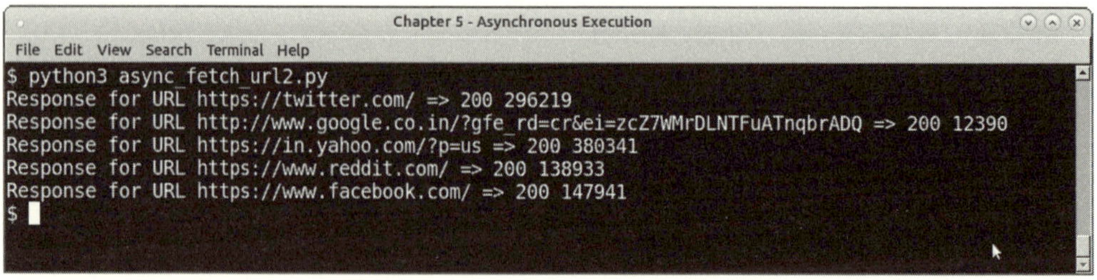

```
Chapter 5 - Asynchronous Execution
File Edit View Search Terminal Help
$ python3 async_fetch_url2.py
Response for URL https://twitter.com/ => 200 296219
Response for URL http://www.google.co.in/?gfe_rd=cr&ei=zcZ7WMrDLNTFuATnqbrADQ => 200 12390
Response for URL https://in.yahoo.com/?p=us => 200 380341
Response for URL https://www.reddit.com/ => 200 138933
Response for URL https://www.facebook.com/ => 200 147941
$
```

図 5.18　非同期で URL を取得してレスポンスの処理を行うプログラムの実行結果

asyncio モジュールを使用すると，複雑なプログラミングを実現できます．future を待機するだけではなく，future の実行をキャンセルしたり，複数のスレッドから asyncio を用いた処理を実行したりすることができます．しかし，asyncio モジュールのこれ以上深い説明は，本書の範囲を超えるので扱いません．

次項では，Python で並行タスクを実行する別のモデルである，concurrent.futures モジュールの紹介に移ります．

5.6.4 concurrent.futures ——ハイレベルな並行処理

concurrent.futures モジュールは，future オブジェクトを使用して非同期的にデータを返すことで，スレッドやプロセスを用いたハイレベルな並行処理を行います．

このモジュールは，主に次の二つのメソッドを持つ executor インタフェースを提供します．

- submit：非同期に実行する呼び出し可能オブジェクトをスケジューリングし，そのオブジェクトの実行を表現する future オブジェクトを返します．
- map：イテラブルな呼び出し可能オブジェクトを引数で受け取り，future オブジェクトで非同期実行をスケジューリングします．ただし，このメソッドは future のリストを返す代わりに，処理の結果を直接返します．

この executor インタフェースに対して，二つの実装クラスが提供されています．一つは，スレッドプール内で呼び出し可能オブジェクトを実行する ThreadPoolExecutor です．そしてもう一つは，プロセスプール内で同様の処理を行う ProcessPoolExecutor です．

ここでは，future オブジェクトを用いて，整数の階乗を非同期的に計算する簡単な例を示します．使用する実装クラスは ThreadPoolExecutor です．

```
from concurrent.futures import ThreadPoolExecutor, as_completed
import functools
import operator

def factorial(n):
    return functools.reduce(operator.mul, [i for i in range(1, n+1)])

with ThreadPoolExecutor(max_workers=2) as executor:
    future_map = {executor.submit(factorial, n): n for n in range(10, 21)}
    for future in as_completed(future_map):
        num = future_map[future]
        print('Factorial of',num,'is',future.result())
```

このコードのポイントを以下にまとめます．

- factorial 関数は，functools.reduce と乗算演算子を使用して，与えられた整数の階乗を計算します．

- max_workers（最大スレッド数）を2として executor を生成し，submit メソッドを使って，factorial 関数と整数を executor に送信します．
- executor への送信は辞書内包表記を介して行われ，future オブジェクトをキーとし，整数値をバリューとして返します．
- concurrent.futures モジュールの as_completed メソッドを使用して，計算が完了した future オブジェクトを繰り返し取り出します．
- future オブジェクトの result メソッドを介して，計算結果を出力します．

プログラムの実行結果は，図5.19のようになります．

```
Chapter 5 - Asynchronous Execution
File  Edit  View  Search  Terminal  Help
$ python3 concurrent_factorial.py
Factorial of 10 is 3628800
Factorial of 11 is 39916800
Factorial of 12 is 479001600
Factorial of 13 is 6227020800
Factorial of 14 is 87178291200
Factorial of 15 is 1307674368000
Factorial of 16 is 20922789888000
Factorial of 17 is 355687428096000
Factorial of 18 is 6402373705728000
Factorial of 19 is 121645100408832000
Factorial of 20 is 2432902008176640000
$
```

図5.19　整数の階乗を非同期的に計算するプログラムの実行結果

[1]　サムネイルジェネレーター— concurrent.futures

これまでのスレッドに関する議論では，Web 上から画像を取得してサムネイル画像を生成する例を使って，マルチスレッドやマルチプロセスを用いた並行処理を解説しました．本項では，それに類似する例を扱います．ただし，ここでは，Web 上のランダムな画像 URL を処理するのではなく，ローカルディスクの画像からサムネイルを生成します．もちろん，concurrent.futures 関数を用いて実装します．以前に定義した，サムネイルを作成する関数を再利用し，ここに concurrent.futures を用いた並行処理を追加します．

まずはモジュールをインポートしましょう．

```
import os
import sys
import mimetypes
from concurrent.futures import ThreadPoolExecutor, ProcessPoolExecutor, as_completed
```

以前に作成した thumbnail_image 関数を用います．

```
def thumbnail_image(filename, size=(64,64), format='.png'):
    """ サムネイル画像を変換する """
    try:
```

```
        im=Image.open(filename)
        im.thumbnail(size, Image.ANTIALIAS)
        basename = os.path.basename(filename)
        thumb_filename = os.path.join('thumbs', basename.rsplit('.')[0] + '_thumb.png')
        im.save(thumb_filename)
        print('Saved',thumb_filename)
        return True
    except Exception as e:
        print('Error converting file',filename)
        return False
```

ホームディレクトリの Pictures サブディレクトリに保存されている画像を対象とします．これらを処理するには，画像のパスを生成するイテレータが必要です．このような場合，os.walk 関数が大いに役に立ちます．

```
def directory_walker(start_dir):
    """ ディレクトリを動き回り，有効な画像のリストを生成する """
    for root,dirs,files in os.walk(os.path.expanduser(start_dir)):
        for f in files:
            filename = os.path.join(root,f)
            # そのタイプのイメージである場合にのみ処理する
            file_type = mimetypes.guess_type(filename.lower())[0]
            if file_type != None and file_type.startswith('image/'):
                yield filename
```

上記のとおり，directory_walker はジェネレータです．

最後にメインパートです．Pictures フォルダに対して処理を実行する executor を定義します．

```
root_dir = os.path.expanduser('~/Pictures/')
if '--process' in sys.argv:
    executor = ProcessPoolExecutor(max_workers=10)
else:
    executor = ThreadPoolExecutor(max_workers=10)

with executor:
    future_map = {executor.submit(thumbnail_image, filename):
        filename for filename in directory_walker(root_dir)}
    for future in as_completed(future_map):
        num = future_map[future]
        status = future.result()
        if status:
            print('Thumbnail of',future_map[future],'saved')
```

このコードについて，簡単に解説します．まず，executor に thumbnail_image 関数と，引数になるファイル名を送信します．この際，前項の例と同じく，辞書に future オブジェクトを保存しています．そして，as_completed 関数を用いた繰り返しによって，処理が終了した future オブジェクトから結果を取得します．

ThreadPoolExecutor と ProcessPoolExecutor は，同じインタフェースを実装しているため，単純にインスタンスを置き換えるだけで，プロセスを用いた並行処理も実行できます．この置き換えを簡単にするため，--process というコマンドライン引数を設定できるようにしました．

それでは，このコードを実行しましょう．~/Pictures フォルダに保存されている，2,000 枚あまりの画像を対象に，サムネイルを生成します．また，スレッドプールとプロセスプールのそれぞれの executor を実行します．実行結果を図 5.20 に示します．

```
Chapter 5 - Asynchronous Execution
File  Edit  View  Search  Terminal  Help
$ time python3 concurrent_thumbnail.py > /dev/null

real    0m14.372s
user    0m54.368s
sys     0m1.132s
$ time python3 concurrent_thumbnail.py --process> /dev/null

real    0m14.580s
user    0m55.996s
sys     0m1.076s
$ ls thumbs/* | wc -l
2138
$
```

図 5.20　スレッドプールとプロセスプールの executor を使用したサムネイル生成処理の実行結果

5.7　並行処理の選択肢

ここまで，Python を用いた様々な並行処理技術について議論してきました．取り上げたものを順に整理すると，マルチスレッディング，マルチプロセッシング，非同期 I/O，そして future オブジェクトです．このように多くの手法がある中で，開発者はどの手法を選択すればよいのでしょうか？ プロセスとスレッドのどちらを選ぶべきかの議論は以前しましたが，そこでは GIL が大きく影響していました．以下では，適切な並行処理手法を選択するための，大まかなガイドラインを紹介します．

[1]　concurrent.futures とマルチプロセッシング

concurrent.futures は，スレッドプールかプロセスプールの executor を使用して，タスクを並行化させます．これらの executor は同じインタフェースで実装されているので，前節の例のように，スレッドプールとプロセスプールの切り替えは容易に行えます．このことから，スレッドを使用するか，プロセスを使用するか選択しなければならないアプリケーションでは，concurrent.futures が理想的です．また，concurrent.futures は，処理の結果を即座に必要としない場合や，データを細かく並列化できる場合もしくは非同期に実行できる場合，複雑な同期処理を必要とせず単純なコールバックを伴う場合などに適しています．

一方，データに並列性がない場合や，共有メモリを用いた同期処理が必要な場合など，タスクが複雑な際は，マルチプロセッシングが適しています．具体的には，プログラムが同期プリミティブや IPC[9]の処理を必要とする場合です．真に水平スケールする唯一の方法は，`multiprocessing` モジュールによって提供される同期プリミティブを使用して，処理を並列化させることです．

類似して，マルチスレッディングによって，複数のタスク間でデータを並列に扱う場合，`concurrent.futures` のスレッドプールを使用するとよいでしょう．しかし，同期オブジェクトで管理する共有状態が多い場合は，`threading` モジュールを使用して，複数のスレッドを切り替えることで，状態をより細かく制御する必要があります．

[2] 非同期 I/O とスレッド並行

真の並行性（並列性）を必要とせず，非同期処理とコールバックを用いた処理を行いたい場合は，`asyncio` を選択しましょう．例えば，ユーザー入力や I/O の待機など，アプリケーションに発生する待機時間やスリープ時間が多く，それらの時間に他のタスクを実行したい場合は，`asyncio` で非同期処理を行いましょう．この非同期処理は，コルーチンを介して実現されます．

一方，CPU 負荷の高い並行処理や，真のデータ並列性を伴うタスクには，`asyncio` は適していません．非同期処理は，リクエストとレスポンスのサイクルのような，I/O が頻繁に発生する場合に適しています．したがって，Web アプリケーションサーバーを作成するときに，よく利用されています．

上記のガイドラインは，並行性を伴う処理を実装したい際，正しいパッケージを決定する指針になるでしょう．

5.8 並行処理のライブラリ

ここまで，Python の標準ライブラリモジュールを中心にして，並行処理の解説をしてきました．しかし，Python には，SMP[10]やマルチコアシステムを用いて並行処理を可能にするサードパーティライブラリも，数多く存在しています．サードパーティライブラリには，標準ライブラリとは異なる興味深い機能が実装されています．以下では，これらのライブラリを，使用方法とともに紹介していきます．

[9]【訳注】IPC（interprocess communication）：動作中の複数プログラム間でデータのやりとりをすること．

[10]【訳注】SMP（symmetric multi-processing）：複数の CPU を同等と見なすハードウェアおよびソフトウェア設計方式のこと．

5.8.1 joblib

joblib は multiprocessing モジュールのラッパーです．このコードの内部では標準モジュールの multiprocessing が使用されています．ジェネレータとして記述することで，CPU コアを用いて並列実行するように解釈されます．

例として，1 から 10 の整数値の平方根を計算してみます．

```
>>> [i ** 0.5 for i in range(1, 11)]
[1.0, 1.4142135623730951, 1.7320508075688772, 2.0, 2.23606797749979, 2.449489742783178,
2.6457513110645907, 2.8284271247461903, 3.0, 3.1622776601683795]
```

joblib を使って，この処理を並列化してみましょう．

```
>>> import math
>>> from joblib import Parallel, delayed
[1.0, 1.4142135623730951, 1.7320508075688772, 2.0, 2.23606797749979, 2.449489742783178,
2.6457513110645907, 2.8284271247461903, 3.0, 3.1622776601683795]
```

joblib の使用例をもう一つ見てみましょう．以前に書いた素数チェッカーを，joblib ライブラリを用いて書き直します．

```
# prime_joblib.py
from joblib import Parallel, delayed

def is_prime(n):
    """ インプットした数が素数かどうかをチェックする """
    for i in range(3, int(n**0.5+1), 2):
        if n % i == 0:
            print(n,'is not prime')
            return False
    print(n,'is prime')
    return True

if __name__ == "__main__":
    numbers = [1297337, 1116281, 104395303, 472882027, 533000389,
               817504243, 982451653, 112272535095293, 115280095190773,
               1099726899285419]*100
    Parallel(n_jobs=10)(delayed(is_prime)(i) for i in numbers)
```

このコードの実行時間を計測すると，multiprocessing を使用したバージョンと非常によく似た結果が得られます．

5.8.2 PyMP

共有メモリマルチプロセッシングを，C/C++ および Fortran でサポートするために開発された OpenMP という API が存在します．OpenMP は，スレッド間やプロセス間での作業分割方法を示すプラグマ*11などの動作共有構造を用いて機能します．

例えば，次の C 言語で書かれたコードを OpenMP とともにコンパイルすると，配列はマルチスレッドで並列に初期化されます．なお，以下の C のコードは，雰囲気を理解できるだけで問題ありません．

```
int parallel(int argc, char **argv) {
    int array[100000];
    // pragma omp parallel for
    for (int i = 0; i < 100000; i++) {
        array[i] = i * i;
    }
    return 0;
}
```

この OpenMP のアイデアに触発され，開発されたライブラリが **PyMP** です．PyMP は，fork システムコールを使用することで，ループ処理をマルチプロセスで並列実行します．また，PyMP は，リストや辞書のように扱える共有可能なデータ構造や，numpy 配列のためのラッパーもサポートしています．

以下では，フラクタルの作図を例として，PyMP による処理の並列化を解説します．また，この例を通して，PyMP がどのように処理を並列化させ，パフォーマンスを向上させているかも解説します．

PyMP のための PyPI パッケージは pymp-pypi という名前になっています．そのため，pip を使用して PyMP をインストールする際は，この名前を使用してください．また，numpy との依存関係は自動で解決されないため，numpy は別途インストールする必要があります．

[1] マンデルブロ集合の数値計算

フラクタル図形として有名で，興味深い性質を持つ「マンデルブロ集合」を生成する，複雑な数値計算を含むコードを以下に示します．

```
# mandelbrot.py
import sys
import argparse
from PIL import Image
```

*11【訳注】プラグマ：コンパイラに対する特別な指示のこと．

```
def mandelbrot_calc_row(y, w, h, image, max_iteration = 1000):
    """ マンデルブロ集合の一つの行を計算する """
    y0 = y * (2/float(h)) - 1    # -1から1にスケール
    for x in range(w):
        x0 = x * (3.5/float(w)) - 2.5    # -2.5から1にスケール
        i, z = 0, 0 + 0j
        c = complex(x0, y0)
        while abs(z) < 2 and i < max_iteration:
            z = z**2 + c
            i += 1
        # ジュリア集合のカラースキーマ
        color = (i % 8 * 32, i % 16 * 16, i % 32 * 8)
        image.putpixel((x, y), color)

def mandelbrot_calc_set(w, h, max_iteration=1000, output='mandelbrot.png'):
    """ 幅，高さ，最大反復回数を考慮して，マンデルブロ集合を計算する """
    image = Image.new("RGB", (w, h))
    for y in range(h):
        mandelbrot_calc_row(y, w, h, image, max_iteration)
    image.save(output, "PNG")

if __name__ == "__main__":
    parser = argparse.ArgumentParser(prog='mandelbrot',
        description='Mandelbrotfractalgenerator')
    parser.add_argument('-W', '--width',
        help='Width of the image', type=int, default=640)
    parser.add_argument('-H', '--height',
        help='Height of the image', type=int, default=480)
    parser.add_argument('-n','--niter',
        help='Number of iterations',type=int, default=1000)
    parser.add_argument('-o','--output',
        help='Name of output imagefile',default='mandelbrot.png')

    args = parser.parse_args()
    print('Creating Mandelbrot set with \
        size %(width)sx%(height)s, # iterations=%(niter)s' % args.__dict__)
    mandelbrot_calc_set(args.width, args.height, max_iteration=args.niter,
        output=args.output)
```

このコードは，幅 w と高さ h から導かれる複素数 c を使用して，マンデルブロ集合を計算します．

ここで実装したコードは，見た目が簡潔で綺麗なフラクタル図形を作成するために，通常のマンデルブロ集合の演算から厳密さを少し省いた数値計算をしています．また，カラースキーマとして，マンデルブロ集合と関連するフラクタル図形である，ジュリア集合の配色を使用しています．

コードの詳細を説明しましょう．

1. mandelbrot_calc_row 関数は，ある y 座標を固定し，x 座標の 0 から幅 w までのマンデルブロ集合の値を計算します．また，その値に基づいて，座標の RGB 値を計算します．RGB 値は，この関数に引数として渡される `Image` オブジェクトに格納されます．

2. `mandelbrot_calc_set` 関数は，まず指定された幅と高さに対して，`Pillow` ライブラリ経由で `Image` オブジェクトを作成します．そして，0 から高さ `h` までの整数値を繰り返し，それを y 座標として `mandelbrot_calc_row` 関数を呼び出します．`mandelbrot_calc_row` 関数で計算された RGB 値を `Image` オブジェクトに格納し，最後に，生成されたフラクタル図形をファイルに保存します．

それでは，実際の出力を見てみましょう．幅 `w` を 640，高さ `h` を 480 とし，`max_iteration` は，デフォルトで指定している 1,000 とすると，図 5.21 のような画像が生成されます．図 5.22 に，実行時間を示します．

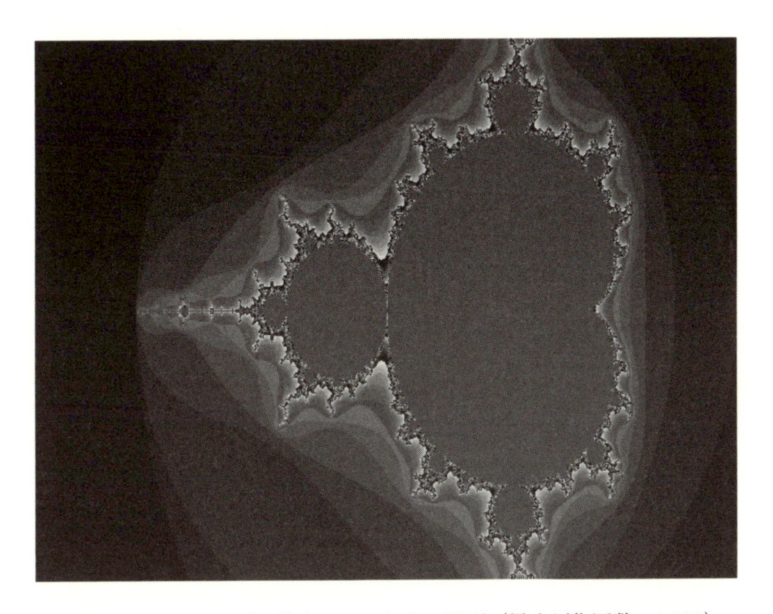

図 5.21　マンデルブロ集合のフラクタル図形（最大反復回数：1,000）

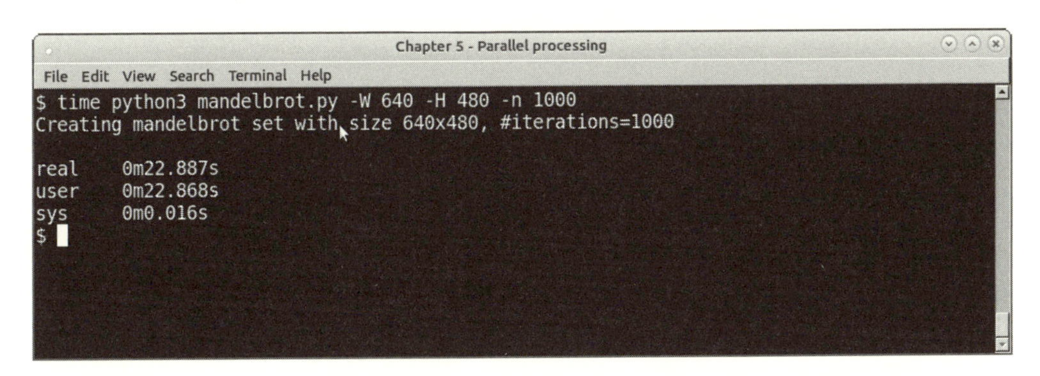

図 5.22　マンデルブロプログラムをシングルプロセスで処理した場合の実行時間（最大反復回数：1,000）

反復回数を増やすと，単一のプロセスでの計算が著しく遅くなります．図5.23に，反復回数を10倍に増加させたときの実行時間を示します．

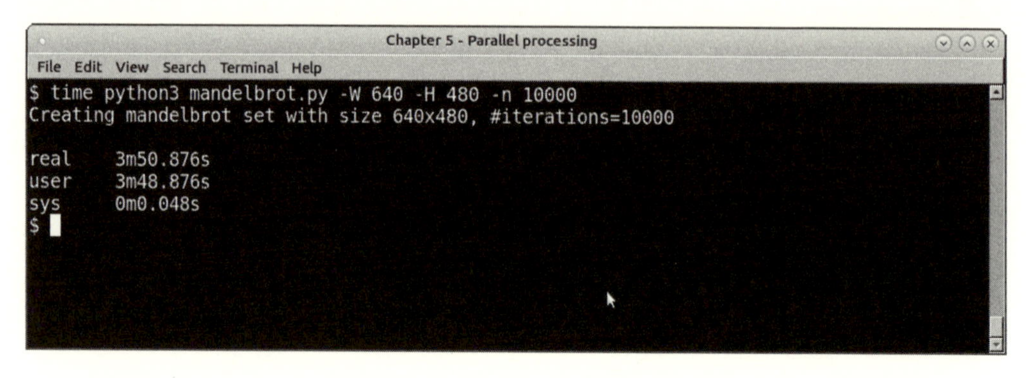

図5.23　マンデルブロプログラムをシングルプロセスで処理した場合の実行時間（最大反復回数：10,000）

改めてコードを眺めてみると，動作を設定する `mandelbrot_calc_set` 関数に for ループがあることで，多重ループが発生していることがわかります．このループは，画像の各行に対して，順番に `mandelbrot_calc_row` を呼び出しています．これは，画像の各行は，それぞれ独立に `mandelbrot_calc_row` 関数で計算できることを表しています．よって，必然的にデータ並列性を満たしており，このプログラムは簡単に並列化できます．

[2]　マンデルブロ集合の実装を拡張する

ここでは，データ並列性を利用するために，PyMP を用いて，マンデルブロ集合を作図するプログラムを書き直します．この修正により，`mandelbrot_calc_set` 関数に存在する for ループを並列化できます．

以下に，PyMP を適用したプログラムを示します．

```
# mandelbrot_mp.py
import sys
from PIL import Image
import pymp
import argparse

def mandelbrot_calc_row(y, w, h, image_rows, max_iteration = 1000):
    """ マンデルブロ集合の一つの行を計算する """
    y0 = y * (2/float(h)) - 1     # -1から1にスケール
    for x in range(w):
        x0 = x * (3.5/float(w)) - 2.5     # -2.5から1にスケール
        i, z = 0, 0 + 0j
        c = complex(x0, y0)
        while abs(z) < 2 and i < max_iteration:
            z = z**2 + c
            i += 1
```

```
        # ジュリア集合のカラースキーマ
        color = (i % 8 * 32, i % 16 * 16, i % 32 * 8)
        image_rows[y*w + x] = color

def mandelbrot_calc_set(w, h, max_iteration=10000, output='mandelbrot_mp.png'):
    """ 幅, 高さ, 最大反復回数を考慮して, マンデルブロ集合を計算する """
    image = Image.new("RGB", (w, h))
    image_rows = pymp.shared.dict()
    with pymp.Parallel(4) as p:
        for y in p.range(0, h):
            mandelbrot_calc_row(y, w, h, image_rows, max_iteration)
    for i in range(w*h):
        x,y = i % w, i // w
        image.putpixel((x,y), image_rows[i])
    image.save(output, "PNG")
    print('Saved to',output)
```

この改善によって，マンデルブロ集合の各行は独立に扱われ，別々のプロセスで並列に計算されます．

- 前項のシングルプロセスのバージョンでは，`mandelbrot_calc_row` 関数で計算した RGB 値を，直接 `Image` オブジェクトに格納していました．しかし，並列処理の場合は，`Image` を異なるプロセスから直接変更することはできません．そのため，上記のコードでは関数に共有辞書を渡します．キーを座標，バリューを RGB 値として，共有辞書に演算結果を格納していきます．
- このため，新しい共有データ構造（共有辞書）が `mandelbrot_calc_set` 関数に追加されました．並列処理ですべての行の演算が完了した後，共有辞書に格納された値を `Image` オブジェクトに埋め込み，画像ファイルとして保存します．
- この例で使用したマシンは，四つの CPU コアを持っています．そこで，`PyMP` 並列プロセスを四つ使用するため，with コンテキストを用いて外部の for ループを囲みます．こうすることで，数値計算は四つのコアで並列に実行され，各コアは約 25% の行を担当することになります．最終的なデータは，メインプロセスで画像へ書き出されます．

`PyMP` バージョンのコードの実行時間は，図 5.24 のようになりました．`PyMP` を用いる変更によって，実行時間は約 33% 速くなりました．また，CPU 使用率では，`PyMP` バージョンのほうが，実際の CPU 時間に対するユーザー CPU 時間の割合が高くなっています．これは，プロセスによる CPU の使用率が，単一プロセスバージョンよりも高いことを示しています．

イメージのピクセル値を保持するために使用されている共有データ構造 `image_rows` を他の方法に置き換えると，プログラムをさらに効率化できます．しかし，このバージョンは `PyMP` の機能を説明するために，`image_rows` を使用していま

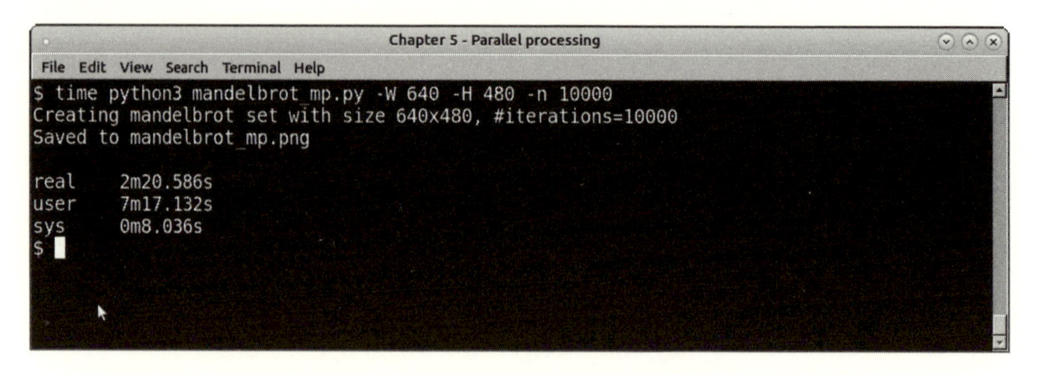

図 5.24　マンデルブロプログラムを PyMP を用いてマルチプロセスで処理した場合の実行時間（最大反復回数：10,000）

す．本書のコードアーカイブ（「まえがき」の最後を参照）には，さらに二つのバージョンを置いてあります．一つはマルチプロセッシングを使用するもの，もう一つは共有辞書なしで PyMP を使用するものです．

このプログラムによって生成されたフラクタル図形を図 5.25 に示します．

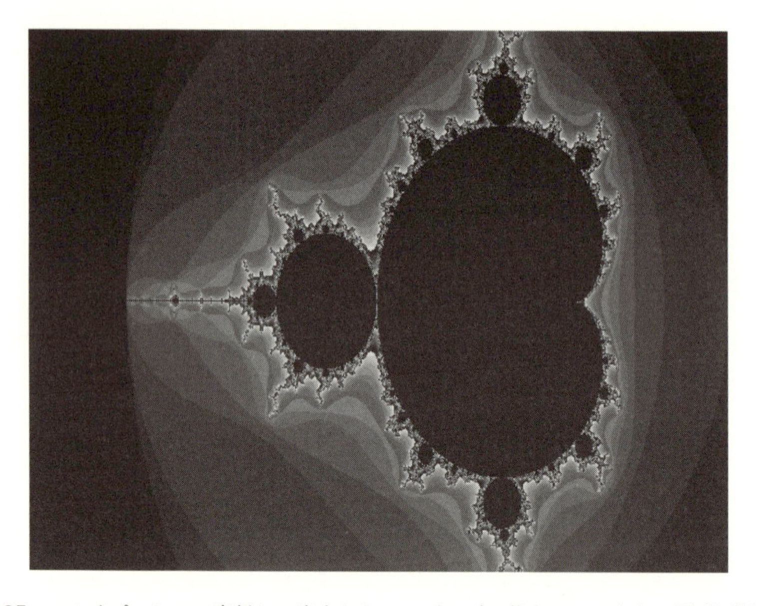

図 5.25　マルチプロセスで実行して出力したマンデルブロ集合のフラクタル図形（最大反復回数：10,000）

前項で作成した画像と色が変わっています．これは，処理の反復回数が増えたことで，詳細な数値計算を行っているからです．

5.9 Webを用いたスケール

これまで説明してきたスケーラビリティや並行性のテクニックは，単一のサーバーを対象にした垂直スケールに関するものでした．

実際の現場では，計算を複数のマシンに分散することによって，アプリケーションを水平スケールすることも頻繁に行われます．特に，現在のWebアプリケーションのほとんどは，この方法によってスケールされていることでしょう．

本節では，コミュニケーション/ワークフロー，コンピュテーション，プロトコルなどの様々な観点から，アプリケーションの水平スケール方法を解説します．

5.9.1 MQ ――メッセージキュー

スケーラビリティにおいて，システム間が疎結合していることはとても重要な性質です．二つのシステムが密結合していると，それぞれのシステムのスケーリングを互いに妨げてしまいます．

コードレベルで考えてみましょう．例えば，データの取得と計算が同じ関数に記述されているシリアルなコードの場合，マルチCPUコアなどの既存リソースを活用できません．このようなコードは，データの取得部分と計算部分で処理を分け，マルチスレッドまたはマルチプロセスや，キューのようなメッセージパッシングシステムを使用することで，マルチCPUコアを活用できるようになります．前節までの並行処理の議論では，上記のようなコードを主体とした例を扱ってきました．

システムに関しても同様に考えることができます．システムの結合度を下げることで，優れたスケーラビリティを持つWebシステムを構築できます．典型的な例として，RESTfulなクライアント/サーバーアーキテクチャが挙げられます．現在，世界中のサーバーとクライアントの対話は，RESTful APIなどHTTPプロトコルによって実現されています．

また，他の例として**メッセージキュー**が挙げられます．これは，アプリケーション間でメッセージのやりとりを行うことで，システムを分離する技術です．この場合，各アプリケーションは，インターネットに接続された異なるサーバーで実行され，キューイングプロトコルを介して通信します．

メッセージキューは，マルチスレッドで扱った同期キューの拡張版と考えられます．各スレッドを異なるマシン上のアプリケーションに，そして，インプロセスキューを共有の分散キューに置き換えれば，メッセージキューが同期キューの拡張であることが見えてくるはずです．

また，メッセージキューは，メッセージと呼ばれるパケットデータを送信側から受信側へ転送します．このとき，一般的には受信側が処理できるようになるまで，メッセージはキューに格納され続けます．

図5.26に，メッセージキューの簡単なモデル図を示します．

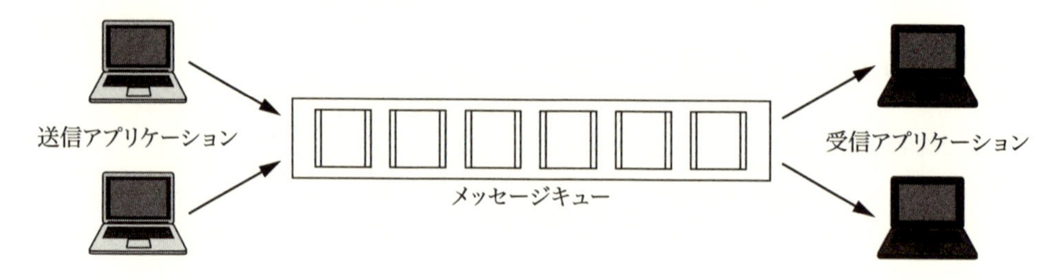

図5.26　メッセージキューのセマンティックモデル

メッセージキューやMoM（メッセージ指向ミドルウェア）の中で，最も一般的なプロトコルはAMQP（advanced message queuing protocol）です．AMQPは，キューイング，ルーティング，信頼性の高いメッセージ送信，高いセキュリティなどの機能を提供します．このプロトコルは，安全で信頼性の高いメッセージ通信が必須の金融業界から広がった技術です．

AMQP（バージョン1.0）を用いた実装として，Apache Active MQ，RabbitMQ，Apache Qpidなどが有名です．RabbitMQはErlangで書かれたMoMです．Pythonを含む多くの言語にライブラリを提供しています．RabbitMQでは，ルーティングキーとExchangeを介し，メッセージが送信されるべきキューを示します．本節では，RabbitMQについてはこれ以上の解説をしません．次項では，Celeryという，RabbitMQとわずかに異なるミドルウェアを紹介します．

5.9.2　Celery ── 分散型タスクキュー

Celeryは，分散メッセージを用いて動作する分散型タスクキューを提供するPythonライブラリです．Celeryでは，実行単位をタスクと呼びます．タスクはワーカーと呼ばれるプロセスを使用して，1台または複数台のサーバー上で並行に実行できます．Celeryは，デフォルトで`multiprocessing`モジュールを使用しています．しかし，Geventなどの他のバックエンドに変更することも可能です．

タスクは，futureオブジェクトのように扱える結果を用いて，同期または非同期で実行できます．また，タスクの実行結果は，Redisやデータベース，ファイルなどのストレージバックエンドに格納することもできます．

メッセージキューと異なり，Celeryの基本単位はメッセージではなく，Pythonから呼び出すことのできる実行可能なタスクです．しかし，Celeryはメッセージキューとしても扱えます．実際，Celeryにおけるデフォルトのブローカーは，AMQPの実装であるRabbitMQです．ブローカーとして，ほかにRedisを使うこともできます．

Celeryは，複数のサーバー上に存在するワーカーへタスクを分配できるため，データの並列処理や演算のスケールなどに適しています．さらに，Celeryはキューからメッセージを受け取り，それをタスクとして複数のマシンに分散できるため，水平スケールが可能です．これらのタスクを使う例として，分散電子メール配信システムなどが挙げられます．また，複数のプロセスにデータを分割することで，並列処理を行うこともできます．

以下では，マンデルブロ集合のプログラムを，Celeryを用いて動作するように書き直します．PyMPと同様に，マンデルブロ集合の各行を，Celeryの複数のワーカーを用いて計算することで，並列処理ができるようにプログラムをスケールしましょう．

[1] Celeryを用いたマンデルブロ集合の数値計算

Celeryの強みを生かしたプログラムにするためには，各演算をタスクとして実装する必要があります．しかし，これは難しい話ではありません．ブローカーバックエンドを持つCeleryモジュールのインスタンスを準備し，並列化したい呼び出し可能オブジェクトを，`@app.task`でデコレートするだけで実装できます．ここでappは`Celery`クラスのインスタンスです．

以下のプログラムには，新しい概念が複数含まれているので，段階的に解説していきます．このプログラムで用いるソフトウェアは次のとおりです[12]．

- Celery
- AMQP（RabbitMQが好ましい）
- Redis（演算結果を保存するストレージとして）

最初に，マンデルブロ集合のタスクモジュールのリストを作成します．

```
# mandelbrot_tasks.py
from celery import Celery

app = Celery('tasks', broker='pyamqp://guest@localhost//', backend='redis://localhost')

@app.task
def mandelbrot_calc_row(y, w, h, max_iteration = 1000):
    """ マンデルブロ集合の一つの行を計算する """
    y0 = y * (2/float(h)) - 1     # -1から1にスケール
    image_rows = {}
    for x in range(w):
        x0 = x * (3.5/float(w)) - 2.5     # -2.5から1にスケール
        i, z = 0, 0 + 0j
        c = complex(x0, y0)
        while abs(z) < 2 and i < max_iteration:
            z = z**2 + c
            i += 1
        color = (i % 8 * 32, i % 16 * 16, i % 32 * 8)
        image_rows[y*w + x] = color
    return image_rows
```

[12]【訳注】Homebrewを使ったCeleryのインストール方法を記載しておきます．

```
$ brew install redis
$ redis-server /usr/local/etc/redis.conf
$ brew install rabbitmq
$ pip install celery
```

このコードのポイントをまとめます.

- まず，Celery クラスを celery モジュールからインポートします.
- 次に，Celery クラスのインスタンスを用意します．このインスタンスでは，メッセージブローカーとして AMQP を用い，ストレージバックエンドとして Redis を使います.
- mandelbrot_calc_row 関数を書き換えます．PyMP バージョンでは，image_rows 辞書は引数として渡されていました．ここでは，image_rows は関数内で保持され，戻り値になっています．そして，画像を生成する処理で，この戻り値を使います.
- mandelbrot_calc_row 関数を，@app.task でデコレートします．ここで，app は Celery のインスタンスです．こうすることで，celery モジュールのワーカーで実行できるタスクとして認識されます.

次に，実行部を示します．各 y 座標に対して，mandelbrot_calc_row 関数を呼び，最終的に画像を生成します.

```
# celery_mandelbrot.py
import argparse
from celery import group
from PIL import Image
from mandelbrot_tasks import mandelbrot_calc_row

def mandelbrot_main(w, h, max_iterations=1000, output='mandelbrot_celery.png'):
    """ celeryを用いてマンデルブロ集合を計算する """
    # ジョブの生成 - タスクのグループ
    job = group([mandelbrot_calc_row.s(y, w, h, max_iterations) for y in range(h)])
    # 非同期でタスクを呼び出す
    result = job.apply_async()
    image = Image.new('RGB', (w, h))
    for image_rows in result.join():
        for k,v in image_rows.items():
            k = int(k)
            v = tuple(map(int, v))
            x,y = k % args.width, k // args.width
            image.putpixel((x,y), v)
    image.save(output, 'PNG')
    print('Saved to',output)
```

引数パーサーは前節の実装と同じなので，ここでは省略します．この実行パートでは，Celery の新しい概念を用いているため，以下で詳しく説明します.

1. mandelbrot_main 関数は，前節で実装した mandelbrot_calc_set 関数に似ています.
2. この関数は，0 から指定した画像の高さまでの y 座標を入力として，mandelbrot_calc_row 関数を実行するタスクのグループを定義します．このとき，Celery の group オブジェクトを使います．group とは，同時に実行できる一連のタスクを指しています.

3. タスクは，apply_async関数をgroupから呼び出すことで実行されます．こうすることで，複数のワーカーのバックグラウンドで，タスクが非同期に実行されます．そして，関数からは，非同期のresultオブジェクトが返されます．この時点では，タスクはまだ完了していません．
4. このresultオブジェクトは，joinが呼び出されたときに，結果として，画像1行分の演算結果を格納した辞書を返します．この辞書は，mandelbrot_calc_rowタスクを1回実行するたびに生成されます．また，Celeryはデータを文字列として返すので，画像を生成するために，文字列で受け取ったRGB値を整数値に変換します．
5. すべての行の計算が終わったら，画像を保存します．

では，実際にCeleryによってタスクを処理してみましょう．実行するためには，特定の数のワーカーでタスクモジュールを処理するように宣言する必要があります．そこで，図5.27のようにして，Celeryのワーカーを起動しましょう．

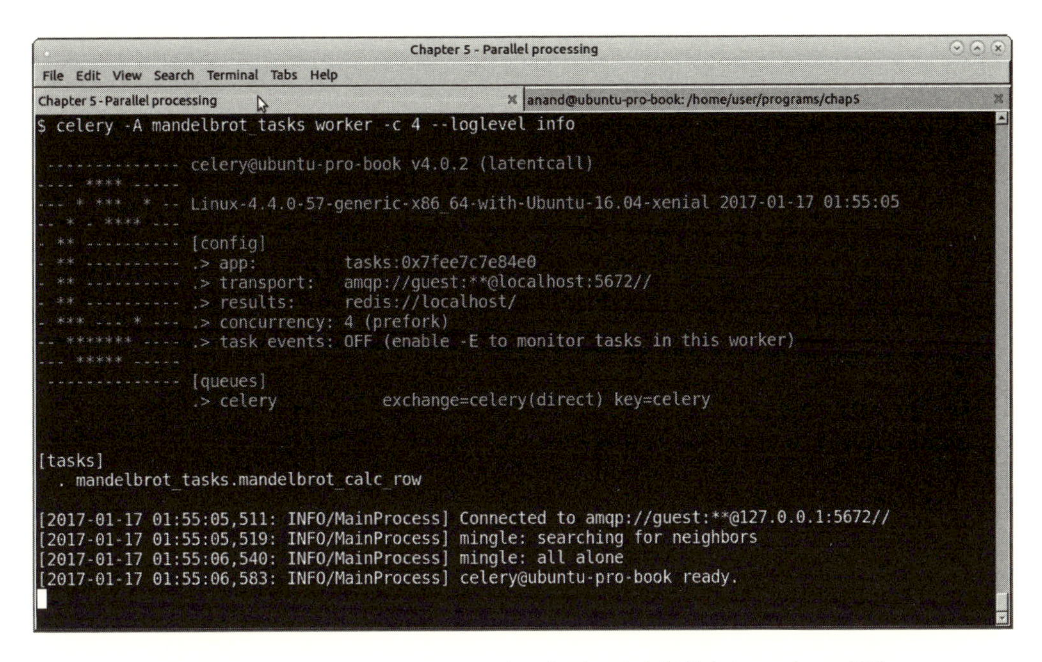

図5.27　Celeryコンソール：マンデルブロタスクを処理するワーカーの起動

このコマンドによって，mandelbrot_tasksモジュールからロードしたタスクでCeleryを起動します．この際，オプションとしてワーカー数を4にセットしています．実験に用いたマシンには四つのCPUコアがあるため，この値を選択しています．

Celeryでは，特に指定しない限り，コア数をデフォルトのワーカー数として設定します．

実行は15秒未満で完了し，シングルプロセスバージョンとPyMPバージョンの2倍の速さを実現できました．

celeryコマンドで，ログ出力のレベルにinfoを指定したため，コンソールには多くのメッセージが表示されています．これらはすべて，タスクに関するデータとその結果を示す情報メッセージです．

図5.28のスクリーンショットは，10,000回繰り返した際の実行結果です．実行時間が，PyMPのバージョンと比べて約20秒ほど向上しています．

図5.28　マンデルブロプログラムをCeleryで処理した場合の実行時間（最大反復回数：10,000）

多くの組織が，本番システムでCeleryを採用しています．また，Celeryは一般的なPython Webアプリケーションフレームワークのためのプラグインを備えています．例えば，Djangoを基本的な構成でサポートしています．さらに，Django ORMをCeleryのresultオブジェクトのバックエンドとして使用できるようにするための，django-celery-resultsという拡張モジュールも開発されています．

これ以上は本書で扱う範囲を超えるので，興味を持った読者は，CeleryプロジェクトのWebサイトで入手できるドキュメント[*13]を参照してください．

5.10 WSGI

WSGI（Web Server Gateway Interface）とは，Python WebアプリケーションフレームワークとWebサーバーを繋ぐ，標準インタフェースの仕様です．

Python Webアプリケーションの開発の初期段階では，WebアプリケーションフレームワークをWebサーバーに接続する際，標準のプロトコルがないという問題がありました．Python Webアプリケーションは，CGI，FastCGI，mod_python（Apache）のいずれかで動作するように設計されています．このように複数の実装が存在するため，あるWebサーバーで動作するように作成されたアプリケーションは，別のWebサーバーで動作しない可能性がありました．こ

[*13]【訳注】Celeryの公式ドキュメント，http://docs.celeryproject.org/en/latest/index.html を参照．

れは，Web アプリケーションと Web サーバーの相互運用性が失われていたことを意味します．

移植性の高い Web アプリケーションの開発を可能にするため，シンプルかつ統一されたインタフェースとして，WSGI が定められました．これにより，Web サーバーと Web アプリケーションフレームワークの間に発生していた問題が解決しました．

WSGI は，サーバー側（ゲートウェイ側）とアプリケーション側（フレームワーク側）の二つのレイヤーを指定します．WSGI のリクエストは，次のフローで処理されます．

- サーバー側はアプリケーションを動作させ，実行環境とコールバック関数を提供する
- アプリケーション側はリクエストを処理し，提供されたコールバック関数を使用してレスポンスをサーバーに返す

図 5.29 に，WSGI を使用した Web サーバーと Web アプリケーションの相互作用を示す模式図を示します．

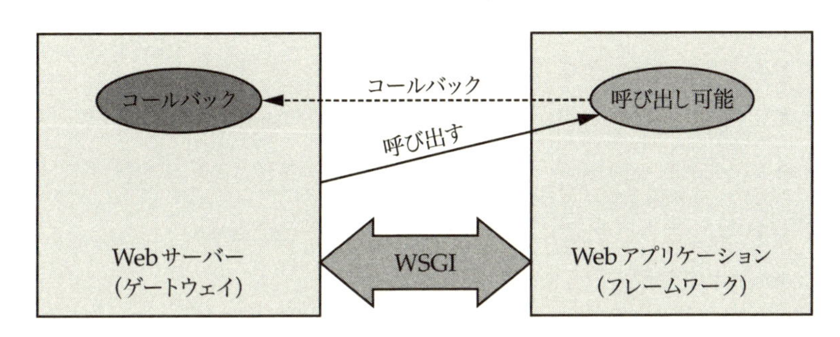

図 5.29　WSGI プロトコルによる相互作用の模式図

アプリケーションとフレームワークとの間で互換性のある，WSGI のシンプルな関数を以下に示します．

```
def simple_app(environ, start_response):
    """ 最もシンプルなアプリケーションオブジェクト """
    status = '200 OK'
    response_headers = [('Content-type', 'text/plain')]
    start_response(status, response_headers)
    return ['Hello world!\n']
```

この関数のポイントを以下にまとめます．

1. `environ` 変数は，CGI（Common Gateway Interface）仕様の定義に従って，サーバーからアプリケーションに渡される環境変数が格納された辞書です．WSGI の仕様では，これらの環境変数のいくつかは必須です．
2. `start_response` は，サーバー側からアプリケーション側へコールバックとして提供される呼び出し可能オブジェクトです．このリクエスト処理は，サーバー側で行います．`status` と `response_headers` の二つの引数も重要です．前者は整数ステータスコード

を持つステータス文字列であり，後者は，HTTP レスポンスヘッダを記述するタプル (header_name, header_value) のリストです．

より詳細な情報は，Python 公式 Web サイトで PEP3333 として公開されている WSGI specification v1.0.1 （https://www.python.org/dev/peps/pep-3333/）を参照してください．

WSGI ミドルウェアコンポーネントは，サーバー側とアプリケーション側の中間に位置するソフトウェアとして，以下のような機能を提供します．

- サーバーからアプリケーションへ送られる複数のリクエストをロードバランシングする
- リクエストとレスポンスをネットワークを通じてフォワーディングすることで，リクエストの遠隔処理を可能にする
- 複数のサーバーやアプリケーションに対して，同一プロセス内でのマルチテナントや共同ホスティングを可能にする
- 様々なアプリケーションオブジェクトへのリクエストに対して，URL ベースのルーティングを可能にする

現在，多くの WSGI ミドルウェアが開発されています．以下では，その中でも人気のある，uWSGI と Gunicorn の二つを紹介します．

5.10.1　uWSGI

uWSGI とは，フルスタックなホスティングサービスを構築するために開発された，オープンソースのプロジェクトおよびアプリケーションです．uWSGI プロジェクトでは，Python の WSGI インタフェースプラグインが最初に開発されました．

uWSGI プロジェクトは WSGI とは異なり，Perl Web アプリケーション用の PSGI（Perl Web Server Gateway Interface）や，Ruby Web アプリケーション用の Rack[*14] Web サーバーインタフェースもサポートしています．また，uWSGI はリクエストとレスポンスを処理するために，ゲートウェイ，ロードバランサー，ルーターなども提供しています．uWSGI の Emperor プラグインは，uWSGI が展開されている複数のシステムに対して，管理・監視を可能にします．

uWSGI のコンポーネントは，prefork モード，スレッドモード，非同期モード，グリーンスレッドモード，コルーチンモードで実行できます．

uWSGI には，メモリ内で動作する高速なキャッシュフレームワークが付属しています．このフレームワークにより，Web アプリケーションのレスポンスを，uWSGI サーバー上の複数のキャッシュに格納できます．キャッシュは，ファイルなどの永続ストアを使用してバックアップすることも可能です．

[*14] 【訳注】Rack：Ruby の Web サーバーインタフェース．

また，他のインタフェースにはない特徴として，uWSGI は virtualenv ベースのデプロイをサポートしています.

uWSGI は，uWSGI サーバーで使用できるネイティブプロトコルも提供しています．uWSGI バージョン 1.9 では，WebSocket のネイティブサポートも追加されました.

以下に，一般的な uWSGI の設定ファイルを示します.

```
[uwsgi]

# ベースディレクトリ(フルパス)
chdir           = /home/user/my-django-app/
# Djangoのwsgiファイル
module          = app.wsgi
# virtualenv (フルパス)
home            = /home/user/django-virtualenv/
# プロセス関係の設定
master          = true
# ワーカープロセスの最大数
processes       = 10
# ソケット
socket          = /home/user/my-django-app/myapp.sock
# 終了時の環境
vacuum          = true
```

図 5.30 は，uWSGI の典型的なデプロイメントアーキテクチャを簡単に表したものです．この例では，Web サーバーに Nginx を，Web アプリケーションフレームワークに Django を用いています．uWSGI は，Nginx との間でリバースプロキシの構成でデプロイされ，Nginx と Django の間でリクエストとレスポンスを転送します.

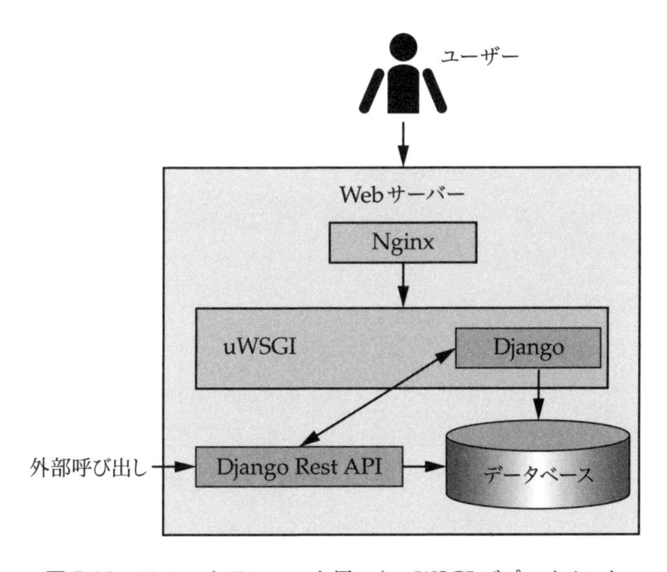

図 5.30 Nginx と Django を用いた uWSGI デプロイメント

Nginxは，バージョン0.8.40から，uWSGIプロトコルを標準機能として実装しています．また，`mod_proxy_uwsgi`というApache用のプロキシモジュールも実装されています．

uWSGIは高いパフォーマンスと機能を備えており，カスタマイズのバランスを取ることが必要不可欠なPythonのWebアプリケーション環境に最適なインタフェースです．uWSGIは，WSGI Webアプリケーションにおける，デプロイコンポーネントの万能ナイフと言えるでしょう．

5.10.2　Gunicorn

Gunicornも，uWSGI同様にWSGIミドルウェアの実装として人気があるオープンソースプロジェクトです．Rubyのunicornプロジェクトから移植されたもので，preforkモデルを使用しています．Gunicornはリクエストの同期処理と非同期処理をサポートしており，uWSGIのような様々なワーカータイプがあります．非同期ワーカーは，Geventの上に構築された`Greenlets`ライブラリを使用しています．

Gunicornには，イベントループを実行するマスタープロセスが存在します．このイベントループは，様々なシグナルを送り，処理を行います．また，マスタープロセスはワーカーを管理します．ワーカーがリクエストを処理し，レスポンスを送信します．

5.10.3　Gunicorn vs. uWSGI

Python Webアプリケーションのデプロイメントのために，GunicornやuWSGIを選択する際のガイドラインを以下にまとめます．

- 多くのカスタマイズを必要としない単純なアプリケーションには，Gunicornが適しています．uWSGIはGunicornと比較して使い方を学ぶための負担が大きく，慣れるまでに時間がかかります．一方，Gunicornはデフォルトのままで，ほとんどのデプロイメントに対してうまく機能します．
- デプロイがPythonソフトウェアのみの場合，Gunicornが適しています．一方，uWSGIはPSGIやRackなどの他のスタックをサポートしているため，異なる言語を含むデプロイを実行できます．
- 大幅なカスタマイズや，フルスタックなWSGIミドルウェアを必要とする場合，uWSGIが適しています．例えば，uWSGIはPythonのvirtualenvベースのデプロイメントを単純化できます．一方，Gunicornはvirtualenvをネイティブにサポートしていません．そのため，Gunicornがインストールされた仮想環境を構築する必要があります．
- NginxはネイティブにuWSGIをサポートしているため，uWSGIとNginxはペアで本番環境にデプロイされるのが一般的です．WebサーバーにNginxを使用しており，キャッシングが可能で，高度なカスタマイズができるWSGIミドルウェアを必要とする場合は，uWSGI を選択するべきです．

- パフォーマンスに関しては，大きな違いはありません．Web 上に公開されている様々なベンチマークで，同じような評価を得ています．

5.11 スケーラビリティアーキテクチャ

前述のように，システムは垂直方向，水平方向，およびその両方にスケーリングできます．本節では，システムの本番環境をデプロイする際に，アーキテクトが選択できる，いくつかのアーキテクチャモデルを簡単に紹介します．

5.11.1 垂直スケーラビリティアーキテクチャ

垂直スケールには，主に次の二つの方法があります．

[1] 既存システムにリソースを新たに追加する

物理マシンや仮想マシンに RAM を追加したり，仮想マシンや VPS に vCPU を追加することで垂直スケールします．ただし，これらのオプションはいずれも動的なものではありません．

このスケールを行うには，インスタンスの停止，再構成，再起動などの手順が必要になります．

[2] 既存システムのリソースを最適化する

本章では，このアプローチに焦点を絞り議論してきました．並行処理のテクニックを用いて，マルチ CPU コアなどの既存リソースを効率的に利用できるように書き換えることで，垂直スケールします．並行処理技術には，マルチスレッディング，マルチプロセッシング，非同期処理などが用いられます．

この方法では，システムに新しいリソースが追加されません．つまり，システムを動的にスケールでき，したがって，停止・起動の必要はありません．

5.11.2 水平スケーラビリティアーキテクチャ

水平スケールには，アーキテクトがとれる選択肢は数多くあります．それらを以下にまとめます．

[1] 動的冗長化

動的冗長化とは，同程度のスペックの処理ノードを新たに追加する手法です．これは，水平スケールの中でも最もシンプルな方法です．日本語では，冗長化は二重化とも呼ばれます．

この手法では，ロードバランサーが面しているシステムを増やすのが一般的です．ノードが複数あることで，どこかのシステムに障害が発生した場合でも，残りのシステムが引き続きリクエストを処理できます．これは，アプリケーションのダウンタイムを防止することに繋がります．しかし，この手法の場合，すべてのノードがアクティブ状態で動作することになるので，リクエスト数によっては，機能しているのは一部のシステムだけ，という状況になってしまう可能性があります．

[2] ホットスタンバイ

メインシステムがダウンしたときに，サブのシステムがリクエストに対応できるように切り替えることで，システムダウンを防ぐ手法です．ホットスペアと呼ばれることもあります．

ホットスタンバイでは，メインシステムがダウンするまで，システムがアクティブ状態にならないという点で，動的冗長化とは大きく異なります．通常，ホットスタンバイは，アプリケーションを提供しているメインノードとほとんど同じ環境およびスペックで用意します．そして，メインシステムに重大な障害が発生したとき，ホットスタンバイしていたシステムでレスポンスを処理するように，ロードバランサーで切り替えます．

ホットスタンバイは，一つのノードではなく複数ノードのセットでも，もちろん問題ありません．冗長化とホットスタンバイを組み合わせることで，最大限の信頼性とフェイルオーバーを保証できます．

ホットスタンバイのバリエーションとして，大きな負荷の中でたくさんの機能を提供するのではなく，最低限のQoS（quality of service）を保つようにシステムを切り替えるものがあります．例として，負荷が大きくなったら書き込みを禁止し，読み取り専用モードに切り替えることで，一人でも多くのユーザーの要望を満たすように動作するWebアプリケーションが挙げられます．

[3] リードレプリカ

データベースに対する重い読み込み処理が発生するシステムにおいて，参照専用のデータベースを複製し追加することによって，パフォーマンスを改善する手法です．

基本的に，リードレプリカはホットバックアップ（オンラインバックアップとも呼ばれます）を提供するデータベースであり，メインのデータベースと常に同期します．瞬間的に，メインのデータベースと正確に一致しない場合があったとしても，SLA [*15]を満たしていることが重要です．

AWS（Amazon Web Services）のようなクラウドサービスでは，リードレプリカを用いたRDS（relational database service）を提供しています．レプリカをユーザーに近い地域に配置することで，応答時間とフェイルオーバーにかかる時間を軽減できます．基本的に，リードレプリカはデータの冗長性をシステムに提供します．

[*15]【訳注】SLA（service level agreement; サービス品質保証契約）：サービス提供者が利用者に対して，サービスの品質保証程度を示したもの．

[4] ブルーグリーンデプロイ

アクティブ状態とアイドル状態のシステムを別々に用意する方法です．サービス稼働中は，アクティブ状態のシステムがリクエストを処理します．そして，新規のデプロイを行うときは，まずアイドル状態のシステムでデプロイを行います．アイドル状態のシステムのデプロイが完了したら，リクエストをアイドル状態だったシステムで処理するように，ロードバランサーで制御します．逆に，アクティブ状態だったシステムは，アイドル状態に切り替えられます．次のデプロイ時にも，同じような操作でデプロイと切り替えを行います．ブルーグリーンデプロイを正しく実行できれば，運用アプリケーションの停止時間を，ほぼ0に抑えることができるでしょう．

[5] 障害モニタリングと再起動コンポーネント

障害モニタリングとは，デプロイしている重要なコンポーネント（ソフトウェアやハードウェア）の障害を検出し，通知を行ったり，ダウンタイムを緩和したりするための手順を実行することです．例えば，Celery サーバーや RabbitMQ サーバーなどの重要なコンポーネントがダウンしたときには，DevOps の連絡先に電子メールを送信し，デーモンを再起動させます．

また，ソフトウェアが，同じマシンまたは別のサーバーにある監視ソフトウェア/ハードウェアへ，ping やハートビートを積極的に送信する，ハートビート監視という方法もあります．モニターは一定の間隔の後にハートビートを送信できなかった場合，システムのダウンタイムを検出し，コンポーネントに通知したり，コンポーネントの再起動を試みたりすることができます．

Nagios はプロダクションサーバーの監視ツールで，一般的に監視している環境とは別の環境にデプロイされます．システムスイッチモニターと再起動コンポーネントの他の例は，Monit と Supervisord です．

スケーラビリティ，可用性，冗長性・フェイルオーバーを保証するためのシステムを導入する際には，これらの技術とは別に，次のベストプラクティスに従う必要があります．

[6] キャッシュの活用

可能な限り，**キャッシュ**を使うとよいでしょう．分散キャッシュならば，なお良いです．キャッシュには様々な種類があります．以下に，一般的なキャッシュを紹介します．

まず，最もシンプルな例として，アプリケーションサービスプロバイダの CDN（content delivery network）に，静的リソースをキャッシュするタイプが挙げられます．このようなキャッシュは，ユーザーに近いリソースの地理的分布を保証します．これは，リクエスト/レスポンスの通信を減らし，ページロード時間の短縮にも繋がります．

次は，アプリケーションのキャッシュです．これは，レスポンスやデータベースクエリーの結果をキャッシュします．Memcached と Redis では，これらのキャッシュが一般的に使用されています．通常は，マスターモードとスレーブモードで分散配置を行います．このようなキャッシュは，適切な周期で更新を行い，キャッシュしたデータが古くならないようにする必要があります．

適切に設計された効果的なキャッシュは，システムの負荷を最小限に抑えます．また，システムの負荷を増加させたり，パフォーマンスを低下させたりするような，冗長な処理を回避します．

[7]　デカップリング（疎結合化）

できるだけ多くのコンポーネントを切り離して，ネットワークの地理的な利点を活用しましょう．

例えば，ローカルデータベースやソケットを使用する代わりに，メッセージキューを使用すれば，データをパブリッシュおよびサブスクライブする必要のある，アプリケーションのコンポーネントを切り離すことができます．

疎結合にしたとき，システムには，自動的に冗長化とバックアップが導入されます．なぜなら，疎結合化のために追加する新しいコンポーネント（メッセージキュー，タスクキュー，分散キュー）には，通常，独自のステートフルなストレージとクラスタが付属しているからです．

デカップリングは，システム構成に余分なコンポーネントが含まれていると，複雑になります．しかし，最近のほとんどのシステムでは，自動設定や簡単な Web ベースの設定が可能になっているため，これは問題になりません．

Observer パターン，メディエータといったミドルウェアに関する文献を参照すれば，効果的な疎結合化を提供するアプリケーションアーキテクチャを探せるでしょう．

[8]　グレイスフルデグラデーション

ある特定の環境では，提供しているアプリケーションを十分に利用できない場合があります．それらの特定の環境には機能を抑えたバージョンを提供するように変更しましょう．このようにアプリケーションの提供先の環境に合わせて，バージョンを下げる手法をグレイスフルデグラデーションと呼びます．

例えば，データベースノードが応答していないことが判明し，書き込みが重くなっている Web アプリケーションでは，読み取り専用モードに切り替えることで，負荷の高い状態に対応します．他の例として，JavaScript ミドルウェアがうまく応答していないときに，重い JavaScript 依存の動的 Web ページを，静的ページに切り替えることなどが挙げられます．

グレイスフルデグラデーションは，アプリケーション，ロードバランサー，およびその両方で設定できます．あらかじめグレイスフルデグラデーションされたアプリケーションを準備し，負荷が高くなった際に，ロードバランサーで切り替えるように設定することを推奨します．

[9]　データとコードを近づけるコーディング

パフォーマンスの優れたシステムに欠かせないルールは，演算が行われる場所にデータを近づけることです．一つのリクエストに対して，50 以上の SQL クエリーを実行し，データベースからの読み込みを行うような状態は決して良いとは言えませんが，演算する際，素早くアクセスできる場所にデータを配置することで，転送時間を短縮できます．結果的には，処理時間の短縮やレイテンシの減少に繋がり，スケーラビリティが向上します．

これを実現するためには，様々なテクニックを使えます．先に説明したキャッシュは有効なテクニックです．もう一つは，データベースをローカルとリモートのデータベースに分割するテクニックです．データの大部分はローカルのレプリカから読み取り，リモートのマスターには書き込みのみを行うようにします．ここでのローカルは，同じマシンを意味するわけではありません．一般的には，同じデータセンターで同じサブネットに所属しているマシンを指します．

また，SQLiteやローカルのJSONファイルなど，ディスク上のデータベースから設定をロードすれば，アプリケーションインスタンスの準備にかかる時間を短縮できます．

さらに，アプリケーション層またはフロントエンドではなく，バックエンドにトランザクション状態を保持させる方法が挙げられます．こうすることで，すべてのアプリケーションサーバーは中間状態を持たなくなるため，ロードバランサーによって冗長化できるようになります．

[10] SLAに基づいたデザイン

アーキテクトにとって，アプリケーションがユーザーに提供する保証内容を理解し，それに応じてデプロイメントアーキテクチャを設計することは非常に重要です．

分散システム内のネットワークパーティションに障害が発生した場合，ある時点において，システムは一貫性と可用性のいずれか一つしか満たせないことが，CAP定理によって示されています．CAP定理では，CPシステムとAPシステムと呼ばれる，2種類のグループを定義します．

今日ほとんどのWebアプリケーションは，APです．それらは可用性を保証しますが，データは最終的にしか一貫性を持ちません．つまり，ネットワークパーティション内のシステムの一つ，例えばマスターDBノードに障害が発生した場合は，失効したデータをユーザーに提供します．

一方，銀行，金融，医療などの企業では，ネットワークパーティションに障害があっても，データの一貫性を確保する必要があります．そのようなシステムはCPシステムです．CPシステムのデータは決して古いものであってはなりません．そのために，可用性と一貫性の選択肢では，一貫性を優先させる必要があります．

ソフトウェアコンポーネント，アプリケーションアーキテクチャ，展開アーキテクチャの選択は，これらの制約の影響を受けます．例えば，APシステムは最終的なデータの一貫性を保証するべく，NoSQLデータベースを使うことが考えられます．この場合，キャッシュをより効果的に使うことができます．一方，CPシステムは，RDBMS（relational database management system）によって提供される，ACID[*16]を求められることがあります．

[*16] 【訳注】ACID：atomicity（原子性），consistency（一貫性），isolation（独立性），durability（永続性）の頭文字を取ったもので，トランザクションが持つべき性質とされています．

5.12 まとめ

本章は，第4章で学んだパフォーマンスに関する多くの概念を用いて解説してきました．

スケーラビリティの定義から始め，並行性，レイテンシ，パフォーマンスなどの性質との関係性を紹介しました．さらに，並行性と並列性を比較して違いを整理しました．

次に，Python を用いた様々な並行処理のテクニックを，詳細な実装例やパフォーマンスの比較とともに紹介しました．また，並行処理の例では，サムネイルジェネレータを題材とし，Web から画像を取得してサムネイルを生成する処理を，様々なマルチスレッドのテクニックを用いて実装しました．ここでは，プロデューサ/コンシューマモデルの例も紹介しました．さらに，同期プリミティブを用いたスレッド制御やリソース制約の実装方法にも触れました．

次に，マルチプロセッシングを使用してアプリケーションをスケールする方法を説明しました．そして，`multiprocessing` モジュールを使用したいくつかの実装例を見てきました．ここでは素数チェッカーを題材とし，Python におけるマルチスレッドに対する GIL の説明をしました．さらに，ファイルソートの実装例では，ディスク I/O の多い処理を扱い，マルチプロセッシングによるスケーリングに限界があることを示しました．

その他の並行処理の手法として，非同期処理を紹介しました．ここでは，ジェネレータベースの協調的マルチタスクスケジューラや `asyncio` を解説しました．`asyncio` を用いた実装例では，`aiohttp` モジュールを非同期的に使用して，URL フェッチを行う方法を学びました．また，`future` による並行処理も，他の技術と比較しながら紹介しました．

データ並列プログラムの実装例として，マンデルブロ集合を使用しました．複数のプロセスにわたってマンデルブロ集合を計算するプログラムを，`PyMP` を使ってスケールする方法を紹介しました．

次に，Web を通してプログラムをスケールする方法について説明しました．ここでは，メッセージキューとタスクキューの理論的性質について簡単に触れました．実装例では，Celery ライブラリを用いてマンデルブロプログラムをスケールし，パフォーマンスを比較しました．

そして，Python における Web アプリケーションと Web サーバー間の汎用的なインタフェースである WSGI を解説しました．ここでは，WSGI の仕様について議論し，一般的なミドルウェアとして uWSGI と Gunicorn を紹介し，比較しました．

本章の最後に，スケーラビリティアーキテクチャについて整理し，Web 上で可能な垂直方向と水平方向の様々なスケール方法を検討しました．また，高いスケーラビリティを実現するため，Web 上で分散アプリケーションを設計，実装，展開する際にアーキテクトが従うべきベストプラクティスについても説明しました．

次の章では，ソフトウェアアーキテクチャにおけるセキュリティを取り上げ，アーキテクトが理解すべきセキュリティの性質と，安全なアプリケーションを構築するための戦略について説明します．

第6章

セキュリティ

ここ数年で，ソフトウェアアプリケーションのセキュリティの重要性がより注目され，メディアでも取り上げられるようになりました．そのため，悪質なハッキングによって引き起こされる事件についても，耳にしたことがあるのではないでしょうか？ 例えば，ソフトウェアシステムから大量のデータが盗み取られ，その中に非常に重要な情報が含まれていたために，甚大な損失を被ったという事件が挙げられます．国家の機密事項を保持している政府や，クレジットカードを扱う金融機関，顧客情報を管理する企業などがこのようなハッキングの対象になってしまった場合，その被害は計り知れません．

今日，スマートフォンやスマートウォッチに代表される技術の目覚ましい進歩により，膨大なデータがインターネットを介して行き来しています．今後の数年間で，IPv6 の標準採用や IoT [*1]の大規模導入により，扱われるデータの量はますます増加するでしょう．そして，これらの大量のデータがソフトウェアおよびハードウェアシステムで共有されます．したがって，ソフトウェアシステムにおけるセキュリティと，それを構築するためのセキュアなコーディングは，これまで以上に不可欠なものとなっています．

第1章で議論したように，セキュリティはソフトウェアアーキテクチャにおける重要な性質の一つです．セキュリティアーキテクトは，セキュアなシステムを構築する際に，所属するチームのコードからセキュリティホールが生まれないよう，セキュアコーディングをチームに促し実施させる必要があります．本章では，セキュアなシステムを構築する際に必要な原則について解説し，Python でセキュアなコードを書くのに役立つ知識や技術を取り上げます．

[*1] 【訳注】IoT（Internet of things; モノのインターネット）：これまでインターネットに接続されていなかったモノが，ネットワーク上のサーバーやクラウドサービスを通じて相互に情報交換する仕組み．モノの例としては，電子レンジや洗濯機といった家電機器，車やバイクなどの輸送機器，マンションやアパートといった建物など，様々なものが挙げられます．

6.1 情報セキュリティアーキテクチャ

セキュアなアーキテクチャでは，許可されたユーザーやシステムだけがデータや情報へアクセスできるようにする必要があります．このようなアーキテクチャを構築するときは，以下の性質を考慮しなければなりません．

- **機密性**：システム内の情報が外部に漏れないことを保証する性質．データに対する不正アクセスや改ざんへの対策が，これに含まれます．
- **完全性**：システム内の情報が信頼できるものであり，かつシステムそのものが外部操作されないことを保証する性質．言い換えると，完全性は信頼できるデータのみがコンポーネントを介してシステムを行き来することを保証します．
- **可用性**：常に利用できる状態であるという観点で，サービスの品質水準を保証する性質．可用性は，ユーザーがサービスを使いたいときに利用できることを，SLA に基づいて保証します．

この機密性，完全性，可用性の三つの性質は CIA トライアッド（図 6.1 参照）と呼ばれ，システムのセキュリティアーキテクチャを構築する基礎となります．

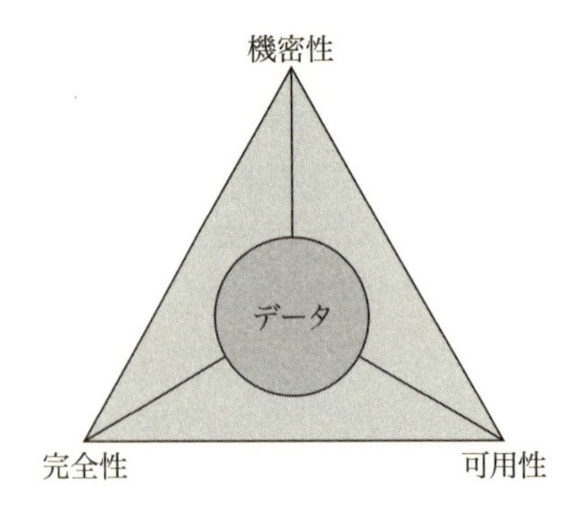

図 6.1　CIA トライアッド

これらの性質は，以下に示す特性によって支えられています．

- **認証**：トランザクションに関わっていたユーザーの身元を確認し，そのトランザクションが正しいサービスのもとで行われていることを保証します．例えば，電子メールで用いられるデジタル証明書や，システムへのログイン時に用いられる公開鍵などが挙げられます．
- **認可**：あるタスクの実行に必要な権限を，特定のユーザーまたは役割に与えることです．認可によって，特定のユーザーグループが特定のロールに紐づけられ，システム内のアクセス（読み取り）権限および変更（書き込み）権限が制限されます．

- **否認不可**：あるトランザクションがあとになってなかったことにならないように保証することです．例えば，電子メールの送信や銀行振込は，否認不可の技術によって，やりとりそのものをあとから取り消すことはできません．

6.2　セキュアコーディングとは

セキュアコーディングは，ソフトウェア開発における慣習の一つです．セキュアコーディングに基づいた設計と実装によって，セキュリティの脆弱性からプログラムを守り，悪意のある攻撃に対する耐性を実現します．ここで重要なのは，セキュリティとソフトウェア設計を切り離さずに，ソフトウェアを構成する一部の要素としてセキュリティを考え，コーディングすることです．まず，セキュアコーディングの基本となる考え方に触れておきましょう．

- セキュリティはプログラムやアプリケーションのデザインや開発と切り離せない性質です．
- セキュリティに関連する要件は，開発サイクルの早い段階で決定するべきです．加えて，決定した要件をその後の開発段階に反映させることで，コンプライアンスを維持します．
- 設計・開発の初期段階からシステムへのセキュリティ脅威を予測するべきです．例えば，以下のような脅威モデリング[*2]を導入しましょう．
    1. 重要なアセット（コードおよびデータ）を特定
    2. アプリケーションをコンポーネントに分解
    3. それぞれのコード/データやコンポーネントに対する脅威を特定・分類
    4. 確立されたリスクモデルに基づいて，その脅威を順位付け
    5. 脅威を最小化する戦略を策定

次に，セキュアコーディングの実践方法をまとめます．

1. **アプリケーションの重要な領域を定義**：アプリケーション内にある重要，かつ安全でなければならないアセットを特定します．
2. **ソフトウェアアーキテクチャを分析**：ソフトウェアアーキテクチャを分析することで，セキュリティホールを見つけます．ここで採用する分析方法は，CIA トライアッドに基づいていなければなりません．機密性と完全性の観点から，コンポーネント間の関係をセキュアにし，適切な認証・認可技術によって機密データを保護します．加えて，アーキテクチャの可用性が保証されているかどうかを確認します．
3. **複数の開発者らによる実装詳細のレビュー**：セキュリティホールの特定を意識したピアレビュー[*3]を実施します．例えば，コードのロジックと構文をレビューし，実装内に明ら

[*2]【訳注】脅威モデリング：さらされているセキュリティ脅威や受けうる攻撃方法を模索し対策を練ること．

[*3]【訳注】ピアレビュー：システム開発の各段階で生成される成果物に対して，その開発に直接的・間接的に関わる人がレビューすること．

かなセキュリティホールがないことを確認しましょう．また，プログラミング言語やプラットフォームが提供するセキュアコーディングガイドラインに沿って実装されていることも，気をつけるべき点です．そして，各レビューから得られたフィードバックをコード内容に反映させます．
4. **ホワイトボックステスト・単体テスト**：機能性のテストとは別に，セキュリティに焦点を当てた単体テストを行います．テストに必要なサードパーティのデータや API はモックで代替できます．
5. **QA エンジニアによるブラックボックステスト**：データへの不正アクセス，コードやデータへの誤ったパス，見破られやすいパスワードやハッシュなど，セキュリティホールの有無をテストします．アーキテクトを含むステークホルダーとテスト結果を共有し，すべてのセキュリティホールが解決されていることを確認します．一般的に，このテストは経験豊富な QA エンジニアによって行われます．

ここまでで，セキュアコーディングの考え方と実践方法について説明しました．セキュアコーディングそのものは慣習であり，セキュアなコードを実現するために，これまで何度も見直されてきた方針が背景にあります．ソフトウェア開発組織は，この慣習を伝えていくべきでしょう．

6.3　一般的な脆弱性

本節では，最低限対応できるようにしておくべきセキュリティの脆弱性を取り上げていきます．これは，一般的に以下のカテゴリに分けられます．

[1]　オーバーフローエラー

バッファオーバーフローエラーや，算術や整数のオーバーフローエラーなどが該当します．バッファオーバーフローはよく使われる脆弱性の代表例です．脆弱性としての算術や整数のオーバーフローエラーは，バッファオーバーフローほど有名ではありませんが，対処すべき点であることは変わりありません．

- **バッファオーバーフロー**：アプリケーションがバッファの末尾または先頭を越えて書き込むようプログラムすることで発生します．クラッカーは，攻撃を目的として綿密に設計したデータによって，バッファオーバーフローを引き起こします．その結果，アプリケーションスタックまたはヒープメモリへのアクセスが可能となり，そのシステムを制御できてしまいます．
- **整数・算術オーバーフロー**：整数演算や数値計算で得られた出力を格納する際に，桁が型の許容範囲を超えると発生します．

整数オーバーフローを適切に処理していないと，脆弱性に繋がることもあります．符号付き整数と符号なし整数の両方をサポートするプログラミング言語では，オーバーフローによってデータから負の数が生成されることがあります．このことから，クラッカーはバッファオーバーフローのときと同様に，ヒープメモリまたはスタックメモリにアクセスできてしまいます．

[2] 入力のバリデーション

現代の Web アプリケーションでよく見られるセキュリティ問題は，多くの場合，入力のバリデーション不足に起因しています．入力に対して適切にバリデーションが行われていないと，クラッカーの工夫した入力によって，システムが開発者の想定していない挙動を示す可能性があります．そのような攻撃を誘発する入力を確認・削除するフィルタを用意し，システムにとって妥当かつ安全なデータのみを受け入れるようにするべきです．バリデーションされていない入力を突いた攻撃には，SQL インジェクション，サーバーサイドテンプレートインジェクション，**クロスサイトスクリプティング**，OS コマンドインジェクションなどがあります．

現代の Web アプリケーションでは，コード上にデータを埋め込む HTML テンプレートが用いられています．上記のような攻撃は，HTML テンプレート経由で行われることがあります．そのため，多くの Web アプリケーションには，入力のエスケープ機能やフィルタリング機能が標準仕様として備わっています．

[3] 不適切なアクセス制御

現代のアプリケーションでは，一般ユーザー，スーパーユーザー，管理者などに対し，役割ごとに適切な権限を付与する必要があります．権限を利用した攻撃によって，外部からの閲覧を想定していない URL やワークフロー（ある URL によって特定される一連のアクション）が閲覧できてしまうことがあります．その結果，重要なデータがクラッカーにさらされるどころか，最悪の場合，システムを制御されてしまいます．

[4] 暗号化に関する問題

前述の適切なアクセス制御だけでは，十分なセキュリティは得られません．必要なセキュリティレベルを確認した上で，クラッキング対策をしましょう．対策としては，以下のようなものが挙げられます．

- **HTTP ではなく HTTPS を使用**：RESTful な Web サービスを作る際は，HTTPS（SSL/TLS）の使用を心がけてください．HTTP ではクライアントとサーバー間のやりとりが平文で行われるため，パッシブネットワークを対象としたスニッファ[*4]や，攻撃を目的としたパケットキャプチャ用のソフトウェア，もしくはそれがインストールされたルーターのソフトウェアによって情報を盗まれてしまうことがあります．

[*4]【訳注】スニッファ：LAN などのコンピュータネットワーク上を行き来するデータを監視・記録するソフトウェア．

今では Let's Encrypt[*5]のようなプロジェクトにより，無料の SSL 証明書を容易に調達・更新することができます．そのため，以前までと比較すると，SSL/TLS を使用したサーバーの保護がずっと簡単になりました．

- **安全性の高い認証**：Web サーバーには，ダイジェスト認証[*6]のようなセキュリティレベルの高い認証を用いてください．Basic 認証のような，パスワードがそのままの状態で送られる認証は避けましょう．同様に，大規模なネットワークでは，LDAP 認証[*7]や NTLM 認証[*8]などの安全性の低い認証方法ではなく，Kerberos 認証[*9]を使用しましょう．
- **解析されにくいパスワードの使用**：デフォルトのまま，もしくは推測しやすいパスワードは使用してはいけません．
- **ハッシュや秘密鍵の再利用の防止**：一般的には，ハッシュや秘密鍵はアプリケーションもしくはプロジェクトに固有のものです．アプリケーション間での再利用はしないようにしてください．
- **強い暗号化技術**：SSL 証明書（サーバー）や GPG または PGP キー（PC）で通信を暗号化する際，少なくとも 2,048bit の暗号にし，十分に強力な暗号化アルゴリズムを使用しましょう．
- **強いハッシュアルゴリズム**：暗号化の場合と同様に，パスワードなどの機密データを保持するのに用いるハッシュ化技術には，強力なアルゴリズムを採用してください．例えば，ハッシュを計算・保存する必要のあるアプリケーションでは，弱いとされる MD5 ではなく，SHA-1 アルゴリズム[*10]や SHA-2 アルゴリズムを用いるのがよいでしょう．
- **有効な証明書・鍵**：SSL 証明書の更新漏れもセキュリティ問題の一つです．未更新の無効な証明書は保護されないため，Web サーバーのセキュリティを損なう大きな問題に繋がりかねません．電子メールの通信で用いられる GPG や PGP の公開鍵・秘密鍵ペアについても同様です．期限のある証明書・鍵は更新を怠らないようにしましょう．
- **パスワードによる SSH の無効化**：クリアテキストパスワードを用いたリモートシステムへの SSH アクセスは，セキュリティホールの一つです．パスワードベースのアクセスを無効にし，特定のユーザーにのみ許可された SSH キーを使用したアクセスを有効にして

[*5]【訳注】Let's Encrypt：TLS や HTTPS の普及を目的としているプロジェクト（https://letsencrypt.org/）．活動例として，SSL/TLS サーバー証明書の無料発行や，その証明書の発行・インストール・更新プロセスの自動化システムの提供などが挙げられます．

[*6]【訳注】ダイジェスト認証：HTTP の認証方法の一つ．ユーザー名とパスワードをハッシュ化することで，より安全な送受信を実現します．

[*7]【訳注】LDAP（Lightweight Directory Access Protocol）認証：ネットワーク上に分散したディレクトリ情報サービスにアクセスするためのプロトコルを用いた認証方法．

[*8]【訳注】NTLM（NT LAN Manager）認証：Windows NT 4.0 より前の Windows NT シリーズで採用されていたユーザー認証方法．

[*9]【訳注】Kerberos 認証：最初の認証時に ID とパスワードを用い，以降は特別に発行された身元証明書を使う認証方法．

[*10]【訳注】SHA-1 アルゴリズムは，本書翻訳時点で，衝突攻撃の成功事例が報告されているため，このハッシュアルゴリズムは推奨されません．

ください．また，リモートルート SSH アクセスも無効にしておきましょう．

[5]　情報漏洩

誤った設定や対策により，Web サーバーシステムの情報を意図せずさらしてしまうことは少なくありません．以下に例を挙げます．

- **サーバーのメタ情報**：多くの Web サーバーでは，404 ページ，時にはランディングページを介して情報漏洩が起きています．図 6.2 の例では，存在しないページを要求するだけで，このサイトが Debian サーバー上で Apache バージョン 2.4.10 を実行しているという情報を取得できています．巧妙なクラッカーにとっては，これは特定の Web サーバー/OS の組合せに対して攻撃を試みる十分な情報になり得ます．

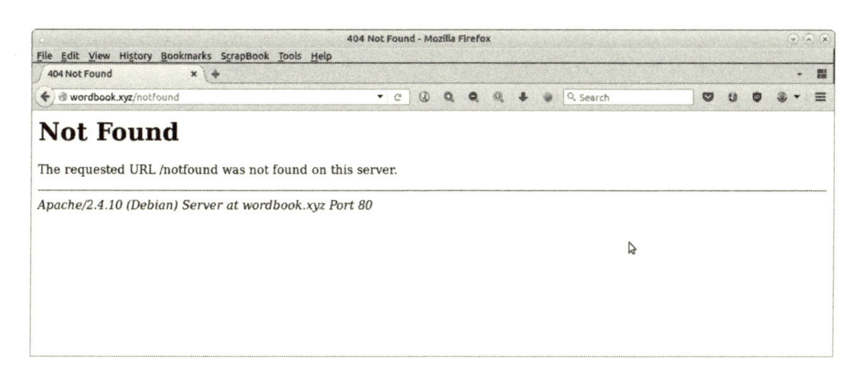

図 6.2　サーバーのメタ情報をさらしてしまっている 404 ページ

- **公開されたインデックスページ**：多くの Web サイトでは，ディレクトリページを保護しておらず，どこからでもアクセスできるように公開しています．図 6.3 はその例です．

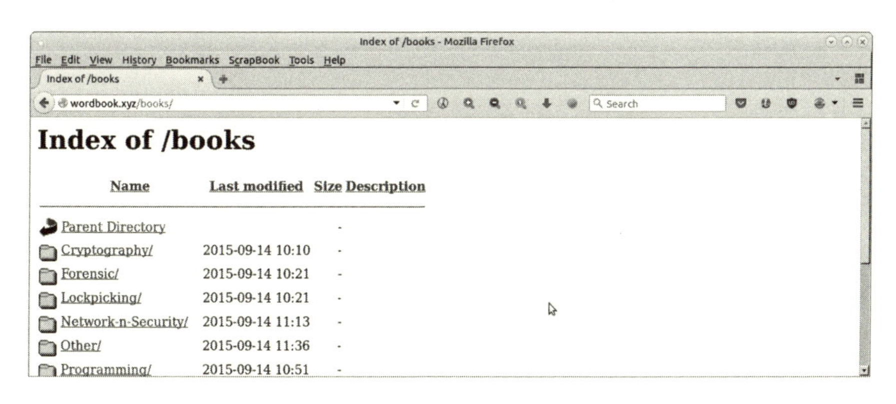

図 6.3　公開されたインデックスページ

[6]　開放されたポート

リモートのWebサーバーで実行されているアプリケーションのポートに対し，あらゆるところからアクセス可能な状態というのは好ましくありません．このような場合，iptablesのようなファイアウォールを用いて，特定のIPアドレスまたはセキュリティグループ以外のアクセスをブロックすべきです．ほかに見られる誤りは，ローカルホスト上でのみ使用されるサービスを0.0.0.0（サーバー上のすべてのIPアドレス）で実行できるようにしてしまうことです．これによって，クラッカーは`nmap`や`hping3`などのネットワーク監視ツールを使用してそのようなポートをスキャンすることで，攻撃しやすくなるでしょう．

ファイル，フォルダ，データベースへのオープンアクセスにも注意しましょう．アプリケーションのコンフィグファイル，ログファイル，プロセスIDファイルなどへのアクセスを制限しておかないと，ログインユーザーから情報を抜き取られてしまうことがあります．それらのファイルには，必要な権限を持つ特定のロールだけがアクセスできるようにしておきましょう．

[7]　競合状態

競合状態は，あるリソースへのアクセスの試みが複数ある場合に発生します．通常なら，その出力は正しいアクセス順序に依存しますが，その順序は必ずしも保証されているわけではありません．例えば，適切な同期をせず共有メモリ内の数値をインクリメントしようとするスレッドが複数ある場合です．このような競合状態は，クラッカーに付け入られる隙を与えてしまいます．例えば，意図しない挙動を誘発するコードの挿入や，ファイル名の変更，時にはコードの処理に生じる小さな時間差を利用した妨害などが挙げられます．

[8]　システムのクロックドリフト

時刻の同期処理が不適切に行われることで，サーバーのシステムクロックとハードウェアクロックの時刻がずれてしまう現象です．クロックドリフトは時間がたつにつれて，SSL証明書の検証エラーなどの深刻なセキュリティ問題を引き起こす可能性があります．例えば，暗号アルゴリズムを実行するのにかかる時間を分析することでシステムを制御しようとする，といった高度な技術に悪用されることがあります．この問題は，NTPなどの時間同期プロトコルで回避できるでしょう．

[9]　安全性の低いファイル/フォルダ操作

開発者はファイルやフォルダに対して，その所有権，場所，属性を正しく割り当てていないことがよくあります．これにより，セキュリティ上の問題が発生したり，システムの改ざんを検出できなかったりすることがあります．安全性の低いファイル/フォルダ操作の例を以下に示します．

- 書き込み操作後の結果を確認できる状態にしていない
- ファイルパスは常にローカルファイルを指すと見なしている（そのパスはアプリケーションがアクセスしないシンボリックリンクとなっている可能性があります）

- 不適切な sudo 権限でのコマンド実行による，システムへの意図しないアクセス
- 共有ファイルや共有フォルダに対するアクセス権限を適切に制限していない（例えば，ログインユーザーのみ読み込み権限のあるグループまたはホームフォルダに限定すべきプログラムの実行権限を，すべてのユーザーグループに付与することなどが挙げられます）
- コードやデータオブジェクトに対する安全でないシリアライズおよびデシリアライズ

本章では，上記の各脆弱性のすべてについて詳しく述べることはしません．以降では，Python やそのフレームワークに影響するソフトウェア脆弱性の共通項を洗い出し，説明していきます．

6.4 Python のセキュリティ

Python はシンプルな構文による非常に高い可読性を持つ言語で，入念にテストされたコンパクトな標準ライブラリモジュールによって構成されています．これらは，Python をセキュアたらしめる要素と言えるでしょう．いくつかの例を見ながら，Python とその標準ライブラリのセキュリティにおける性質を確認していきましょう．

この節では，Python の 2.x と 3.x の両方を用いて例示します．2.x で記述されたコードを用いるのは，いまだに多くの開発者が Python 2.x を何らかの用途で使用しているためです．もちろん，3.x では 2.x に存在した脆弱性のいくつかが解決されています．各バージョンでの例を比較し，3.x への移行で得られるメリットを理解しましょう．

なお，以下で示すすべての例は，Linux（Ubuntu 16.0），x86_64 アーキテクチャで実行しています．

各バージョンのコード例には，それぞれ Python 3.5.2，Python 2.7.12 を使用しています．

```
$ python3
Python 3.5.2 (default, Jul  5 2016, 12:43:10)
[GCC 5.4.0 20160609] on linux
Type "help", "copyright", "credits" or "license" for more information.
>>> import sys
>>> print (sys.version)
3.5.2 (default, Jul  5 2016, 12:43:10)
[GCC 5.4.0 20160609]

$ python2
Python 2.7.12 (default, Jul  1 2016, 15:12:24)
[GCC 5.4.0 20160609] on linux2
Type "help", "copyright", "credits" or "license" for more information.
>>> import sys
```

```
>>> print sys.version
2.7.12 (default, Jul  1 2016, 15:12:24)
[GCC 5.4.0 20160609]
```

ほとんどの例では，Python 2.x と 3.x の両方で動作する一つのコードを示します（ただし，バージョンの違いにより出力結果が異なることがあります）．それができない場合のみ，それぞれのバージョンで動作するコードを示します．

6.4.1　入力の読み込み

まず，標準入力を利用して突く脆弱性を紹介します．そのために，外部からの入力を受け取るシンプルな推測ゲームを取り上げます．標準入力で数字を与え，それをランダムな数字と比較します．二つの数字が一致した際には，ユーザーの勝利，そうでなければもう一度入力するゲームです．

```
# guessing.py
import random

# グローバルなパスワードをハードコーディング
passwords={"joe": "world123",
           "jane": "hello123"}

def game():
    """ 推測ゲーム """
    # 標準入力を読み取るためにinputを使う
    value=input("Please enter your guess (between 1 and 10): ")
    print("Entered value is",value)
    if value == random.randrange(1, 10):
        print("You won!")
    else:
        print("Try again")

if __name__ == "__main__":
    game()
```

このコードは，ユーザーのパスワードがグローバル変数として直接書き込まれている点を除けば，いたって平凡です．パスワードに対しては，メモリにキャッシュする関数を用意するのが普通です．

標準入力を与えてプログラムを動かしてみましょう．初めに Python 2.7 で以下のとおり実行します．

```
$ python2 guessing.py
Please enter your guess (between 1 and 10): 6
('Entered value is', 6)
```

```
Try again

$ python2 guessing.py
Please enter your guess (between 1 and 10): 8
('Entered value is', 8)
You won!
```

次に，‘あるもの’を入力として試してみましょう．

```
$ python2 guessing.py
Please enter your guess (between 1 and 10): passwords
('Entered value is', {'jane': 'hello123', 'joe': 'world123'})
Try again
```

パスワードが表示されてしまいました！

これは 2.x でのみ起きる問題です．入力された値は式として評価され，print 関数を介して表示されます．この例では，入力した文字列と名前が一致したグローバル変数の中身が表示されています．以下の例も見てみましょう．

```
$ python2 guessing.py
Please enter your guess (between 1 and 10): globals()
('Entered value is', {'passwords': {'jane': 'hello123', 'joe' : 'world123'}, '__builtins__'
: <module '__builtin__' (built-in)>, '__file__': 'guessing.py', 'random': <module 'random'
from '/usr/lib/python2.7/random.pyc'>, '__package__': None, 'game': <function game at 0
x7f6ef9c65d70>, '__name__': '__main__', '__doc__': None})
Try again
```

この例では，パスワードだけでなく，このコード内のすべてのグローバル変数が表示されています．仮にプログラム内のデータが見られてよいものだとしても，悪質なユーザーに変数名，関数名，パッケージ名などの情報がさらされています．

では，どのように修正すべきでしょうか？ input 関数[*11]をやめ，raw_input 関数に置き換えましょう（Python 2.x の場合）．input 関数は内部で eval 関数によって入力を評価するのに対し，raw_input 関数は入力を評価しません．raw_input 関数では，入力が文字列と見なされるため，期待される型に変換する必要があります（この例では，戻り値を int に変換）．以下のコードでは，前述の置き換えに加え，型変換に関する例外処理を取り入れることで，より高いレベルのセキュリティを実現しています．

```
# guessing_fix.py
import random
```

[*11] 【訳注】input 関数：Python 2.x ではユーザーが入力した式を評価した結果が返され，Python 3.x では式がそのまま文字列として返されます．

```
passwords={"joe": "world123",
           "jane": "hello123"}
def game():
    value=raw_input("Please enter your guess (between 1 and 10): ")
    try:
        value=int(value)
    except TypeError:
        print ('Wrong type entered, try again',value)
        return
    print("Entered value is",value)
    if value == random.randrange(1, 10):
        print("You won!")
    else:
        print("Try again")

if __name__ == "__main__":
    game()
```

入力を評価することによって，どのようにセキュリティホールが解決されたかを見ていきましょう．

```
$ python2 guessing_fix.py
Please enter your guess (between 1 and 10): 9
('Entered value is', 9)
Try again

$ python2 guessing_fix.py
Please enter your guess (between1 and 10): 2
('Entered value is', 2)
You won!

$ python2 guessing_fix.py
Please enter your guess (between 1 and 10): passwords
(Wrong type entered, try again =>, passwords)

$ python2 guessing_fix.py
Please enter your guess (between 1 and 10): globals()
(Wrong type entered, try again =>, globals())
```

修正後のプログラムははるかにセキュアになっています．

Python 3.x では，元のコードのままでも，前述のセキュリティホールが解消されています．

```
$ python3 guessing.py
Please enter your guess (between 1 and 10): passwords
Entered value is passwords
Try again

$ python3 guessing.py
Please enter your guess (between 1 and 10): globals()
```

```
Entered value is globals()
Try again
```

6.4.2 任意の入力の評価

Python の eval 関数はとても便利である反面，任意の文字列を許容するため，危険なコードやコマンドを実行してしまうおそれがあります．テストプログラムとして，以下のコードを用いて eval 関数がどのような挙動を示すか見てみましょう．

```
# test_eval.py
import sys
import os

def run_code(string):
    """ 渡された文字列を評価 """
    try:
        eval(string, {})
    except Exception as e:
        print(repr(e))

if __name__ == "__main__":
    run_code(sys.argv[1])
```

クラッカーがこのコードによって，アプリケーションが動いているディレクトリの内容をのぞき見しようとしているとしましょう（ここでは実機にアクセスできていないものの，Web アプリケーションを通じて上記コードを実行できる，という状況を想定してください）．

クラッカーがカレントディレクトリ内のリストアップを試みるとします．

```
$ python2 test_eval.py "os.system('ls -a')"
  NameError("name 'os' is not defined",)
```

この攻撃は失敗に終わります．なぜなら，eval 関数は，評価時に用いるグローバルな値を指定する第 2 引数をとるからです．この例では，第 2 引数に空の辞書を与えることになるので，“os” について名前解決ができず，エラーを出力します．

すると，eval 関数はセキュアであると言えるのでしょうか？ そんなことはありません．その理由を考えてみましょう．

このコードに以下の文字列を入力してみましょう．

```
$ python2 test_eval.py "__import__('os').system('ls -a')"
  .   guessing_fix.py test_eval.py    test_input.py
  ..  guessing.py     test_format.py  test_io.py
```

ビルトイン関数である __import__ が呼ばれ，すべてのファイルが見えてしまいました．このようなことが起こるのは，__builtin__ モジュールでは __import__ をデフォルトで利用できるためです．この問題は，eval 関数の第2引数に渡す辞書のバリューを空の辞書にすることで防げます．以下に修正したコードを示します．

```
# test_eval.py
import sys
import os

def run_code(string):
    """ 渡された文字列を評価 """
    try:
        # eval関数の第2引数に渡す辞書のバリューを空の辞書にする
        eval(string,  {'__builtins__':{}})
    except Exception as e:
        print(repr(e))

if __name__ == "__main__":
    run_code(sys.argv[1])
```

これでビルトインの __import__ を使ったのぞき見はできなくなりました．

```
$ python2 test_eval.py "__import__('os').system('ls -a')"
NameError("name '__import__' is not defined",)
```

しかし，まだ危険性は残っています．以下のような巧妙な攻撃の場合を見てみましょう．

```
$ python2 test_eval.py "(lambda f=(lambda x:  [c for c in [].__
class__.__bases__[0].__subclasses__() if c.__name__ == x][0]):
f('function')(f('code')(0,0,0,0,'BOOM',(), (),(),"","",0,""),{})())()"
Segmentation fault (core dumped)
```

悪意のあるコードを散りばめることによって，Python インタプリタがコアダンプを出力しました．これはどのようにして起こったのでしょうか？ 順番に詳しく見ていきます．初めに以下の実行例を見てください．

```
>>> [].__class__.__bases__[0]
<type 'object'>
```

これは単なる基底クラスオブジェクトです．ビルトイン関数へはアクセスできないので，このような方法で基底クラスオブジェクトにアクセスします．次に，以下のコードで，Python のインタプリタにおける object のすべてのサブクラスを読み込んでいます．

```
>>> [c for c in [].__class__.__bases__[0].__subclasses__()]
```

この中から，型がcodeオブジェクトであるcのみを取得したいとします．これは__name__属性を用いて各cのクラス名を確認することで実現できます．

```
>>> [c for c in [].__class__.__bases__[0].__subclasses__() if c.__name__ == 'code']
```

lambda式を用いた無名関数で，以下のようにも書けます．

```
>>> (lambda x: [c for c in [].__class__.__bases__[0].__subclasses__()
    if c.__name__ == x])('code')
[<type 'code'>]
```

次に，このcodeオブジェクトを実行したいとします．しかし，codeオブジェクトは直接呼べません．codeオブジェクトを呼ぶには関数と紐づける必要があるため，先に述べた無名関数を外側の無名関数でラップしてみましょう．

```
>>> (lambda f: (lambda x: [c for c in [].__class__.__bases__[0].__subclasses__()
    if c.__name__ == x])('code'))
<function <lambda> at 0x7f8b16a89668
```

内側の無名関数は，2段階に分けて呼ぶことができます．

```
>>> (lambda f=(lambda x: [c for c in [].__class__.__bases__[0].__subclasses__()
    if c.__name__ == x][0]): f('function')(f('code')))
<function <lambda> at 0x7fd35e0db7d0
```

最終的には，ほとんどデフォルト引数のみを外側の無名関数に渡すことで，codeオブジェクトを呼べてしまいます．この'code'が文字列'BOOM'として渡されますが，もちろんこれは許容されず，Pythonインタプリタではセグメンテーション違反*12が発生し，コアダンプが出力されます．

```
>>> (lambda f=(lambda x: [c for c in [].__class__.__bases__[0].__subclasses__()
    if c.__name__ == x][0]): f('function')(f('code') (0,0,0,0,'BOOM',(), (),(),
    '','',0,''),{})())()
Segmentation fault (core dumped)
```

ビルトインモジュールの実行を防いだとしても，eval関数がセキュアではないことが示されました．狡猾なクラッカーがこのセキュリティホールを悪用することで，Pythonインタプリタ

*12【訳注】セグメンテーション違反：プログラムが許容範囲外のメモリを使用した場合に発生するエラー．

のクラッシュが引き起こされます．そのため，システムの制御権をそのクラッカーに与えてしまうおそれがあります．

これはPython 3.xでも同様に起こります．ただ，Python 3.xのcodeオブジェクトは追加の引数を受け取るので，その点の変更が必要です．また，'code'の部分とその他の引数はbyte型でなければなりません．Python 3.xでは以下のように書きます．最終的な結果は同じになります．

```
$ python3 test_eval.py"(lambda f=(lambda x:  [c for c in
().__class__.__bases__[0].__subclasses__()if c.__name__ == x][0]):
f('function')(f('code')(0,0,0,0,0,b't\x00\x00j\x01\x00d\x01\x00\x83\x01\x00\x01d\
x00\x00S',(),(),(),"","",0,b"),{})())()"
Segmentation fault (core dumped)
```

6.4.3 オーバーフローエラー

Python 2.xでは，int型の範囲を超えた引数をxrange関数に与えると，オーバーフローエラーが起きます．

```
>>> print xrange(2**63)
Traceback (most recent call last):
  File "<stdin>", line 1, in <module>
OverflowError: Python int too large to convert to C long
```

range関数もまた，異なるエラーメッセージを出力します．

```
>>> print range(2**63)
Traceback (most recent call last):
   File "<stdin>", line 1, in <module>
OverflowError: range() result has too many items
```

この問題は，xrange関数とrange関数が通常のintegerオブジェクトを用いることで起きています．自動でlong型に変換されないため，システムのメモリに制限があります．

しかし，Python 3.xでは，integerとlongが一つのintegerとして統一され，rangeオブジェクトが内部でメモリを管理するようになったため，このような問題は起きません．また，xrange関数も廃止されています．

```
>>> range(2**63)
range(0, 9223372036854775808)
```

次に，他の整数オーバーフローエラーの例を示します．これはlen関数によって引き起こされています．

それでは，二つのクラス A と B のインスタンスで，自作の __len__ を試してみましょう．マジックメソッド*13である __len__ をオーバーライドすることで，ビルトインの len に値を渡した際の戻り値を決定することができます．以下の A のクラス定義は object を継承した新しい書き方，B は古い書き方です．

```
# len_overflow.py
class A(object):
    def __len__(self):
        return 100 ** 100

class B:
    def __len__(self):
        return 100 ** 100

try:
    len(A())
    print("OK: 'class A(object)' with 'return 100 ** 100' - len calculated")
except Exception as e:
    print("Not OK: 'class A(object)' with 'return 100 ** 100' - len raise Error: " + repr(e))

try:
    len(B())
    print("OK: 'class B' with 'return 100 ** 100' - len calculated")
except Exception as e:
    print("Not OK: 'class B' with 'return 100 ** 100' - len raise Error: " + repr(e))
```

まず，Python 2.x で実行した際の出力を示します．

```
$ python2 len_overflow.py
Not OK: 'class A(object)' with 'return 100 ** 100' - len raise Error:
OverflowError('long int too large to convert to int',)
Not OK: 'class B' with 'return 100 ** 100' - len raise Error:
TypeError('__len__() should return an int',)
```

次に，Python 3.x で実行してみます．

```
$ python3 len_overflow.py
Not OK: 'class A(object)' with 'return 100 ** 100' - len raise Error:
OverflowError("cannot fit 'int' into an index-sized integer",)
Not OK: 'class B' with 'return 100 ** 100' - len raise Error:
OverflowError("cannot fit 'int' into an index-sized integer",)
```

*13 【訳注】マジックメソッド：ある構文を使用する際に Python が内部で呼び出すメソッド．Python では多くのマジックメソッドが提供されています．__str__ メソッドを例にとると，print にオブジェクトが渡された際の表示内容は __str__ メソッドの戻り値になっています．

len 関数が integer オブジェクトを返し，その値が Python の int 型が許容できる範囲に収まりきらず，エラーを出力しています．しかし，Python 2.x では，クラスが object を継承していない場合，int 型を期待しつつ long 型を受け取ると TypeError を出力します．Python 3.x では，どちらの例においてもオーバーフローエラーを出力します．

このようなオーバーフローエラーにセキュリティ上の問題はあるのでしょうか？ これは，使われているアプリケーションと，その依存モジュールを記述しているコード，そして，それらがどのようにオーバーフローエラーを処理するかによります．ただし，Python は内部的に C 言語で記述されているため，C 言語で適切に処理されないオーバーフローエラーについては，バッファオーバーフロー例外を出力する可能性があります．クラッカーはその脆弱性を利用することで，関連するプロセスやアプリケーションを乗っ取ることができてしまいます．

一般的に，モジュールやデータ構造がオーバーフローエラーを処理し，例外を投げることでその先の実行を止められれば，内容を盗み見される可能性は減らせるでしょう．

6.4.4　シリアライズ

多くの Python ユーザーは，オブジェクトをシリアライズするために pickle モジュール，もしくは C 言語で実装された cPickle モジュールを使用しているのではないでしょうか？ しかし，ここで注意しなければならないのが，安全性を確認していないコードの実行をこれらのモジュールが許可してしまうことです．これは，両モジュールが，シリアライズされたオブジェクトに対して，システムの悪用に繋がるコマンドや無害な Python のオブジェクトなのかを判定する型チェックやルールを設けていないためです．

Python 3.x では，cPickle と pickle は pickle モジュールに統合されています．

以下は，Linux/POSIX システムでルートディレクトリ（/）の内容を表示させる，シェルに対するエクスプロイトコード[*14]です．

```
# test_serialize.py
import os
import pickle

class ShellExploit(object):
    """ シェルエクスプロイトクラス """
    def __reduce__(self):
        # ルートディレクトリの中身を表示
        return (os.system, ('ls -al /',))

def serialize():
    shellcode = pickle.dumps(ShellExploit())
    return shellcode
```

[*14]【訳注】エクスプロイトコード：プログラムのセキュリティ上の脆弱性を突くために作成されたプログラムの総称．

```
def deserialize(exploit_code):
    pickle.loads(exploit_code)

if __name__ == '__main__':
    shellcode = serialize()
    deserialize(shellcode)
```

このコードでは，ShellExploit クラスを用意し，pickle でのシリアライズ対象として，os.system メソッドを用いたルート（/）の内容を表示するコマンドを渡しています．このShellExploit クラスによって，pickle オブジェクト内に悪質なコードが埋め込まれ，そのデシリアライズ時に埋め込まれたコードが実行されます．その結果，ルートディレクトリの内容がクラッカーにさらされてしまいます．結果を図 6.4 に示します．

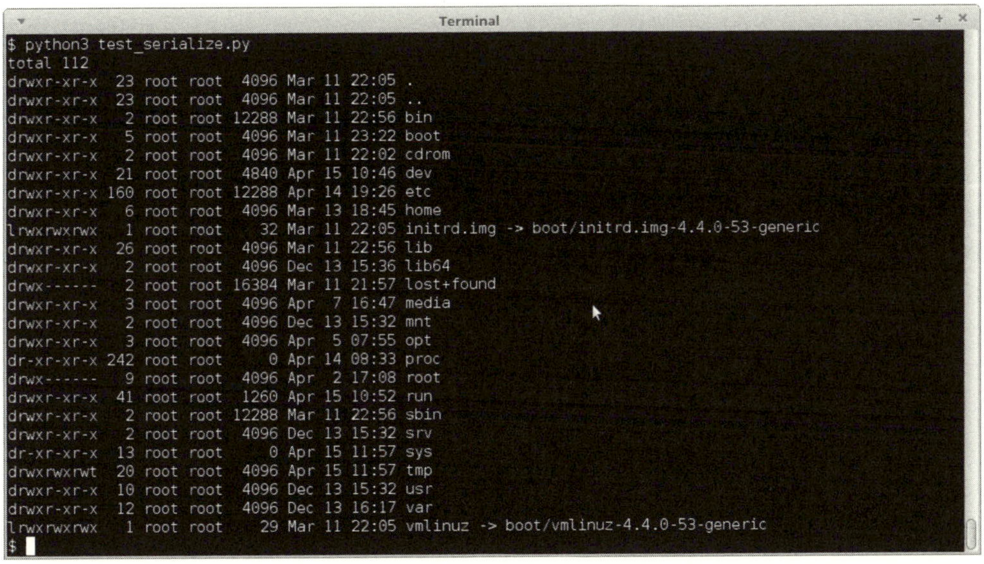

```
Terminal
$ python3 test_serialize.py
total 112
drwxr-xr-x  23 root root  4096 Mar 11 22:05 .
drwxr-xr-x  23 root root  4096 Mar 11 22:05 ..
drwxr-xr-x   2 root root 12288 Mar 11 22:56 bin
drwxr-xr-x   5 root root  4096 Mar 11 23:22 boot
drwxr-xr-x   2 root root  4096 Mar 11 22:02 cdrom
drwxr-xr-x  21 root root  4840 Apr 15 10:46 dev
drwxr-xr-x 160 root root 12288 Apr 14 19:26 etc
drwxr-xr-x   6 root root  4096 Mar 13 18:45 home
lrwxrwxrwx   1 root root    32 Mar 11 22:05 initrd.img -> boot/initrd.img-4.4.0-53-generic
drwxr-xr-x  26 root root  4096 Mar 11 22:56 lib
drwxr-xr-x   2 root root  4096 Dec 13 15:36 lib64
drwx------   2 root root 16384 Mar 11 21:57 lost+found
drwxr-xr-x   3 root root  4096 Apr  7 16:47 media
drwxr-xr-x   2 root root  4096 Dec 13 15:32 mnt
drwxr-xr-x   3 root root  4096 Apr  5 07:55 opt
dr-xr-xr-x 242 root root     0 Apr 14 08:33 proc
drwx------   9 root root  4096 Apr  2 17:08 root
drwxr-xr-x  41 root root  1260 Apr 15 10:52 run
drwxr-xr-x   2 root root 12288 Mar 11 22:56 sbin
drwxr-xr-x   2 root root  4096 Dec 13 15:32 srv
dr-xr-xr-x  13 root root     0 Apr 15 11:57 sys
drwxrwxrwt  20 root root  4096 Apr 15 11:57 tmp
drwxr-xr-x  10 root root  4096 Dec 13 15:32 usr
drwxr-xr-x  12 root root  4096 Dec 13 16:17 var
lrwxrwxrwx   1 root root    29 Mar 11 22:05 vmlinuz -> boot/vmlinuz-4.4.0-53-generic
$
```

図 6.4 シェルエクスプロイトによってさらされたルートディレクトリ

ルートディレクトリの内容がリストアップされていることがわかります．どのようにこの攻撃を防ぐべきでしょうか？

アプリケーションでのシリアライゼーションには，pickle のようなセキュアでないモジュールの使用は避けてください．その代わりに，json や yaml といった比較的安全な方法を選択しましょう．もし何らかの理由でアプリケーションが pickle に依存しているようなら，サンドボックス[*15]ソフトウェアや codeJail[*16]を使って，悪意のあるコードを防げる安全な環境を用意しましょう．

[*15]【訳注】サンドボックス：隔離された安全な環境としての仮想環境を構築し，そこで外部のプログラムを動作させることにより，分析や対策を行うセキュリティ機構．

[*16]【訳注】codeJail：https://github.com/edx/codejail

例えば，以下のコードは，前述のコードに簡易的な chroot [*17] jail [*18] を導入し，コンテキストマネージャを介した新しいルートディレクトリとして，安全なサブディレクトリを使用することで，ルートディレクトリでのコード実行を回避しています．なお，この実装は jail の一例に過ぎません．jail を実際に使用する場合には，セキュリティレベルを上げるための様々な設定が必要になります．

```
# test_serialize_safe.py
import os
import pickle
from contextlib import contextmanager

class ShellExploit(object):
    def __reduce__(self):
        # ルートディレクトリの中身を表示
        return (os.system, ('ls -al /',))

@contextmanager
def system_jail():
    """ 簡易的なchroot jail """
    os.chroot('safe_root/')
    yield
    os.chroot('/')

def serialize():
    with system_jail():
        shellcode = pickle.dumps(ShellExploit())
        return shellcode

def deserialize(exploit_code):
    with system_jail():
        pickle.loads(exploit_code)

if __name__ == '__main__':
  shellcode = serialize()
  deserialize(shellcode)
```

この jail によって，実行結果は図 6.5 のようになります．

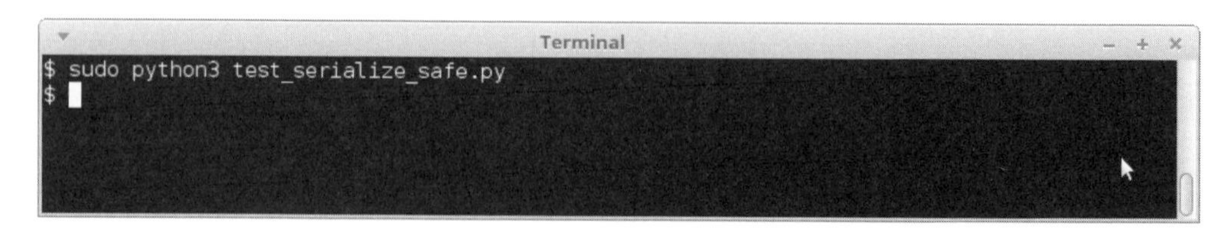

図 6.5　jail 導入後のシェルエクスプロイト結果

[*17]【訳注】chroot：ルートディレクトリを変更．chroot jail：jail へルートディレクトリを変更．
[*18]【訳注】jail：他のファイルシステムから完全に隔離された特別なファイルシステム．

現在のルートディレクトリは仮の jail であり，`ls` コマンドは，ディレクトリの中身を見つけられません．もちろん，プロダクション環境でこれを機能させるためには，許可されたプログラムのみを実行する適切な jail を設定する必要があります．

JSON のようなシリアライゼーション形式だとどうなるのでしょう？ 前述のような攻撃は可能なのでしょうか？ 以下の例は，`json` モジュールを使ったシリアライゼーション用のコードです．

```
# test_serialize_json.py
import os
import json
import datetime

class ExploitEncoder(json.JSONEncoder):
    def default(self, obj):
        if any(isinstance(obj, x) for x in (datetime.datetime, datetime.date)):
            return str(obj)
        # ルートディレクトリの中身を表示
        return (os.system, ('ls -al /',))

def serialize():
    shellcode = json.dumps([range(10),
                            datetime.datetime.now()],
                            cls=ExploitEncoder)
    print(shellcode)
    return shellcode

def deserialize(exploit_code):
    print(json.loads(exploit_code))

if __name__ == '__main__':
    shellcode = serialize()
    deserialize(shellcode)
```

自作の `ExploitEncoder` を用いて，デフォルトの JSON エンコーダがどのように書き換えられているかを見てみましょう．JSON フォーマットはこのようなシリアライゼーションをサポートしていないため，入力として渡されたリストの正しいシリアライゼーションを返しています．

```
$ python2 test_serialize_json.py
[[0, 1, 2, 3, 4, 5, 6, 7, 8, 9], "2017-04-15 12:27:09.549154"]
[[0, 1, 2, 3, 4, 5, 6, 7, 8, 9], u'2017-04-15 12:27:09.549154']
```

なお，図 6.6 に示すように，Python 3.x ではこのような攻撃に対して例外が投げられるため，攻撃は失敗に終わります．

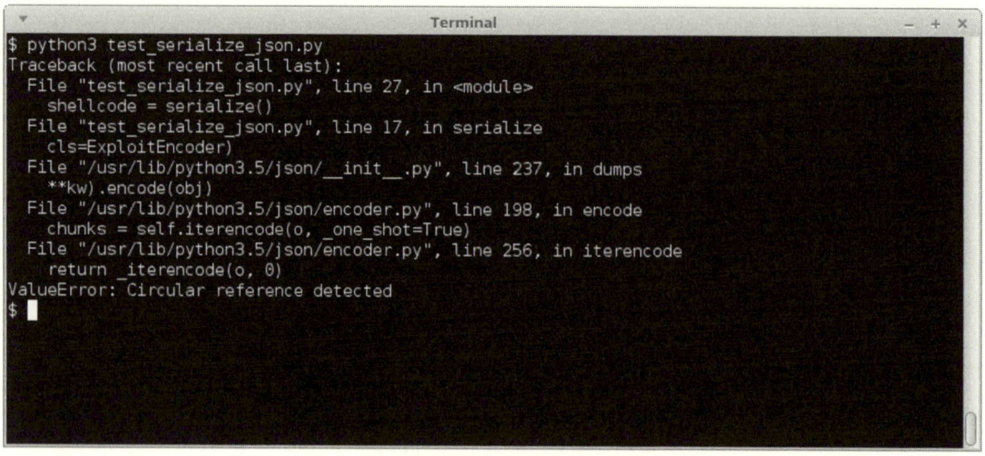

```
Terminal
$ python3 test_serialize_json.py
Traceback (most recent call last):
  File "test_serialize_json.py", line 27, in <module>
    shellcode = serialize()
  File "test_serialize_json.py", line 17, in serialize
    cls=ExploitEncoder)
  File "/usr/lib/python3.5/json/__init__.py", line 237, in dumps
    **kw).encode(obj)
  File "/usr/lib/python3.5/json/encoder.py", line 198, in encode
    chunks = self.iterencode(o, _one_shot=True)
  File "/usr/lib/python3.5/json/encoder.py", line 256, in iterencode
    return _iterencode(o, 0)
ValueError: Circular reference detected
$ 
```

図 6.6　Python 3.x で投げられる例外

6.5 | Web アプリケーションのセキュリティ

これまで見てきたセキュリティ上の問題は，入力の読み込み，式の評価，オーバーフロー，シリアライゼーションの四つに起因するものであり，それぞれの問題について，コンソール上で Python を実行し例示してきました．しかし，ユーザーが興味を示す対象のほとんどは，コンソールのアプリケーションではなく，日々使われる Web アプリケーションでしょう．そのため，Web アプリケーションに焦点を当ててセキュリティ問題を考慮する必要があります．

本節では，Web アプリケーションに対する攻撃例をいくつか見ていきます．なお，Web アプリケーションの多くは Web アプリケーションフレームワークで作られており，Python では Django，Flask，Pyramid がよく用いられます．本節では，Web アプリケーションフレームワークを用いた例に Flask を使います．

6.5.1　サーバーサイドテンプレートインジェクション

サーバーサイドテンプレートインジェクション（server side template injection; SSTI）は，一般的な Web フレームワークに対するサーバーサイドテンプレートを用いた攻撃方法です．SSTI はテンプレートへのユーザーの入力時に起きうる脆弱性を突いた攻撃で，Web アプリケーションの内部をのぞき見る，shell コマンドを実行する，サーバーを完全にダウンさせる，などがあります．

以下の例は，テンプレートエンジン[*19]を用いたとてもシンプルな Web アプリケーションです．

[*19] 【訳注】テンプレートエンジン：テンプレートと呼ばれるひな型に動的に変化するデータを埋め込み，得られた成果物を新たな文字列として出力するソフトウェア．

```
# ssti-example.py
from flask import Flask
from flask import request, render_template_string

app = Flask(__name__)

@app.route('/hello-ssti')
def hello_ssti():
    person = {'name':"world", 'secret':'jo5gmvlligcZ5YZGenWnGcol8JnwhWZd2lJZYo=='}
    if request.args.get('name'):
        person['name'] = request.args.get('name')
    template = '<h2>Hello %s!</h2>' % person['name']
    return render_template_string(template, person=person)

if __name__ == "__main__":
    app.run(debug=True)
```

コンソール上でこのコードを実行します．ブラウザから hello-ssti パスにアクセスすることで，アプリケーションが動作している様子を確認できます．

```
$ python3 ssti_example.py
* Running on http://127.0.0.1:5000/ (Press CTRL+C to quit)
* Restarting with stat
* Debugger is active!
* Debugger pin code: 163-936-023
```

次に，name パラメータが Harry の場合の URL（http://localhost:5000/?name=Harry）にアクセスしてみると，図 6.7 のようになります．

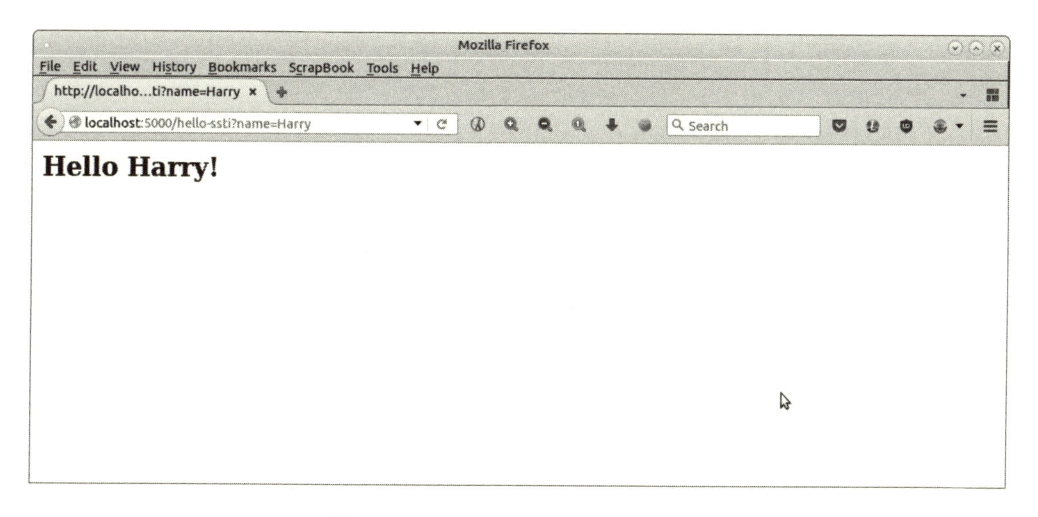

図 6.7　name=Harry としたときの出力

同様に，Tom, Dick and Harry とした場合（http://localhost:5000/?name=Tom, DickandHarry）を試してみると，図 6.8 のようになります．

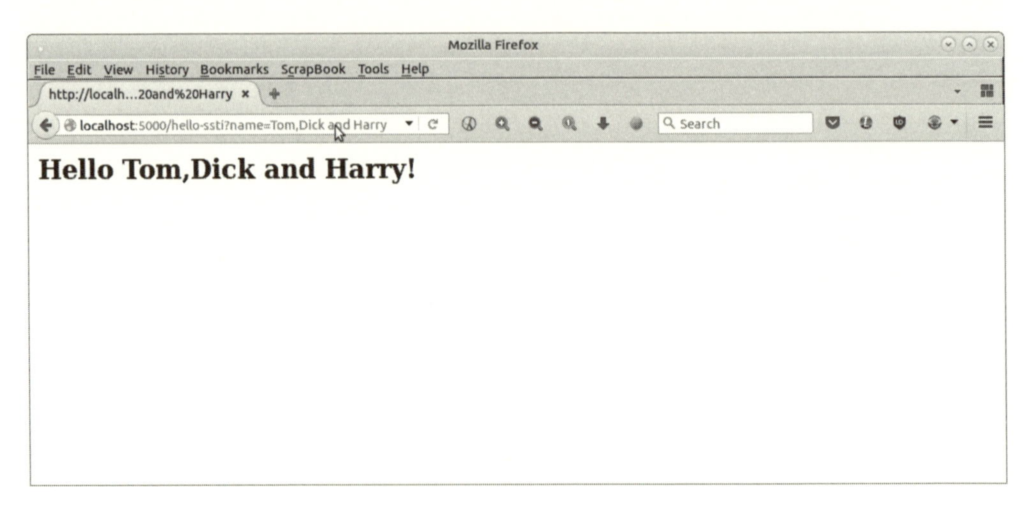

図 6.8　name=Tom, Dick and Harry としたときの出力

ここまではいたって普通の入力ですが，クラッカーがパラメータとして {{person.secret}} を入力したとしましょう．この URL（http://localhost:5000/?name=Tom{{person.secret}}）にアクセスしてみると，図 6.9 のようになります．

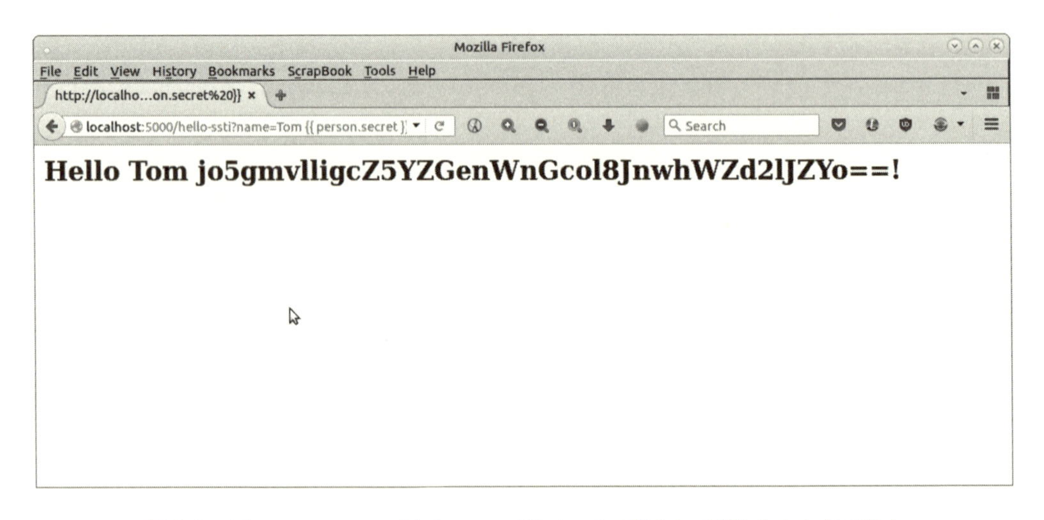

図 6.9　{{person.secret}}を name パラメータの値として挿入したときの出力

一体，何が起こったのでしょうか？ 安全でない文字列フォーマット %s を用いているため，“{{person.secret}}” と見なされた後，それが Python の式として評価されています．Flask のテンプレート言語に{{person.secret}}（Flask は Jinja2 テンプレートを標準で使用）を埋め込むことで，person 辞書の secret キーを参照し，そのバリューに対応するアプリケーショ

ンの秘密鍵を表示しています.

クラッカーはJinjaテンプレートを悪用し，このセキュリティホールを突いてくるでしょう．また，forループを使って図6.10のようなこともできてしまいます.

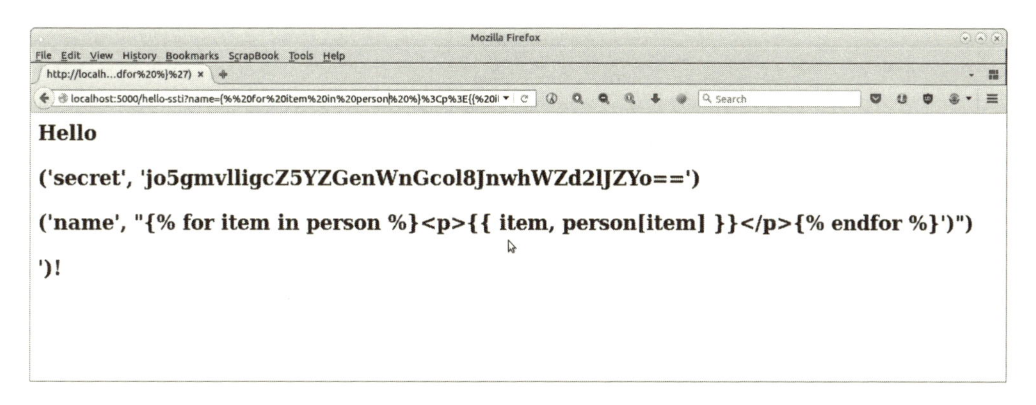

図6.10　forループによってさらされたsecretを含む複数の情報

この攻撃に使ったURLは以下です.

```
http://localhost:5000/hello-ssti?name={% for item in person %}<p>{{
item, person[item] }}</p>{% endfor %}
```

forループを通して，person辞書に格納されているすべての内容が表示されています.

また，この攻撃によって，サーバーサイドの設定パラメータに容易にアクセスできます．例えば，{{config}}をパラメータとして渡せば，Flaskの設定が表示されます．アクセスすると，図6.11に示すように，サーバーの設定がブラウザに表示されます.

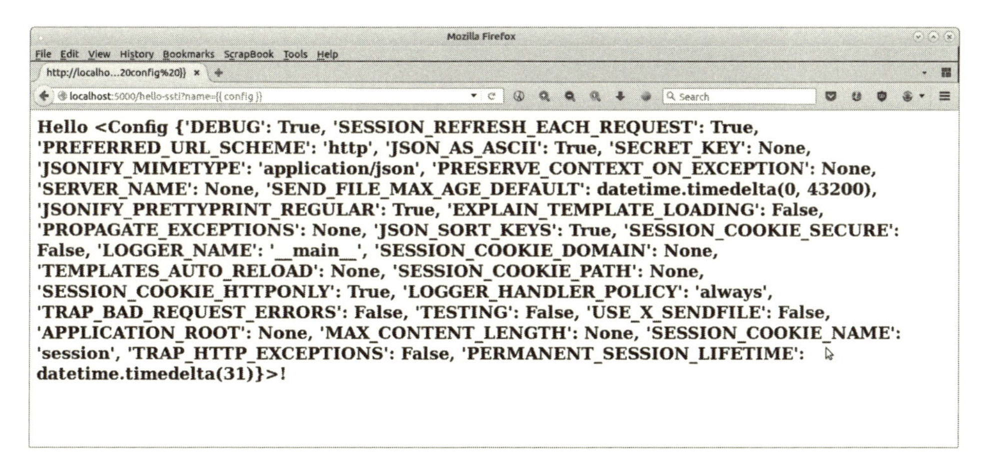

図6.11　さらされたサーバー設定

6.5.2　サーバーサイドテンプレートインジェクションへの対策

ここまでで，サーバーサイドテンプレートを使った Web アプリケーションや Web サーバーへの不正アクセスの例をいくつか見てきました．ここから，そのような攻撃への対策方法を取り上げます．

上記の %s 文字列テンプレートで見られた問題については，%s 文字列を使うのではなく，特定の変数をテンプレートに用いて対処しましょう．修正版を以下に示します．

```
# ssti-example-fixed.py
from flask import Flask
from flask import request, render_template_string, render_template

app = Flask(__name__)

@app.route('/hello-ssti')
def hello_ssti():
    person = {'name':"world", 'secret':'jo5gmvlligcZ5YZGenWnGcol8JnwhWZd2lJZYo=='}
    if request.args.get('name'):
        person['name'] = request.args.get('name')
    template = '<h2>Hello {{person.name}} !</h2>'
    return render_template_string(template, person=person)

if __name__ == "__main__":
    app.run(debug=True)
```

これで，先の攻撃は失敗に終わります．先の例と同様に，パラメータとして {{person.secret}} を渡した攻撃の結果を，図 6.12 に示します．

```
http://localhost:5000/?name=Tom {{person.secret}}
```

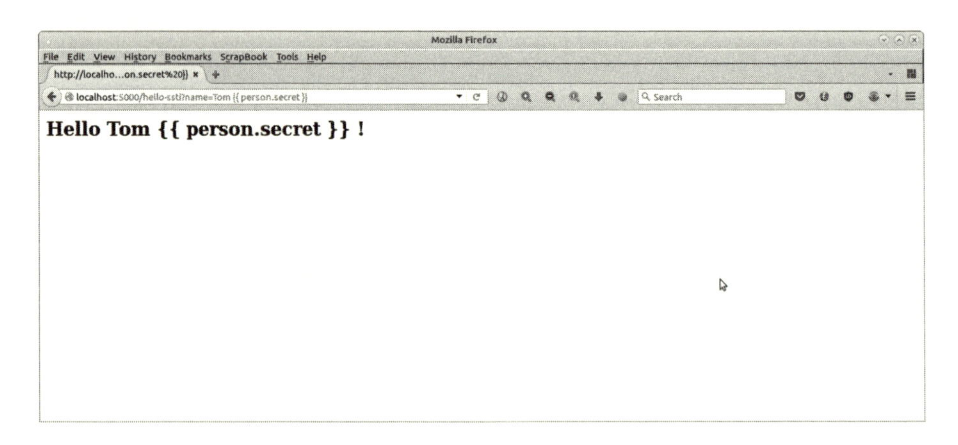

図 6.12　失敗に終わる{{person.secret}}を用いた攻撃

また，for ループを利用した攻撃の結果を図 6.13 に示します．

```
http://localhost:5000/hello-ssti?name={% for item in person %}<p>{{
item, person[item] }}</p>{% endfor %}
```

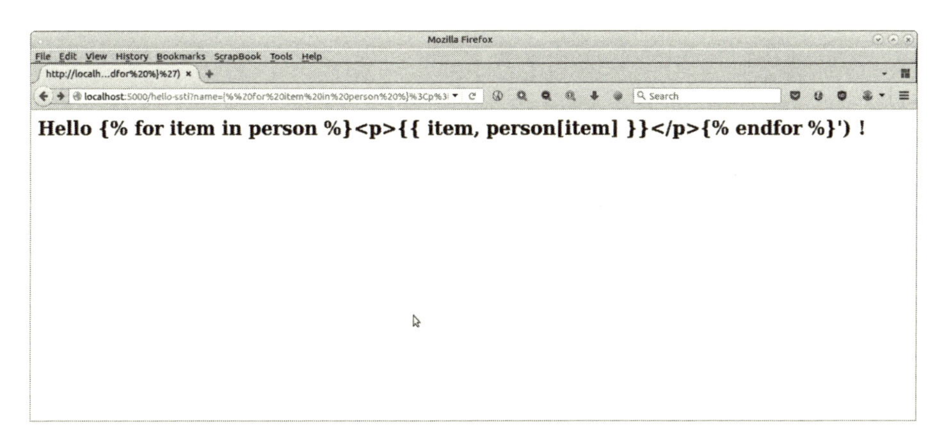

図 6.13　失敗に終わる for ループを用いた攻撃

6.5.3　DoS 攻撃

次は，広く知られた攻撃手法である Denial of Service（DoS）攻撃について見ていきましょう．DoS 攻撃は，Web アプリケーションの脆弱性のあるパスや URL を標的として，自作のパケットを大量に送りつける攻撃です．この攻撃により，対象のサーバーでは無限ループや高負荷な計算が無理やり引き起こされます．そのほかには，データベースからの大量のデータ読み込みなどを強制し，CPU に他の要求を実行できなくさせる，といった攻撃があります．

DDoS 攻撃（分散 DoS 攻撃）は，単一のドメインを標的として，複数のシステムを使用して行う DoS 攻撃です．通常，ボットネット[*20]を介して束ねられた数千もの IP アドレスが用いられます．

前述の例を組み合わせて DoS 攻撃を再現してみましょう．

```
# ssti-example-dos.py
from flask import Flask
from flask import request, render_template_string, render_template

app = Flask(__name__)

TEMPLATE = '''
<html>
  <head><title> Hello {{person.name}} </title></head>
  <body> Hello FOO </body>
```

*20【訳注】ボットネット：悪意のあるプログラムによって乗っ取られたコンピュータで構成されるネットワーク．

```
</html>
'''

@app.route('/hello-ssti')
def hello_ssti():
    person = {'name':"world", 'secret':'jo5gmvlligcZ5YZGenWnGcol8JnwhWZd2lJZYo=='}
    if request.args.get('name'):
        person['name'] = request.args.get('name')
    # FOOをperson['name']に置き換える
    template = TEMPLATE.replace("FOO", person['name'])
    return render_template_string(template, person=person)

if __name__ == "__main__":
    app.run(debug=True)
```

このコードでは，TEMPLATE というグローバル変数と，SSTI の例で使用した {{person.name}} テンプレート変数を使用します．変更点として，TEMPLATE 内の FOO を person['name'] で置き換えています．

%s は使われていませんが，もともとあった脆弱性は解消されていません．図 6.14 に示す URL と出力に注目してください．この例では，ページのタイトルではなく person.secret の値が表示されています．

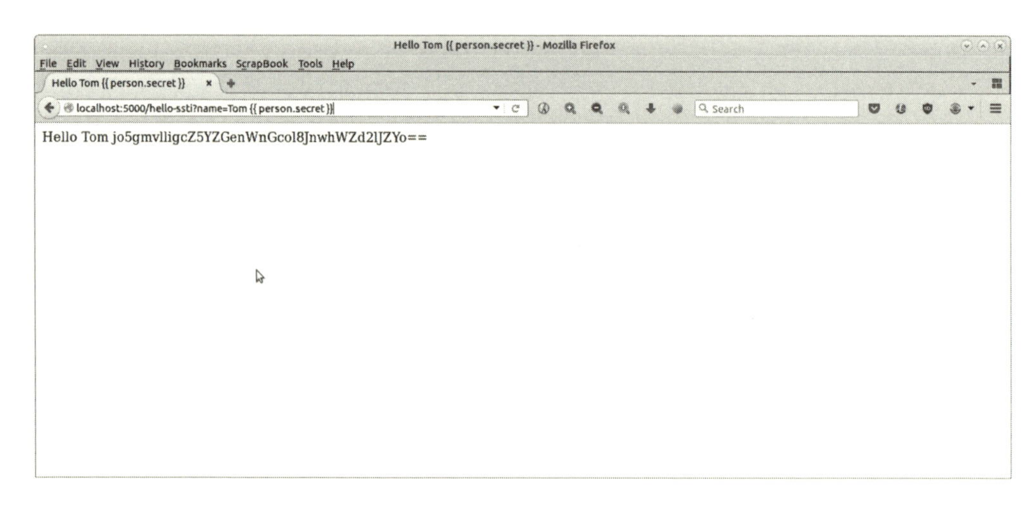

図 6.14　さらされた person.secret

これは以下の 2 行によって引き起こされています．

```
# FOOをperson['name']に置き換える
template = TEMPLATE.replace("FOO", person['name'])
```

図 6.15 の URL と出力からわかるように，算術演算の式も評価されてしまいます．

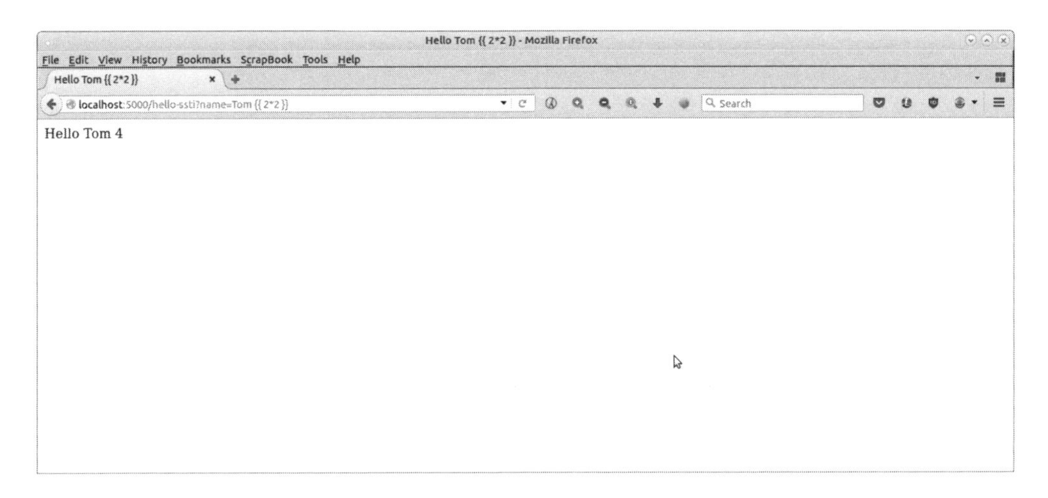

図 6.15　評価される算術演算の式

この脆弱性を突いた DoS 攻撃によって，処理しきれない高負荷な計算をサーバーに強いることができます．例えば，図 6.16 に示す攻撃では，膨大な数値を計算させることで CPU を占有し，アプリケーションの応答速度を落としています．この攻撃に用いられた URL は，`http://localhost:5000/hello-ssti?name=Tom {{100 ** 100000000}}` です．

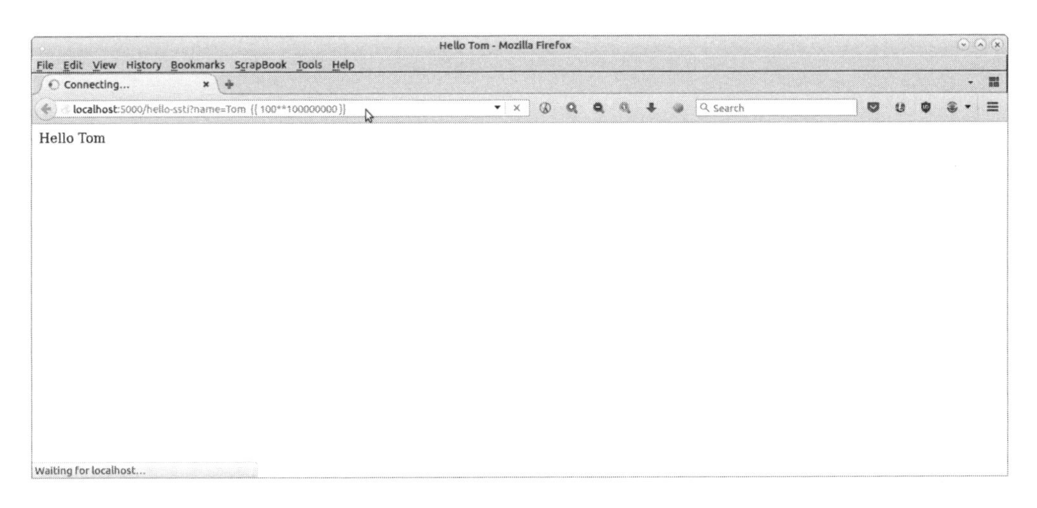

図 6.16　極めて高負荷な演算

`{{100 ** 100000000}}` という高負荷な演算を強いられたことで，サーバーがオーバーロードし，他のリクエストを受け取れなくなります．

図 6.17 では，新しいタブで開かれるはずのアプリケーションのローディングが終了しない様子が表示されています．これは DoS 攻撃により，リクエストが受け取れていないことを示しています．

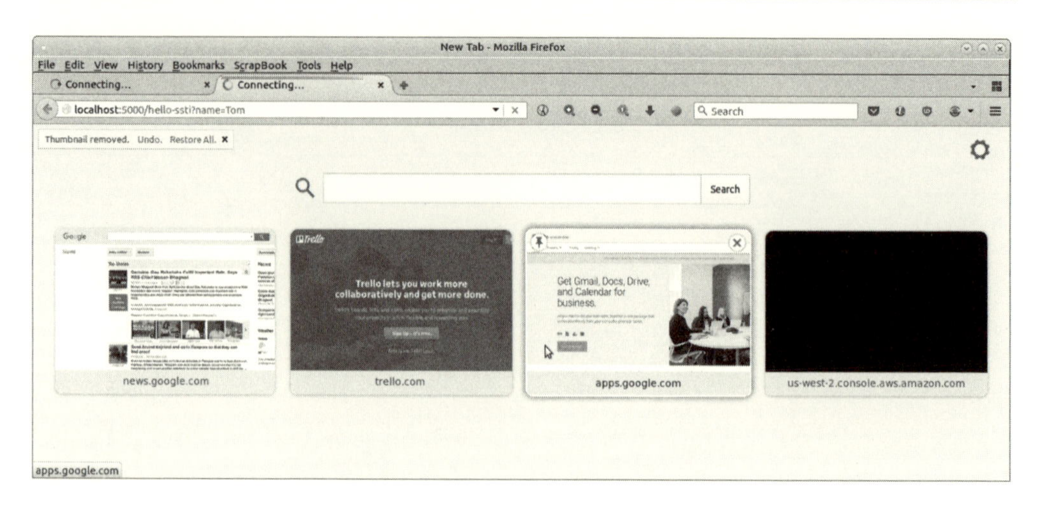

図 6.17　高負荷演算を強いられたページにおける終わらないローディング

6.5.4　XSS

前項で DoS 攻撃の再現のために使用したアプリケーションは，スクリプトインジェクションに対しても脆弱性があります．図 6.18 に示す攻撃を見てみましょう．

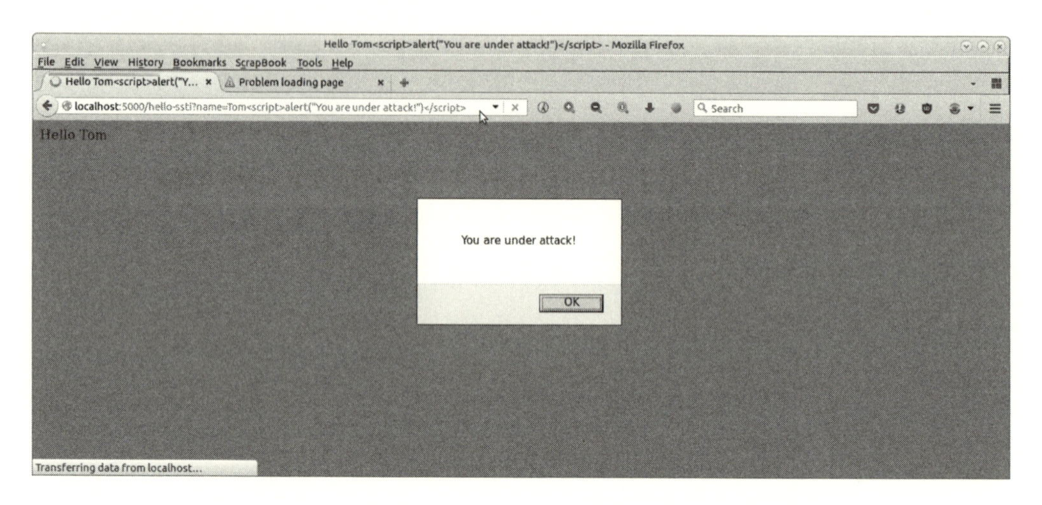

図 6.18　サーバーサイドテンプレートと JavaScript を用いた XSS

この攻撃は，以下の URL へのアクセスで再現できます．

```
http://localhost:5000/hello-ssti?name=Tom<script>alert("You are
under attack!")</script>
```

このような脆弱性があると，悪意のあるスクリプトをサーバーのコードに注入することで，他の Web サイトで読み込まれた際にクラッカーが制御できるようになります．この攻撃のことをクロスサイトスクリプティング（cross-site scripting; XSS）と呼びます．

6.5.5 DoS 攻撃と XSS への対策

先の二つの項で DoS 攻撃と XSS の簡単な例を見てきました．本項では，それらの攻撃に対してどのように対策すればよいかを見ていきましょう．

6.5.3 項の FOO 文字列を person['name'] に置き換えていた例は，その置き換え先をパラメータテンプレートに変更することで解決します．それに加えて，Jinja2 のフィルタ |e を用いると，出力が適切にエスケープされていることが確認できます．以下に修正したコードを示します．

```
# ssti-example-dos-fix.py
from flask import Flask
from flask import request, render_template_string, render_template

app = Flask(__name__)

TEMPLATE = '''
<html>
  <head><title> Hello {{person.name | e}} </title></head>
  <body> Hello {{person.name | e}} </body>
</html>
'''

@app.route('/hello-ssti')
def hello_ssti():
    person = {'name':"world", 'secret':'jo5gmvlligcZ5YZGenWnGcol8JnwhWZd21JZYo=='}
    if request.args.get('name'):
        person['name'] = request.args.get('name')
    return render_template_string(TEMPLATE, person=person)

if __name__ == "__main__":
  app.run(debug=True)
```

これによって，DoS 攻撃と XSS 両方に対する脆弱性が緩和され，攻撃を防いでいます．図 6.19 に DoS 攻撃の結果を，図 6.20 に XSS の結果を示します．

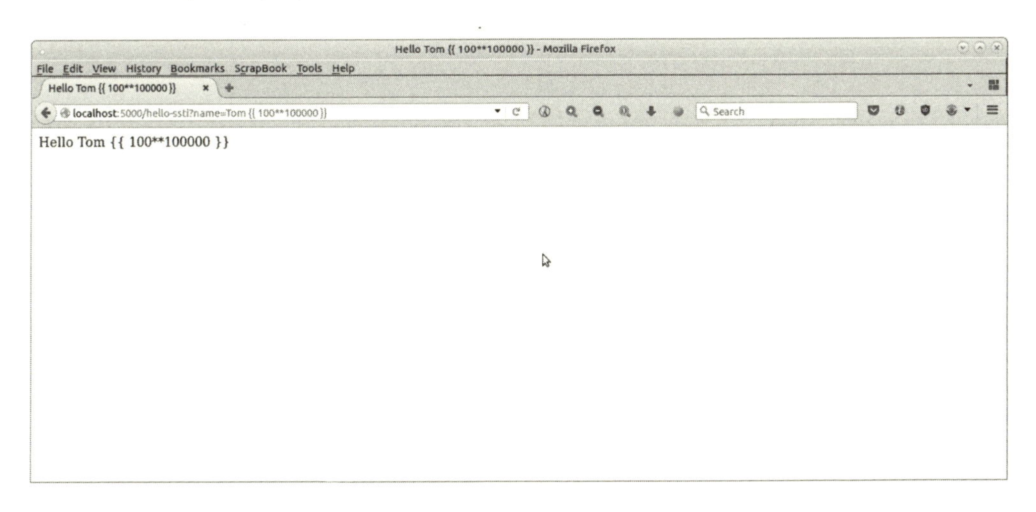

図 6.19　DoS 攻撃の例

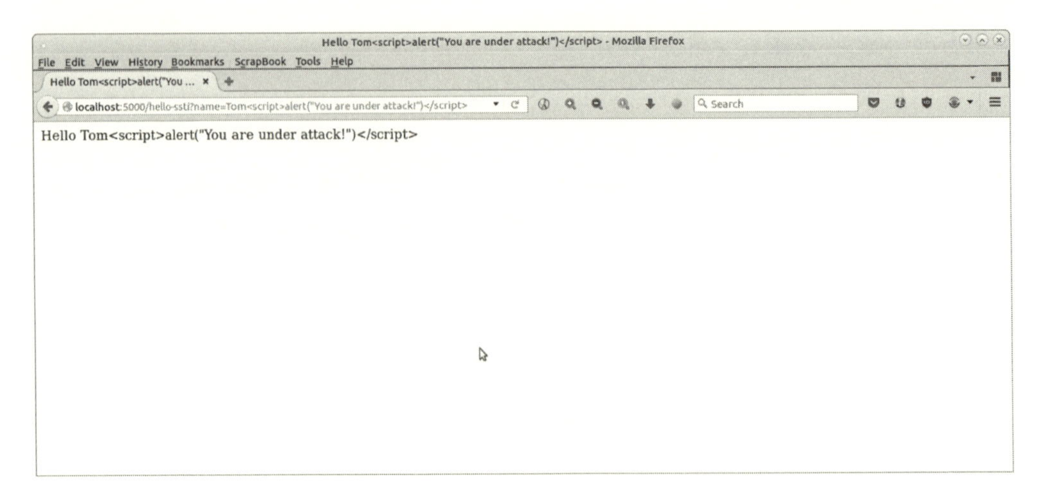

図 6.20　XSS の例

サーバーサイドテンプレートへの対策を施していないと，Django，Pyramid，Tornado といった他の Python Web フレームワークでも同様の脆弱性が生まれます．しかし，この章でそれぞれについて議論することはしません．興味のある読者は，目的のフレームワークのセキュリティ問題を議論している Web 上のリソースに目を通すとよいでしょう．

6.6　セキュアコーディングの注意点

これまで Python におけるいくつかの脆弱性について議論し，Web アプリケーションに影響を与える一般的なセキュリティ問題を見てきました．

さて，ここからは，セキュリティアーキテクトに有益な Tips や技術について取り上げていきます．これらの Tips や技術を活用すれば，セキュアなコーディングを導入でき，プログラムのデザインやデプロイ段階で発生しうるセキュリティ問題を緩和できるはずです．

[1]　入力読み込み

Python 2.x の場合，コンソール上の入力を読み込むときは，`input` 関数ではなく `raw_input` 関数を使ってください．`raw_input` 関数は，Python の式を評価せず，そのままの文字列を返すためです．型の変換やバリデーションは自前で実装し，型が一致しない場合には例外を投げる，もしくはエラーを返すようにしましょう．パスワードを読み込むときは，`getpass` などの専用ライブラリを使用し，戻り値に対してバリデーションを行ってください．適切なバリデーションによって，パスワードのようなセンシティブな情報も，安全に使用することができます．

[2]　式の評価

これまでに取り上げたように，`eval` 関数には潜在的なセキュリティホールがあります．したがって，Python における最も良い方法は，eval 関数やその類似モジュールを使わないことです．特にユーザーの入力や，サードパーティのライブラリから得られたデータ，管理下にないAPI などには絶対に使ってはなりません．信用できて，かつ管理下にある関数からの入出力に対してのみ使用してください．

[3] シリアライゼーション

シリアライゼーションには，pickle や cPickle ではなく，json や yaml などのモジュールを使用してください．pickle や cPickle を使わなければならない場合は，chroot jail やサンドボックスといった対策をとり，悪影響を最小限に抑えるようにしましょう．

[4] オーバーフローエラー

オーバーフローエラーは例外処理によって対処しましょう．Python は読み込み・書き込みアクセス時にそのコンテナを確認して例外を投げるので，純粋なバッファオーバーフローエラーに悩むことはありません．

クラスの __len__ をオーバーライドする際，必要であればオーバーフローもしくは TypeError について例外処理してください．

[5] 文字列のフォーマット

%s での補完ではなく，テンプレート文字列で使用可能なより新しく安全な format メソッドを使いましょう．

以下に例を示します．

```
def display_safe(employee):
    """ employeeインスタンスの詳細を表示 """
    print("Employee: {name}, Age: {age}, profession: {job}".format(**employee))

def display_unsafe(employee):
    """ employeeインスタンスの表示 """
    print ("Employee: %s, Age: %d,
             profession: %s" % (employee['name'],
                                employee['age'],
                                employee['job']))
```

```
>>> employee={'age': 25, 'job': 'software engineer', 'name': 'Jack'}
>>> display_safe(employee)
Employee: Jack, Age: 25, profession: software engineer

>>> display_unsafe(employee)
Employee: Jack, Age: 25, profession: software engineer
```

[6]　ファイル

ファイルを扱う際には，コンテキストマネージャ[21]によって，操作後にファイルディスクリプタ[22]を閉じるようにしましょう．例えば，以下のような方法があります．

```
with open('somefile.txt','w') as fp:
    fp.write(buffer)
```

こうすることで，ファイルの読み取り中や書き込み中に例外が発生しても，ディスクリプタが閉じられることが保証されます．また，次のように書くのは避けましょう．

```
fp = open('somefile.txt','w')
fp.write(buffer)
```

[7]　パスワードや重要な情報の扱い

パスワードのような重要な情報を検証する際には，オリジナルのデータをそのまま比較するのではなく，暗号学的ハッシュ関数[23]を用いた比較を行いましょう．

暗号学的ハッシュ関数を用いることで，クラッカーがシェル実行時や入力データ評価時の脆弱性を突くことで機密データを盗み出せたとしても，そのデータを保護することができます．簡単な例を以下に示します．

```
# compare_passwords.py - basic
import hashlib
import sqlite3
import getpass

def read_password(user):
    """ パスワードDBからパスワードを読み込む """
    # デモ用にsqlite dbを使用
    db = sqlite3.connect('passwd.db')
    cursor = db.cursor()
    try:
        passwd=cursor.execute("select password from passwds \
                where user='%(user)s'" % locals()).fetchone()[0]
        return hashlib.sha1(passwd.encode('utf-8')).hexdigest()
    except TypeError:
        pass
```

[21]【訳注】コンテキストマネージャ：with 文実行時に，特殊メソッドである __enter__ メソッドの呼び出しで組み立てられ，__exit__ メソッドの呼び出しで終了するオブジェクト．__enter__ メソッドと __exit__ メソッドを実装しているクラス，もしくはデコレータによって，これらのメソッドと同等の機能を備えた関数が該当します．

[22]【訳注】ファイルディスクリプタ：識別子の一つ．プログラムがアクセスするファイルや標準入出力などをOSが識別するために用いられます．

[23]【訳注】暗号学的ハッシュ関数：暗号など情報セキュリティに適した性質を持つハッシュ関数．

```
def verify_password(user):
    """ パスワードをチェック """
    hash_pass = hashlib.sha1(getpass.getpass("Password:").encode('utf-8')).hexdigest()
    print(hash_pass)
    if hash_pass==read_password(user):
        print('Password accepted')
    else:
        print('Wrong password, Try again')

if __name__ == "__main__":
    import sys
    verify_password(sys.argv[1])
```

より適した方法は，ビルトイン関数の salt とハッシュラウンドの定数を内部に持った，パスワードハッシュ化用ライブラリを用いることです．以下に，Python の passlib ライブラリを用いた例を示します．

```
# crypto_password_compare.py
import sqlite3
import getpass
from passlib.hash import bcrypt

def read_passwords():
   """ パスワードDBからすべてのユーザーのパスワードを読み込む """
   # デモ用にsqlite dbを使用
   db = sqlite3.connect('passwd.db')
   cursor = db.cursor()
   hashes = {}
   for user,passwd in cursor.execute("select user,password from passwds"):
       hashes[user] = bcrypt.encrypt(passwd, rounds=8)
   return hashes

def verify_password(user):
   """ パスワードをチェック """
   passwds = read_passwords()
   # 暗号を取得
   cipher = passwds.get(user)
   if bcrypt.verify(getpass.getpass("Password: "), cipher):
       print('Password accepted')
   else:
       print('Wrong password, Try again')

if __name__ == "__main__":
   import sys
   verify_password(sys.argv[1])
```

図 6.21 では，passwd.db sqlite データベースを 2 人のユーザーとそれぞれのパスワードで用意しています．

```
(env) $ sqlite3 passwd.db
SQLite version 3.11.0 2016-02-15 17:29:24
Enter ".help" for usage hints.
sqlite> select * from passwds;
jack|reacher123
frodo|ring123
sqlite> 
```

図 6.21　passwd.db の実行例

図では説明のために入力されたパスワードがそのまま表示されていますが，実際は getpass ライブラリによって読めないようになっています．

以下に実行例を示します．

```
$ python3 crytpo_password_compare.py jack
Password: test
Wrong password, Try again

$ python3 crytpo_password_compare.py jack
Password: reacher123
Password accepted
```

[8]　ローカルデータ

重要なデータを関数のローカル変数として扱うことは，できる限り控えてください．関数内のバリデーションや評価時のセキュリティホールが攻撃対象になり，そこを突くことでローカルスタック，ローカルデータにアクセスできてしまいます．重要なデータは暗号化もしくはハッシュ化して，別のモジュールに保存してください．以下に簡単な例を示します．

```
def func(input):
    secret='e4fe5775c1834cc8bd6abb712e79d058'
    verify_secret(input, secret)
    # その他の処理
```

この例では，秘密鍵をローカル変数 secret に直接代入しています．そのため，この関数のスタックにアクセスしたクラッカーに，秘密鍵も盗まれてしまうことになります．このような情報は，別のモジュールに入れておくべきです．もし secret をハッシュ化もしくは検証用に使うのであれば，以下のようにしましょう．secret に代入されている元の値はさらされていないため，よりセキュアになっています．

```
# bcryptのroundsパラメータに8を渡してハッシュ化したsecret
# (bcryptはBlowfish暗号ベースのハッシュ化関数)
secret_hash='$2a$08$Q/lrMAMe14vETxJC1kmxp./JtvF4vI7/b/VnddtUIbIzgCwA07Hty'
```

```
def func(input):
    verify_secret(input, secret_hash)
```

[9] 競合状態

Pythonには優れたスレッディングプリミティブが備わっています．マルチスレッドや共有リソースを利用する際にはthreadingモジュールを使用しましょう．以下のクラスを用いることで，リソースへのアクセスを同期させ，競合状態やデッドロックを避けることができます．

- threading.Lock：排他制御によって同時書き込み可能なリソースを保護します．
- threading.BoundedSemaphore：セマフォによって複数の並列アクセスをシリアライズし，限られた容量のリソースを保護します．
- threading.Condition：各スレッドのオブジェクトをスレッド間で共有します．あるスレッドについて，共有したオブジェクトの状態が変化するまで，別のスレッドによってブロックすることで同期します．
- threading.Event：あるイベントが発生するまでスレッドを待機させ，他のスレッドでイベントを発生させたときに待機スレッドを再開させることで同期します（conditionオブジェクトでも可）．

マルチプロセスを利用する際には，マルチプロセス用のライブラリによって提供されるモジュールを使用してリソースへの同時アクセス機能を実装してください．

[10] システムを常に最新に

セキュリティに関する最新情報を常にチェックし，パッケージをセキュリティアップデートし続けることが，セキュアなシステムを作る最もシンプルな方法です．これはアプリケーションに大きく影響するパッケージであれば，なおさらです．多くのWebサイトでは，Pythonとその標準ライブラリモジュールを含む多くのオープンソースプロジェクトについて，そのセキュリティレベルを常に更新しています．

これらは，Common Vulnerabilities and Exposures（CVE）[*24]によって報告されています．また，Mitre（http://cve.mitre.org/）などのサイトで日々更新状況がわかるようになっています．図6.22に示すように，"Python"で検索したところ，約213件の結果が得られました．

アーキテクト，DevOpsエンジニア，ホームページ管理者は，システムパッケージを更新することができ，セキュリティの更新も常に行うことができます．リモートサーバーに対しては，最新のセキュリティパッチを2〜3か月に1回アップグレードすることを推奨します．

- OWASP（Open Web Application Security Project）は，セキュリティ上の脅威に対して標準的なCPythonより頑健なPythonを開発することを目指している，フリーのサー

[*24]【訳注】CVE：個別製品中の脆弱性を対象として，米国政府の支援下にある非営利団体のMITRE社が採番している識別子のこと．本書翻訳時点（2018/10/14）では260件の検索結果が得られます．

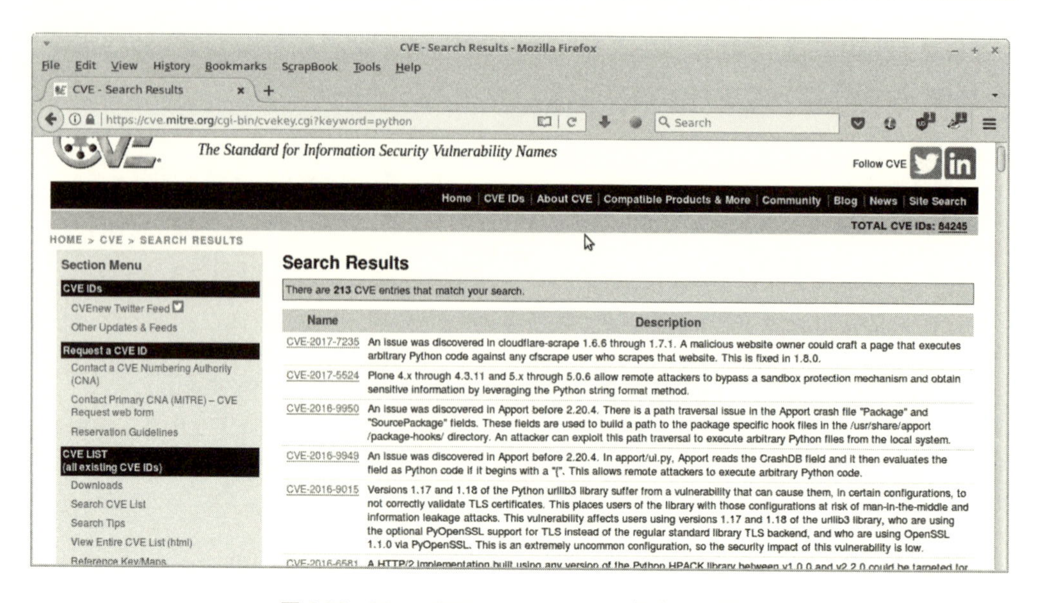

図 6.22　Mitre CVE で "Python" を検索した結果

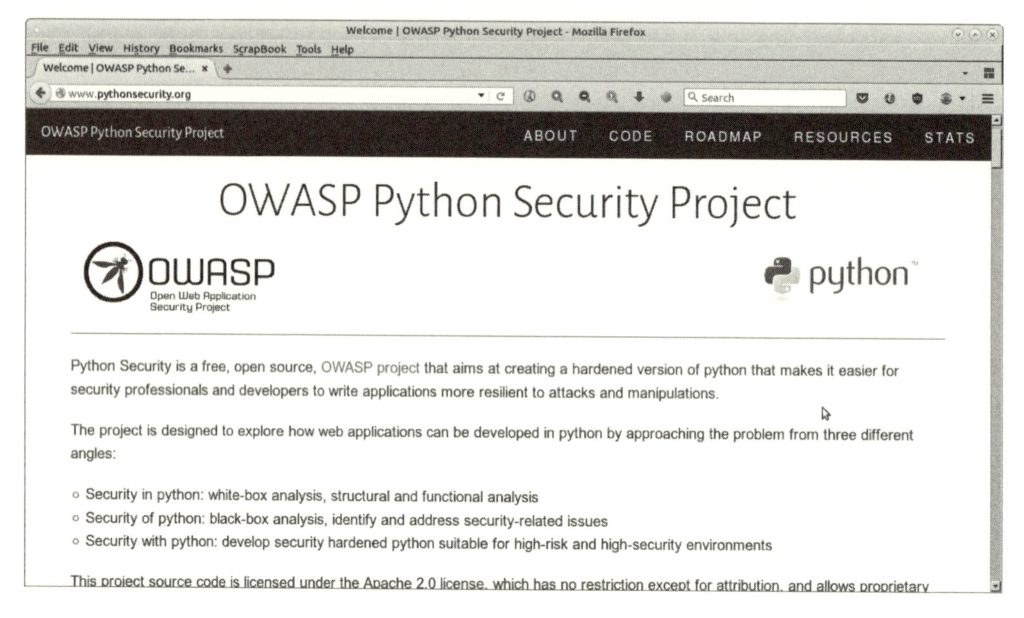

図 6.23　OWASP Python セキュリティプロジェクトのホームページ

ドパーティプロジェクトです．

- OWASP Python セキュリティプロジェクト図 6.23 は，Web サイトおよび関連 GitHub プロジェクト（`https://github.com/ebranca/owasp-pysec/`）を介して，Python のバグレポートやツールなどの成果物を公開しています．

ステークホルダーはこのプロジェクトの報告に目を通し，Python のセキュリティに関する最新情報を把握するとともに，OWASP が公開したテストを実行するとよいでしょう．

6.7 セキュアコーディングの開発方針

ソフトウェアアーキテクチャにおけるセキュリティ品質についての議論も終盤です．ここで，セキュリティアーキテクトの視点から，ソフトウェア開発チームで採用するべき方針をまとめておきましょう．表6.1に示す10個の方針のうち，いくつかはこれまでに議論したものです．

表6.1　セキュアコーディングの開発方針

	開発方針	説明
1	入力のバリデーション	外部からの入力はバリデーションをする．適切なバリデーションによって，大半の脆弱性に対応できる．
2	シンプルなものに保つ	プログラムの設計をできる限りシンプルなものにする．実装，設定，デプロイ時のセキュリティ上の問題は，複雑な設計によって引き起こされることがある．
3	最小限の権限	すべてのプロセスにおいて，必要のない権限を与えない．例えば，`/tmp`からデータを読み込む際，ルート権限を与える必要はない．
4	データをサニタイズ	データベース，コマンドシェル，COTsコンポーネント，サードパーティのミドルウェアなど，サードパーティシステムに対する送受信データは，サニタイズ[*25]をする．そうすることで，SQLインジェクションやシェルエクスプロイトなどの可能性を減らせる．
5	アクセスの認可	ログイン認証やその他の認証が必要な役割を，そうでない役割から切り離す．同じコード内で，アクセスに必要な権限レベルが異なる箇所があってはならない．適切な割り当てによって，重要なデータをさらさないようにする．
6	効率的なQAを用意	良いセキュリティテスト技術は，脆弱性の特定や排除に役立つ．ファズテスト[*26]，侵入テスト，ソースコード監視などを行う．
7	対策を組み合わせる	セキュリティレベルごとに必要な対策を組み合わせることで，リスクを緩和する．例えば，セキュアなプログラミング技法とランタイムの設定を適切に組み合わせることで，ランタイム環境でのセキュリティレベルが向上する．
8	セキュリティ要求を定義	システム開発の初期段階でセキュリティ要求を決定し，文書化する．その要求に変更があれば，その都度更新する．
9	脅威をモデリング	ソフトウェアがさらされうる脅威をモデリングし，事前に対策をする．
10	セキュリティポリシーを決定	システムとそのサブシステムに一貫したセキュリティポリシーを備えたソフトウェアアーキテクチャを構築し，維持する．

[*25]【訳注】サニタイズ：&や>などの特殊文字を一般的な文字列に変換する処理．

[*26]【訳注】ファズテスト：様々な種類の不適切な入力を大量に用意し，総当たり的に行う異常系テスト．

6.8 まとめ

本章は，セキュリティを構築するシステムアーキテクチャの詳細を把握することから始めました．セキュアコーディングを定義した上で，いくつかの実践方法を取り上げ，原則に対する理解を深めていきました．

ソフトウェアシステムにおける一般的なセキュリティの脆弱性について説明しました．複数の脆弱性を対象とし，バッファオーバーフロー，入力に対する不適切なバリデーション，不適切なアクセス制御，暗号に関する問題，情報漏洩，不適切なファイル操作などを取り上げました．

次に，Python を用いて個々のセキュリティ問題に取り組みました．入力の読み込みと評価，オーバーフローエラー，シリアライゼーションなどに関する問題です．そして，Flask を対象にして，Python での Web アプリケーションフレームワークにおける共通の脆弱性について触れました．扱った脆弱性は，Web アプリケーションのテンプレートの弱点を利用した SSTI，XSS，DoS などです．また，それぞれの攻撃への対処方法を紹介しました．

そして，Python でセキュアなコードを書く際に役立つ技術をいくつか挙げました．コード内の重要なデータやパスワードの暗号ベースのハッシュ化の管理方法について詳細に解説し，様々な例を通して議論しました．セキュリティに関するニュースや最新技術を追跡し，セキュリティパッチでシステムを更新し続ける重要性についても触れました．

最後に，セキュアコーディング戦略で重要な点を 10 個にまとめました．アーキテクトはこの戦略をチームに導入することで，セキュアなコードやシステムを構築できるでしょう．

次の章では，デザインパターンと呼ばれる，ソフトウェアエンジニアリングやソフトウェアデザインにおける重要な性質を見ていきます．

第7章

デザインパターン

これまで，ソフトウェアエンジニアとアーキテクトは，優れたソフトウェアアーキテクチャやソフトウェアデザインを多く生み出してきました．それらを再利用することで，ソフトウェアの設計と実装を簡単に行うことができます．このとき，その中でもよく使われるソフトウェアアーキテクチャやソフトウェアデザインを，**デザインパターン**と呼びます．新しくコードを記述するときに何かしらの問題に直面した場合，経験豊富な優れたアーキテクトほど，デザインパターンを用いて解決しようとします．また，デザインパターンは不変ではなく，より良いものがあればそれが採用され浸透することになるでしょう．

ある問題の解決に役立つようなソフトウェアデザインが，新しいデザインパターンとして発展していきます．あるデザインやアーキテクチャによって，特定の問題だけでなく類似した問題をも解決できるとき，優れた開発者たちは，その手法をますます適用させて，その解決構造をパターンとしてまとめるのです．

この章では，Python によるデザインパターンの実装を解説します．Python は動的型付け言語であり，クラスやメタクラス，第 1 級関数，コルーチン，呼び出し可能オブジェクトなどによって，高水準なオブジェクト指向をサポートしています．これらの Python の特徴は，アーキテクチャやデザインを再利用する際に役立ちます．実際に，C++ や Java などのプログラミング言語とは対照的に，Python で特定のデザインパターンを実装する場合，複数の方法を選択できます．また，デザインパターンを Pythonic に実装することで，C++ や Java で用いられる標準的なデザインパターン実装をそのまま Python での実装として導入するより，そのパターンの真髄を理解できるでしょう．

本書では，一般的な書籍や文献で扱っているようなデザインパターンの包括的なガイドではなく，デザインパターンの Pythonic な実装方法に焦点を当てています．その中で，デザインパターンの一般的な性質について触れることで，結果的にデザインパターンを使用するべき勘どころがわかるような構成になっています．

7.1 デザインパターンの構成要素

特定の問題やそれと類似した問題を適切に解決するデザインを再利用するために記録したものが，デザインパターンです．そして，デザインパターンは，オブジェクト指向システムに頻繁に用いられます．

これから様々なデザインパターンの議論を深めていくために，デザインパターンすべてに共通する構成要素を紹介します．

- **名前**：パターンの名前は当然ながら重要です．それだけでパターンの性質を示せる重要な役割を持っています．また，標準となっているパターンでは，その名前だけで性質を伝えることができます．
- **コンテキスト**：デザインパターンで解決したい問題が発生する状況です．コンテキストは，Web アプリケーションの開発中に発生するような一般的な問題であったり，パブリッシュ/サブスクライブモデル[*1]を使用してリソース交換の通知を実装したいというような，特定の状況下の問題であったりします．
- **問題**：デザインパターンで解決したい問題そのものです．
  - **要件**：問題を解決するのにあたり，満たさなければならない事項を指します．例えば，HTTP プロトコルをサポートしたパブリッシュ/サブスクライブモデルで実装しなければならない，といった要件が挙げられます．
  - **制約**：解決する上で守らなければならない条件を指します．例えば，スケーラブルな P2P のパブリッシャパターンを構築したい場合は，通知のために三つ以上のメッセージを送るべきではありません．
  - **追加特性**：解決する上で，理想的には持っておきたい特性を指します．例えば，Windows や Linux など異なるプラットフォーム上でも同様に動作すること，といった特性が挙げられます．
- **解決策**：問題を解決する方法を指します．解決策はクラスなどの要素から構成され，それらの静的関係や実行時の振る舞いを明確にして，クラス間の構造や責任を説明します．解決策を作成する際は，どの問題を解決できて，どの問題を解決できないかを議論するべきです．また，デザインパターンを適用することによって起こる事象に関して言及することで，そのパターンを適用した場合のトレードオフを明確にしなければなりません．

あるデザインパターンによって，特定の問題がもたらすすべての事項を解決できるわけではありません．しかし，デザインパターンは，問題を解決するために行われる実装変更に対して開放的な設計になっています．

[*1]【訳注】Observer パターンの項（7.5.2 項）で詳しく解説します．

7.2 デザインパターンのカテゴリ

デザインパターンには様々な種類が存在しますが，「デザインパターンが使用される目的」に注目すると，以下の三つのカテゴリに分類できます．それぞれのカテゴリは，使用目的とともに，そのパターンが解決する問題の種類を表しています．

- **生成に関するパターン**：オブジェクトの生成や初期化に関する問題を解決するパターンです．これらはオブジェクトのライフサイクルで最も初期に起こる問題であり，非常に重要です．生成に関するデザインパターンを，簡単に紹介します．
  - Factory パターン：例えば「関連するクラスインスタンスとともに，再現可能かつ予測可能な方法でインスタンスを作成するにはどうすればよいか」という問題を解決するパターンです．
  - Prototype パターン：例えば「一つのインスタンスに対して，100 個以上のコピーを作成したい場合，どのように実装するのがスマートか」という問題を解決するパターンです．
  - Singleton パターン：例えば「あるクラスのインスタンスが一度だけ初期化され，かつオブジェクトも一つであることを保証するにはどうすればよいか」や「どのクラスのインスタンスからも同じ初期状態を共有するにはどうすればよいか」という問題を解決するパターンです．
- **構造に関するパターン**：オブジェクト同士を組み合わせて意味のある構造を提供するパターンです．オブジェクトの部分的な機能を隠蔽して全体を捉えることができるので，開発者やアーキテクトに再利用可能なインタフェースを提供できます．当然ながら，この問題はオブジェクトの生成された後に解決される問題です．このグループに属するデザインパターンを紹介します．
  - Proxy パターン：例えば「ラッパーを使用してオブジェクトとそのメソッドのアクセスを制御したいとき，どのように実装するべきか」という疑問を解決するパターンです．
  - Composite パターン：例えば「ウィジェットツリーなど，多くのコンポーネントからなる構造を表現する際，構成全体と一つひとつのコンポーネントを同じクラスで表現したい場合は，どのように実装するべきか」という疑問を解決するパターンです．
- **振る舞いに関するパターン**：実行時に発生するオブジェクト同士のやりとり，およびそれらの責任をどのように分散させるか，という問題を解決するパターンです．当然ながら，これらの問題はクラスが作成された後の段階で発生します．そのあとで大きな構造に結合されます．このグループに属するデザインパターンを紹介します．
  - Mediator パターン：オブジェクトの相互参照時，オブジェクト同士を疎結合にして，相互作用の実行時にダイナミクスを促進するパターンです．

- Observer パターン：リソースの状態が変わったときにオブジェクトに通知する必要がある場合，リソースに対してポーリングし続けることは望ましくありません．この問題を解決するパターンがObserver パターンです．

7.2.1　プラグ可能なハッシュアルゴリズム

入力ストリーム（ファイルまたはネットワークソケット）からデータを読み込み，コンテンツをチャンク形式でハッシュ化したいとします．ハッシュアルゴリズムに md5 を使用する場合の実装は，次のようになります．

```
# hash_stream.py
from hashlib import md5

def hash_stream(stream, chunk_size=4096):
    """ md5を用いたストリームのハッシュ化 """
    shash = md5()
    for chunk in iter(lambda: stream.read(chunk_size), ''):
        shash.update(chunk)
    return shash.hexdigest()
```

特に明記しない限り，コードは Python 3.x を動作対象とします．

```
>>> import hash_stream
>>> hash_stream.hash_stream(open('hash_stream.py'))
'e51e8ddf511d64aeb460ef12a43ce480'
```

このコードが再利用可能で汎用性の高い実装であるためには，複数のハッシュアルゴリズムを切り替えられなければなりません．しかしながら，この切り替えを実装しようとすると，コードの大部分を修正する必要があります．その点で，このコードは汎用性の低い，スマートでない実装です．どのくらい修正が必要か，実際に別のアルゴリズムを実装してみましょう．

```
# hash_stream.py
from hashlib import sha1
from hashlib import md5

def hash_stream_sha1(stream, chunk_size=4096):
    """ sha1を用いたストリームのハッシュ化 """
    shash = sha1()
    for chunk in iter(lambda: stream.read(chunk_size), ''):
        shash.update(chunk.encode('utf-8'))
    return shash.hexdigest()
```

```
def hash_stream_md5(stream, chunk_size=4096):
    """ md5を用いたストリームのハッシュ化 """
    shash = md5()
    for chunk in iter(lambda: stream.read(chunk_size), ''):
        shash.update(chunk.encode('utf-8'))
    return shash.hexdigest()
```

```
>>> import hash_stream
>>> hash_stream.hash_stream_md5(open('hash_stream.py'))
'e752a82db93e145fcb315277f3045f8d'

>>> hash_stream.hash_stream_sha1(open('hash_stream.py'))
'360e3bd56f788ee1a2d8c7eeb3e2a5a34cca1710'
```

では，どうすればもっと良い実装になるでしょうか？ クラスを作成することで，再利用可能な設計になります．もし経験豊富なエンジニアであれば，以下のように実装するかもしれません．

```
# hasher.py
class StreamHasher(object):
    """ アルゴリズムを設定できるストリームハッシュクラス """
    def __init__(self, algorithm, chunk_size=4096):
        self.chunk_size = chunk_size
        self.hash = algorithm()

    def get_hash(self, stream):
        for chunk in iter(lambda: stream.read(self.chunk_size), ''):
            self.hash.update(chunk.encode('utf-8'))
        return self.hash.hexdigest()
```

md5 アルゴリズムでハッシュ化してみましょう．

```
>>> import hasher
>>> from hashlib import md5
>>> md5h = hasher.StreamHasher(algorithm=md5)
>>> md5h.get_hash(open('hasher.py'))
'7d89cdc1f11ec62ec918e0c6e5ea550d'
```

sha1 アルゴリズムを使いたい場合，以下のように実行します．

```
>>> from hashlib import sha1
>>> shah_h = hasher.StreamHasher(algorithm=sha1)
>>> shah_h.get_hash(open('hasher.py'))
'1f0976e070b3320b60819c6aef5bd6b0486389dd'
```

出力結果からわかるように，このコードでは，自由にハッシュアルゴリズムを選択して，オブジェクト化できるようになっています．

一連の流れをまとめてみましょう．まず，入力ストリームに入ってきたデータをチャンクごとにハッシュ化する，hash_stream 関数を作成しました．ハッシュアルゴリズムは md5 を使用しています．その後，インスタンス作成時に使用するハッシュアルゴリズムを設定できる StreamHasher クラスを作成しました．アルゴリズムごとにコードを作成する必要もなくなったことから，**コードの再利用性**が上がったと言えます．ハッシュ値を取得したい場合は，get_hash メソッドの引数にストリームを渡します．

では，Python が提供する機能を用いて，StreamHasher クラスをさらにアップデートしましょう．上記のクラスは，様々なハッシュアルゴリズムに対して汎用的であり，再利用可能ですが，Python は，このオブジェクトを呼び出し可能な関数にする機能を提供しています．

StreamHasher クラスを少し直して，get_hash メソッドの名前を __call__ に変更します．

```
# hasher.py
class StreamHasher(object):
    """ アルゴリズムを設定できるストリームハッシュクラス """
    def __init__(self, algorithm, chunk_size=4096):
        self.chunk_size = chunk_size
        self.hash = algorithm()

    def __call__(self, stream):
        for chunk in iter(lambda: stream.read(self.chunk_size), ''):
            self.hash.update(chunk.encode('utf-8'))
        return self.hash.hexdigest()
```

このコードを実行してみましょう．

```
>>> from hashlib import md5, sha1
>>> md5_h = hasher.StreamHasher(md5)
>>> md5_h(open('hasher.py'))
'ad5d5673a3c9a4f421240c4dbc139b22'

>>> sha_h = hasher.StreamHasher(sha1)
>>> sha_h(open('hasher.py'))
'd174e2fae1d6e1605146ca9d7ca6ee927a74d6f2'
```

実行結果からわかるように，クラスのインスタンスは，ファイルオブジェクトを渡すだけで関数のごとく振る舞います．このようなクラスのインスタンスを呼び出し可能オブジェクトと呼びます．

こうして，StreamHasher クラスによって再利用可能で高い汎用性を実現するだけでなく，そのインスタンスを関数のように扱えるようになりました．これは，非常にわかりやすいインタフェースです．注目すべきなのは，get_hash メソッドの名前を __call__ に書き換えただけだという点です．Python では，それだけでインスタンスを呼び出し可能オブジェクトにします．

7.2.2 プラグ可能なハッシュアルゴリズム実装から見えること

前項の結果で最も注目するべきなのは，Python の強力な機能です．前項で扱った問題は，他の様々な言語でも同様な対応策が提供されています．しかしながら，Python では言語独自に提供している強力な機能を使用することで，他の言語よりも有益な解決策を導き出すことができます．コードを記述して確認したように，`__call__` メソッドのオーバーライドによる呼び出し可能オブジェクトがそれです．

前項で作成したパターンについて考えてみましょう．本章の冒頭で，類似の問題を解決できるものがパターンであると述べました．前項の例にはどんなパターンが隠されているでしょう？

このパターンは，Strategy パターンと呼ばれるものです．Strategy パターンは，クラスごとに異なるアルゴリズムで実装したい場合に使用されるパターンで，クラス作成時に使用するアルゴリズムを設定できるようにします．

前項の例では，ストリームをチャンク形式でハッシュ化する機能を作成するにあたり，汎用性の高い実装を考慮して，ハッシュアルゴリズムを指定し，ハッシュ化できるクラスが必要になりました．作成したクラスでは，アルゴリズムを引数として受け取ることで，異なるアルゴリズムによる結果を同じメソッドで処理することに成功しています（使用できるアルゴリズムは，`hexdigest` メソッドをサポートしているものに限られます）．

以下では，Python を使用して実装できる他のパターンについて取り上げます．また，Python で実装することで受けられる恩恵も紹介していきます．「生成に関するパターン」「構造に関するパターン」「振る舞いに関するパターン」の順番に解説します．それでは，パターンを用いて様々な問題を解決する旅に出かけましょう．

本書では，最も一般的なデザインパターンである G4（Gang-of-four）パターンを形式的に説明するようなアプローチは用いません．本書の焦点は，デザインパターンの構築に役立つ Python の力を実証することです．このアプローチは，形式的なパターンの説明より実用的なものになるでしょう．

7.3 生成に関するパターン

この節では，生成に関するパターンを解説します．紹介するパターンは Singleton パターン，Prototype パターン，Builder パターン，Factory パターンの四つです．

7.3.1 Singleton パターン

Singleton パターンはデザインパターンの中でも有名でわかりやすいパターンです．Singleton は次のように定義されています．

唯一のインスタンスを持ち，そのインスタンスにアクセスできるインタフェースを提供するクラス

Singleton は次の要件を満たさなければなりません．

- インスタンスが唯一であることを保証して，そのインスタンスにアクセスできるインタフェースを持つ
- Singleton を継承によって拡張した場合も，インスタンスは単一のままである

早速，Python で Singleton を実装してみましょう．`object` の `__new__` メソッドをオーバーライドすることで，Singleton は簡単に実装できます．

```
# singleton.py
class Singleton(object):
    """ PythonによるSingleton """
    _instance = None
    def __new__(cls):
        if cls._instance == None:
            cls._instance = object.__new__(cls)
        return cls._instance
```

```
>>> from singleton import Singleton
>>> s1 = Singleton()
>>> s2 = Singleton()
>>> s1==s2
True
```

上記の処理からインスタンスが唯一であることを示しました．これからこの確認処理を何度か行うので，関数化して再利用できるようにしておきましょう．

```
def test_single(cls):
    """ クラスがSingletonならばTrueを返す """
    return cls() == cls()
```

作成した Singleton を継承して，二つ目の要求を満たしていることを確認しましょう．

```
class SingletonA(Singleton):
    pass
```

```
>>> test_single(SingletonA)
True
```

テストに成功しているため，Singleton になっていることがわかります．

章の冒頭でも述べたように，本章では，Python の柔軟な言語仕様を用いて，様々なパターンの実装方法を紹介していきます．そこで，ここからしばらく，Singleton パターンの実装例に焦

点を当てます．いくつかの実装例を見ていくうちに，Python がいかに強力かが実感できるでしょう．

```
class MetaSingleton(type):
    """ Singletonメタクラス (__call__をオーバーライド) """
    def __init__(cls, *args):
        print(cls,"__init__ method called with args", args)
        type.__init__(cls, *args)
        cls.instance = None

    def __call__(cls, *args, **kwargs):
        if not cls.instance:
            print(cls,"creating instance", args, kwargs)
            cls.instance = type.__call__(cls, *args, **kwargs)
        return cls.instance

class SingletonM(metaclass=MetaSingleton):
    pass
```

この実装では，Singleton を作成するロジックをメタクラス[*2]で定義しています．

`type` を継承したメタクラス `MetaSingleton` を作成して，`__init__` と `__call__` メソッドをオーバーライドします．そして，`MetaSingleton` をメタクラスとして指定した，`SingletonM` クラスを作成します．

```
>>> from singleton import *
<class 'singleton.SingletonM'> __init__ method called with args('SingletonM', (), {'
__module__': 'singleton', '__qualname__':'SingletonM'})

>>> test_single(SingletonM)
<class 'singleton.SingletonM'> creating instance ()
True
```

新しく実装した Singleton の中で何が起こっているのか，見てみましょう．

- **クラス変数の初期化**：初めに実装した Singleton は，クラス変数の初期化をクラスレベル（クラス宣言の直後）で実行していますが，メタクラスでは `__init__` メソッドで初期化しています．この処理によって，`_instance` と同様に単一のインスタンスを初期化しています．
- **インスタンス作成メソッドのオーバーライド**：初めに実装した Singleton では，`__new__` メソッドをオーバーライドしていました．それに対して，新しく作成したメタクラスでは `__call__` メソッドをオーバーライドしています．両方とも単一のインスタンスを返す処理が実装されています．

[*2]【訳注】メタクラス：インスタンスがクラスとなるクラス．Python でメタクラスを作成する場合は，type のサブクラスとして定義します．

クラスで `__call__` メソッドをオーバーライドすると，そのクラスのインスタンスは呼び出し可能オブジェクトになります．メタクラスで `__call__` メソッドをオーバーライドした場合も，類似した影響があります．そのメタクラスのインスタンスとなるクラスは，クラス名で呼び出せるようになり，そのクラスのインスタンスを生成します．

メタクラスによるアプローチとクラスによるアプローチには，次のような長所と短所があります．

- メタクラスで実装する場合の長所として，トップレベルクラスとなる Singleton クラスを複数提供できる点があります．一方，通常クラスのアプローチでは，トップレベルクラスとなる Singleton クラスは一つしか提供できないため，そのクラスを継承することでしか，Singleton の効果を得られません．このことから，メタクラスによるアプローチは，クラスの階層に関して柔軟性が高いと言えます．
- その反面，メタクラスによるアプローチは，通常クラスのアプローチと比べると，不明瞭で保守性の低いコードとなってしまう場合があります．これは，メタクラスとメタプログラミングについて理解している Python プログラマが，クラスを理解しているプログラマに比べて少ないためです．これがメタクラスによるアプローチの短所です．

次は，Singleton パターンの外に視点を向けてみます．Singleton で解決する問題に対して，Singleton を使わなくても済むような別の方法があるのかを考えてみましょう．

[1]　Singleton パターンは必要か

先ほど紹介した Singleton パターンの要求は，以下のように解釈できます．

> Singleton は，他のすべてのインスタンスに対して，初期化してから変わらない状態を共有できるクラスである．

これはどういうことでしょうか？ Singleton パターンで何を実現できるか考えてみましょう．Singleton はインスタンスを一つしか持たないことから，インスタンスが持つ状態がただ一つであることを保証します．つまり，Singleton はすべてのインスタンスに単一の状態を提供できる便利な手段となります．このことから，Singleton パターンが必要とする要求の一つ目は，違う形式で言い換えることができます．

> Singleton は，インスタンスが単一で，かつ特定のメモリのみ占有していることを保証するテクニックである．

今まで紹介した実装例は，単純に伝統的なパターンを Python に当てはめただけのものです．私たちが使っているのは，柔軟な言語仕様を持つ Python であり，必ずしも伝統的なパターンに忠実に従う必要はありません．

では，次のクラスを見てみましょう．

```
class Borg(object):
    """ Singletonではないクラス """
    __shared_state = {}
    def __init__(self):
        self.__dict__ = self.__shared_state
```

このパターンでは，インスタンス作成時にコンストラクタを呼ぶと，Borg クラスのインスタンスすべてで，クラス変数 __shared_state によって状態を共有できます．

Singleton パターンは状態の共有のために使われていましたが，Borg クラスを用いれば，状態を共有するときに，インスタンスがすべて同じであることを保証する必要がなくなります．

Python の柔軟な言語仕様を用い，共有状態を初期化して，インスタンスごとに持っている辞書にこの共有状態を渡すことで，すべての Borg クラスが同じ状態を共有できます．

Borg の動作例を見てみましょう．

```
class IBorg(Borg):
    """ Borgサブクラス """
    def __init__(self):
        Borg.__init__(self)
        self.state = 'init'

    def __str__(self):
        return self.state
```

```
>>> i1 = IBorg()
>>> i2 = IBorg()
>>> print(i1)
init

>>> print(i2)
init

>>> i1.state='running'
>>> print(i2)
running

>>> print(i1)
running

>>> i1==i2
False
```

Borg を用いることで，インスタンスが同一でない場合でも，同じ状態をインスタンス同士で共有できるクラスを作成できました．もし特定インスタンスの状態を変化させると，インスタンスすべての状態が変わります．前述の例では，i1 インスタンスの state を変更すると，i2 インスタンスの state も変更している様子が確認できました．

では，動的に変数を足した場合はどうなるでしょうか？ Singleton ではインスタンスは単一であるため，問題なく動くことがわかります．Borg の場合も試してみましょう．

```
>>> i1.x='test'
>>> i2.x
'test'
```

実行結果から，i1 インスタンスに対して，動的に変数を追加することで，i2 インスタンスの状態も同様に変更できていることがわかります．

では，Singleton ではなく Borg で実装すると，どのようなメリットがあるでしょうか？

- ルートとなる Singleton クラスを継承したクラスを複数必要とする複雑なシステムの場合，単一のインスタンスで処理を行うと，インポートが複数になったり，スレッドの競合状態の管理が必要になったりするなど，単一インスタンスの管理がかえって難しくなる場合があります．この場合，Borg を用いると，単一のインスタンスである必要がなくなるので，問題を回避できます．
- Borg では，Borg クラスおよびすべてのサブクラスで状態を共有できます．これは，サブクラスそれぞれに状態がある Singleton パターンでは実現できません．次項では，この問題について議論を深めます．

7.3.2　Singleton vs. Borg

前項で述べたように，Borg では，トップクラスからすべてのサブクラスまで状態を共有できます．一方，Singleton パターンではできません．

これが意味していることを，例を用いて解説します．まず，作成した Singleton クラスのサブクラスを二つ作ります．

```
>>> class SingletonA(Singleton): pass
...
>>> class SingletonB(Singleton): pass
...
```

さらに，SingletonA のサブクラスを作成します．

```
>>> class SingletonA1(SingletonA): pass
...
```

それぞれに対してインスタンスを作成します．

```
>>> a = SingletonA()
>>> a1 = SingletonA1()
>>> b = SingletonB()
```

ここで，新しく属性を追加してみましょう．

```
>>> a.x = 100
>>> print(a.x)
100
```

まず，サブクラス SingletonA1 のインスタンス a1 で追加された属性が使用可能かどうかを確認しましょう．

```
>>> a1.x
100
```

使用可能であることが確認できました．では，クラス SingletonB のインスタンス b について同様に確認してみましょう．

```
>>> b.x
Traceback (most recent call last):
    File "<stdin>", line 1, in <module>
AttributeError: 'SingletonB' object has no attribute 'x'
```

この結果から，SingletonA と SingletonB は同じ状態を共有していないことがわかります．SingletonA のインスタンス a1 に動的に加えられた属性は，サブクラスである SingletonA1 のインスタンスでは使用可能ですが，兄弟関係となっているクラスである SingletonB では使用できないことがわかります．つまり，トップレベルクラスである Singleton クラスを親クラスに持つクラス階層同士では属性の共有はできません．

Borg クラスを用いると，これを解決できます．同様に，継承してクラスを作りましょう．

```
>>> class ABorg(Borg):pass
...

>>> class BBorg(Borg):pass
...

>>> class A1Borg(ABorg):pass
...

>>> a = ABorg()
>>> a1 = A1Borg()
>>> b = BBorg()
```

動的に属性を与えます．

```
>>> a.x = 100
>>> a.x
100

>>> a1.x
100
```

続いて，ABorg クラスと兄弟関係に当たる BBorg クラスでも共有できているかどうかを確かめてみましょう．

```
>>> b.x
100
```

このように，Borg クラスは，クラスとサブクラス間での状態共有という点で，Singleton パターンより柔軟で優れていることがわかります．また，単一インスタンスを保証するための余計なオーバーヘッドやロジックが必要ない点でも優れていると言えるでしょう．

続いて，「生成に関するパターン」の二つ目を紹介します．

7.3.3　Factory パターン

Factory パターンは，関連する複数のクラスから一つのクラスを選んでインスタンスを生成するときに有効なパターンです．生成機能を持つメソッドを Factory クラスが提供しており，それを使用するか，継承してオーバーライドすることでインスタンスを生成します．

つまり，クライアント（Factory クラスを使用する側）から見ると，Factory パターンは，クラスやサブクラスのインスタンスを作成するためのエントリーポイントとなるメソッドを提供しています．Factory クラスのメソッド（Factory メソッド）にパラメータを渡すことで，クラスやサブクラスのインスタンスが得られます．

具体的な例を用いて解説します．

```
from abc import ABCMeta, abstractmethod

class Employee(metaclass=ABCMeta):
    """ 従業員クラス """
    def __init__(self, name, age, gender):
        self.name = name
        self.age = age
        self.gender = gender

    @abstractmethod
    def get_role(self):
        pass
```

```
    def __str__(self):
        return "{} - {}, {} years old {}".format(self.__class__.__name__,
                                                  self.name,
                                                  self.age,
                                                  self.gender)

class Engineer(Employee):
    """ Engineerの従業員クラス """
    def get_role(self):
        return "engineering"

class Accountant(Employee):
    """ Accountantの従業員クラス """
    def get_role(self):
        return "accountant"

class Admin(Employee):
    """ Adminの従業員クラス """
    def get_role(self):
        return "administration"
```

従業員クラスとして Employee クラスを作成し，そのサブクラスとして Engineer クラス，Accountant クラス，Admin クラスを作成しました．これらはすべて Employee クラスのサブクラスであることから，Factory パターンを用いてクラスのインスタンス生成を抽象的に定義することができます．具体的に説明するために，EmployeeFactory クラスを記述します．

```
class EmployeeFactory(object):
    """ 従業員Factoryクラス """
    @classmethod
    def create(cls, name, *args):
        """ Employeeインスタンスを作成するためのFactoryメソッド """
        name = name.lower().strip()
        if name == 'engineer':
            return Engineer(*args)
        elif name == 'accountant':
            return Accountant(*args)
        elif name == 'admin':
            return Admin(*args)
```

このクラスは，インスタンスを生成する create メソッドのみを実装しています．create メソッドでは name を引数として受け取り，その name に応じてクラスを選択し，そのインスタンスを生成して返します．他の引数は，インスタンス化するために使用されるパラメータなので，変更は加えず，コンストラクタに渡します．

実際に，EmployeeFactory クラスの動作を見てみましょう．

```
>>> factory = EmployeeFactory()
>>> print(factory.create('engineer','Sam',25,'M'))
```

```
Engineer - Sam, 25 years old M

>>> print(factory.create('engineer','Tracy',28,'F'))
Engineer - Tracy, 28 years old F

>>> accountant = factory.create('accountant','Hema',39,'F')
>>> print(accountant)
Accountant - Hema, 39 years old F

>>> accountant.get_role()
accounting

>>> admin = factory.create('Admin','Supritha',32,'F')
>>> admin.get_role()
'administration'
```

作成した Factory クラスには，押さえるべきポイントがいくつかあります．

- 作成した Factory メソッドは `Employee` クラスのサブクラスのインスタンスを作成できます．
- 一般的に Factory パターンでは，クラスとそのクラスを継承したサブクラスに対して，Factory クラスを一つ実装します．例えば，`Person` クラスには `PersonFactory` クラス，`Automobile` クラスには `AutomobileFactory` クラスを作成するのが一般的です．
- Factory メソッドは Python のクラスメソッドとして実装されます．これにより，クラス名前空間を介してメソッドを直接呼び出せます．例えば，以下のように Factory メソッドを呼び出せます．

  ```
  >>> print(EmployeeFactory.create('engineer','Vishal',24,'M'))
  Engineer - Vishal, 24 years old M
  ```

  したがって，必ずしも Factory クラスをインスタンス化する必要がありません．

7.3.4　Prototype パターン

Prototype パターンを使用すると，複数生成したいクラスのインスタンスをテンプレートインスタンスとして生成し，そのテンプレートを複製してインスタンスを作成できます．このテンプレートとなるインスタンスを，この章ではプロトタイプと呼びます．

Prototype パターンが有用な場面を紹介します．

- インスタンス化する方法がシステムによって動的に変更される場合．システムの設定によってインスタンス方法が変更される場合や，実行中に変更される場合が，これに該当します．

- インスタンスの初期状態が少ない場合．各状態について，毎回インスタンスを作成するよりも，それらのプロトタイプをあらかじめ用意し，プロトタイプを使用して複製するほうが簡単です．

Prototype パターンでは，通常 clone メソッドを用いて，プロトタイプを複製します．

では，簡単な Prototype パターンを Python で実装してみましょう．

```
import copy

class Prototype(object):
    """ プロトタイプの基底クラス """
    def clone(self):
        """ 自らのインスタンスをコピーして返す """
        return copy.deepcopy(self)
```

clone メソッドを copy モジュールで実装しています．ここではオブジェクトをディープコピーして複製します．

では，Prototype クラスのサブクラスを作成して，インスタンスを複製する方法を見てみましょう．

```
class Register(Prototype):
    """ 生徒登録クラス  """
    def __init__(self, names=[]):
        self.names = names
```

```
>>> r1=Register(names=['amy','stu','jack'])
>>> r2=r1.clone()
>>> print(r1)
<prototype.Register object at 0x7f42894e0128>

>>> print(r2)
<prototype.Register object at 0x7f428b7b89b0>

>>> r2.__class__
<class 'prototype.Register'>
```

[1]　ディープコピーとシャローコピー

先ほど紹介したシンプルな Prototype クラスの実装を詳しく確認していきましょう．

copy モジュールの deepcopy メソッドを用いて，オブジェクトのコピーを行っていることがわかります．copy モジュールにはオブジェクトのシャローコピーをする copy メソッドもあります．

では，シャローコピーで実装した場合を考えてみましょう．シャローコピーでは，オブジェクトが参照によってコピーされます．コピーするデータが文字列やタプルなど，イミュータブルなオブジェクトである場合は，変更ができないので，シャローコピーでも問題はありません．

しかしながら，リストや辞書などミュータブルコンテナを扱っている場合は，問題が発生する可能性があります．インスタンスの状態が，コピーされたインスタンスすべてに共有されているため，あるインスタンスが状態を変更すると，その変更はすべてのインスタンスに影響します．

実際に，シャローコピーを使用して，問題が発生する例を確認してみましょう．

```
class SPrototype(object):
    """ シャローコピーを用いたプロトタイプの基底クラス """
    def clone(self):
        """ 自らのインスタンスをコピーして返す """
        return copy.copy(self)
```

SPrototype クラスを継承した SRegister クラスも作成します．

```
class SRegister(SPrototype):
    """ SPrototypeのサブクラス """
    def __init__(self, names=[]):
        self.names = names
```

```
>>> r1=SRegister(names=['amy','stu','jack'])
>>> r2=r1.clone()
```

r1 は SRegister クラスのインスタンスで，r2 は r1 をコピーしたインスタンスです．r1 インスタンスの名簿を更新してみます．

```
>>> r1.names.append('bob')
```

r2 インスタンスの名簿を確認してみましょう．

```
>>> r2.names
['amy', 'stu', 'jack', 'bob']
```

おわかりいただけたでしょうか？ シャローコピーによって作成されたインスタンス r2 は，r1 と同じ names リストを共有していることがわかります．オブジェクト内部のデータをコピーするのではなく参照をコピーしていることから，クラス内の属性も共有します．is を用いると，オブジェクトが同一であることを確認できます．

```
>>> r1.names is r2.names
True
```

一方，ディープコピーでは，複製対象オブジェクトが持っているすべてのオブジェクトに対して，再帰的にコピーを呼び出します．そのことから，複製されたオブジェクト同士で何も共有せず，それぞれのオブジェクトが持っているすべてのオブジェクトは，固有の参照になります．

[2] メタクラスを使用したプロトタイプ

ここまで，クラスを使用して，Prototype パターンを実装する方法を見てきました．Singleton パターンでは，Python のメタプログラミングを使用した例を紹介しました，この項でも Prototype パターンをメタプログラミングで書き直してみましょう．

メタクラスで Prototype パターンを実現するためには，すべての Prototype クラスに `clone` メソッドを実装する必要があります．メタクラスの `__init__` メソッド内で，`clone` メソッドを Prototype クラスに追加してみましょう．

メタクラスを用いた Prototype パターンの実装は，以下のようになります．

```
import copy

class MetaPrototype(type):
    """ Prototypeのメタクラス """
    def __init__(cls, *args):
        type.__init__(cls, *args)
        cls.clone = lambda self: copy.deepcopy(self)

class PrototypeM(metaclass=MetaPrototype):
    pass
```

メタクラスを継承している `PrototypeM` クラスは Prototype クラスとなります．では，このクラスを継承したサブクラスを作成しましょう．

```
class ItemCollection(PrototypeM):
    """ itemを保持するコレクションクラス """
    def __init__(self, items=[]):
        self.items = items
```

実装した `ItemCollection` クラスのインスタンスを作成します．

```
>>> i1=ItemCollection(items=['apples','grapes','oranges'])
>>> i1
<prototype.ItemCollection object at 0x7fd4ba6d3da0>
```

clone メソッドを用いてコピーを行います.

```
>>> i2 = i1.clone()
```

違うオブジェクトであるかどうかを確かめて，ディープコピーが成功していることを確認しましょう.

```
>>> i2
<prototype.ItemCollection object at 0x7fd4ba6aceb8>
```

また，インスタンス変数が同じでないことも確かめましょう.

```
>>> i2.items is i1.items
False
```

[3]　メタクラスを用いたパターンの結合

メタクラスは非常に強力で，うまく使用すると，カスタマイズされた高度なパターンを作成することができます．以下の例では，メタクラスを用いて Singleton と Prototype を組み合わせたパターンを紹介します.

```
class MetaSingletonPrototype(type):
    """ SingletonパターンとPrototypeパターンを組み合わせたメタクラス """
    def __init__(cls, *args):
        print(cls,"__init__ method called with args", args)
        type.__init__(cls, *args)
        cls.instance = None
        cls.clone = lambda self: copy.deepcopy(cls.instance)

    def __call__(cls, *args, **kwargs):
        if not cls.instance:
            print(cls,"creating prototypical instance", args, kwargs)
            cls.instance = type.__call__(cls,*args, **kwargs)
        return cls.instance
```

MetaSingletonPrototype クラスをメタクラスとして指定するすべてのクラスは, Singleton と Prototype の性質を持ちます.

Singleton はインスタンスが唯一であることを示すパターンであるのに対して，Prototype は複数のインスタンスクローンを作成するパターンであり，それらの性質を同時に持つと聞くと，少し奇妙に感じるかもしれません．しかし，それぞれのパターンが働く API で分けると，理解しやすくなります.

- コンストラクタを使用してクラスを呼び出すと，常に一つのインスタンスが返されます．これは Singleton パターンの性質に当てはまります.

- インスタンスから clone を呼び出すと，コピーされたインスタンスが返されます．コピーは Singleton インスタンスのソースを使用して複製されます．これは Prototype パターンの性質に当てはまります．

PrototypeM クラスで作成したメタクラスを指定するようにしましょう．

```
class PrototypeM(metaclass=MetaSingletonPrototype):
    pass
```

以前作成した ItemCollection クラスは PrototypeM のサブクラスであるため，新しいメタクラスの影響を受けます．そこで，ItemCollection クラスを用いて，動作を確認してみましょう．

```
>>> i1=ItemCollection(items=['apples','grapes','oranges'])
<class 'prototype.ItemCollection'> creating prototypical instance(){'items': ['apples', '
grapes', 'oranges']}

>>> i1
<prototype.ItemCollection object at 0x7fbfc033b048>

>>> i2=i1.clone()
```

clone メソッドによって作成された i2 のインスタンスがディープコピーされているかどうかを確かめます．

```
>>> i2
<prototype.ItemCollection object at 0x7fbfc033b080>

>>> i2.items is i1.items
False
```

一方，コンストラクタによって得られるインスタンスは Singleton のインスタンスであるため，常に同じインスタンスが返ります．

```
>>> i3=ItemCollection(items=['apples','grapes','mangoes'])
>>> i3 is i1
True
```

メタクラスはうまく使用することで，クラスを柔軟にカスタマイズできる強力な手段になります．上の例では，メタクラスを介して Singleton パターンと Prototype パターンを組み合わせて，複合クラスを作成しました．メタクラスを使用した Python のパワーは，今まで作成されてきた伝統的なパターンを越えて，創造的なテクニックを生み出せる可能性があります．

[4]　Prototype factory

次は，Prototypeパターンと Factoryパターンを組み合わせて，拡張してみましょう．このクラスでは，`registry`メソッドでPrototypeを作成するインスタンスを登録して，`factory`メソッドでそのコピーを生成します．

では，早速実装してみましょう．階層の上の状態を自動的に共有するために，`Borg`クラスを継承しています．

```
class PrototypeFactory(Borg):
    """ Prototype factory/registry クラス """
    def __init__(self):
        """ イニシャライザ """
        self._registry = {}

    def register(self, instance):
        """ 受け取ったインスタンスを登録 """
        self._registry[instance.__class__] = instance

    def clone(self, klass):
        """ 受け取ったクラスのクローンインスタンスを返す """
        instance = self._registry.get(klass)
        if instance == None:
            print('Error:',klass,'not registered')
        else:
            return instance.clone()
```

今までに作成してきた，Prototypeのサブクラスを作成します．そして，そのインスタンスを登録します．

```
class Name(SPrototype):
    """ 人の名前を表すクラス """
    def __init__(self, first, second):
        self.first = first
        self.second = second

    def __str__(self):
        return ' '.join((self.first, self.second))

class Animal(SPrototype):
    """ 動物を表すクラス """
    def __init__(self, name, type='Wild'):
        self.name = name
        self.type = type

    def __str__(self):
        return ' '.join((str(self.type), self.name))
```

SPrototypeを継承した二つのクラス，`Name`クラスと`Animal`クラスを作成しました．

まず，これらのインスタンスを作成します．

```
>>> name = Name('Bill', 'Bryson')
>>> animal = Animal('Elephant')
>>> print(name)
Bill Bryson

>>> print(animal)
Wild Elephant
```

さて，PrototypeFactory クラスのインスタンスを作成しましょう．

```
>>> factory = PrototypeFactory()
```

そして，二つの Prototype インスタンスを登録します．

```
>>> factory.register(animal)
>>> factory.register(name)
```

これで，PrototypeFactory は登録されたインスタンスのコピーを生成できるようになります．

```
>>> factory.clone(Name)
<prototype.Name object at 0x7ffb552f9c50>

>>> factory.clone(Animal)
<prototype.Animal object at 0x7ffb55321a58>
```

登録していないクラスのインスタンスを複製しようとすると，エラーが発生して，生成に失敗します．

```
>>> class C(object): pass
...

>>> factory.clone(C)
Error: <class '__main__.C'> not registered
```

登録するインスタンスは，Prototype クラスが満たすべきインタフェースに従って，そのクラスに clone メソッドが存在していることを確認しなければなりません．その点で，PrototypeFactory クラスは未完成です．本書では，あえてその実装方法を扱わず，読者の皆さんの宿題とします．ぜひチャレンジしてみてください．

PrototypeFactory の特徴的な性質をまとめてみましょう．

- PrototypeFactory は Factory クラスであるため，通常は Singleton です．ここでは Borg クラスを用いました．Borg はクラス階層をまたいで状態を共有できるので，より柔軟なクラスになります．
- Name クラスと Animal クラスは SPrototype を継承しています．つまり，シャローコピーによる複製が行われます．この例では，コピー対象となるインスタンス変数が，不変の文字列と整数であったため，シャローコピーで問題ありません．Prototype のサブクラスと機能が違う点に注意しましょう．
- 最も一般的なインスタンスを作成する方法は，コンストラクタを呼び出すことですが，その際，開発者は引数の順番や型などに気をつけて記述する必要があります．Prototype を使用すると，既存のインスタンスに対して clone メソッドを呼ぶだけでインスタンスを生成できるので，開発者にとってわかりやすいインスタンス生成のインタフェースとなります．

7.3.5　Builder パターン

Builder パターンは，オブジェクトの構造と，オブジェクトの中身に当たる表現を分割するパターンです．このようにデザインすることで，同じ作成プロセスで表現形式が違うオブジェクトを作成できます．つまり，Builder パターンは同じクラスでも表現形式が違うインスタンスを簡単に生成できます．このときの生成過程はほとんど変わりません．

厳密に言うと，Builder パターンは Director クラスの役割を必要とします．Director クラスは，Builder オブジェクトに生成したいクラスのインスタンスを構築するように指示します．このとき，わずかに機能を変更した Builder クラスを複数用意することで，同じクラスでも表現形式が若干異なるインスタンスを生成できます．Director クラスは，本書では扱いません．

早速，例を見てみましょう．

```
class Room(object):
    """ 部屋クラス """
    def __init__(self, nwindows=2, doors=1, direction='S'):
        self.nwindows = nwindows
        self.doors = doors
        self.direction = direction

    def __str__(self):
        return "Room <facing:%s, windows=#%d>" % (self.direction,self.nwindows)

class Porch(object):
    """ 玄関クラス """
    def __init__(self, ndoors=2, direction='W'):
        self.ndoors = ndoors
        self.direction = direction
```

```
    def __str__(self):
        return "Porch <facing:%s, doors=#%d>" % (self.direction,self.ndoors)

class LegoHouse(object):
    """ レゴハウスクラス """
    def __init__(self, nrooms=0, nwindows=0,nporches=0):
        # 窓を部屋ごとに用意する
        self.nwindows = nwindows
        self.nporches = nporches
        self.nrooms = nrooms
        self.rooms = []
        self.porches = []

    def __str__(self):
        msg="LegoHouse<rooms=#%d, porches=#%d>" % (self.nrooms,self.nporches)
        for i in self.rooms:
            msg += str(i)
        for i in self.porches:
            msg += str(i)
        return msg

    def add_room(self,room):
        """ 部屋を加える """
        self.rooms.append(room)

    def add_porch(self,porch):
        """ 玄関を加える """
        self.porches.append(porch)
```

この例では三つのクラスがあります.

- Room クラスと Porch クラスは，家にある部屋と玄関を表しています．部屋には窓とドアがあり，玄関にはドアがあります.
- LegoHouse クラスは，おもちゃの家を表しています．子供がレゴブロックで遊びながら家を作っている様子を想像してください．このレゴハウスには部屋と玄関があります.

では，一度 Builder パターンを使わずに，LegoHouse クラスのインスタンスを作成してみましょう．部屋と玄関の数は一つずつにします.

```
>>> house = LegoHouse(nrooms=1,nporches=1)
>>> print(house)
LegoHouse<rooms=#1, porches=#1>
```

家はまだ完成していません．この状態のレゴハウスには，部屋と玄関の実体がないからです．部屋と玄関のコンストラクタを呼んで，実体を取得する必要があります．今は虚しくカウンタのみが初期化されています.

玄関と部屋を別々に生成して，それを家に加えなければなりません．コードで表すと，以下のようになります．

```
>>> room = Room(nwindows=1)
>>> house.add_room(room)
>>> porch = Porch()
>>> house.add_porch(porch)
>>> print(house)
LegoHouse<rooms=#1, porches=#1>
Room <facing:S, windows=#1>
Porch <facing:W, doors=#1>
```

ようやくレゴハウスが完全にでき上がりました．printを用いると，部屋や玄関の数だけでなく，向きなどの詳細情報を確認できます．

では，唐突ですが，これから100種類の異なる家（インスタンス）を作成しなければならなくなったとしましょう．つまり，それぞれの家で，玄関の向き，部屋の数，窓の数と向きなど，内部の構成は変えなければなりません．

先ほどコードに示したレゴハウスの建設方法では，100軒建設しようとすると非常に記述量が多くなってしまい，大変であることが容易に想像できます．

このとき，Builderパターンを使うとよいでしょう．LegoHouseクラスを作成するLegoHouseBuilderクラスを記述してみます．

```
class LegoHouseBuilder(object):
    """ レゴハウスBuilderクラス """
    def __init__(self, *args, **kwargs):
        self.house = LegoHouse(*args, **kwargs)

    def build(self):
        """ レゴハウスを組み立てて返す """
        self.build_rooms()
        self.build_porches()
        return self.house

    def build_rooms(self):
        """ 部屋を組み立てるメソッド """
        for i in range(self.house.nrooms):
            room = Room(self.house.nwindows)
            self.house.add_room(room)

    def build_porches(self):
        """ 玄関を組み立てるメソッド """
        for i in range(self.house.nporches):
            porch = Porch(1)
            self.house.add_porch(porch)
```

このクラスの性質について説明します.

- Builder クラスのコンストラクタが受け取った引数をそのままターゲットクラスに渡しています. この例では部屋の数と玄関の数です.
- build メソッドで, 家を構築するために必要なコンポーネントを組み立てます. 具体的には, 部屋と玄関を組み立てるメソッドを呼び出しています.
- build メソッドが完成した家のインスタンスを返します.

では, 部屋の数と玄関の数を指定して, 異なるタイプの家を作成してみましょう. たった 2 行で作成できます.

```
>>> builder=LegoHouseBuilder(nrooms=2,nporches=1,nwindows=1)
>>> print(builder.build())
LegoHouse<rooms=#2, porches=#1>
Room <facing:S, windows=#1>
Room <facing:S, windows=#1>
Porch <facing:W, doors=#1>
```

窓を二つ持つ部屋がある家を建設する場合はどうでしょうか.

```
>>> builder=LegoHouseBuilder(nrooms=2,nporches=1,nwindows=2)
>>> print(builder.build())
LegoHouse<rooms=#2, porches=#1>
Room <facing:S, windows=#2>
Room <facing:S, windows=#2>
Porch <facing:W, doors=#1>
```

上の構成のレゴハウスがたくさん必要になった場合は, Builder クラスのサブクラスを作成してカプセル化すれば, 前のコードを繰り返し実行する必要がなくなります. 以下のコードを見てください.

```
class SmallLegoHouseBuilder(LegoHouseBuilder):
    """ Builderサブクラス：玄関が一つで，部屋が二つあり，
        それぞれの部屋に窓が一つあるレゴハウスを作成するクラス """
    def __init__(self):
        self.house = LegoHouse(nrooms=2, nporches=1, nwindows=2)
```

レゴハウスの構成は新しいビルダークラス内にしっかり記述されているので, レゴハウスを作るのはもっと簡単になります.

```
>>> small_house=SmallLegoHouseBuilder().build()
>>> print(small_house)
LegoHouse<rooms=#2, porches=#1>
Room <facing:S, windows=#2>
Room <facing:S, windows=#2>
Porch <facing:W, doors=#1>
```

さらに多くのインスタンスを作成する場合も簡単です.

```
>>> houses=list(map(lambda x: SmallLegoHouseBuilder().build(),range(100)))
>>> print(houses[0])
LegoHouse<rooms=#2, porches=#1>
Room <facing:S, windows=#2>
Room <facing:S, windows=#2>
Porch <facing:W, doors=#1>

>>> len(houses)
100
```

次に，部屋と玄関がすべて北向きのレゴハウスを作成したいとしましょう．この場合も，継承を使うことで，部屋や玄関の状態が異なるレゴハウスを構築する Builder クラスを作成できます.

```
class NorthFacingHouseBuilder(LegoHouseBuilder):
    """ 部屋と玄関がすべて北向きのレゴハウスのBuilderクラス """
    def build_rooms(self):
        for i in range(self.house.nrooms):
            room = Room(self.house.nwindows, direction='N')
            self.house.add_room(room)

    def build_porches(self):
        for i in range(self.house.nporches):
            porch = Porch(1, direction='N')
            self.house.add_porch(porch)
```

```
>>> print(NorthFacingHouseBuilder(nrooms=2, nporches=1, nwindows=1).build())
LegoHouse<rooms=#2, porches=#1>
Room <facing:N, windows=#1>
Room <facing:N, windows=#1>
Porch <facing:N, doors=#1>
```

さらに，Python は多重継承をサポートしているので，複数の Builder クラスを継承して，新しい Builder クラスを作成できます．つまり，今まで作成した二つの構成を持つレゴハウスの Builder クラスを作成できます.

```
class NorthFacingSmallHouseBuilder(NorthFacingHouseBuilder,SmallLegoHouseBuilder):
    pass
```

このクラスでレゴハウスのインスタンスを作成すると，予想どおり，窓を二つ持つ部屋が二つと，玄関が一つで，常にそれらが北向きであるレゴハウスを作成できます．これは当然の結果ではありますが，非常に強力な特徴です.

```
>>> print(NorthFacingSmallHouseBuilder().build())
LegoHouse<rooms=#2, porches=#1>
Room <facing:N, windows=#2>
Room <facing:N, windows=#2>
Porch <facing:N, doors=#1>
```

7.3.6 生成に関するパターンのまとめ

ここまで「生成に関するパターン」の紹介をしてきました．最後に，それらのパターンを比べることで，それぞれの特徴を考えてみましょう．

- Builder パターン× Factory パターン：Builder パターンは，クラスのインスタンス作成プロセスから，組み立てるプロセスを分離するパターンでした．一方，Factory パターンは，統一されたインタフェースを使用し，同じクラス階層に存在するサブクラスを選択して，インスタンスを作成するパターンです．Builder パターンでは，指定された引数からインスタンスを組み立てて，異なるインスタンスを最終的に返しますが，Factory パターンではインスタンスを作成した後，すぐに返します．
- Prototype パターン× Builder パターン：Builder パターンの内部でインスタンスを作成するために，Prototype を使用できます．その後，同じ Builder で生成するインスタンスは，プロトタイプを複製すればよいでしょう．例えば，Prototype パターンのメタクラス実装を用いて，`clone` メソッドが常に実装されたクラスを，Builder パターンを用いてインスタンスを生成することは容易であり，こうすることで生成過程もわかりやすくなるでしょう．
- Prototype パターン× Factory パターン：Prototype factory は，内部的に Factory パターンを使用して，コピーしたい初期インスタンスを作成できます．
- Factory パターン× Singleton パターン：多くのプログラミング言語において，Factory クラスは Singleton で実装されています．本書の例では，`Borg` クラスを代わりに使用しました．他の選択肢としては，インスタンスを生成するメソッドを classmethod または staticmethod にして，Factory クラスをインスタンス化せずに呼び出す方法もあります．

続いて，「構造に関するパターン」について解説します．

7.4 構造に関するパターン

構造に関するデザインパターンを用いると，クラスやオブジェクト同士を結合して，より複雑で大きい構造を形成できます．そして，形成された構造は，単純に組み合わせたものより優れた機能を提供します．

構造に関するデザインパターンは，大きく異なる二つのアプローチによって実現されています．それらをまず理解しましょう．

- 継承を用いてクラスを一つにまとめる静的なアプローチ
- 実行時にオブジェクトを委譲する，動的で柔軟性のあるアプローチ

Python では多重継承がサポートされており，二つのアプローチのどちらでもうまく実装できます．また，属性を動的に扱える言語仕様や，標準サポートされている強力なマジックメソッドにより，オブジェクトの委譲によるアプローチを用いて，そのオブジェクトから得られる結果を受け取るメソッドをラップする実装も簡単にできます．構造に関するパターンを実装するにあたり，Python の柔軟さは開発者の助けになるでしょう．

この節で扱うパターンは，Adapter パターン，Facade パターン，Proxy パターンです．

7.4.1　Adapter パターン

Adapter パターンは，名前が示すように，すでに実装されているインタフェースを，クライアントが期待するインタフェースにラップしたり変換したりするためのパターンです．Adapter はラッパー（wrapper）とも呼ばれます．

実は，開発者は自分が気づかないうちに，オブジェクトを好きなインタフェースや型に適応させていることがよくあります．例を用いて説明します．フルーツの名前と個数のデータが入っているリストを考えてみましょう．

```
>>> fruits=[('apples',2), ('grapes',40)]
```

ここで，フルーツの名前を与えられたら，そのフルーツの個数を返したいとします．フルーツをキーとして個数を取得するインタフェースが便利そうですが，リストではそのようなインタフェースは提供されていません．どうすればよいでしょうか？ 一番簡単な方法は，リストを辞書に変換することです．

```
>>> fruits_d=dict(fruits)
>>> fruits_d['apples']
2
```

望んだインタフェースを持つオブジェクトの作成に成功しました．これは要望に合わせてインタフェースを変換する簡単な例であり，Adapter の一種です．ここでは，データやオブジェクトに対して変換を行うことで Adapter を作成しました．

多くの開発者にとって，ここで紹介した例は特別な操作ではありません．たとえ意識していなくても，開発者はこのような変換をコード内で連続的に行っています．コードやデータに対して Adapter を作成することは一般的なのです．

では，もっと大きいコードの例を見てみましょう．ポリゴン（多角形）のクラスを記述します．

```
class Polygon(object):
    """ ポリゴンクラス """
    def __init__(self, *sides):
        """ 辺の数を受け取り，初期化する """
        self.sides = sides

    def perimeter(self):
        """ 周囲の長さを返す """
        return sum(self.sides)

    def is_valid(self):
        """ 多角形として正しいかを確かめる """
        # 基底クラスでは実装しない
        raise NotImplementedError

    def is_regular(self):
        """ 正多角形かどうかを確かめる """
        # ここでは簡単のため，すべての辺の長さが同じである場合に正多角形とする
        side = self.sides[0]
        return all([x==side for x in self.sides[1:]])

    def area(self):
        """ 面積を計算して返す """
        # 基底クラスでは実装しない
        raise NotImplementedError
```

このポリゴンクラスは，多角形を処理する総称として働きます．

Polygon は，周囲の長さの計算や正多角形のチェックなど，多角形に対する基本的な実装を提供しています．例えば，六角形と五角形で形が違ったとしても，正多角形であるかどうかを同じメソッドでチェックできます．

三角形や長方形などの図形を表すクラスを実装したいとします．もちろん，これを一から実装しても構いません．しかし，Polygon クラスを再利用できるので，積極的に活用しましょう．この場合も，要望に合わせて Adapter を作成することになります．

三角形を処理する Triangle クラスに必要なメソッドを考えてみましょう．

- is_equilateral：正三角形ならば，True を返す
- is_isosceles：二等辺三角形ならば，True を返す
- is_valid：三角形が成立する条件を満たしているならば，True を返す
- area：三角形の面積を計算して返す

続いて，長方形を処理する Rectangle クラスに必要なメソッドを考えてみましょう．

- is_square：正方形ならば，True を返す

- is_valid：長方形が成立する条件を満たしているならば，True を返す
- area：長方形の面積を計算して返す

では，Polygon クラスを再利用して，Triangle クラスと Rectangle クラスを実装する，Adapter パターンを見てみましょう．まず，Triangle クラスを実装します．

```
import itertools

class InvalidPolygonError(Exception):
    pass

class Triangle(Polygon):
    """ Triangleクラス(Polygonのサブクラス)継承によるAdapterパターン """
    def is_equilateral(self):
        """ 正三角形ならTrueを返す """
        if self.is_valid():
            return super(Triangle, self).is_regular()

    def is_isosceles(self):
        """ 二等辺三角形ならTrueを返す """
        if self.is_valid():
            # 2辺が等しければTrue
            for a,b in itertools.combinations(self.sides, 2):
                if a == b:
                    return True
        return False

    def area(self):
        """ 面積を計算する """
        # ヘロンの公式で面積を算出する
        p = self.perimeter()/2.0
        total = p
        for side in self.sides:
            total *= abs(p-side)
        return pow(total, 0.5)

    def is_valid(self):
        """ 三角形が成立する条件を満たしているならば，Trueを返す """
        # (2辺の長さの合計) > (残りの1辺の長さ) であるかを確かめる
        perimeter = self.perimeter()
        for side in self.sides:
            sum_two = perimeter - side
            if sum_two <= side:
                raise InvalidPolygonError(str(self.__class__) + "is invalid!")
        return True
```

同様に，Rectangle クラスを実装します．

```
class Rectangle(Polygon):
    """ Rectangleクラス(Polygonのサブクラス)継承アプローチをとったAdapterパターン """
```

```
    def is_square(self):
        """ 正方形ならばTrueを返す """
        if self.is_valid():
            # is_regularメソッドを呼び出す
            return self.is_regular()

    def is_valid(self):
        """ 長方形が成立する条件を満たしているならば，Trueを返す """
        # 4辺あるかを確かめる
        if len(self.sides) != 4:
            return False
        # 対辺の長さが同じかを確かめる
        for a,b in [(0,2),(1,3)]:
            if self.sides[a] != self.sides[b]:
                return False
        return True

    def area(self):
        """ 長方形の面積を返す """
        # 高さと底辺を掛ける
        if self.is_valid():
            return self.sides[0]*self.sides[1]
```

さて，クラスを使用してみましょう．まず正三角形を作成します．

```
>>> t1 = Triangle(20,20,20)
>>> t1.is_valid()
True
```

正三角形は二等辺三角形とも言えます．

```
>>> t1.is_equilateral()
True

>>> t1.is_isosceles()
True
```

面積を計算してみましょう．

```
>>> t1.area()
173.20508075688772
```

三角形として成立しない場合はどうでしょうか．

```
>>> t2 = Triangle(10, 20, 30)
>>> t2.is_valid()
Traceback (most recent call last):
  File "<stdin>", line 1, in <module>
```

```
File "/home/anand/Documents/ArchitectureBook/code/chap7/adapter.py",
  line 75, in is_valid
    raise InvalidPolygonError(str(self.__class__) + "is invalid!")
  adapter.InvalidPolygonError: <class 'adapter.Triangle'>is invalid!
```

この例では，図形は三角形ではなく直線になります．is_valid メソッドは基底クラスでは実装されていないため，オーバーライドしてサブクラスで適切なバリデーションを実装する必要があります．この場合，三角形が無効な場合は例外が発生します．

続いて，Rectangle クラスについても実行してみましょう．

```
>>> r1 = Rectangle(10,20,10,20)
>>> r1.is_valid()
True

>>> r1.area()
200

>>> r1.is_square()
False

>>> r1.perimeter()
60
```

正方形を作ってみます．

```
>>> r2 = Rectangle(10,10,10,10)
>>> r2.is_square()
True
```

Rectangle クラスと Triangle クラスは，継承アプローチでの Adapter パターンの例です．クライアントが期待するメソッドはそれぞれのクラスで提供し，共通の計算部分は，ベースクラスを継承することによって，ベースクラスに任せています．Triangle クラスと Rectangle クラスにおいて，それぞれ is_equilateral メソッドと is_square メソッドがベースクラスのメソッドを呼び出すように実装されています．

では，次は委譲を用いるアプローチで，Adapter パターンの実装をしてみましょう．

```
import itertools
class Triangle (object) :
    """ Triangleクラス(Polygonのサブクラス)委譲によるAdapterパターン """
    def __init__(self, *sides):
        # ポリゴンを結合する
        self.polygon = Polygon(*sides)
```

```
    def perimeter(self):
        return self.polygon.perimeter()

    def is_valid(f):
        """ 三角形が成立する条件を満たしているならば，Trueを返す """
        def inner(self, *args):
            # (2辺の長さの合計) > (残りの1辺の長さ) であるかを確かめる
            perimeter = self.polygon.perimeter()
            sides = self.polygon.sides
            for side in sides:
                sum_two = perimeter - side
                if sum_two <= side:
                    raise InvalidPolygonError(str(self.__class__) + "is invalid!")
            result = f(self, *args)
            return result

        return inner

    @is_valid
    def is_equilateral(self):
        """ 正三角形ならTrueを返す """
        return self.polygon.is_regular()

    @is_valid
    def is_isosceles(self):
        """ 二等辺三角形ならTrueを返す """
        # 2辺が等しければTrue
        for a,b in itertools.combinations(self.polygon.sides, 2):
            if a == b:
                return True
        return False

    def area(self):
        """ 面積を計算する """
        # ヘロンの公式で面積を算出する
        p = self.polygon.perimeter()/2.0
        total = p
        for side in self.polygon.sides:
            total *= abs(p-side)
        return pow(total, 0.5)
```

このクラスは，継承ではなくオブジェクトの委譲を用いて実装されている点を除けば，継承アプローチで実装したクラスに似ています．

```
>>> t1=Triangle(2,2,2)
>>> t1.is_equilateral()
True

>>> t2 = Triangle(4,4,5)
>>> t2.is_equilateral()
False
```

```
>>> t2.is_isosceles()
True
```

継承によるアプローチとオブジェクトの委譲を用いたアプローチの違いを，以下にまとめます．

- オブジェクト委譲のアプローチでは，クラスを継承しません．代わりにクラスのインスタンスを作成しています．
- すべてのラッパーメソッドが，Adapterの対象となるインスタンスに転送されています．例えば，周囲の長さを計算する`perimeter`メソッドがそれに当たります．
- クラスを継承していないので，ラップされたインスタンス内の属性にアクセスするためには，それらの属性を明示的に指定する必要があります（例えば，辺を表す変数`sides`にアクセスするためには，`Polygon`インスタンスにアクセスしなければなりません）．

委譲のアプローチでは，`is_valid`メソッドをデコレータに変換しています．これは，バリデーションの実装の多くが，`is_valid`のチェックをしたあとで実行されるため，デコレータで実装するのが適しているためです．このあとの議論で取り上げますが，デコレータによる実装はコードの書き換え時にも便利です．

さて，委譲のアプローチによるAdapterの問題点として，Adapterの対象となるインスタンスの属性参照を明示的に行わなければならないことが挙げられます．例えば，`Triangle`クラスで`perimeter`メソッドの実装を忘れてしまった場合，クラスを継承していないので，`Polygon`クラスの`perimeter`メソッドを呼び出すことができません．

この問題も，Pythonのマジックメソッドを利用することで解決できます．そのメソッドは`__getattr__`メソッドです．`Rectangle`メソッドを変更してみましょう．

```
class Rectangle(object):
    """ Rectangleクラス(Polygonのサブクラス)委譲によるAdapterパターン """
    method_mapper = {'is_square': 'is_regular'}

    def __init__(self, *sides):
        # ポリゴンを結合する
        self.polygon = Polygon(*sides)

    def is_valid(f):
        def inner(self, *args):
            """ 長方形が成立する条件を満たしているならば，Trueを返す """
            sides = self.sides
            # 4辺あるかを確かめる
            if len(sides) != 4:
                return False
            # 対辺の長さが同じかを確かめる
            for a,b in [(0,2),(1,3)]:
```

```
                if sides[a] != sides[b]:
                    return False
            result = f(self, *args)
            return result
        return inner

    def __getattr__(self, name):
        """ __getattr__のオーバーロードメソッドで,
            ラップされたインスタンスのメソッドにフォワーディングする """
        if name in self.method_mapper:
            # ラップされたメソッド名
            w_name = self.method_mapper[name]
            print('Forwarding to method',w_name)
            # polygonインスタンスのメソッドにフォワーディングする
            return getattr(self.polygon, w_name)
        else:
            # 同じ名前のメソッドにフォワーディングする
            return getattr(self.polygon, name)

    @is_valid
    def area(self):
        """ 長方形の面積を返す """
        # 高さと底辺を掛ける
        sides = self.sides
        return sides[0]*sides[1]
```

このクラスを実行してみましょう.

```
>>> r1=Rectangle(10,20,10,20)
>>> r1.perimeter()
60

>>> r1.is_square()
Forwarding to method is_regular
False
```

上記からわかるように，perimeter メソッドを宣言していないにもかかわらず，Rectangle のインスタンスから perimeter メソッドを呼び出して，周囲の長さが計算できています．同様に，魔法のように is_square が動作しています．

マジックメソッド __getattr__ は，属性が見つからなかった場合に，オブジェクトによって呼び出されるメソッドです．このメソッドは，デフォルトでクラス辞書やオブジェクト辞書を探索します．このとき，属性の名前を引数とし，ルーティングすることで，他のオブジェクトのメソッドを実行できます．

この例では，__getattr__ メソッドは次の処理を行います．

- 初めに，method_mapper 辞書の属性名を確認します．これはクラスによって作成される辞書であり，クラスで呼び出すメソッド名（辞書キー）をラップしているインスタンスのメソッド（辞書バリュー）にマップしています．エントリーが見つかった場合は，メソッド名を返します．
- method_mapper 辞書内にメソッドが見つからない場合は，エントリーはラップされたインスタンスにそのまま渡されて，同じメソッド名で探索します．
- どちらの場合も，最終的に getattr を使用してラップされたインスタンスから属性を探索します．
- データやメソッドなど，すべての属性で同様に動作します．例えば，Rectangle クラスでは area メソッドや is_valid デコレータ内で変数 sides を参照しています．これはそのまま Polygon クラスのインスタンスの属性を使用しています．
- ラップされたインスタンスに属性が存在しない場合，AttributeError が発生します．

```
>>> r1.convert_to_parallelogram(angle=30)
Traceback (most recent call last):
  File "<stdin>", line 1, in <module>
  File "adapter_o.py", line 133, in __getattr__ return getattr(self.polygon, name)
  AttributeError: 'Polygon' object has no attribute 'convert_to_parallelogram'
```

この実装方法は，オブジェクトの委譲を用いるアプローチによる Adapter パターンの柔軟性を向上させます．通常の実装方法ではラップされたインスタンスの属性に明示的に転送しなければならないのに対し，少ないコード量で実装できます．

7.4.2 Facade パターン

Facade[*3]パターンは，複数のサブシステムのインタフェースを組み合わせて，統一的なインタフェースを提供する構造パターンです．Facade パターンは，複数のインタフェースが必要な複雑な機能を組み合わせたトップレベルインタフェースをクライアントへ提供したいときに利用します．

Facade パターンの例としてよく用いられる自動車の実装を通して解説していきます．自動車はエンジン，パワートレイン，アクセル，ステアリングシステム，ブレーキシステムなど，複数のコンポーネントで構成されています．しかし，通常自動車を運転する場合に，ブレーキの種類やサスペンションの詳細などを気にする必要はありません．それは，自動車メーカーが運転者に Facade を提供しているためです．自動車の詳細な操作や保守は内部で行い，運転に関する単純なサブシステムを提供することで，運転者を複雑さから解放します．運転者は以下のシステムのみを操作します．

- エンジンをかけるためのシステム
- ステアリング（ハンドル）システム

[*3]【訳注】“facade” は「外観」「うわべ」「見せかけ」といった意味を持ちます．

- クラッチ，アクセル，ブレーキシステム
- 動力と速度を管理するギアとトランスミッションのシステム

このように，複雑なシステムを隠蔽するFacadeシステムは，私たちの周りにたくさんあります．車の例のほかには，コンピュータやロボットなどがFacadeの例として挙げられます．また，すべての工場制御システムはFacadeであり，隠蔽されているシステムをエンジニアが調整して，ダッシュボードやコントロールパネルによるインタフェースをユーザーに提供しています．

[1] PythonによるFacadeパターンの実装

Pythonの標準ライブラリには，Facadeの良い例となるモジュールが数多く提供されています．例えば`compiler`モジュールは，Pythonのソースコードをパースしてコンパイルするフックを提供します．字句解析器，構文解析器，抽象構文木の生成器といった複雑な機構のFacadeとなります．

図7.1, 7.2に，このモジュールのヘルプページを示します．図7.2の下部にある「PACKAGE CONTENTS」を見ると，このモジュールが複数のモジュールのFacadeである様子を確認できます．これらを組み合わせて，`compiler`モジュールの機能を実現しています．

```
anand@ubuntu-pro-book: ~/Documents/ArchitectureBook/code/chap7
File Edit View Search Terminal Help
Help on package compiler:

NAME
    compiler - Package for parsing and compiling Python source code

FILE
    /usr/lib/python2.7/compiler/__init__.py

DESCRIPTION
    There are several functions defined at the top level that are imported
    from modules contained in the package.

    parse(buf, mode="exec") -> AST
        Converts a string containing Python source code to an abstract
        syntax tree (AST).  The AST is defined in compiler.ast.

    parseFile(path) -> AST
        The same as parse(open(path))

    walk(ast, visitor, verbose=None)
        Does a pre-order walk over the ast using the visitor instance.
        See compiler.visitor for details.

    compile(source, filename, mode, flags=None, dont_inherit=None)
        Returns a code object.  A replacement for the builtin compile() function.

    compileFile(filename)
        Generates a .pyc file by compiling filename.

PACKAGE CONTENTS
:
```

図7.1 compilerモジュールのヘルプ

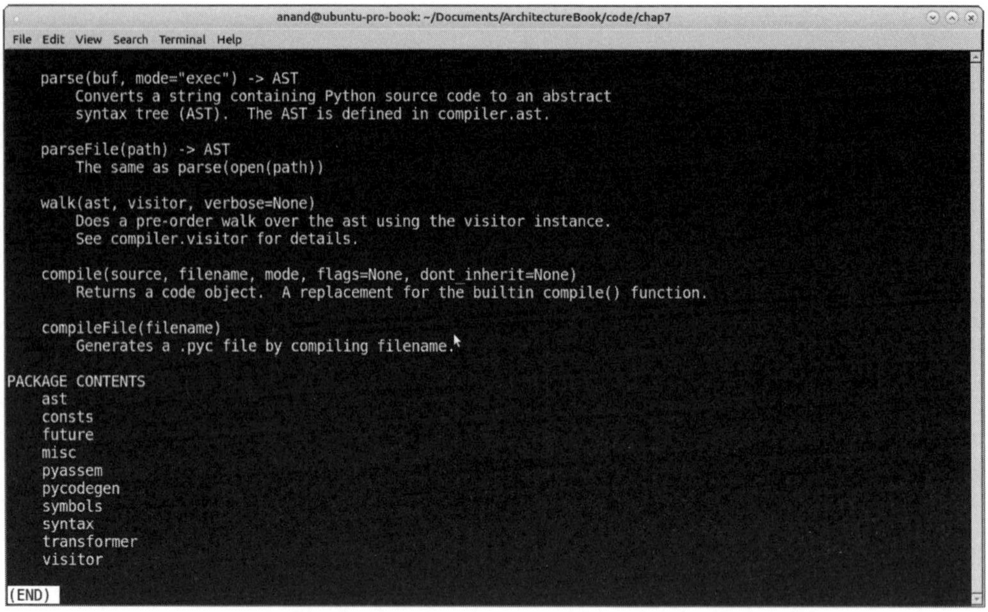

```
anand@ubuntu-pro-book: ~/Documents/ArchitectureBook/code/chap7
File Edit View Search Terminal Help
    parse(buf, mode="exec") -> AST
        Converts a string containing Python source code to an abstract
        syntax tree (AST).  The AST is defined in compiler.ast.

    parseFile(path) -> AST
        The same as parse(open(path))

    walk(ast, visitor, verbose=None)
        Does a pre-order walk over the ast using the visitor instance.
        See compiler.visitor for details.

    compile(source, filename, mode, flags=None, dont_inherit=None)
        Returns a code object.  A replacement for the builtin compile() function.

    compileFile(filename)
        Generates a .pyc file by compiling filename.

PACKAGE CONTENTS
    ast
    consts
    future
    misc
    pyassem
    pycodegen
    symbols
    syntax
    transformer
    visitor

(END)
```

図7.2　compiler モジュールのヘルプ（PACKAGE CONTENTS）

Facade パターンのサンプルコードを紹介します．複数のサブシステムを利用して，自動車をモデル化しましょう．

まずはサブシステムから組み立てましょう．

```
class Engine(object):
    """ エンジンクラス """
    def __init__(self, name, bhp, rpm, volume, cylinders=4, type='petrol'):
        self.name = name
        self.bhp = bhp
        self.rpm = rpm
        self.volume = volume
        self.cylinders = cylinders
        self.type = type

    def start(self):
        """ エンジンをかける """
        print('Engine started')

    def stop(self):
        """ エンジンを止める """
        print('Engine stopped')

class Transmission(object):
    """ トランスミッションクラス """
    def __init__(self, gears, torque):
        self.gears = gears
        self.torque = torque
```

```
        # ニュートラルに設定
        self.gear_pos = 0

    def shift_up(self):
        """ ギアを上げる """
        if self.gear_pos == self.gears:
            print('Cant shift up anymore')
        else:
            self.gear_pos += 1
            print('Shifted up to gear',self.gear_pos)

    def shift_down(self):
        """ ギアを下げる """
        if self.gear_pos == -1:
            print("In reverse, can't shift down")
        else:
            self.gear_pos -= 1
            print('Shifted down to gear',self.gear_pos)

    def shift_reverse(self):
        """ ギアをリバースにする """
        print('Reverse shifting')
        self.gear_pos = -1

    def shift_to(self, gear):
        """ ギアを指定されたポジションに変える """
        self.gear_pos = gear
        print('Shifted to gear',self.gear_pos)

class Brake(object):
    """ ブレーキクラス """
    def __init__(self, number, type='disc'):
        self.type = type
        self.number = number

    def engage(self):
        """ ブレーキをかける """
        print('%s %d engaged' % (self.__class__.__name__, self.number))

    def release(self):
        """ ブレーキを離す """
        print('%s %d released' % (self.__class__.__name__, self.number))

class ParkingBrake(Brake):
    """ パーキングブレーキクラス """
    def __init__(self, type='drum'):
        super(ParkingBrake, self).__init__(type=type, number=1)

class Suspension(object):
    """ サスペンションクラス """
    def __init__(self, load, type='mcpherson'):
        self.type = type
```

```
        self.load = load

class Wheel(object):
    """ タイヤクラス """
    def __init__(self, material, diameter, pitch):
        self.material = material
        self.diameter = diameter
        self.pitch = pitch

class WheelAssembly(object):
    """ 車輪クラス """
    def __init__(self, brake, suspension):
        self.brake = brake
        self.suspension = suspension
        self.wheels = Wheel('alloy', 'M12',1.25)

    def apply_brakes(self):
        """ ブレーキをかける """
        print('Applying brakes')
        self.brake.engage()

class Frame(object):
    """ 自動車のフレームクラス """
    def __init__(self, length, width):
        self.length = length
        self.width = width
```

自動車に必要な最低限のサブシステムはこのくらいでしょうか．

では，Car クラスを記述します．Facade パターンで，発進（start メソッド）と停止（stop メソッド）の機能を持つメソッドを実装します．

```
class Car(object):
    """ FacadeパターンによるCarクラス """
    def __init__(self, model, manufacturer):
        self.engine = Engine('K-series',85,5000, 1.3)
        self.frame = Frame(385, 170)
        self.wheel_assemblies = []
        for i in range(4):
            self.wheel_assemblies.append(WheelAssembly(Brake(i+1), Suspension(1000)))
        self.transmission = Transmission(5, 115)
        self.model = model
        self.manufacturer = manufacturer
        self.park_brake = ParkingBrake()
        self.ignition = False

    def start(self):
        """ 自動車を発進させる """
        print('Starting the car')
        self.ignition = True
        self.park_brake.release()
        self.engine.start()
```

```
        self.transmission.shift_up()
        print('Car started.')

    def stop(self):
        """ 自動車を停止させる """
        print('Stopping the car')
        # ブレーキをかけて速度を下げる
        for wheel_a in self.wheel_assemblies:
            wheel_a.apply_brakes()
        # ギアを2から1に下げる
        self.transmission.shift_to(2)
        self.transmission.shift_to(1)
        self.engine.stop()
        # ギアをニュートラルにする
        self.transmission.shift_to(0)
        # パーキングブレーキをかける
        self.park_brake.engage()
        print('Car stopped.')
```

Car インスタンスを生成します.

```
>>> car = Car('Swift','Suzuki')
>>> car
<facade.Car object at 0x7f0c9e29afd0>
```

さて，ガレージから車を発進させましょう.

```
>>> car.start()
Starting the car
ParkingBrake 1 released
Engine started
Shifted up to gear 1
Car started.
```

発進しました．ドライブを十分に楽しんだところで，車を停めましょう．発進よりも停止のほうが多くの機能を使います.

```
>>> car.stop()
Stopping the car
Applying brakes
Brake 1 engaged
Applying brakes
Brake 2 engaged
Applying brakes
Brake 3 engaged
Applying brakes
Brake 4 engaged
Shifted to gear 2
Shifted to gear 1
```

```
Engine stopped
Shifted to gear 0
ParkingBrake 1 engaged
Car stopped.
```

このCarクラスの例が示すように，Facadeパターンによってシステムの複雑さをユーザーに隠し，操作を簡単にすることができます．この例で実装したstartメソッドとstopメソッドでは多くの機能が使われており，それぞれを毎回実装するのは大変です．それゆえ，Carクラスのインスタンスのstartメソッドとstopメソッドにより複雑な操作を隠蔽して，簡単な操作方法を提供しているわけです．

これが，Facadeパターンを利用する最大の利点です．

7.4.3　Proxyパターン

Proxyパターンは，他のオブジェクトへのアクセスを制御するために，そのオブジェクトをラップするパターンです．まず，Proxyパターンがよく用いられる状況を説明します．

- クライアントに近い仮想リソースが必要な場合．リモートプロキシなどの例では，別のネットワーク内にあるリソースとして振る舞います．
- ネットワークプロキシやインスタンスカウントプロキシなど，リソースのアクセスを制御したり監視したりする必要がある場合．
- リソースやオブジェクトに直接アクセスすると，セキュリティの問題が発生する場合．例えばリバースプロキシサーバーがこれに該当します．
- コストのかかる計算やネットワーク操作などの結果をキャッシュして，毎回計算や操作が実行されないようにしたい場合．例えばキャッシュプロキシがこれに当たります．

Proxyパターンでは常に，Proxy対象となるオブジェクトと同一のインタフェースを実装します．つまり，Proxyパターンは継承か委譲のいずれかで実装することになります．Pythonでは，Adapterの例で見たように，マジックメソッドの__getattr__をオーバーライドすることで，委譲での実装を強力かつ簡単に実現できます．

[1]　インスタンスを数えるProxy

Proxyパターンの実装例の解説に入りましょう．クラスのインスタンスを追跡する機能を実装します．7.3.3項で作成したEmployeeクラスを拡張します．

```
class EmployeeProxy(object):
    """ EmployeeクラスカウンタProxy """
    # Employeeインスタンスの数
    count = 0

    def __new__(cls, *args):
        """ __new__のオーバーロード """
```

```
        # カウンタを追跡する
        instance = object.__new__(cls)
        cls.incr_count()
        return instance

    def __init__(self, employee):
        self.employee = employee

    @classmethod
    def incr_count(cls):
        """ Employeeインスタンスの数をインクリメントする """
        cls.count += 1

    @classmethod
    def decr_count(cls):
        """ Employeeインスタンスの数をデクリメントする """
        cls.count -= 1

    @classmethod
    def get_count(cls):
        """ Employeeインスタンスの数を返す """
        return cls.count

    def __str__(self):
        return str(self.employee)

    def __getattr__(self, name):
        """ Employeeインスタンスの属性にリダイレクトする """
        return getattr(self.employee, name)

    def __del__(self):
        """ __del__メソッドのオーバーロード """
        # Employeeの数をデクリメントする
        self.decr_count()

class EmployeeProxyFactory(object):
    """ Proxyオブジェクトを返すFactoryクラス """
    @classmethod
    def create(cls, name, *args):
        """ Employeeインスタンスを作成するFactoryメソッド """
        name = name.lower().strip()
        if name == 'engineer':
            return EmployeeProxy(Engineer(*args))
        elif name == 'accountant':
            return EmployeeProxy(Accountant(*args))
        elif name == 'admin':
            return EmployeeProxy(Admin(*args))
```

Employee のサブクラスは Factory パターンのときにすでに作成したので，コードを省略しています．

EmployeeProxy クラスと EmployeeProxy クラスのインスタンスを返すように変更した，Factory クラスを作成しました．Factory クラスを使用しているので，自分で Proxy インスタンスを生成する必要はありません．

では，Proxy クラスの実装を見てみましょう．この実装では，委譲によってターゲットオブジェクト（Employee）をラップしています．__getattr__ メソッドをオーバーロードして，属性にアクセスするとき，Employee クラスの属性にアクセスするようにリダイレクトしています．また，__new__ と __del__ メソッドをそれぞれオーバーライドすることによって，インスタンスが生成もしくは削除された際，インスタンスの数を追跡できるようにしています．

現在実装しているクラスのインスタンスにアクセスして参照を数える機能は，Python が提供している weakref モジュールの機能に似ています．

Proxy を実行してみましょう．

```
>>> factory = EmployeeProxyFactory()
>>> engineer = factory.create('engineer','Sam',25,'M')
>>> print(engineer)
Engineer - Sam, 25 years old M
```

Proxy クラスのインスタンスに対して print を実行すると，Engineer クラスのインスタンスの情報が出力されます．これは，Proxy クラスで __str__ メソッドがオーバーライドされているためです．このメソッド内で，Employee クラスのインスタンス内にある __str__ メソッドを呼び出しています．

```
>>> admin = factory.create('admin','Tracy',32,'F')
>>> print(admin)
Admin - Tracy, 32 years old F
```

では，インスタンスの数を確認してみましょう．クラス変数を使用しているので，インスタンスから参照するほかに，クラスからも参照できます．

```
>>> admin.get_count()
2

>>> EmployeeProxy.get_count()
2
```

次に，インスタンスの削除をします．

```
>>> del engineer
>>> EmployeeProxy.get_count()
1

>>> del admin
>>> EmployeeProxy.get_count()
0
```

weakref モジュールを使用する例を示します．

```
>>> import weakref
>>> import gc
>>> engineer=Engineer('Sam',25,'M')
```

新しいオブジェクトの参照カウントを確認します．

```
>>> len(gc.get_referrers(engineer))
1
```

弱参照[*4]の数を表示しましょう．

```
>>> engineer_proxy=weakref.proxy(engineer)
```

weakref オブジェクトは Proxy オブジェクトのように振る舞います．

```
>>> print(engineer_proxy)
Engineer - Sam, 25 years old M

>>> engineer_proxy.get_role()
'engineering'
```

しかし，weakref プロキシによって生成されたオブジェクトの場合，参照カウントは増加しません．

```
>>> len(gc.get_referrers(engineer))
1
```

[*4]【訳注】弱参照：ガベージコレクションで解放の対象となる参照．通常，参照をオブジェクトが持っている場合，ガベージコレクションの対象になりません．しかし，オブジェクトが弱参照しか持っていない場合，ガベージコレクションの対象になります．

7.5 振る舞いに関するパターン

システムのオブジェクトライフサイクルにおいて，オブジェクトは初めに生成されて，構造に組み込まれた後，オブジェクト間で相互作用します．この相互作用が振る舞いに当たることから，振る舞いに関するパターンは，システムのオブジェクトライフサイクルの最後に位置する処理をします．

振る舞いに関するパターンでは，オブジェクト間のコミュニケーションモデルや相互作用モデルをカプセル化します．パターンを使用すると，実行時に追跡するのが難しい，複雑な作業フローを記述できます．

一般的に，振る舞いに関するパターンは，継承ではなく，オブジェクトの委譲で実装します．これは，システム内の相互作用するオブジェクトは，それぞれ別のクラス階層にある場合が多いからです．

この節では，振る舞いに関するパターンとして，Iterator パターン，Observer パターン，State パターンについて説明します．

7.5.1 Iterator パターン

Iterator パターンは，コンテナオブジェクトの要素に順番にアクセスする方法を提供します．その際，要素の詳細を気にする必要はありません．言い換えると，Iterator はコンテナオブジェクトを反復する単一のメソッドを提供する Proxy として働きます．

Python は Iterator の機能を標準サポートしているので，特別に実装する必要はありません．Python のすべてのコンテナ型およびシーケンス型（リスト，タプル，文字列，セット）には，独自の Iterator が実装されています．辞書では，キーに対して Iterator を実装しています．

Python では，Iterator はマジックメソッド `__iter__` を実装しており，組み込み関数 `iter()` によって Iterator インスタンスを返す必要があります．通常，Iterator オブジェクトの動作は隠蔽されていて，Python を通常に実行している限り意識する必要がありません．

では，リストのイテレータを使用してみましょう．

```
>>> for i in range(5):
...     print(i)
...
0
1
2
3
4
```

この実行結果は，以下とほとんど同じです．

```
>>> I = iter(range(5))
>>> for i in I:
...     print(i)
```

```
...
0
1
2
3
4
```

すべてのシーケンス型で，Python は独自の Iterator を実装しています．それぞれの実装例を紹介します．

- リスト

```
>>> fruits = ['apple','oranges','grapes']
>>> iter(fruits)
<list_iterator object at 0x7fd626bedba8>
```

- タプル

```
>>> prices_per_kg = (('apple', 350), ('oranges', 80), ('grapes', 120))
>>> iter(prices_per_kg)
<tuple_iterator object at 0x7fd626b86fd0>
```

- セット

```
>>> subjects = {'Maths','Chemistry','Biology','Physics'}
>>> iter(subjects)
<set_iterator object at 0x7fd626b91558>
```

辞書においても，Python 3.x では辞書キーの Iterator を実装しています．

```
>>> iter(dict(prices_per_kg))
<dict_keyiterator object at 0x7fd626c35ae8>
```

では，独自の Iterator を実装する例を紹介します．

```
class Prime(object):
    """ 素数のIteratorクラス """
    def __init__(self, initial, final=0):
        """ 表示する素数の数を決定 """
        # 出力する素数の範囲を決定
        self.current = initial
        self.final = final

    def __iter__(self):
        return self
```

```
    def __next__(self):
        """ Iteratorの次の要素を取得 """
        return self._compute()

    def _compute(self):
        """ 次の素数を算出 """
        num = self.current
        while True:
            is_prime = True
            # 素数のチェック
            for x in range(2, int(pow(self.current, 0.5)+1)):
                if self.current%x==0:
                    is_prime = False
                    break
            num = self.current
            self.current += 1
            if is_prime:
                return num
            # 範囲を超えていないかチェック
            if self.final > 0 and self.current>self.final:
                raise StopIteration
```

素数の Iterator が完成しました．二つの数の間にある素数を返します．

```
>>> p=Prime(2,10)
>>> for num in p:
...     print(num)
...
2
3
5
7

>>> list(Prime(2,50))
[2, 3, 5, 7, 11, 13, 17, 19, 23, 29, 31, 37, 41, 43, 47]
```

終了制限を設定しない場合，素数を無限に出力する Iterator となります．つまり，次に実行する Iterator は，2 から順に素数を返す動作を無限に繰り返します．

```
>>> p = Prime(2)
```

この場合，itertools モジュールを使用することで，無限にデータを出力する Iterator から必要なデータを抽出できます．

ここでは例として，itertools の islice メソッドを使用して，100 個の素数を計算して出力します．

```
>>> import itertools
>>> list(itertools.islice(Prime(2), 100))
[2, 3, 5, 7, 11, 13, 17, 19, 23, 29, 31, 37, 41, 43, 47, 53, 59, 61, 67, 71, 73, 79, 83,
89, 97, 101, 103, 107, 109, 113, 127, 131, 137, 139, 149, 151, 157, 163, 167, 173, 179,
181, 191, 193, 197, 199, 211, 223, 227, 229, 233, 239, 241, 251, 257, 263, 269, 271, 277,
281, 283, 293, 307, 311, 313, 317, 331, 337, 347, 349, 353, 359, 367, 373, 379, 383, 389,
397, 401, 409, 419, 421, 431, 433, 439, 443, 449, 457, 461, 463, 467, 479, 487, 491, 499,
503, 509, 521, 523, 541]
```

同様に，`filterfalse` メソッドを使用することで，1 桁目が 1 となる素数を 10 個抽出できます．

```
>>> list(itertools.islice(itertools.filterfalse(lambda x: x % 10 != 1, Prime(2)), 10))
[11, 31, 41, 61, 71, 101, 131, 151, 181, 191]
```

回文素数も同様に抽出してみましょう．

```
>>> list(itertools.islice(itertools.filterfalse(lambda x: str(x)!=str(x)[-1::-1],
    Prime(2)), 10))
[2, 3, 5, 7, 11, 101, 131, 151, 181, 191]
```

Iterator に関する解説は以上です．興味のある読者は，`itertools` モジュールとそのメソッドに関するドキュメントを参照して，無限に出力できる Iterator データの利用法と操作法を調べてみてください．

7.5.2 Observer パターン

Observer パターンは，オブジェクト同士を切り離して，パブリッシュの役割を持つオブジェクト (Publisher) が複数あったときに，サブスクライブの役割を持つオブジェクト (Subscriber) が Publisher の変更を追跡できるようにします．これにより，一対多の依存関係と参照を回避しながら，相互作用を記述できます．このパターンはパブリッシュ/サブスクライブモデルと呼ばれます．

ここでは，独自のスレッドで実行され，毎秒定期的にアラームを通知する `Alarm` クラスを実装する例を示します．`Alarm` クラスは Publisher として機能し，アラームが発生すると Subscriber に通知します．

```
import threading
import time
from datetime import datetime

class Alarm(threading.Thread):
    """ 定期的なアラームを通知するクラス """
    def __init__(self, duration=1):
        self.duration = duration
```

```
        # Subscriber
        self.subscribers = []
        self.flag = True
        threading.Thread.__init__(self, None, None)

    def register(self, subscriber):
        """ アラームを通知するSubscriberを登録 """
        self.subscribers.append(subscriber)

    def notify(self):
        """ すべてのSubscriberに通知 """
        for subscriber in self.subscribers:
            subscriber.update(self.duration)

    def stop(self):
        """ スレッドを停止 """
        self.flag = False

    def run(self):
        """ アラームを開始 """
        while self.flag:
            time.sleep(self.duration)
            # 通知する
            self.notify()
```

Subscriber として DumbClock クラスを記述します．これは，Alarm クラスの通知を受け取るクラスです．通知が来た時間を保持します．

```
class DumbClock(object):
    """ Alarmオブジェクトからの通知を受け取り保持 """
    def __init__(self):
        # 時間を取得
        self.current = time.time()

    def update(self, *args):
        """ Publisherから呼ばれるコールバックメソッド """
        self.current += args[0]

    def __str__(self):
        """ 時間を表示 """
        return datetime.fromtimestamp(self.current).strftime('%H:%M:%S')
```

作成したオブジェクトを動かしましょう．

1. まず，通知周期を1秒に設定して，Alarm オブジェクトを作成します．

```
>>> alarm=Alarm(duration=1)
```

2. 次に，DumbClock オブジェクトを作成します．

```
>>> clock=DumbClock()
```

3. DumbClock オブジェクトを Alarm オブジェクトに登録して，通知を受け取れるようにします．

```
>>> alarm.register(clock)
```

4. Alarm のスレッドを実行します．

```
>>> alarm.start()
```

5. これで clock オブジェクトは Alarm オブジェクトからのアップデートを受信し続けます．print を実行するたびに，現在の時刻が 1 秒ごとに更新され出力されます．

```
>>> print(clock)
10:04:27
```

時間がたつと表示が変わります．

```
>>> print(clock)
10:08:20
```

6. スリープして出力してみましょう．

```
>>> print(clock);time.sleep(20);print(clock)
10:08:23
10:08:43
```

Observer パターンを実装するにあたって，留意すべき点は以下です．

- **Subscriber への参照方法**：Publisher は Subscriber への参照を保持するか，Mediator パターンを使用して参照を必要に応じて取得するか，どちらかの実装を選択できます．Mediator パターンは，互いに強い参照を持つオブジェクト間を切り離したいときに使用されるパターンです．Python では，Publisher は Subscriber と実行環境が同じ場合，プロキシや弱い参照のコレクションとして実装されます．そうすることで，プロキシを用いたリモート参照を実現できます．

- **コールバックの実装**：上の例では，Alarm クラスの update メソッドを呼び出すことによって，Subscriber クラスの状態を直接更新しています．他の実装例として，Subscriber が Publisher に状態を問い合わせたときに，Publisher から Subscriber に通知する方法があります．コールバックを用いて実装すると，異なるクラスや型の Subscriber が存在している場合にとても便利です．これは，Subscriber の update や notify メソッドが変更されたとしても，Publisher のコードは変更する必要がなく，Publisher から Subscriber への依存度を下げることができるためです．
- **同期と非同期**：上の例では，状態が変更されたとき，Publisher と同じスレッドで通知が呼び出されます．これは，正確で信頼できる通知がすぐに必要だからです．非同期処理で実装すると，Publisher のメインスレッド処理を止めることなく通知できます．例えば，通知したときにその結果が遅れる可能性がある場合は，非同期処理で通知を行い，その結果を future オブジェクトで受け取るようにしたほうがよいでしょう．

非同期処理の詳細については，第5章でスケーラビリティに関連して解説しました．ここでは，Observer パターンを非同期処理で実装する例，つまり，Publisher と Subscriber が非同期で相互作用する実装例を紹介します．非同期処理には，asyncio モジュールを使用します．

この例では，ニュースのカテゴリに関する実装を行います．Publisher は様々なソース（URL）で決められたニュース記事に対して，チャンネルをタグ付けしていきます．ここで使用するチャンネルの例は，「スポーツ」「国際」「技術」などです．

ニュースのサブスクライバ（購読者）となる Subscriber は，興味のあるニュースチャンネルを登録して，そのチャンネルのニュース記事の URL を取得します．URL を取得すると，URL のデータを非同期で取得します．Publisher から Subscriber への通知も非同期に発生させます．

では，ソースコードを見てみましょう．

```
import weakref
import asyncio
from collections import defaultdict, deque

class NewsPublisher(object):
    """ 非同期通知を用いたニュースPublisherクラス """
    def __init__(self):
        # ニュースチャンネル
        self.channels = defaultdict(deque)
        self.subscribers = defaultdict(list)
        self.flag = True

    def add_news(self, channel, url):
        """ ニュースの追加 """
        self.channels[channel].append(url)

    def register(self, subscriber, channel):
        """ チャンネルごとにSubscriberの登録 """
        self.subscribers[channel].append(weakref.proxy(subscriber))
```

```
    def stop(self):
        """ Publisherの停止 """
        self.flag = False

    async def notify(self):
        """ Subscriberへの通知 """
        self.data_null_count = 0
        while self.flag:
            # 通知対象のSubscriber
            subs = []
            for channel in self.channels:
                try:
                    data = self.channels[channel].popleft()
                except IndexError:
                    self.data_null_count += 1
                    continue
                subscribers = self.subscribers[channel]
                for sub in subscribers:
                    print('Notifying',sub,'on channel',channel,'with data=>',data)
                    response = await sub.callback(channel, data)
                    print('Response from',sub,'for channel',channel,'=>',response)
                    subs.append(sub)
            await asyncio.sleep(2.0)
```

Publisher の notify メソッドは非同期処理です．notify メソッドでは，まずチャンネルのリストでループして，チャンネル登録している Subscriber を探し出し，新しいニュースを通知するために，それぞれのコールバックメソッドを呼び出します．

コールバックメソッド自体も非同期であるため，最終処理結果ではなく future オブジェクトとして返されます．この future オブジェクトの結果は，Subscriber にある fetch_urls メソッドです．

次に，Subscriber のソースコードを見ていきましょう．

```
import aiohttp
class NewsSubscriber(object):
    """ 非同期コールバックを用いたニュースSubscriberクラス """
    def __init__(self):
        self.stories = {}
        self.futures = []
        self.future_status = {}
        self.flag = True

    async def callback(self, channel, data):
        """ コールバックメソッド """
        # データはURL
        url = data
        # レスポンスを受け取り
        print('Fetching URL',url,'...')
        future = aiohttp.request('GET', url)
        self.futures.append(future)
```

```
        return future

    async def fetch_urls(self):
        while self.flag:
            for future in self.futures:
                # 処理されたfutureはスキップする
                if self.future_status.get(future):
                    continue
                response = await future
                # データの読み取り
                data = await response.read()
                print('\t',self,'Got data for URL',response.url,'length:',len(data))
                self.stories[response.url] = data
                # 処理の完了をマークする
                self.future_status[future] = 1
            await asyncio.sleep(2.0)
```

callback と fetch_urls のメソッドは，両方とも非同期処理として宣言されています．callback メソッドで，Publisher から url を受け取り，aiohttp モジュールの GET メソッドに渡し，future オブジェクトを返します．

future オブジェクトは，インスタンスが持つローカルリストにも追加されています．このリストを使用することで，fetch_urls メソッドが URL データを取得して，データを辞書に格納する処理を非同期で実行します．

では，メインのイベントループ処理となるコードを記述していきます．

1. まず，Publisher を作成して，ニュースのチャンネルとニュースの URL を登録していきます．

```
>>> publisher = NewsPublisher()
>>> # 'sports'と'india'チャンネルにニュースを登録
>>> publisher.add_news('sports', 'http://www.cricbuzz.com/cricket-news/94018/
    collective-dd-show-hands-massive-loss-to-kings-xi-punjab')
>>> publisher.add_news('sports', 'https://sports.ndtv.com/indian-premier-league-2017/
    ipl-2017-this-is-how-virat-kohli-recovered-from-the-loss-against-mumbai-indians
    -1681955')
>>> publisher.add_news('india', 'http://www.business-standard.com/article/current-
    affairs/mumbai-chennai-and-hyderabad-airports-put-on-hijack-alert-report-
    117041600183_1.html')
>>> publisher.add_news('india', 'http://timesofindia.indiatimes.com/india/pakistan-to
    -submit-new-dossier-on-jadhav-to-un-report/articleshow/58204955.cms')
```

2. 次に Subscriber を二つ用意しましょう．一つは sports，もう一つは india のチャンネルに登録しています．

```
>>> subscriber1 = NewsSubscriber()
>>> subscriber2 = NewsSubscriber()
>>> publisher.register(subscriber1, 'sports')
```

```
>>> publisher.register(subscriber2, 'india')
```

3. イベントループを作成します.

```
>>> loop = asyncio.get_event_loop()
```

4. 次にコルーチンとして，タスクをループに追加した後，ループを開始します．ここでは三つのタスクを登録する必要があります.

   - `publisher.notify()`:
   - `subscriber1.fetch_urls()`:
   - `subscriber2.fetch_urls()`:

5. Publisher と Subscriber のループは終わらないので，`asyncio` モジュールの `wait` メソッドでタイムアウトを設定します.

```
>>> tasks = map(lambda x: x.fetch_urls(), (subscriber1, subscriber2))
>>> loop.run_until_complete(asyncio.wait([publisher.notify(), *tasks],timeout=120))
>>> print('Ending loop')
>>> loop.close()
```

実行すると，図 7.3 のように，Publisher と Subscriber の非同期実行の様子が確認できます.

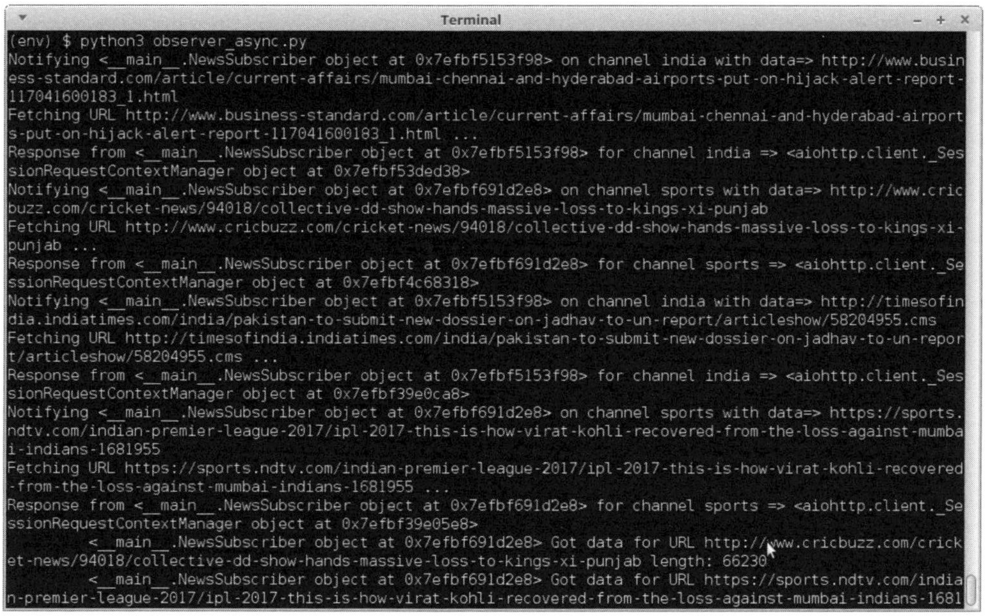

```
Terminal
(env) $ python3 observer_async.py
Notifying <__main__.NewsSubscriber object at 0x7efbf5153f98> on channel india with data=> http://www.busin
ess-standard.com/article/current-affairs/mumbai-chennai-and-hyderabad-airports-put-on-hijack-alert-report-
117041600183_1.html
Fetching URL http://www.business-standard.com/article/current-affairs/mumbai-chennai-and-hyderabad-airport
s-put-on-hijack-alert-report-117041600183_1.html ...
Response from <__main__.NewsSubscriber object at 0x7efbf5153f98> for channel india => <aiohttp.client._Ses
sionRequestContextManager object at 0x7efbf53ded38>
Notifying <__main__.NewsSubscriber object at 0x7efbf691d2e8> on channel sports with data=> http://www.cric
buzz.com/cricket-news/94018/collective-dd-show-hands-massive-loss-to-kings-xi-punjab
Fetching URL http://www.cricbuzz.com/cricket-news/94018/collective-dd-show-hands-massive-loss-to-kings-xi-
punjab ...
Response from <__main__.NewsSubscriber object at 0x7efbf691d2e8> for channel sports => <aiohttp.client._Se
ssionRequestContextManager object at 0x7efbf4c68318>
Notifying <__main__.NewsSubscriber object at 0x7efbf5153f98> on channel india with data=> http://timesofin
dia.indiatimes.com/india/pakistan-to-submit-new-dossier-on-jadhav-to-un-report/articleshow/58204955.cms
Fetching URL http://timesofindia.indiatimes.com/india/pakistan-to-submit-new-dossier-on-jadhav-to-un-repor
t/articleshow/58204955.cms ...
Response from <__main__.NewsSubscriber object at 0x7efbf5153f98> for channel india => <aiohttp.client._Ses
sionRequestContextManager object at 0x7efbf39e0ca8>
Notifying <__main__.NewsSubscriber object at 0x7efbf691d2e8> on channel sports with data=> https://sports.
ndtv.com/indian-premier-league-2017/ipl-2017-this-is-how-virat-kohli-recovered-from-the-loss-against-mumba
i-indians-1681955
Fetching URL https://sports.ndtv.com/indian-premier-league-2017/ipl-2017-this-is-how-virat-kohli-recovered
-from-the-loss-against-mumbai-indians-1681955 ...
Response from <__main__.NewsSubscriber object at 0x7efbf691d2e8> for channel sports => <aiohttp.client._Se
ssionRequestContextManager object at 0x7efbf39e05e8>
        <__main__.NewsSubscriber object at 0x7efbf691d2e8> Got data for URL http://www.cricbuzz.com/crick
et-news/94018/collective-dd-show-hands-massive-loss-to-kings-xi-punjab length: 66230
        <__main__.NewsSubscriber object at 0x7efbf691d2e8> Got data for URL https://sports.ndtv.com/india
n-premier-league-2017/ipl-2017-this-is-how-virat-kohli-recovered-from-the-loss-against-mumbai-indians-1681
```

図 7.3 Publisher と Subscriber の非同期実行の様子

Observer パターンの解説は以上です．最後に紹介するパターンは，State パターンです．

7.5.3　State パターン

State パターンはオブジェクトの内部状態を別クラス（State オブジェクト）に管理させて，カプセル化します．オブジェクトはカプセル化された State オブジェクトの値を切り替えることで，状態を変更します．State オブジェクトとそれに関連する FSM（finite state machine）[*5]を使用することで，複雑なコードを必要とせず，オブジェクトの状態遷移をシームレスに実装できます．

Python では，`__class__` 属性を用いることで，State パターンを実装できます．初めて聞くと少し違和感があるかもしれませんが，Python ではこの属性をインスタンスの辞書を使って変更することができます．つまり，インスタンス側から自らの生成元のクラスを動的に変更することができます．Python のこの仕様によって，State パターンは簡単に実装できます．

では，簡単な実装例を見てみましょう．

```
>>> class C(object):
...     def f(self): return 'hi'
...

>>> class D(object): pass
...

>>> c = C()
>>> c
<__main__.C object at 0x7fa026ac94e0>

>>> c.f()
'hi'

>>> c.__class__=D
>>> c
<__main__.D object at 0x7fa026ac94e0>

>>> c.f()
Traceback (most recent call last):
  File "<stdin>", line 1, in <module>
AttributeError: 'D' object has no attribute 'f'
```

この例では，`c` オブジェクトのクラスを変更しました．ただし，`C` と `D` はまったく関係のないクラスなので，この操作はとても危険です．例えば，先ほど示したように，クラス `C` からクラス `D` に変更されたことで，メソッド `f` が実行できなくなっています．しかし，関連するクラス，つまりインタフェースとなる親クラスを実装するサブクラスは，この挙動によって多くの恩恵が受けられ，かつ State パターンを実装することができます．

[*5]【訳注】FSM：有限状態機械．有限個の状態と入力による状態遷移を表現するモデルです．

次に紹介する例では，このテクニックを使用して，State パターンを実装します．状態の切り替えを行えるコンピュータクラスを作成してみましょう．次のクラスは Iterator として実装されており，Iterator の性質上，次の位置への移動を定義しています．この移動を状態遷移として利用します．Iterator がこの目的のために，どのように実装されているかにも注目しましょう．

```
import random

class ComputerState(object):
    """ コンピュータ状態を示すベースクラス """
    # これはIterator
    name = "state"
    next_states = []
    random_states = []

    def __init__(self):
        self.index = 0

    def __str__(self):
        return self.__class__.__name__

    def __iter__(self):
        return self

    def change(self):
        return self.__next__()

    def set(self, state):
        """ 状態の集合 """
        if self.index < len(self.next_states):
            if state in self.next_states:
                # indexの集合
                self.index = self.next_states.index(state)
                self.__class__ = eval(state)
                return self.__class__
            else:
                # 不正な状態遷移が起きたら例外を発生
                current = self.__class__
                new = eval(state)
                raise Exception('Illegal transition from %s to %s' % (current, new))
        else:
            self.index = 0
            if state in self.random_states:
                self.__class__ = eval(state)
                return self.__class__

    def __next__(self):
        """ 次の状態に遷移 """
        if self.index < len(self.next_states):
            # 初期状態に遷移
            self.__class__ = eval(self.next_states[self.index])
```

```
            # Iteratorの位置を進める
            self.index += 1
            return self.__class__
        else:
            # 可能な状態にランダムに遷移し，
            # 次の遷移リストから選択し，
            # indexをリセット
            self.index = 0
            if len(self.random_states):
                state = random.choice(self.random_states)
                self.__class__ = eval(state)
                return self.__class__
            else:
                raise StopIteration
```

ComputerState クラスのサブクラスを定義しましょう．

それぞれのクラスで，next_states リストを実装します．これは次に切り替わる状態を保持します．また，ランダムな状態リストの定義もできます．random_states は次に切り替えられる状態一覧を保持しています．

例えば，コンピュータの初期状態は，電源が切れている OFF 状態です．OFF 状態の次は ON 状態にしかなれません．コンピュータが ON 状態になったあとは，次に他の状態に遷移する可能性があります．

これに従って，サブクラスを作成します．

```
class ComputerOff(ComputerState):
    next_states = ['ComputerOn']
    random_states = ['ComputerSuspend', 'ComputerHibernate', 'ComputerOff']
```

他のクラスも同様に作成します．

```
class ComputerOn(ComputerState):
    # 次に変わる状態が決まっていない
    random_states = ['ComputerSuspend', 'ComputerHibernate', 'ComputerOff']

class ComputerWakeUp(ComputerState):
    # 次に変わる状態が決まっていない
    random_states = ['ComputerSuspend', 'ComputerHibernate', 'ComputerOff']

class ComputerSuspend(ComputerState):
    next_states = ['ComputerWakeUp']
    random_states = ['ComputerSuspend', 'ComputerHibernate',  'ComputerOff']

class ComputerHibernate(ComputerState):
    next_states = ['ComputerOn']
    random_states = ['ComputerSuspend', 'ComputerHibernate',  'ComputerOff']
```

最後に，State クラスを使用して，内部状態を設定する Computer クラスを次に示します．

```
class Computer(object):
    """ Computerを表現するクラス """
    def __init__(self, model):
        self.model = model
        # コンピュータの状態（デフォルト値はOFF）
        self.state = ComputerOff()

    def change(self, state=None):
        """ 状態を変更 """
        if state==None:
            return self.state.change()
        else:
            return self.state.set(state)

    def __str__(self):
        """ 状態を返す """
        return str(self.state)
```

この実装には，興味深い性質があります．

- **Iterator としての状態**：ComputerState クラスは Iterator として実装しました．状態には常に次の状態があり，それらの状態はリストで管理されているからです．つまり，Iterator として定義することで，ある状態から次の状態への自然な切り替えを Iterator で実装することができます．
- **ランダムな状態**：この例では，ランダムな状態遷移を実装しました．コンピュータがある状態から次の状態に移行すると，移動可能なランダムな状態のリストを保持します．ON になっているコンピュータは，必ずしも次に OFF になるとは限りません．スリープ状態やサスペンド状態にもなりうるのです．
- **手動での状態変化**：コンピュータクラスは，change メソッドの第 2 引数（オプション）によって，特定の状態に変更できます．ただし，これは状態の遷移が可能な場合のみ実行できます．指定された状態遷移ができない場合は，例外が発生します．

では，State パターンを動作させてみましょう．もちろん初期状態ではコンピュータは OFF になっています．

```
>>> c = Computer('ASUS')
>>> print(c)
ComputerOff
```

状態を変更してみましょう．

```
>>> c.change()
<class 'state.ComputerOn'>
```

次の状態を決定しましょう．強制的な状態遷移するまで，ランダムに状態が遷移します．

```
>>> c.change()
<class 'state.ComputerHibernate'>
```

ここでは，次の状態が Hibernate（スリープ）になりました．Hibernate から遷移する次の状態は，ON でなければなりません．

```
>>> c.change()
<class 'state.ComputerOn'>

>>> c.change()
<class 'state.ComputerOff'>
```

今の状態は OFF です．これは次の状態が ON になることを示しています．

```
>>> c.change()
<class 'state.ComputerOn'>
```

ランダムな状態変化の様子も見てみましょう．

```
>>> c.change()
<class 'state.ComputerSuspend'>

>>> c.change()
<class 'state.ComputerWakeUp'>

>>> c.change()
<class 'state.ComputerHibernate'>
```

実装は Iterator によって行われているので，itertools のようなモジュールを使用して，状態を反復することもできます．では，itertools を用いて，5 回状態遷移を取得しましょう．

```
>>> import itertools
>>> for s in itertools.islice(c.state, 5):
...     print(s)
...
<class 'state.ComputerOn'>
<class 'state.ComputerOff'>
<class 'state.ComputerOn'>
<class 'state.ComputerOff'>
<class 'state.ComputerOn'>
```

手動で状態を変更してみましょう．

```
>>> c.change('ComputerOn')
<class 'state.ComputerOn'>

>>> c.change('ComputerSuspend')
<class 'state.ComputerSuspend'>

>>> c.change('ComputerHibernate')
Traceback (most recent call last):
  File "state.py", line 133, in <module>
      print(c.change('ComputerHibernate'))
  File "state.py", line 108, in change
      return self.state.set(state)
  File "state.py", line 45, in set
      raise Exception('Illegal transition from %s to %s' % (current, new))
Exception: Illegal transition from <class '__main__.ComputerSuspend'> to
<class '__main__.ComputerHibernate'>
```

コンピュータは，`Suspend` 状態から `Hibernate` 状態には直接遷移できません．不可能な状態遷移を試みると，例外が発生します．`WakeUp` 状態にしなければなりません．

```
>>> c.change('ComputerWakeUp')
<class 'state.ComputerWakeUp'>

>>> c.change('ComputerHibernate')
<class 'state.ComputerHibernate'>
```

状態の遷移ができました．

Python によるデザインパターンについての解説は以上です．これまで学んだことを要約しましょう．

7.6 まとめ

この章では，オブジェクト指向のデザインパターンを詳しく解説して，Python でそれらを実装するための新しいテクニックを紹介しました．初めに，デザインパターンの概要について説明して，生成，構造，振る舞いに関するパターンに分類しました．

そして，Strategy パターンの実装を例に挙げることで，Pythonic なデザインパターンの実装方法を紹介しました．これをもとに，三つのパターンについて，Python を用いた実装に関する議論をしました．

生成に関するパターンでは，Singleton，Borg，Prototype，Factory，Builder の各パターンについて取り上げました．Python において，クラス階層をまたいで状態を保持したい場合，Singleton パターンより `Borg` が優れたアプローチであることを学びました．Builder パターン，Prototype パターン，Factory パターンに関して説明し，それぞれの相互作用について例を挙げて解説しました．また，可能な限りメタクラスを使用した実装例も取り上げ，メタクラスの性質に関する議論もしました．

構造に関するパターンでは，Adapter，Facade，Proxy の各パターンを取り上げました．Adapter パターンでは，継承によるアプローチと委譲によるアプローチの特徴を，実装例を詳細に見ることで学びました．Adapter パターンと Proxy パターンの実装で，Python が提供するマジックメソッド `__getattr__` を使用したことで，Python の強力さを実感できたのではないでしょうか．

Facade パターンでは，自動車クラスを使用して，Facade がどのように複雑さを克服し，サブシステム全体に汎用的なインタフェースを提供するかを，詳細な例とともに解説しました．また，Python の標準ライブラリモジュールの多くが Facade であることを学びました．

振る舞いに関するパターンでは，Iterator，Observer，State の各パターンを取り上げました．Iterator パターンは，もともと Python で実装されています．本章では，素数イテレータを実装しました．

Observer パターンでは，`Alarm` クラスを Publisher，`DumbClock` クラスを Subscriber として実装しました．また，Python の `asyncio` モジュールを使用する非同期 Observer パターンの例も紹介しました．

そして，長かったデザインパターンの旅の最後は，State パターンです．コンピュータの状態変化を例に，遷移がありうる各状態にインスタンス状態が遷移していく実装例を紹介しました．そして，インスタンス自体のクラスを変更するために，動的属性として Python の `__class__` を使用する方法について議論しました．この State パターンの実装は，Iterator として実装していることも注目すべきポイントです．

次の章では，デザインパターンより高いパラダイムとなる，ソフトウェアアーキテクチャパターンの議論へと進みます．

第8章

アーキテクチャパターン

アーキテクチャパターンは，ソフトウェアパターンの中で最上位のパターン群です．アーキテクチャパターンを知ることで，アーキテクトはアプリケーションの基本構造を把握できます．ソフトウェアに関する数々の問題を解決するために作られたアーキテクチャパターンは，システム設計や異なるコンポーネント間の通信など，様々なアクティビティの管理に役立つでしょう．

アーキテクトは，現在直面している問題に応じて，いくつかのアーキテクチャパターンを選択できます．各アーキテクチャパターンには，それぞれ独自の思想があり，解決する問題は各パターンによって異なります．例えば，あるパターンはクライアント/サーバーシステムのアーキテクチャに関する問題を解決し，あるパターンは分散システムの構築を支援し，またあるパターンは，高度に分離された**ピアツーピア**（peer to peer）システムを設計するのに役立つでしょう．

本章では，Python による開発で頻繁に遭遇する，いくつかのアーキテクチャパターンを取り上げます．よく知られているアーキテクチャパターンを紹介し，それらの実装のために必要な，一般的なソフトウェアアプリケーションやフレームワークについて解説します．

本章では，パターンの実装については詳しく説明しません．具体的なコードを用いた解説は，プログラムを使った説明がどうしても必要な場合に限定します．一方，アーキテクチャパターンの詳細や，関連するサブシステム，選択したアプリケーションまたはフレームワークによって実装できるアーキテクチャのバリエーションなどは，議論を掘り下げ，詳しく解説していきます．

実際にこの章で扱うのは，MVC とその関連パターン，イベント駆動型プログラミングアーキテクチャ，マイクロサービスアーキテクチャ，パイプとフィルタの 4 種類です．

8.1 MVC の概要

MVC（model view controller）とは，インタラクティブなアプリケーションを構築するための，一般的なアーキテクチャパターンです．図 8.1 に示すように，MVC では，アプリケーションを Model，View，Controller という三つのコンポーネントに分割します．

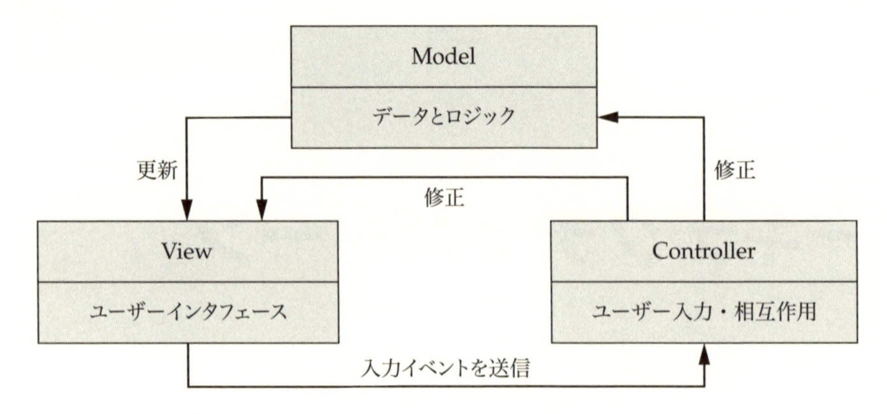

図 8.1　MVC アーキテクチャ

三つのコンポーネントの役割を簡単にまとめます．

- Model：アプリケーションのコアデータとロジックを含んだコンポーネント．
- View：アプリケーションの表示を行うコンポーネント．View によってユーザーに情報を表示します．また，必要に応じて表示方式の切り替えも行います．
- Controller：キーボード入力，マウスのクリック・移動といったユーザー入力を受け取り，それを Model や View の要求に合わせて変換するコンポーネント．

システムをこれらのコンポーネントに分離することで，アプリケーションのデータと，ユーザーへの表示が密に結合することを回避できます．これにより，同じデータ（Model）でも複数の表現（View）が可能になるため，Controller を介して受け取ったユーザー入力に従った柔軟な表示が可能になります．

MVC パターンでは，次のようなフローが行われます．

1. Model は Controller から受け取った入力に応じてデータを変更します．
2. View は Model の変更を監視しており，データに変更があれば View に反映されます．
3. Controller は，Model の状態を更新するコマンドを送信します．Controller は，グラフ図を拡大表示するなど，Model を変更せずに View の表示を変更するコマンドを送信することもできます．
4. MVC パターンには，他の従属コンポーネントの変更を各コンポーネントに通知するための，伝播メカニズムが暗黙的に含まれています．

Python の多くの Web アプリケーションは，MVC やその拡張パターンを実装しています．

次節から，MVC パターンと関係のあるライブラリとして，Django と Flask を紹介していきます．

8.2 Django

Djangoプロジェクトは，Pythonの中で最も普及しているWebアプリケーションフレームワークの一つです．DjangoはMVC風のパターンを実装していますが，微妙な違いがあります．

Djangoのコアコンポーネントのアーキテクチャを図8.2に示します．

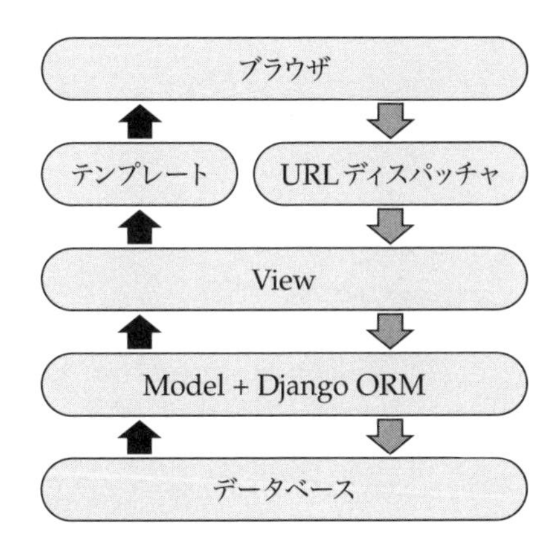

図8.2　Djangoコアコンポーネントアーキテクチャ

Djangoフレームワークのコアコンポーネントは次のとおりです．

- ORM（object relational mapper）：データモデル（Python）とデータベース（RDBMS）の間で，メディエータとして機能します．これは，MVCパターンでのModelと見なせます．
- View：Pythonのコールバック関数として定義され，特定のURLへアクセスした際，ユーザーインタフェースにデータをレンダリングします．これは，MVCパターンでのViewと見なせます．このViewは，コンテンツの作成と変換に重点を置いています．
- HTMLテンプレート：HTMLテンプレートは，様々な表示面でコンテンツをレンダリングします．コールバック関数が作成したデータは，表示を担当するテンプレートに受け渡されます．
- URLディスパッチャ：URLディスパッチャは，サーバー上の相対パスを特定のViewに接続します．これはMVCパターンでのControllerと見なせます．

Djangoでは，HTMLテンプレートによって表示面が生成され，Viewはコンテンツマッピングのみを実行します．そのため，DjangoはMTV（model template view）フレームワークとして説明されることがよくあります．

DjangoのControllerは厳密に定義されていません．フレームワーク全体として考えることも，URLディスパッチャに限定することもできます．

8.2.1 Django admin ——管理システム

Django フレームワークの中で最も強力なコンポーネントの一つに，自動的に生成される軽量の管理システムがあります．管理システムは，Django からメタデータを読み取り，Model を表示・編集するためのシンプルな管理者ページを提供します．

例として，専用の Web サイトに追加された用語を用語集の語句として登録する Django モデルを以下に示します（ここでは，用語集はテキスト，方言，特定のテーマに関連した用語の意味を説明するリストまたは索引を指します）．

```
from django.db import models

class GlossaryTerm(models.Model):
    """ 用語を説明するためのModel """
    term = models.CharField(max_length=1024)
    meaning = models.CharField(max_length=1024)
    meaning_html = models.CharField('Meaning with HTML markup',
                                    max_length=4096, null=True, blank=True)
    example = models.CharField(max_length=4096, null=True, blank=True)
    # ManyToManyFieldですか？
    domains = models.CharField(max_length=128, null=True, blank=True)
    notes = models.CharField(max_length=2048, null=True, blank=True)
    url = models.CharField('URL', max_length=2048, null=True, blank=True)
    name = models.F777uhjhoreignKey('GlossarySource', verbose_name='Source', blank=True)

    def __unicode__(self):
        return self.term

    class Meta:
        unique_together = ('term', 'meaning', 'url')
```

これは，Model を登録する自動管理システムと組み合わされます．

```
from django.contrib import admin

admin.site.register(GlossaryTerm)
admin.site.register(GlossarySource)
```

図 8.3 に管理者ページを示します．管理者ページを用いることで，データを追加する HTML フォームを試すことができます．また，このページでモデル内のデータフィールドやフィールドタイプを把握できます．少ないコード量で Model を追加・編集ができるこの管理システムは，Django の強力な機能の一つです．

次節では，Django と同様に有名な Python Web アプリケーションフレームワークである Flask を紹介します．

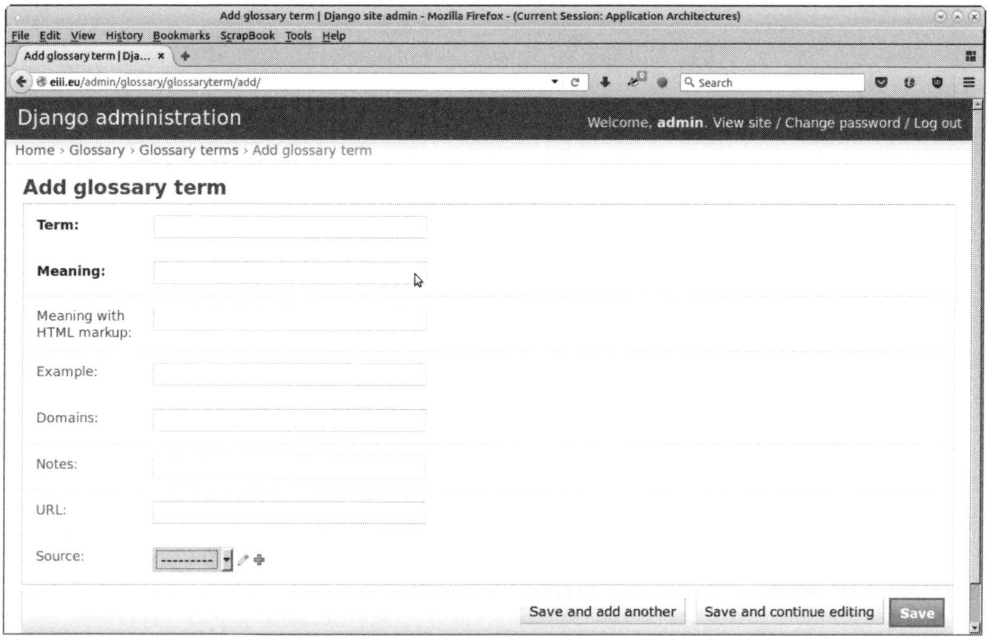

図 8.3　Django が自動生成した管理者ページ

8.3 Flask

Flask はマイクロ Web フレームワークと呼ばれ，Web アプリケーションを構築するための最小限の機能のみを備えています．Flask は Werkzeug（http://werkzeug.pocoo.org/）の WSGI ツールキットと，Jinja2 テンプレートフレームワークの二つのライブラリに依存しています．

Flask では，デコレータによって，簡単に URL ルーティングができます．Flask で用いられる micro という言葉は，フレームワークのコアが小さいことを示しています．Flask のコア機能は，データベースやフォームのサポートをしていません．これらのコンポーネントは，Python コミュニティが Flask に対応するように実装した，複数の拡張機能によってサポートされています．したがって，Flask のコア機能は Model のサポートを実装していないため，Model を除いた MTV パターンもしくは TV（template view）パターンと考えることができます．

シンプルな Flask アプリケーションを作成してみましょう．

```
from flask import Flask

app = Flask(__name__)

@app.route('/')
def index():
    data = 'some data'
    return render_template('index.html', **locals())
```

この小さなプログラムの中にも，MVC パターンのコンポーネントが含まれています．上記のプログラムを参照しつつ，MVC パターンと比較して Flask のパターンを整理してみます．

- @app.route デコレータによって，ブラウザからのリクエストをインデックス関数にルーティングしています．よって，このルーターは Controller と考えることができます．
- index 関数がデータを返し，テンプレートを使用してレンダリングします．index 関数は View や View コンポーネントを生成するコンポーネントと考えることができます．
- Flask でも Django のようなテンプレートを使用して，プレゼンテーションとは別のコンテンツを保持します．これは Template と考えることができます．
- Flask のコア機能に Model コンポーネントはありません．これはプラグインによって，追加できます．
- Flask は，プラグインを使用して機能を追加します．例えば，Flask-SQLAlchemy，Flask-RESTful を使用する RESTful API サポート，Flask-marshmallow を使用するシリアライズなどを介してモデルにアドオンできます．

8.4　イベント駆動型プログラミング

イベント駆動型プログラミングとは，あるイベントによってプログラムロジックが駆動する形をとる，システムアーキテクチャのパラダイムの一つです．ここで言うイベントには，ユーザーアクション（ハードウェアを介した入力など）や，他のプログラムからのメッセージなどが該当します．

通常，イベント駆動型アーキテクチャは，メインイベントループを持ちます．このループは，イベントをリッスンし，イベントが検出されたときに特定の引数を持つコールバック関数を呼び出します．

Linux のような最近の OS では，ソケットやオープンされたファイルなどの，入力ファイルディスクリプタに対するイベントのサポートは，select，poll，epoll などのシステムコールによって実装されています．

Python では select モジュールが，これらのシステムコールのラッパーとして実装されています．このモジュールを使用すれば，簡単にイベント駆動型プログラムを書けます．これから扱うプログラムでは，select モジュールの機能を使って，基本的なチャットサーバー/クライアントを実装しています．

8.4.1　select を用いたチャットサーバー/クライアント

本項では，select モジュールを用いてチャットサーバーとチャットクライアントを実装します．select モジュールの select システムコールを使用することで，クライアントが互いに会話できるチャンネルを作成できます．このチャンネルは，クライアントによって入力されたソケットをイベントとして駆動し，このソケットを処理します．もしソケットの入力がクライアントからサーバーへの接続依頼だった場合は，ハンドシェイクを実施して接続します．

ほかにも，標準入力から読み取られるデータに関するイベントが発生した場合，サーバーはそれらのデータを読み取ったり，それらのデータを他のクライアントに渡したりします．

それでは，まずチャットサーバーのコードを以下に示します．以下のプログラムで用いている `communication` というモジュールは，後半で実装します．

以下で示すチャットサーバーの例は，コード量が多いため，`select` を用いた I/O 多重化を提供する関数のみを示しています．`serve` 関数も，コード量を小さく保つために整えられています．完全なソースコードは，本書の Web サイトにあるコードアーカイブからダウンロードできます．

```
# chatserver.py
import socket
import select
import signal
import sys
from communication import send, receive

class ChatServer(object):
    """ selectを用いたシンプルなサーバー """
    def serve(self):
        inputs = [self.server, sys.stdin]
        self.outputs = []
        while True:
            inputready, outputready, exceptready = select.select(inputs, self.outputs, [])
            for s in inputready:
                if s == self.server:
                    # サーバーソケットのハンドリング
                    client, address = self.server.accept()
                    # ログイン名を読み込む
                    cname = receive(client).split('NAME: ')[1]
                    # クライアント名を計算して送り返す
                    self.clients += 1
                    send(client, 'CLIENT: ' + str(address[0]))
                    inputs.append(client)
                    self.clientmap[client] = (address, cname)
                    self.outputs.append(client)
                elif s == sys.stdin:
                    # 標準入力を処理してサーバーを終了させる
                    junk = sys.stdin.readline()
                    break
            else:
                # 他のすべてのソケットを処理する
                try:
                    data = receive(s)
```

```
                if data:
                    # クライアントの新しいメッセージを送る
                    msg = '\n#[' + self.get_name(s) + ']>> ' + data
                    # 自分以外のすべてのユーザーにデータを送信する
                    for o in self.outputs:
                        if o != s:
                            send(o, msg)
                else:
                    print('chatserver: %d hung up' % s.fileno())
                    self.clients -= 1
                    s.close()
                    inputs.remove(s)
                    self.outputs.remove(s)
                except socket.error as e:
                    # 削除する
                    inputs.remove(s)
                    self.outputs.remove(s)
            self.server.close()

if __name__ == "__main__":
    ChatServer().serve()
```

チャットサーバーは1行の空の入力を送信することによって停止できます．

チャットクライアントも，チャットサーバーと同様に select システムコールを使用します．ソケットを介してサーバーに接続し，ソケット上と標準入力への入力のイベントを待機します．イベントが標準入力からのものであれば，それらのデータを読み込みます．それ以外のイベントでは，データをソケット経由でチャットサーバーに送信します．

```
# chatclient.py
import socket
import select
import sys
from communication import send, receive

class ChatClient(object):
    """ selectを用いたシンプルなチャットクライアント """
    def __init__(self, name, host='127.0.0.1', port=3490):
        self.name = name
        # 停止フラグ
        self.flag = False
        self.port = int(port)
        self.host = host
        # 初期プロンプト
        self.prompt = '[' + '@'.join((name, socket.gethostname().split('.')[0])) + ']> '
        # サーバに接続する
        try:
            self.sock = socket.socket(socket.AF_INET, socket.SOCK_STREAM)
            self.sock.connect((host, self.port))
```

```
            print('Connected to chat server@%d' % self.port)
            # 名前を送信
            send(self.sock, 'NAME: ' + self.name)
            data = receive(self.sock)
            # クライアントのアドレスを抽出しセット
            addr = data.split('CLIENT: ')[1]
            self.prompt = '[' + '@'.join((self.name, addr)) + ']> '
        except socket.error as e:
            print('Could not connect to chat server @%d' % self.port)
            sys.exit(1)

    def chat(self):
        """ チャットメソッド """
        while not self.flag:
            try:
                sys.stdout.write(self.prompt)
                sys.stdout.flush()
                # 標準入力とソケットからの入力を待機する
                inputready, outputready, exceptrdy = select.select([0, self.sock], [], [])
                for i in inputready:
                    if i == 0:
                        data = sys.stdin.readline().strip()
                        if data: send(self.sock, data)
                    elif i == self.sock:
                        data = receive(self.sock)
                        if not data:
                            print('Shutting down.')
                            self.flag = True
                            break
                        else:
                            sys.stdout.write(data + '\n')
                            sys.stdout.flush()
            except KeyboardInterrupt:
                print('Interrupted.')
                self.sock.close()
                break

if __name__ == "__main__":
    if len(sys.argv)<3:
        sys.exit('Usage: %s chatid host portno' % sys.argv[0])
    client = ChatClient(sys.argv[1],sys.argv[2], int(sys.argv[3]))
    client.chat()
```

チャットクライアントは，端末上で Ctrl+C を押すことによって停止できます．

上に示したサーバーとクライアントは，communication という名前のモジュールを使用します．このモジュールは send 関数と receive 関数を持ち，これらの関数によって，ソケットを介してデータを双方に送信できます．communication モジュールは，pickle モジュールを用いて，send 関数と receive 関数でやりとりされるデータを，シリアライズおよびデシリアライズします．

```
# communication.py
import pickle
import socket
import struct

def send(channel, *args):
    """ チャンネルにメッセージを送信 """
    buf = pickle.dumps(args)
    value = socket.htonl(len(buf))
    size = struct.pack("L", value)
    channel.send(size)
    channel.send(buf)

def receive(channel):
    """ チャンネルからメッセージを受信 """
    size = struct.calcsize("L")
    size = channel.recv(size)
    try:
        size = socket.ntohl(struct.unpack("L", size)[0])
    except struct.error as e:
        return ''
    buf = ""
    while len(buf) < size:
        buf = channel.recv(size - len(buf))
    return pickle.loads(buf)[0]
```

実行中のサーバーと，チャットサーバー経由で接続されている二つのクライアントの様子を図 8.4, 8.5 に示します．図 8.4 は，チャットサーバーに接続された andy という名前のクライアント#1 の画像であり，図 8.5 は，チャットサーバーを介して，andy と会話している betty とい

```
Chapter 8: Architecture Patterns
File  Edit  View  Search  Terminal  Help

$ python3 chatclient.py andy localhost 3490
Connected to chat server@3490
[andy@127.0.0.1]>
(Connected: New client (2) from betty@127.0.0.1)
[andy@127.0.0.1]> hi betty
[andy@127.0.0.1]>
#[betty@127.0.0.1]>> hello andy!
[andy@127.0.0.1]> how are you ?
[andy@127.0.0.1]>
#[betty@127.0.0.1]>> I am good, and you ?
[andy@127.0.0.1]> I am fine.
[andy@127.0.0.1]>
#[betty@127.0.0.1]>> Thats nice
[andy@127.0.0.1]>
#[betty@127.0.0.1]>> Ok, see you. Bye
[andy@127.0.0.1]> Bbye.
[andy@127.0.0.1]>
[andy@127.0.0.1]> ^CInterrupted.
$
```

図 8.4　チャットクライアント#1（andy）のセッション

```
Chapter 8: Architecture Patterns
File Edit View Search Terminal Help
$ python3 chatclient.py betty localhost 3490
Connected to chat server@3490
[betty@127.0.0.1]>
#[andy@127.0.0.1]>> hi betty
[betty@127.0.0.1]> hello andy!
[betty@127.0.0.1]>
#[andy@127.0.0.1]>> how are you ?
[betty@127.0.0.1]> I am good, and you ?
[betty@127.0.0.1]>
#[andy@127.0.0.1]>> I am fine.
[betty@127.0.0.1]> Thats nice
[betty@127.0.0.1]> Ok, see you. Bye
[betty@127.0.0.1]>
#[andy@127.0.0.1]>> Bbye.
[betty@127.0.0.1]>
(Hung up: Client from andy@127.0.0.1)
[betty@127.0.0.1]> ^CInterrupted.
$
```

図 8.5　チャットクライアント#2（betty）のセッション

う名前のクライアント#2 の画像です．

これらのプログラムのポイントを以下にまとめます．

- 各クライアントが互いのメッセージを見るために，サーバーは，一つのクライアントから送信されたデータを，接続されている他のすべてのクライアントに送信します．この例のチャットサーバーでは，別のクライアントから送信されたメッセージであることを明示的に表現するために，メッセージに接頭辞 # を付けています．
- サーバーは，あるクライアントが接続・切断すると，他のクライアントに通知します．
- クライアントが切断したとき，サーバーはメッセージを表示します．

本項のチャットサーバー/クライアントの例は，著者が公開している Python レシピである ASPN Cookbook（`https://code.activestate.com/recipes/531824`）に変更を加えたものです．

Twisted，Eventlet，Gevent などのライブラリを用いることで，`select` モジュールに基づいたシンプルな多重化から発展・拡張させることができます．これらのライブラリは，本項で示したチャットサーバーの例と非常によく似たコアイベントループに基づいています．そして，ハイレベルなイベント駆動プログラミングのルーチンを，開発者に提供します．

これらのフレームワークのアーキテクチャについて，8.4.3 項以降で詳しく説明します．

8.4.2　イベント駆動 vs. 並行プログラミング

前項の例では，5.6 節で見たような非同期イベントの手法を使用しています．つまり，真の並列プログラミングではありません．イベントプログラミングに関するライブラリは，非同期イベントのテクニックを扱います．そのため，実行スレッドは一つだけです．スレッドで受信したイベントに基づいて，タスクが順番にインターリーブされます．

三つのスレッドまたはプロセスを用いて，三つのタスクを真に並列処理している場合のイメージを図8.6に示します．

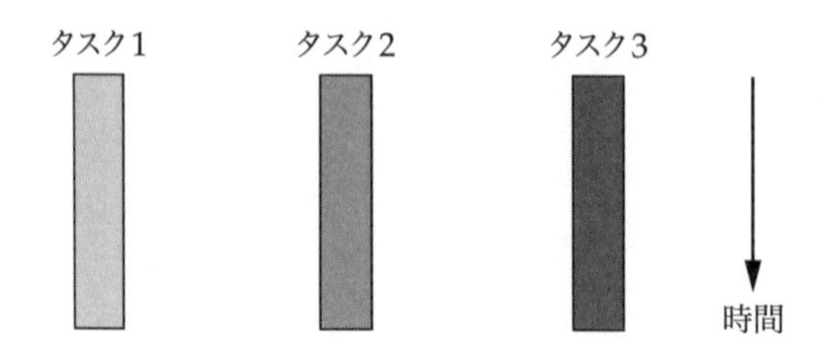

図8.6　三つのスレッドを用いた三つのタスクの並列処理

一方，イベント駆動プログラミングを使用してタスクを実行する場合，図8.7のようなイメージになります．

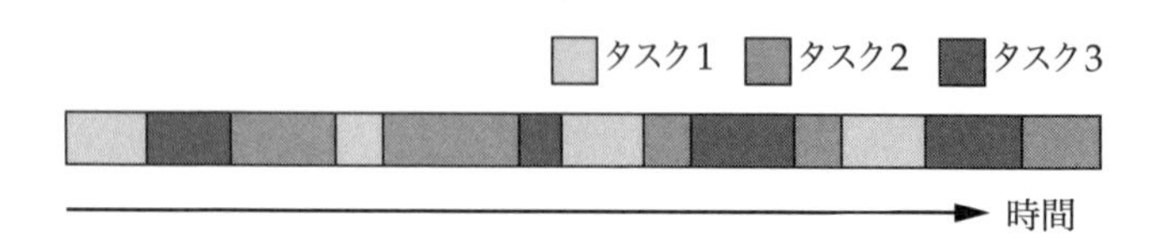

図8.7　シングルスレッドによる三つのタスクの非同期処理

非同期モデルでは，インターリーブされたタスクが実行される，単一の実行スレッドしか存在しません．各タスクは，非同期処理サーバーのイベントループで処理時間のスロットを取得しますが，同時には一つのタスクしか実行されません．各タスクは，現在実行されているタスクから別のタスクをスケジュールできるように，制御をイベントループに戻します．第5章で見たように，これは協調的マルチタスキングの一種です．

8.4.3　Twisted

Twistedは，DNS，SMTP，POP3，IMAPなどの，複数のプロトコルをサポートするイベント駆動ネットワーキングエンジンです．また，SSHや，メッセージング，IRCなどのクライアント/サーバーの構築もサポートしています．

さらに，TwistedはWebサーバー/クライアント（HTTP）や，パブリッシュ/サブスクライブパターン，メッセージングクライアント/サーバー（SOAP，XML-RPC）などの，一般的なサーバー/クライアントを記述するための一連のパターンやスタイルも提供します．

Twistedでは，Reactorデザインパターンが採用されています．このReactorパターンでは，複数のソースからのイベントを多重化し，一つのスレッド内のイベントハンドラにディスパッチします．

複数のクライアントからのメッセージや，リクエスト，接続のイベントを`future`オブジェクトに受け取り，イベントハンドラを使用してこれらのポストを逐次処理します．この際，並行処理のためのスレッドやプロセスは必要ありません．

以下に Reactor パターンの擬似コードを示します．

```
while True:
    timeout = time_until_next_timed_event()
    events = wait_for_events(timeout)
    events += timed_events_until(now())
    for event in events:
        event.process()
```

Twisted は，イベントが発生した際，コールバックを介してイベントハンドラを呼び出します．特定のイベントを処理するには，そのイベントに対応するコールバックが定義されている必要があります．コールバックは，通常の処理や例外（Twisted ではエラーバックと呼ばれます）の管理にも使用できます．

asyncio モジュールと同様に，Twisted はタスクの実行結果をラップするために，future オブジェクトなどを使用しています．そのため，処理の結果は即時的には受け取れません．Twisted では，これらのオブジェクトを Deferred と呼びます．

Deferred オブジェクトには，処理結果の管理（コールバック）とエラーの管理（エラーバック）のためにコールバックチェーンが用意されています．実行結果が取得されると，Deferred オブジェクトが作成され，コールバックとエラーバックが順番に呼び出されます．

図 8.8 に，Twisted の高レベルの要素を描いたアーキテクチャ図を示します．

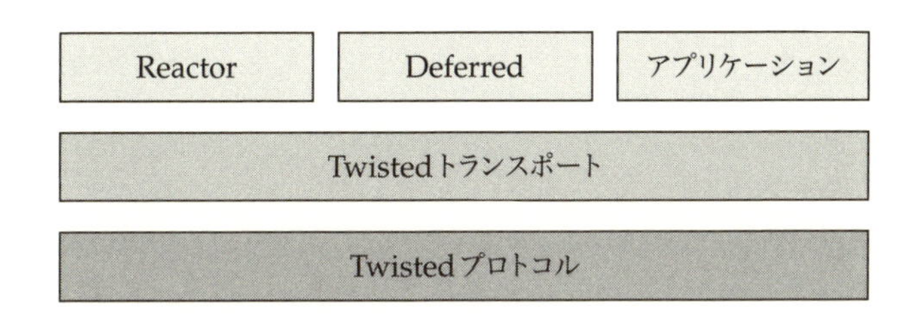

図 8.8　Twisted のコアコンポーネント

[1]　Twisted を用いたシンプルな Web クライアント

Twisted を使ったシンプルな WebHTTP クライアントの例を示します．指定された URL をフェッチして，その内容を特定のファイルに保存します．

執筆時点では，Python 3.x で Twisted を利用できなかったため，下記のコードは Python 2.x で書かれています．

```
# twisted_fetch_url.py
from twisted.internet import reactor
from twisted.web.client import getPage
import sys

def save_page(page, filename='content.html'):
    print type(page)
    open(filename,'w').write(page)
    print 'Length of data', len(page)
    print 'Data saved to', filename

def handle_error(error):
    print error

def finish_processing(value):
    print "Shutting down..."
    reactor.stop()

if __name__ == "__main__":
    url = sys.argv[1]
    deferred = getPage(url)
    deferred.addCallbacks(save_page, handle_error)
    deferred.addBoth(finish_processing)
    reactor.run()
```

このコードでわかるように，getPage メソッドは，URL のデータではなく deferred データを返します．ここで結果を受け取った後の処理を行うために，データ処理用の save_page 関数と，エラー処理用の handle_error 関数という二つのコールバックを追加します．また，deferred の addBoth メソッドによって，コールバックとエラーバックの両方向けの単一の関数を追加できます．

イベント処理は，Reactor を走らせることによって開始します．すべての処理が終了したときに呼び出される finish_processing コールバックによって，Reactor が停止します．イベントハンドラは追加された順に呼び出されるので，この関数は処理の終了時にのみ呼び出されます．

Reactor が開始してからのフローは以下のようになります．

- まず URL に基づいてページがフェッチされ，Deferred オブジェクトを作成します．
- コールバックは Deferred オブジェクトに追加された順で呼び出されます．最初に save_page 関数が呼び出され，ページの内容を content.html ファイルに保存します．次に，エラー文を出力する handle_error が呼び出されます．
- 最後に，finish_processing が，Reactor の停止とイベント処理の終了を行い，プログラムを終了させます．
- コードを実行すると，以下のような出力になります．

```
$ python2 twisted_fetch_url.py http://www.google.com
Length of data 13280
Data saved to content.html
Shutting down...
```

[2] Twistedを用いたチャットサーバー

8.4.1項でselectモジュールを用いて実装したチャットサーバーと同様のものを，Twistedを使って実装してみましょう．Twistedでは，プロトコルとプロトコルファクトリを実装することでサーバーを構築します．プロトコルクラスは，TwistedのProtocolクラスから継承して実装するのが一般的です．ファクトリは，単にプロトコルオブジェクトのFactoryパターンとして機能するクラスです．

Twistedを使用したチャットサーバーを以下に示します．

```
from twisted.internet import protocol, reactor

class Chat(protocol.Protocol):
    """ チャットプロトコル """
    transports = {}
    peers = {}

    def connectionMade(self):
        self._peer = self.transport.getPeer()
        print 'Connected', self._peer

    def connectionLost(self, reason):
        self._peer = self.transport.getPeer()
        # 他のクライアントを見つけて知らせる
        user = self.peers.get((self._peer.host, self._peer.port))
        if user != None:
            self.broadcast('(User %s disconnected)\n' % user, user)
            print 'User %s disconnected from %s' % (user, self._peer)

    def broadcast(self, msg, user):
        """ 接続していない全ユーザーにチャットメッセージをブロードキャストする """
        for key in self.transports.keys():
            if key != user:
                if msg != "<handshake>":
                    self.transports[key].write('#[' + user + "]>>> " + msg)
                else:
                    # 他のクライアントに接続を通知する
                    self.transports[key].write(
                        '(User %s connected from %s)\n' % (user, self._peer))

    def dataReceived(self, data):
        """ データをソケットから読み取る準備ができたときのコールバック関数 """
        user, msg = data.split(":")
```

```
        print "Got data=>", msg, "from", user
        self.transports[user] = self.transport
        # 同名の辞書に登録する
        self.peers[(self._peer.host, self._peer.port)] = user
        self.broadcast(msg, user)

class ChatFactory(protocol.Factory):
    """ チャットプロトコルファクトリ """
    def buildProtocol(self, addr):
        return Chat()

if __name__ == "__main__":
    reactor.listenTCP(3490, ChatFactory())
    reactor.run()
```

この Twisted を用いたチャットサーバーは，select モジュールを使用した実装よりも，いくつかの点で洗練されています．

1. 特別な <handshake> メッセージを用いた，独立したハンドシェイクプロトコルを持っています．
2. あるクライアントが接続したとき，そのクライアントの名前と接続の詳細が他のクライアントに通知されます．
3. あるクライアントが切断したとき，他のクライアントに通知されます．

チャットクライアントも Twisted を用いて実装しましょう．これは二つのプロトコルを使用します．一つはサーバーと通信を行うための ChatClientProtocol です．もう一つは，標準入力からデータを読み取り，サーバーから受信したデータを標準出力に表示するための StdioClientProtocol です．後者の StdioClientProtocol は，前者の ChatClientProtocol と接続し，標準入力で受信されたデータを，チャットメッセージとしてサーバーに送信します．

以下に，チャットクライアントのコードを示します．

```
import sys
import socket
from twisted.internet import stdio, reactor, protocol

class ChatProtocol(protocol.Protocol):
    """ チャットの基本プロトコル """
    def __init__(self, client):
        self.output = None
        # クライアントネーム: E.g: andy
        self.client = client
        self.prompt = '[' + '@'.join((
            self.client, socket.gethostname().split('.')[0])) + ']> '
```

```
    def input_prompt(self):
        """ クライアントの入力接頭辞 """
        sys.stdout.write(self.prompt)
        sys.stdout.flush()

    def dataReceived(self, data):
        self.processData(data)

class ChatClientProtocol(ChatProtocol):
    """ チャットクライアントプロトコル """
    def connectionMade(self):
        print 'Connection made'
        self.output.write(self.client + ":<handshake>")

    def processData(self, data):
        """ 受け取ったプロセスデータを処理する """
        if not len(data.strip()):
            return
        self.input_prompt()
        if self.output:
            # このフォームのデータをサーバーに送信
            self.output.write(self.client + ":" + data)

class StdioClientProtocol(ChatProtocol):
    """ 入力からデータを読み取り，データを標準出力にエコーするプロトコル """
    def connectionMade(self):
        # チャットクライアントプロトコルを生成
        chat = ChatClientProtocol(client=sys.argv[1])
        chat.output = self.transport
        # stdioのラッパーを生成
        stdio_wrapper = stdio.StandardIO(chat)
        # アウトプットに接続
        self.output = stdio_wrapper
        print "Connected to server"
        self.input_prompt()

    def input_prompt(self):
        # アウトプットは直接サーバーに接続されているので活用する
        self.output.write(self.prompt)

    def processData(self, data):
        """ 受け取ったプロセスデータを処理する """
        if self.output:
            self.output.write('\n' + data)
            self.input_prompt()

class StdioClientFactory(protocol.ClientFactory):
    def buildProtocol(self, addr):
        return StdioClientProtocol(sys.argv[1])

def main():
    reactor.connectTCP("localhost", 3490, StdioClientFactory())
```

```
    reactor.run()

if __name__ == '__main__':
    main()
```

このチャットサーバー/クライアントを使用して通信を行っている andy と betty のやりとりを見てみましょう．andy のセッションを図 8.9 に，betty のセッションを図 8.10 に示します．スクリーンショットを交互に見ることで，会話の流れを辿ることができます．betty が接続したときや andy が切断したときに，サーバーから送信されたメッセージにも注目してください．

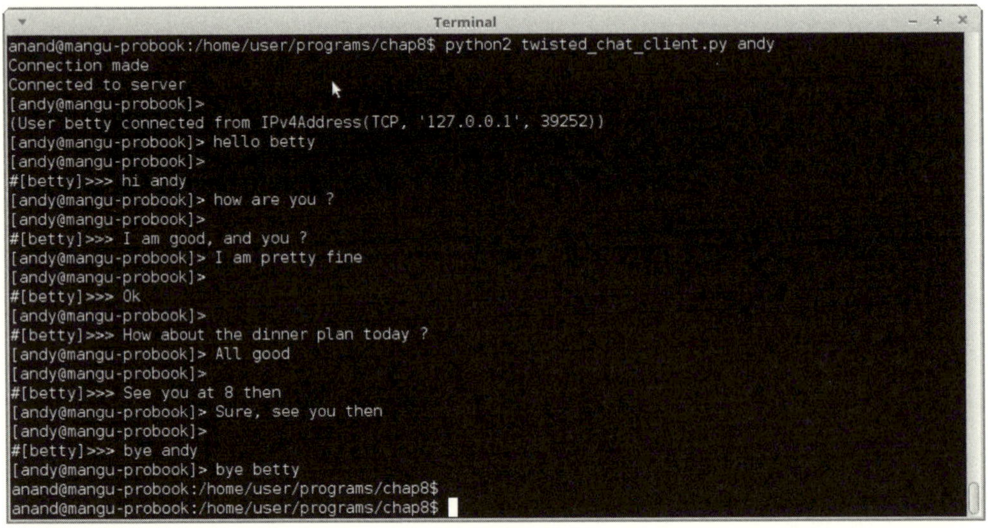

```
anand@mangu-probook:/home/user/programs/chap8$ python2 twisted_chat_client.py andy
Connection made
Connected to server
[andy@mangu-probook]>
(User betty connected from IPv4Address(TCP, '127.0.0.1', 39252))
[andy@mangu-probook]> hello betty
[andy@mangu-probook]>
#[betty]>>> hi andy
[andy@mangu-probook]> how are you ?
[andy@mangu-probook]>
#[betty]>>> I am good, and you ?
[andy@mangu-probook]> I am pretty fine
[andy@mangu-probook]>
#[betty]>>> Ok
[andy@mangu-probook]>
#[betty]>>> How about the dinner plan today ?
[andy@mangu-probook]> All good
[andy@mangu-probook]>
#[betty]>>> See you at 8 then
[andy@mangu-probook]> Sure, see you then
[andy@mangu-probook]>
#[betty]>>> bye andy
[andy@mangu-probook]> bye betty
anand@mangu-probook:/home/user/programs/chap8$
anand@mangu-probook:/home/user/programs/chap8$
```

図 8.9　Twisted によるチャットサーバー：チャットクライアント#1（andy）のセッション

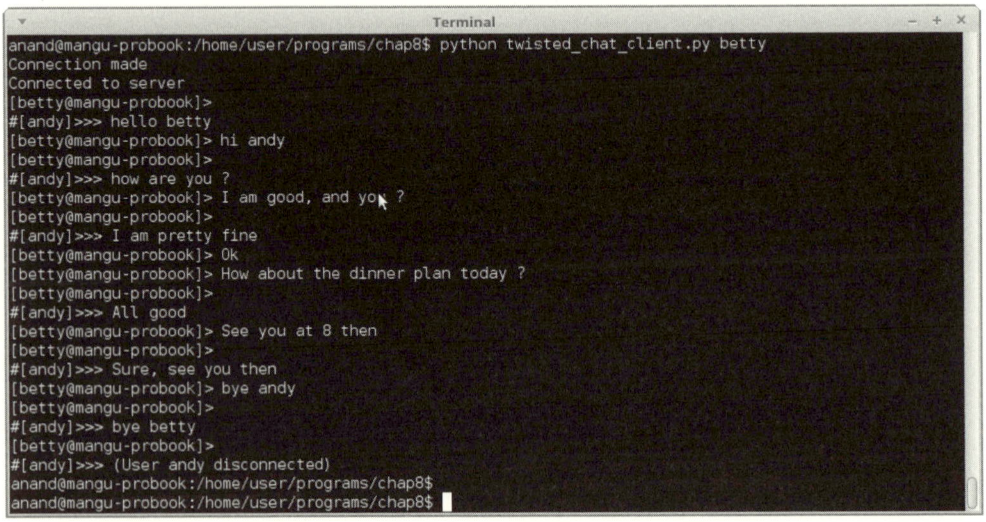

```
anand@mangu-probook:/home/user/programs/chap8$ python twisted_chat_client.py betty
Connection made
Connected to server
[betty@mangu-probook]>
#[andy]>>> hello betty
[betty@mangu-probook]> hi andy
[betty@mangu-probook]>
#[andy]>>> how are you ?
[betty@mangu-probook]> I am good, and you ?
[betty@mangu-probook]>
#[andy]>>> I am pretty fine
[betty@mangu-probook]> Ok
[betty@mangu-probook]> How about the dinner plan today ?
[betty@mangu-probook]>
#[andy]>>> All good
[betty@mangu-probook]> See you at 8 then
[betty@mangu-probook]>
#[andy]>>> Sure, see you then
[betty@mangu-probook]> bye andy
[betty@mangu-probook]>
#[andy]>>> bye betty
[betty@mangu-probook]>
#[andy]>>> (User andy disconnected)
anand@mangu-probook:/home/user/programs/chap8$
anand@mangu-probook:/home/user/programs/chap8$
```

図 8.10　Twisted によるチャットサーバー：チャットクライアント#2（betty）のセッション

8.4.4 Eventlet

Eventletは，Pythonで有名なネットワーキングライブラリの一つです．非同期処理と同じコンセプトでイベント駆動型プログラムを記述できます．そして，非同期処理のコンセプトを実現するためにコルーチンを使用します．このコルーチンでは，グリーンスレッドと呼ばれる軽量のユーザー空間スレッドを使用します．このグリーンスレッドによって協調的マルチタスキングを可能にします．

Eventletは，グリーンスレッドのスレッドプールであるGreenpoolクラスを使用して，タスクを実行します．Greenpoolクラスは，Greenpoolに指定した本数のスレッド（デフォルトは1,000本）を実行し，スレッドに関数や呼び出し可能関数をマップする様々な方法を提供します．

以下に，Eventletを使って実装したマルチユーザーチャットサーバーを示します．

```
# eventlet_chat.py
import eventlet
from eventlet.green import socket
participants = set()

def new_chat_channel(conn):
    """ 指定された接続を行う新しいチャットチャンネル """
    data = conn.recv(1024)
    user = ''
    while data:
        print("Chat:", data.strip())
        for p in participants:
            try:
                if p is not conn:
                    data = data.decode('utf-8')
                    user, msg = data.split(':')
                    if msg != '<handshake>':
                        data_s = '\n#[' + user + ']>>> says ' + msg
                    else:
                        data_s = '(User %s connected)\n' % user
                    p.send(bytearray(data_s, 'utf-8'))
            except socket.error as e:
                if e[0] != 32:
                    raise
        data = conn.recv(1024)
    participants.remove(conn)
    print("Participant %s left chat." % user)

if __name__ == "__main__":
    port = 3490
    try:
        print("ChatServer starting up on port", port)
        server = eventlet.listen(('0.0.0.0', port))
        while True:
            new_connection, address = server.accept()
            print("Participant joined chat.")
```

```
            participants.add(new_connection)
            print(eventlet.spawn(new_chat_channel, new_connection))
    except (KeyboardInterrupt, SystemExit):
        print("ChatServer exiting.")
```

このサーバーは，前項の例で見た Twisted チャットクライアントからでも使用できます．したがって，このサーバーのクライアントからの実行例は示しません．

Eventlet ライブラリでは，Python 実行時にグリーンスレッドを提供するパッケージである `greenlets` を内部で使用しています．次項では，`greenlets` と関連するライブラリである Gevent を紹介します．

8.4.5　Greenlets と Gevent

Greenlets とは，Python インタプリタにグリーンスレッドやマイクロスレッドを提供するパッケージです．Greenlets は，Stackless と呼ばれる，マイクロスレッドをサポートする Stacklet の CPython 版に由来します．しかし，Greenlets は標準の CPython ランタイムで実行できます．

Gevent は，Python ネットワーキングライブラリであり，C で書かれたイベントライブラリである `libev` に対して，ハイレベルな同期 API を提供します．Gevent は協調的マルチタスクをサポートするため，Eventlet のように，システムライブラリ上でたくさんのモンキーパッチ[*1]を行います．例えば，Gevent は Eventlet のように独自のソケットを持っています．しかし，Gevent ではプログラマが明示的にモンキーパッチを適用する必要があるという点で，Eventlet と異なります．これらのパッチはモジュールによって提供されます．

それでは，Gevent によって実装したマルチユーザーチャットサーバーを以下に示します．

```
# gevent_chat_server.py
import gevent
from gevent import monkey
from gevent import socket
from gevent.server import StreamServer

monkey.patch_all()
participants = set()

def new_chat_channel(conn, address):
    """ 指定された接続を行う新しいチャットチャンネル """
    participants.add(conn)
    data = conn.recv(1024)
    user = ''
    while data:
        print("Chat:", data.strip())
```

[*1]【訳注】モンキーパッチ：既存のライブラリに対して，ソースコードに変更を加えずに機能拡張する方法．

```
        for p in participants:
            try:
                if p is not conn:
                    data = data.decode('utf-8')
                    user, msg = data.split(':')
                    if msg != '<handshake>':
                        data_s = '\n#[' + user + ']>>> says ' + msg
                    else:
                        data_s = '(User %s connected)\n' % user
                    p.send(bytearray(data_s, 'utf-8'))
            except socket.error as e:
                if e[0] != 32:
                    raise
        data = conn.recv(1024)
    participants.remove(conn)
    print("Participant %s left chat." % user)

if __name__ == "__main__":
    port = 3490
    try:
        print("ChatServer starting up on port", port)
        server = StreamServer(('0.0.0.0', port), new_chat_channel)
        server.serve_forever()
    except (KeyboardInterrupt, SystemExit):
        print("ChatServer exiting.")
```

Gevent ベースのチャットサーバーのコードは，Eventlet を使用したコードとほぼ同じです．その理由は，新しい接続が確立されたときにコールバック関数で処理を行うという点で，非常によく似た動作をするからです．どちらの実装も，コールバック関数の名前は `new_chat_channel` です．`new_chat_channel` 関数は同じ機能を持ち，非常に似たコードになっています．

Eventlet との違いを以下にまとめます．

- Gevent は独自の TCP サーバークラス（`StreamingServer`）を提供しています．そのため，モジュールを用いて直接リッスンする代わりに，この TCP サーバークラスを使用します．
- Gevent サーバーでは，すべての接続に対して `new_chat_channel` ハンドラが呼び出されるため，すべての参加者はそこで管理されます．
- Gevent サーバーには独自のイベントループがあるため，Eventlet のようにイベントを待機するための while ループを作成する必要がありません．

このプログラムは，前項の例と同じように動作し，クライアントサイドは Twisted の実装を用いることができます．

8.5 マイクロサービスアーキテクチャ

マイクロサービスアーキテクチャとは，小さな独立したサービスのスイートを用いて，単一のアプリケーションを開発するアーキテクチャスタイルです．それぞれのサービスは，独自のプロセスで実行され，軽量のメカニズム（通常はHTTPプロトコルを使用）を介して通信します．

マイクロサービスは，独立して配備可能なコンポーネントであり，通常，最小限の中央管理を持ちます（中央管理を持たないこともあります）．マイクロサービスは，モノリシックなアプリケーションをトップダウンで構築するのではなく，相互に作用する独立したサービスの動的グループとして構築されます．そのため，マイクロサービスアーキテクチャは，**サービス指向アーキテクチャ**（SOA）の中の特定の実装スタイルと考えることができます．

従来のエンタープライズアプリケーションは，モノリシックなパターンで構築されていました．これらは通常，以下の三つのレイヤーで構成されています．

1. HTMLやJavaScriptなどで構成される，クライアントサイドのユーザーインタフェース（UI）層
2. ビジネスロジックで構成される，サーバーサイドアプリケーション層
3. ビジネスデータを保持する，データベース層およびデータアクセス層

一方，マイクロサービスアーキテクチャは，これらの層を複数のサービスに分割します．例えば，ビジネスロジックを複数のコンポーネントサービスに分割し，それらの相互作用によってアプリケーション内部でロジックフローを定義します．データの扱いでは，すべてのサービスで単一のデータベースを用いる方法や，各サービスで独立したローカルデータベースを用いる方法などがあります．マイクロサービスアーキテクチャでは，後者の構成がより一般的です．

通常，マイクロサービスアーキテクチャのデータは，JSONでエンコードされたドキュメントオブジェクトの形式でやりとりされます．

モノリシックアーキテクチャとマイクロサービスアーキテクチャの違いを，図8.11に示します．

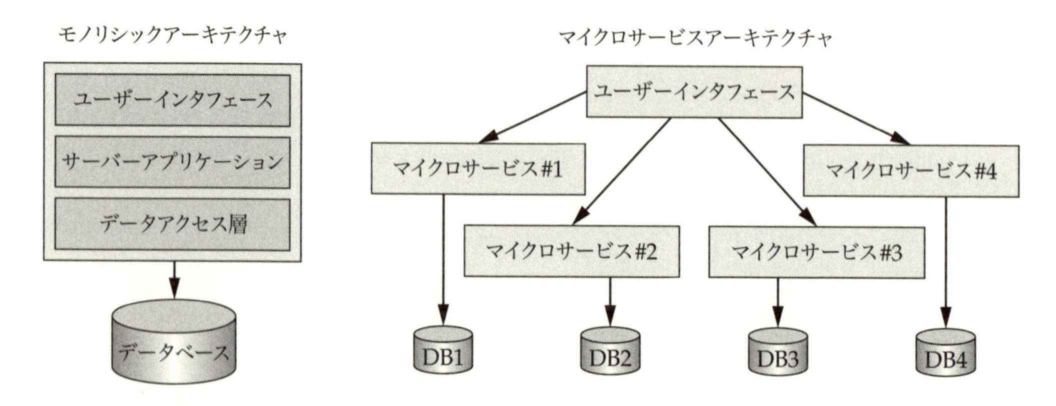

図8.11　モノリシックアーキテクチャとマイクロサービスアーキテクチャの違い

8.5.1 Python でのマイクロサービスフレームワーク

マイクロサービスは，たくさんの設計思想や設計スタイルによって構成されるため，適切なソフトウェアフレームワークは存在しません．しかし，Python で Web アプリケーション用のマイクロサービスアーキテクチャを実現するために，フレームワークに必要なプロパティがあります．これらのプロパティを以下にまとめます．

- コンポーネントアーキテクチャは柔軟であるべきです．制約や依存が多いフレームワークは避けましょう．
- フレームワークのコアは軽量であるべきです．なぜなら，マイクロサービスフレームワーク自体に多くの依存関係がある場合，開発当初からソフトウェアを重くする原因になりうるからです．このような速度の低下は，デプロイやテストで問題になるでしょう．
- フレームワークが独自に持つ設定ファイルは最小限であるべきです．マイクロサービスアーキテクチャは，他のマイクロサービスでも設定を共有できるように，簡単で小さな設定ファイルだけで済むフレームワークが良いでしょう．
- クラスや関数としてコード化された既存のビジネスロジックは，簡単に HTTP 通信や RCP を用いたサービスに変換可能であるべきです．これにより，コードの再利用とスマートなリファクタリングが可能になります．

これらの原則や Python ソフトウェアのエコシステムを考えてみると，いくつかの Web アプリケーションフレームワークが，マイクロサービスアーキテクチャに適していることがわかります．例えば，Flask や単一ファイルで動作可能な Bottle は，メモリフットプリントが小さく，小規模でシンプルな構成なので，マイクロサービスフレームワークの候補に挙げられます．ほかにも，Pyramid のようなフレームワークは，コンポーネントを柔軟に選択でき，密結合を避けることができるため，マイクロサービスアーキテクチャにも使用できるでしょう．

一方，Django のような高機能の Web フレームワークは，マイクロサービスフレームワークには適していません．複雑な構成や，コンポーネント間での密な垂直結合が必要な場合，コンポーネント選択の柔軟性は低下してしまいます．

Python には，マイクロサービスを実装するために開発された Nameko というフレームワークも存在します．Nameko は，アプリケーションのテスト容易性を目的として開発され，HTTP，RPC（over AMQP），Pub-Sub システム，Timer サービスなどの，様々な通信プロトコルをサポートしています．

本書では，これらのフレームワークの詳細については触れません．その代わりに，実際の Web アプリケーションをマイクロサービスで設計する例を紹介します．そうすることで，どのフレームワークを選択しても，マイクロサービスアーキテクチャを構築できることを目標とします．

8.5.2　マイクロサービスの例

Python Web アプリケーションを，一連のマイクロサービスで設計する例を見ていきましょう．ユーザーの現在地に近いレストランを予約するためのアプリケーションを取り上げます．この予約は当日にのみ行われるものとします．このアプリケーションには，以下の機能が必要です．

1. ユーザーが予約したいときに，営業中のレストランのリストを返す．
2. レストランの情報として，料理のメニュー，評価，価格設定などのメタ情報を返し，ユーザーはそれらの条件に基づいて検索を絞り込むことができる．
3. ユーザーがレストランを選択をしたら，時間と人数を指定してレストランを予約できる．

この機能要件の粒度は，一つのマイクロサービスとして適しています．したがって，このアプリケーションは以下のマイクロサービスの組み合わせで設計できます．

- ユーザーの位置情報を使用して営業中レストランの一覧を返し，オンラインでの予約 API を提供するサービス．
- レストラン ID を用いて，レストランのメタデータを取得するサービス．アプリケーションはこのメタデータを使用することで，ユーザーの条件と一致するかどうかを判断します．
- 予約 API を使用して席の予約を行い，ステータスを返すサービス．予約の際，レストラン ID，ユーザーの情報，必要席数，時間を指定する必要があります．

アプリケーションロジックのコア部分は，これら三つのマイクロサービスで構成され，これらのサービスを一度実装できれば，レストランの予約を行う一連のアプリケーションロジックを構築できます．本項では，アプリケーションコード自体は示しません．各マイクロサービスの API と返却されるデータを示します．図 8.12 にこのアプリケーションのアーキテクチャを示します．

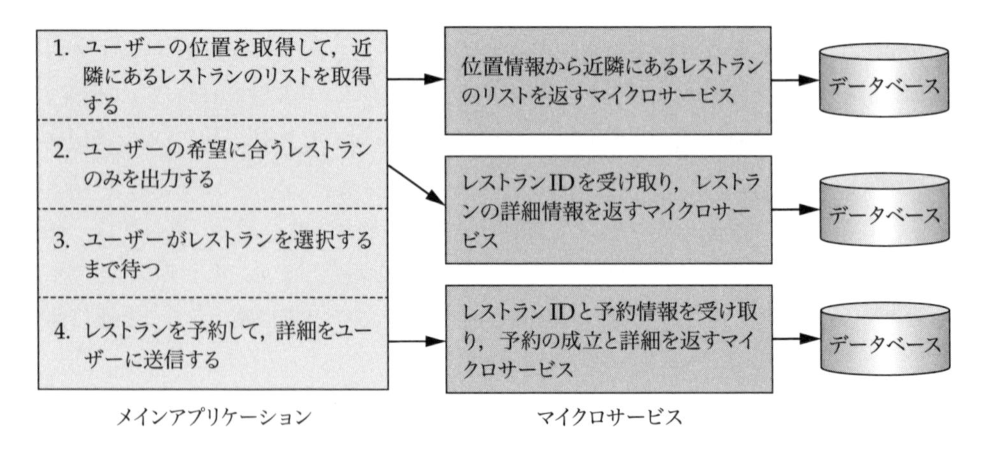

図 8.12　レストラン予約アプリケーションのマイクロサービスアーキテクチャ

一般的にマイクロサービスは，JSON 形式でデータをやりとりします．例えば，レストランのリストを返すサービスは次のような JSON を返します．

```
GET /restaurants?geohash=tdr1y1g1zgzc
{
    "8f95e6ad-17a7-48a9-9f82-07972d2bc660": {
       "name": "Tandoor",
       "address": "Centenary building, #28, MG Road b-01"
       "hours": "12.00 - 23.30"
    },

    "4307a4b1-6f35-481b-915b-c57d2d625e93": {
        "name": "Karavalli",
        "address": "The Gateway Hotel, 66, Ground Floor"
        "hours": "12.30 - 01:00"
    }, ...
}
```

また，レストランのメタデータを返す二つ目のサービスは，次のような JSON を返します．

```
GET /restaurants/8f95e6ad-17a7-48a9-9f82-07972d2bc660
{
    "name": "Tandoor",
    "address": "Centenary building, #28, MG Road b-01"
    "hours": "12.00 - 23.30",
    "rating": 4.5,
    "cuisine": "north indian",
    "lunch buffet": "no",
    "dinner buffet": "no",
    "price": 800
}
```

レストラン ID を指定して予約を行う三つ目のサービスは，予約するための情報を受け取る必要があるため，予約情報が記載された JSON のペイロードが必要です．したがって，このようなサービスには HTTP プロトコルの POST が適しています．

```
POST  /restaurants/reserve
```

このサービスは，POST データとして以下のようなペイロードを使用します．

```
{
    "name": "Anand B Pillai",
    "phone": 9880078014,
    "time": "2017-04-14 20:40:00",
    "seats": 3,
    "id": "8f95e6ad-17a7-48a9-9f82-07972d2bc660"
}
```

このPOSTのレスポンスとして，次のようなJSONを返します．

```
{
    "status": "confirmed",
    "code": "WJ7D2B",
    "time": "2017-04-14 20:40:00",
    "seats": 3
}
```

以上に示したように設計できれば，Flask，Bottle，Namekoなどのフレームワークでアプリケーションを簡単に実装できるでしょう．

8.5.3　マイクロサービスの利点

モノリシックアプリケーションと比較して，マイクロサービスのメリットは何なのでしょうか？ それぞれを比較してみましょう．

- マイクロサービスは，アプリケーションロジックを複数のサービスに分割することで，互いの依存を少なくします．つまり，凝集度を上げ，結合度を下げます．また，ビジネスロジックが分散しているため，システムのトップダウンの設計や先行設計が必要ありません．その代わり，アーキテクトはマイクロサービスとアプリケーション間の相互作用に焦点を絞り，各マイクロサービスの設計と，アーキテクチャ自体のリファクタリングを繰り返す必要があります．
- マイクロサービスはテスト容易性を向上させます．ロジックの各部分が個別のサービスとして独立しているため，コンポーネントごとにテストを行えます．
- 開発チームは，アプリケーション層やテクノロジー層でまとめるのではなく，ビジネスロジックを中心に編成できます．各マイクロサービスにはビジネスロジック，データ，デプロイが含まれているため，マイクロサービスを使用している企業は部門間の役割分担を促進します．これは，より機敏な組織を構築するために役立つでしょう．
- マイクロサービスには分散データが推奨されます．モノリシックアプリケーションで，一般的に用いられる中央データベースではなく，各サービスが独自のローカルデータベースを持つとよいでしょう．
- マイクロサービスはCI/CDを容易にします．ビジネスロジックを変更する際，多くの場合，少数のサービスの変更のみで済みます．そのため，ほとんどの場合，テストやデプロイを完全に自動化できます．

8.6 パイプとフィルタのアーキテクチャ

パイプとフィルタは，データ解析，データ変換，メタデータ抽出といった，大量のデータ処理を実行するアプリケーションでよく使用されるアーキテクチャです．データストリームを処理する複数のコンポーネントを接続するシンプルな構造を持っています．あるコンポーネントは，パイプによって他のコンポーネントに接続され，パイプラインを形成します．パイプとフィルタのアーキテクチャは，シェル上のアプリケーションの出力を，別のアプリケーションの入力に接続することができる，Unix のパイプ技術に由来します．

また，このアーキテクチャは，一つもしくは複数のデータソースで構成されます．データソースはパイプを介してデータフィルタに接続されます．フィルタが受信したデータを処理し，パイプライン内の他のフィルタにデータを渡します．最終データはデータシンクで受信されます．この構成を図 8.13 に示します．

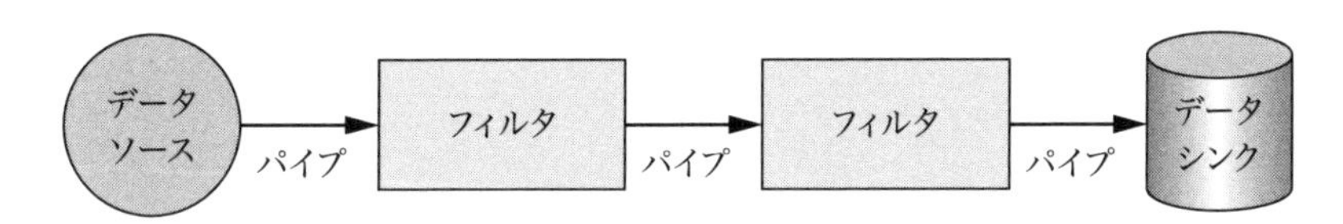

図 8.13　パイプとフィルタのアーキテクチャ

フィルタは同じマシン上で，Unix パイプや共有メモリを使用して通信することで実行できます．しかし，大規模なシステムでは，これらの処理は一般的に別々のマシン上で実行されます．パイプは Unix のようなパイプである必要はありません．パイプにはソケットや共有メモリ，キューなど，任意の種類のデータチャンネルを使用できます．また，複数のルーターパイプラインを接続することで，複雑なデータ処理を行えます．

このアーキテクチャを使用して動作する Linux アプリケーションの良い例として，`gstreamer` があります．`gstreamer` は，再生，記録，編集など，オーディオに関する多くのタスクを実行できるマルチメディア処理ライブラリです．

8.6.1 Python におけるパイプとフィルタの例

Python では，あるプロセスから別のプロセスに通信する方法として，`multiprocessing` モジュールの `Pipe` が用いられます．`Pipe` は親子関係のペアを作成します．パイプの一方の側に書かれている処理は，もう一方の側で読み取ることができます．この機能により，非常に簡単なデータ処理のパイプラインを構築できます．

例えば，Linux でファイル内の単語の数を計算する場合，以下のコマンドを実行します．

```
$ cat filename | wc -w
```

`multiprocessing` モジュールを用いたシンプルなプログラムによって，このパイプラインを模倣できます．

```
# pipe_words.py
from multiprocessing import Process, Pipe
import sys

def read(filename, conn):
    """ ファイルからデータを読み込んでパイプに送る """
    conn.send(open(filename).read())

def words(conn):
    """ 接続からデータを読み取り，単語数を出力する """
    data = conn.recv()
    print('Words', len(data.split()))

if __name__ == "__main__":
    parent, child = Pipe()
    p1 = Process(target=read, args=(sys.argv[1], child))
    p1.start()
    p2 = Process(target=words, args=(parent,))
    p2.start()
    p1.join()
    p2.join()
```

ワークフローを次に示します．

1. パイプが作成され，親と子が接続される
2. read 関数が，ファイル名とパイプ（子）を受け取り，プロセスとして実行される
3. この read 関数のプロセスは，ファイルを読み取り，パイプにデータを書き込む
4. words 関数が，もう一方のパイプ（親）を受け取り，第 2 のプロセスとして実行される
5. この関数がプロセスとして実行されると，パイプからデータを読み込み，ファイル内の単語数を出力する

先ほど示したシェルコマンドと，上記の Python プログラムを実行すると，図 8.14 に示す結果になります．

```
Chapter 8: Architecture Patterns
File  Edit  View  Search  Terminal  Help
$ cat pipe_words.py | wc -w
64
$ python pipe_words.py pipe_words.py
('Words', 64)
$ 
```

図 8.14　パイプを使用したシェルコマンドの出力と，作成した Python プログラムの出力

Pythonでパイプラインを作成する際に，Unixにおけるパイプのようなオブジェクトを使用する必要はありません．また，Pythonのジェネレータでもパイプラインを作成できます．各ジェネレータは互いのデータを処理し，パイプラインを構築します．先ほど示した例を，ジェネレータを使用するように書き換えたコードを，以下に示します．また，以下のプログラムでは，特定のパターンに一致するフォルダ内のすべてのファイルを処理します．

```
# pipe_words_gen.py
# ジェネレータを使用してパターンに一致するファイルの単語数を
# 出力する，単純なデータ処理パイプライン
import os

def read(filenames):
    """ ファイル名を受け取って，
    タプルとしてデータを生成するジェネレータ """
    for filename in filenames:
        yield filename, open(filename).read()

def words(input):
    """ 入力から単語数を演算するジェネレータ """
    for filename, data in input:
        yield filename, len(data.split())

def filter(input, pattern):
    """ パターンに従って入力ストリームをフィルタリングする """
    for item in input:
        if item.endswith(pattern):
            yield item

if __name__ == "__main__":
    # ソース
    stream1 = filter(os.listdir('.'), '.py')
    # 次のフィルタにパイプする
    stream2 = read(stream1)
    # 最後のフィルタにパイプする
    stream3 = words(stream2)
    for item in stream3:
        print(item)
```

出力のスクリーンショットを図8.15に示します．

上記のプログラムの出力は以下のコマンドでも確認できます．

```
$ wc -w *.py
```

さらに，別のデータジェネレータを使うこともできます．以下のプログラムは，特定のパターンにマッチしたものを探し，最新のファイルに関する情報を表示します．この処理は，Linuxでのwatchプログラムと同じです．

```
Chapter 8: Architecture Patterns
File Edit View Search Terminal Help
$ python3 pipe_words_gen.py
('twisted_chat.py', 70)
('twisted_client.py', 170)
('gevent_chat.py', 124)
('select_echoserver.py', 146)
('twisted_chatclient.py', 21)
('twisted_fetcher.py', 162)
('chatserver.py', 331)
('eventlet_chat.py', 124)
('communication.py', 71)
('eventlet_fetch.py', 42)
('select_chatserver.py', 331)
('pipe_example.py', 64)
('twisted_chat_server.py', 66)
('select_chatclient.py', 198)
('chatclient.py', 202)
('twisted_chat_client.py', 168)
('pipe_words.py', 64)
('twisted_fetch_url.py', 46)
('pipe_words_gen.py', 75)
('pipe_example_gen.py', 75)
$
```

図 8.15　Python プログラムの語数を出力するパイプラインの出力

```
# pipe_recent_gen.py
# ジェネレータを使用して，最近修正されたパターンに
# 一致しているファイルの詳細を表示する
import glob
import os
from time import sleep

def watch(pattern):
    """ パターンに一致している変更のあったファイルを含むフォルダを監視する """
    while True:
        files = glob.glob(pattern)
        # 修正のあった時間に応じてソートする
        files = sorted(files, key=os.path.getmtime)
        recent = files[-1]
        yield recent
        # 1秒スリープ
        sleep(1)

def get(input):
    """ 与えられたファイル入力に対して，そのメタデータを表示する """
    for item in input:
        data = os.popen("ls -lh " + item).read()
        # 表示をクリアする
        os.system("clear")
        yield data

if __name__ == "__main__":
    import sys
    # Source + Filter #1
    stream1 = watch('*.' + sys.argv[1])
    while True:
        # Filter #2 + sink
```

```
        stream2 = get(stream1)
        print(stream2.__next__())
        sleep(2)
```

上記のプログラムはどのように動作するのでしょうか？ 図 8.16 にプログラムの出力を示します．Python のソースファイルを監視しています．

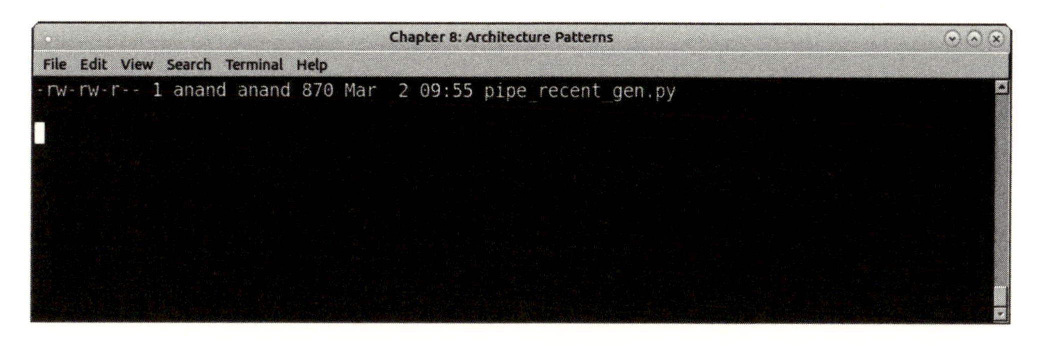

図 8.16　Python ソースファイルを監視するプログラムの出力

空の Python ソースファイル，例えば **example.py** を作成すると，出力は 2 秒で変わり，図 8.17 のようになります．

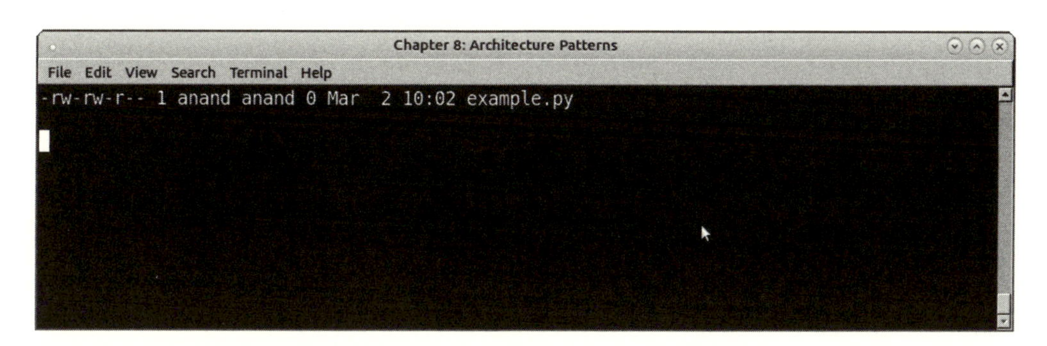

図 8.17　Python ソースファイルを監視するプログラムが動作している様子

ジェネレータ（コルーチン）は，出力を次のジェネレータの入力に渡すことができ，この機能によってパイプラインを構築しています．このようにジェネレータを直列に接続することで，複雑なデータ処理を行えるパイプラインを構築できます．

もちろん，これらとは別に，様々な手法でパイプラインは構築できます．一般的なものとして，スレッドやプロセスを使用できるキューを用いて接続された，プロデューサ/コンシューマモデルが挙げられます．この例は第 5 章で紹介しました．

また，マイクロサービスは，一つのマイクロサービスの入力を別のマイクロサービスの出力に接続することで，簡単なパイプラインを構築できます．

Python のサードパーティ製ソフトウェアのエコシステムには，複雑なデータパイプラインを構築するためのモジュールやフレームワークが多数あります．Celeryは，タスクのキューを使用して，パイプラインを用いた単純なバッチ処理を構築するのに利用できます．パイプラインはCeleryのコアな機能ではないため，この目的での連鎖処理は限定的です．

Luigiは，パイプとフィルタアーキテクチャによる，複雑な長期実行のバッチ処理ジョブを実装するために開発された堅牢なフレームワークです．LuigiにはHadoopジョブの組み込みサポートが付属しているため，データ解析パイプラインの構築に適しています．

8.7 まとめ

この章では，ソフトウェアを構築するための一般的なアーキテクチャパターンをいくつか見てきました．まずMVCアーキテクチャを解説し，DjangoとFlaskを用いたサンプルを紹介しました．そして，MVCアーキテクチャのコンポーネントについて解説し，Djangoでテンプレートを使用することで，MVCの類似パターンを実装できることを学びました．

次に，Webアプリケーションの最小フットプリントを実装するマイクロフレームワークの例として，Flaskを紹介しました．

また，イベント駆動型プログラミングについて説明しました．イベント駆動型プログラミングは，コルーチンとイベントを使用する非同期プログラミングの一種です．Pythonで`select`モジュールを使用したマルチユーザーチャットアプリを実装しました．そこから，より大きなフレームワークとライブラリへと議論を発展させました．

次に，Twistedとそのコンポーネントのアーキテクチャについて説明しました．また，Eventlet，Gevent，Greenletsを紹介し，これらのフレームワークのそれぞれを使ったマルチユーザーチャットサーバーの実装を見てきました．

次に，マイクロサービスアーキテクチャを扱いました．マイクロサービスアーキテクチャでは，ビジネスロジックを複数のサービスに分割することで，スケーラブルなアプリケーションを構築します．例として，マイクロサービスを使用したレストラン予約アプリケーションを設計し，マイクロサービスを構築するために使用できるPythonのWebフレームワークを簡単にまとめました．

本章の最後では，シリアルでスケーラブルなデータ処理のために，パイプとフィルタのアーキテクチャを解説しました．また，UNIXパイプコマンドを模倣したPythonの`multiprocessing`モジュールを使って，簡単な例を構築しました．最後に，Pythonのサードパーティのソフトウェアエコシステムで利用可能な，パイプラインを構築する手法をまとめました．

アプリケーションアーキテクチャの品質属性に関する最終章となる次章では，実稼働システムの環境でソフトウェアを運用するためのデプロイ容易性について議論します．

第9章

デプロイ容易性

一般的に，プロダクション環境へのデプロイは，ユーザーにサービスを提供するフローにおいて最後に行う重要なタスクです．しかしながら，ソフトウェアアーキテクトが考えるスキームの中では軽視されていることがあります．

あるシステムが開発環境で正常に動作していたとしても，プロダクション環境で同様に動作すると考えるのは極めて危険です．その理由の一つとして，開発環境とプロダクション環境で，大きく構成が異なることが挙げられます．そのほかに，デバッグや最適化についても各環境でアプローチが異なります．

また，デプロイにはある種の芸術作品に似た側面があります．つまり，デプロイは多くの要因に依存しているため，その工程は複雑で，様々なことを考慮しなければなりません．例として，使用言語，ランタイムの移植性・パフォーマンス，設定パラメータの数，デプロイ先がホモジニアスかヘテロジニアス[1]か，バイナリパッケージの依存性，サーバーの物理的距離，デプロイ自動化ツールなどが挙げられます．

近年，オープンソース言語であるPythonでは，パッケージのデプロイ時に便利な自動化機能やその他のサポートが充実してきました．豊富なビルトインまたはサードパーティのサポートツールによって，プロダクション環境へのデプロイや，デプロイ済みのシステムの更新における負担は少なくなっています．

この章では，デプロイしやすいシステムについて，またデプロイ容易性の概念について簡潔に解説します．次に，Pythonアプリケーションにおけるデプロイと，システムのデプロイやメンテナンスの負担を軽減するツールや手法を学びます．そして，プロダクション環境のシステムを安全かつ継続的に管理するための技術とベストプラクティスを見ていきます．

[1]【訳注】ホモジニアス/ヘテロジニアス：統合されているものが同種であることをホモジニアス，異種であることをヘテロジニアスといいます．ホモジニアスな環境の例に，同一のコアで構成されているマルチコア環境があります．

9.1 デプロイ容易性とは

デプロイ容易性は，あるソフトウェアシステムについて，開発環境からプロダクション環境へデプロイする際にどれだけ負担なく行えるかを表す品質属性です．ここで言う負担とは，デプロイのしやすさに影響を与えるもので，必要な工数や複雑さなど様々な要素が挙げられます．

デプロイは慎重に行うべき手順の一つです．よくある間違った認識に，開発環境や，プロダクション環境を模したステージング環境でのコードの挙動は，プロダクション環境でも同様に再現されるだろう，というものがあります．開発環境とプロダクション環境が類似していても，このように安易に判断してはいけません．

9.1.1　重要な要素

まず，開発環境とプロダクション環境とで異なるいくつかの要素を見ていきましょう．この違いから，プロダクション環境において，開発環境では予期しなかった問題に直面することが，よくあります．

[1]　最適化とデバッグ

開発環境では，コードの最適化を行わないケースがほとんどです．一般的に，Python のインタプリタにおける最適化は行いません．また，Python のようなインタプリタ形式のランタイムでは，デバッグを行うように設定することがよくあります．そうすることで，例外の発生時にスタックトレースの表示ができるトレースバックを生成し，例外を容易に追跡できるようにします．

一方，プロダクション環境では，最適化を行いデバッグは行わない，というまったく逆の状態になっています．このことから，開発環境と同じような挙動を期待する場合には追加の設定が必要になるでしょう．稀ではありますが，最適化の有無でプログラムが異なった振る舞いを示すこともあります．

[2]　依存関係とバージョン

開発者は開発環境を自分好みにカスタマイズすることがよくあります．例えば，複数のアプリケーションの開発と実行をスムーズに行うために，様々なサポートライブラリをインストールするでしょう．そして，気づかないうちに依存関係が生じているものです．

プロダクション環境では，使用するライブラリやツールについて，その依存関係やバージョンに対して慎重にならなければなりません．ほとんどの場合，安定バージョンの利用が望まれます．したがって，開発環境で α 版や β 版といった後方依存の不安定なバージョンを使っていると，気づいたときにはもう手遅れになることもあります．あるバージョンでしか使えない機能が，プロダクション環境で利用される安定バージョンでは動かないといったケースです．

ほかに問題が起きる例として，依存関係が文書化されていない場合や，依存関係をソースコードからコンパイルする必要がある場合などが挙げられます．この問題は，初回のデプロイ時によく見られます．

[3] リソース設定とアクセス権限

開発環境とプロダクション環境は，階層，権限，リソースへのアクセス方法など，様々な点で異なります．まず，各環境におけるデータベースを例に挙げます．開発環境ではローカルに用意したデータベースを使用できますが，プロダクション環境では基本的に別ホストのデータベースを使用します．

設定ファイルも各環境で異なることがあります．プロダクション環境では，接続ホストや環境設定が変わるため，専用の設定ファイルを用意する必要があり，そのためのスクリプトファイルを作成しなければなりません．それぞれの環境で設ける権限についても同様です．開発環境ではルート権限でプログラムを実行するような場合でも，プロダクション環境ではユーザーやグループにより弱い権限を割り当てる必要があるでしょう．

これらの設定ファイルや権限の違いによって，あるリソースへのアクセスの可否が異なり，開発環境で動作していたソフトウェアがプロダクション環境で動作しない場合が生じます．

[4] ヘテロジニアスなプロダクション環境

一般的に，開発はホモジニアスな環境で行われます．しかし，その成果物をヘテロジニアスなプロダクション環境へデプロイするケースもあるでしょう．

例えば，開発環境はLinuxでありながら，顧客の要求によりプロダクション環境はWindowsになるようなケースです．このような差によって，デプロイ時に考慮しなければならないことが新たに多数発生します．プロダクション環境へのデプロイ前には，様々な場合に対応できるステージング環境やテスト環境を用意し，それらを使って十分に検証することが不可欠です．また，依存関係の管理については，ヘテロジニアスなシステムでは，対象のアーキテクチャごとに行う必要があるため，複雑になります．

[5] セキュリティ

開発環境とテスト環境では，セキュリティレベルを下げることがよくあります．これには短い時間で開発やテストを回したり，テスト構成の複雑さを解消したりする目的があります．

例として，ログインが必要なアクセス先を持つWebアプリケーションを考えてみましょう．ここではあるフラグを用意することで，開発環境におけるログイン手順をスキップできるようにします．そうすることで，都度ログインにかかる手間が省け，開発やテストが効率化できます．

次に，パスワードを例にとってみましょう．開発環境では，ルーチンのリコールや動作確認，あるいはシステムの挙動の確認を行う際，データベースやWebアプリケーションへログインするために，パスワードを何度も入力することが想定されます．そのパスワードを平易なものにしておけば，時間を節約できるでしょう．また，テストのしやすさを優先するために，役割ベースでの認可を省くこともあります．

これらは開発環境での開発や，テスト環境におけるテストの効率を重視した方法です．もちろん，セキュリティが非常に重要であるプロダクション環境でこのようなことをしてはいけません．まず，必要に応じてログイン機構を設けてください．パスワードについては，推測されにくい強力なものを採用しましょう．役割ベースの認証も省いてはいけません．しかしながら，環境によるこうした違いが，プロダクション環境へのデプロイを難しくしていることも事実です．

一般的なプラクティスは，DevOps に携わる人の便宜を優先して定義されています．ほとんどの企業では，分離された環境を使用して，コードとアプリケーションを開発，テスト，検証してからプロダクション環境に移す方法をとっています．

次節では，環境ごとの役割を取り上げます．

9.2 マルチティアアーキテクチャ

開発環境からテスト環境，ステージング環境を経て，プロダクション環境に至るデプロイの工程は，一筋縄ではいきません．これまでにも触れてきましたが，デプロイ時には考慮しなければならないことが多くあります．そこで，ここではそれぞれの環境の見通しを良くするため，各環境をティア[*2]に分けたマルチティアアーキテクチャを紹介します．このアーキテクチャを導入し，各環境の役割を把握しておくことでデプロイにおける複雑さを解消します．

それでは，デプロイ時に用いるティアのバリエーションを見ていきましょう．

- **開発/テスト/ステージング/プロダクション**：4ティアのアーキテクチャです．
  - 開発環境に成果物を移し，開発者自身で実施できるテストを行います．代表的な例として，単体テストが挙げられます．このアーキテクチャにおける開発環境は，常に最新の状態が保たれていることが望ましいでしょう．開発者自身の PC で，この開発環境を構築することもあります．
  - テスト環境では，QA エンジニアまたはテストエンジニアがブラックボックステストを行います．時には，パフォーマンステストを行うこともあるでしょう．ここで，成果物の内容は，多くの場合，開発環境の次に新しい状態になっています．通常，開発環境とテスト環境の情報を照らし合わせるために，内部リリース[*3]，タグ，ダンプファイルが用いられます．
  - ステージング環境は，プロダクション環境をできる限り模倣した環境です．この環境では，成果物の最終確認を行います．プロダクション環境で起こりうる問題をくまなく見つけるために，プロダクション環境に近い環境で成果物に対してテストを実施します．また，ステージング環境では開発担当者だけでなく，運用担当者も成果物の検証を行います．自動化スクリプトや，cron のジョブ，システムの設定など，これまでの環境でテストしていないものを洗い出し，その質を検証します．

[*2]【訳注】ティア：PC などの物理マシンやリモートで稼働する物理サーバーなど，物理的に区別可能な階層．例えば，アプリケーションとデータベースが異なるサーバーで稼働している場合，二つのティアとして見なすことができます．また，類似した用語にレイヤーがあり，これは論理的な区別を指す階層を表します．例えば，アプリケーションロジックやデータベースロジックなどが挙げられます．

[*3]【訳注】内部リリース：外部に公開しない閉じたリリース．内部で共有するデモなどが該当します．

  - プロダクション環境は，他の環境で十分にテストされた成果物のデプロイ先です．ステージングとプロダクションを一つのティアとして見なす場合もよくあり，この二つの環境を別々に扱うかどうかは，状況に応じて切り替えます．

- **開発とテスト/ステージング/プロダクション**：開発環境とテスト環境を一つにまとめた 3 ティアのアーキテクチャです．先ほどの 4 ティアと異なるのは，開発環境でテストを実施することです．アジャイル開発[4]手法では，このアーキテクチャがよく用いられます．この手法では，少なくとも週に 1 回はプロダクション環境に更新された成果物をあげます．このスピードでサイクルを維持するためにも，テスト環境を個別に用意せず，開発者自身の PC に開発環境とテスト環境の役割を持たせます．
- **開発とテスト/ステージングとプロダクション**：このアーキテクチャでは，ステージング環境とプロダクション環境が，同じ環境で動作する複数のサーバーになります．ステージング環境でテストと検証を行った後，ホストを切り替えることで，プロダクション環境へのデプロイを行います．このとき，プロダクション環境だったホストはステージング環境になります．

これらのマルチティアアーキテクチャ以外にも，結合テストに特化した環境や，実験的機能をテストするためのサンドボックス環境など，様々なアーキテクチャがあります．

9.3 Python でのデプロイ

これまでに紹介したように，Python にはデプロイに役立つ様々なツールが備わっています．また，サードパーティ製のエコシステムも非常に充実しています．それらを用いることで，Python で記述された成果物のデプロイを，自動かつ容易に行うことができます．

本節では，デプロイに用いられるツールを紹介していきます．

9.3.1 パッケージング

Python はアプリケーションのパッケージングを標準でサポートしています．そのため，ソースコード，バイナリ，特定の OS レベルのパッケージングなど，多岐にわたるディストリビューションが存在します．

Python による成果物のパッケージングにおいて，初めにするべきことは `setup.py` ファイルの作成です．次に，ビルトインのライブラリである distutils や，distutils の拡張であるサードパーティのフレームワーク setuptools（現在はこちらを推奨）を用いることで，パッケージングを行います．

Python によるパッケージングについて解説する前に，Python に関係するツールの中でも有名な pip と virtualenv を紹介します．

[4]【訳注】アジャイル開発：ソフトウェア開発手法の一つ．イテレーション（短期間の工程）を積み重ねることでプロジェクトを進行する手法．

9.3.2　pip

pip は "pip installs packages" の頭文字を取った造語で，Python パッケージをインストールするための標準ツールです．

本書では，パッケージのインストールに何度も pip を用いてきました．しかし，pip そのもののインストールについては取り上げていませんでした．pip は，図 9.1 に示すようにダウンロードし，インストールします．

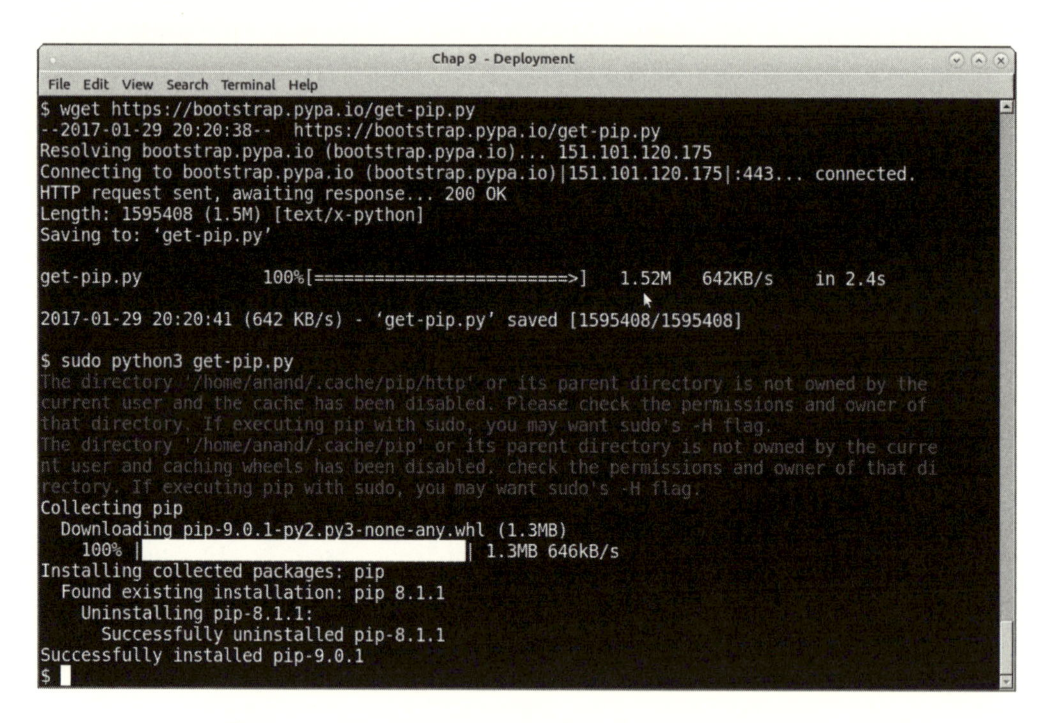

図 9.1　pip による Python 3.x のダウンロードとインストール

このインストールスクリプトは，`https://bootstrap.pypa.io/get-pip.py` にあります．

図 9.1 の例では，すでに pip がインストールされていたため，もともとあった pip のアップグレードが行われました．`--version` オプションを追加すると，バージョンに関する詳細情報を確認できます．図 9.2 に示すように，pip のバージョンと，インストール先のディレクトリが詳細に表示されます．また，pip がどの Python のバージョンに対応しているかもわかります．

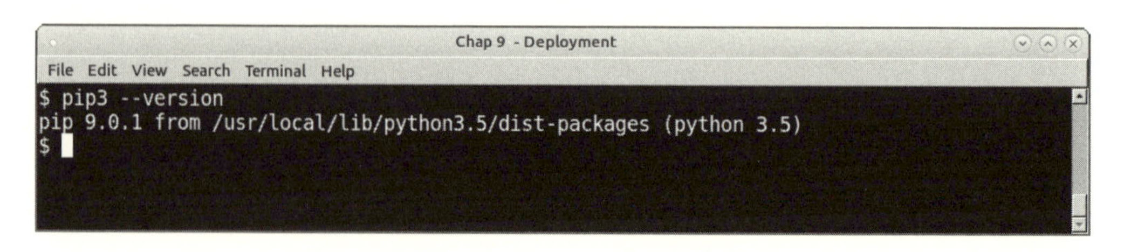

図 9.2　pip のバージョンの表示

Python の 2.x と 3.x で pip を使い分けたい場合，2.x 用に `pip2`（もしくは `pip`），3.x 用に `pip3` を使用してください．

`pip` コマンドの後ろにパッケージ名を指定するだけで，パッケージをインストールできます．例えば，pip を用いて numpy パッケージをインストールすると，図 9.3 のような画面になります．

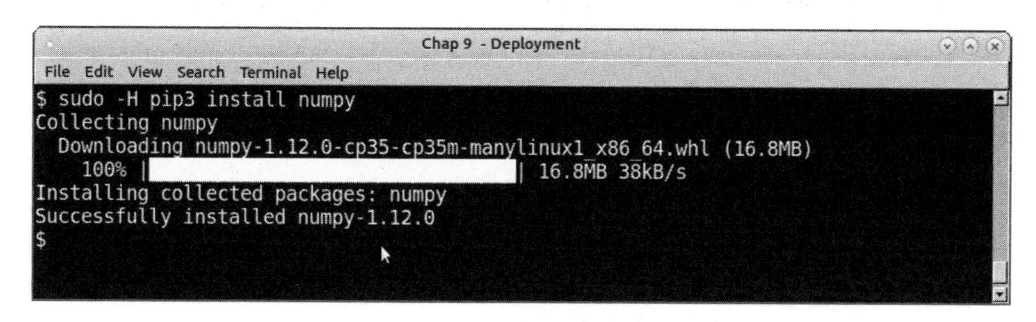

図 9.3 numpy のインストール

pip についての詳細はここでは扱いません．その代わりに，Python のソフトウェアのインストールに関連する，もう一つのツールを紹介します．

9.3.3 virtualenv

virtualenv はローカル環境に開発用のサンドボックスを作成し，Python の独立した仮想環境を構築するモジュールです．

二つの異なるアプリケーションを開発しているとしましょう．そして，それぞれに対して異なるバージョンのライブラリを採用したいとします．各バージョンのライブラリを，OS に標準でインストールされている，システムの Python にインストールするとしましょう．これだと，直近にインストールしたバージョンのライブラリしか使えません．

考えられる解決策として，ルートディレクトリを替えて Python をインストールする方法が挙げられます．例えば，一つは `/opt`，もう一つは `/usr` といった分け方です．しかし，この方法では，切り替えコストなどのオーバーヘッドが生じ，また，パスの管理に頭を悩まされることになります．そもそも，root 権限を持っていない共有ホストでは，一般的に `/opt` や `/usr` といったディレクトリに対して書き込み権限がないので，任意のバージョンを指定し続けることができません．

これらのバージョンや権限に関する問題を解決してくれるのが，virtualenv です．virtualenv は，Python とその標準ライブラリ，パッケージ管理システムとインストーラ（デフォルトでは pip）を含んだローカルのインストールディレクトリを作成します．仮想環境の構築が済んだ後は，インストールされるパッケージは，システムの Python ではなく，構築した環境の Python に紐づきます．

virtualenv は pip でインストールできます．インストール後，図 9.4 では，**virtualenv** コマンドで **appenv** という名前の仮想環境を構築し，**source appenv/bin/activate** コマンドで，その環境を立ち上げています．そして，続くコマンドで，この環境に複数のパッケージをインストールしています．

```
Chap 9 - Deployment
File Edit View Search Terminal Help
$ virtualenv appenv
Running virtualenv with interpreter /usr/bin/python2
New python executable in /home/user/appenv/bin/python2
Also creating executable in /home/user/appenv/bin/python
Installing setuptools, pkg resources, pip, wheel...done.
$ source appenv/bin/activate
(appenv) $ which python
/home/user/appenv/bin/python
(appenv) $ which pip
/home/user/appenv/bin/pip
(appenv) $ pip install numpy
Collecting numpy
  Downloading numpy-1.12.0-cp27-cp27mu-manylinux1 x86 64.whl (16.5MB)
    100% |████████████████████████████████| 16.5MB 24kB/s
Installing collected packages: numpy
Successfully installed numpy-1.12.0
(appenv) $ pip --version
pip 9.0.1 from /home/user/appenv/local/lib/python2.7/site-packages (python 2.7)
(appenv) $ python --version
Python 2.7.12
(appenv) $ 
```

図 9.4　**virtualenv** による仮想環境の構築

図 9.4 では，仮想環境下で pip がどこを参照しているかも確認しています．**pip --version** コマンドの結果から明らかなように，インストールされた pip のパスは，virtualenv が構築した仮想環境のディレクトリを指しています．

Python 3.3 バージョンからは，仮想環境構築のサポートツールとして venv モジュールが提供されています．図 9.5 では，Python 3.5 で venv モジュールを用いた仮想環境の構築とパッ

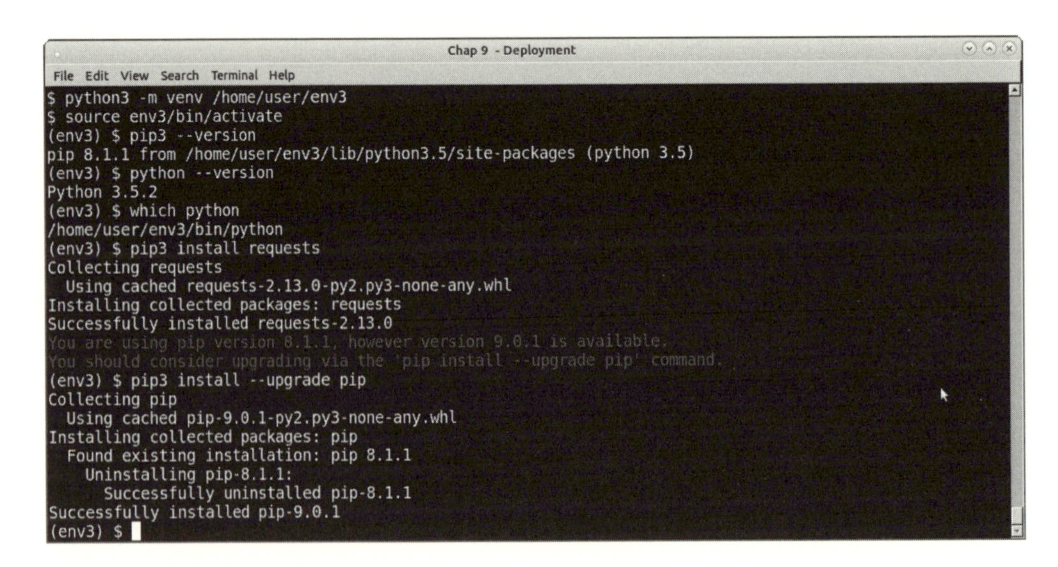

図 9.5　venv モジュールによる，仮想環境の構築とパッケージのインストール

ケージのインストールを行っています．Python と pip の実行パスも見ておきましょう．

図 9.5 では，**pip3** コマンドによる pip のアップグレードも行っています．

▶ 9.3.4 pip と virtualenv

開発するアプリケーションに合わせた仮想環境を構築し，必要なパッケージのインストールが終わったら，次に依存関係とバージョンを明記するファイルを作成しましょう．以下のコマンドによって，インストールされたすべてのパッケージとそのバージョンの一覧を確認できます．

```
$ pip freeze
```

図 9.6 に示すように，この出力結果を `requirements.txt` に書き込み，このファイルを参考にすることで，同じ環境を再現できます．これは他のサーバーへデプロイするときに役立ちます．

```
Chap 9 - Deployment
File Edit View Search Terminal Help
(appenv) $ pip freeze | tee requirements.txt
appdirs==1.4.0
backports-abc==0.5
certifi==2017.1.23
numpy==1.12.0
packaging==16.8
pkg-resources==0.0.0
pyparsing==2.1.10
requests==2.13.0
singledispatch==3.4.0.3
six==1.10.0
tornado==4.4.2
(appenv) $
```

図 9.6 インストール済みパッケージ情報の `requirements.txt` への書き込み

図 9.7 のように，`pip3 install -r requirements.txt` を実行すれば，各パッケージをインストールできます．

このインストールは pip3 で行ったため，Python 3.x に紐づいています．一方，`requirements.txt` に保存したのは，Python 2.x の仮想環境である appenv で実行した `pip freeze` の出力結果です．このような場合でも，pip は記述されたとおりにインストールを実行します．

```
Chap 9 - Deployment
File Edit View Search Terminal Help
(env3) $ pip3 install -r requirements.txt
Collecting appdirs==1.4.0 (from -r requirements.txt (line 1))
  Using cached appdirs-1.4.0-py2.py3-none-any.whl
Collecting backports-abc==0.5 (from -r requirements.txt (line 2))
  Using cached backports_abc-0.5-py2.py3-none-any.whl
Collecting certifi==2017.1.23 (from -r requirements.txt (line 3))
  Using cached certifi-2017.1.23-py2.py3-none-any.whl
Collecting numpy==1.12.0 (from -r requirements.txt (line 4))
  Downloading numpy-1.12.0-cp35-cp35m-manylinux1_x86_64.whl (16.8MB)
    100% |████████████████████████████████| 16.8MB 25kB/s
Collecting packaging==16.8 (from -r requirements.txt (line 5))
  Using cached packaging-16.8-py2.py3-none-any.whl
Requirement already satisfied: pkg-resources==0.0.0 in ./env3/lib/python3.5/site-packages (from -r requir
ements.txt (line 6))
Collecting pyparsing==2.1.10 (from -r requirements.txt (line 7))
  Using cached pyparsing-2.1.10-py2.py3-none-any.whl
Requirement already satisfied: requests==2.13.0 in ./env3/lib/python3.5/site-packages (from -r requiremen
ts.txt (line 8))
Collecting singledispatch==3.4.0.3 (from -r requirements.txt (line 9))
  Using cached singledispatch-3.4.0.3-py2.py3-none-any.whl
Collecting six==1.10.0 (from -r requirements.txt (line 10))
  Using cached six-1.10.0-py2.py3-none-any.whl
Collecting tornado==4.4.2 (from -r requirements.txt (line 11))
  Using cached tornado-4.4.2.tar.gz
Installing collected packages: appdirs, backports-abc, certifi, numpy, pyparsing, six, packaging, singled
ispatch, tornado
  Running setup.py install for tornado ... done
Successfully installed appdirs-1.4.0 backports-abc-0.5 certifi-2017.1.23 numpy-1.12.0 packaging-16.8 pypa
rsing-2.1.10 singledispatch-3.4.0.3 six-1.10.0 tornado-4.4.2
(env3) $
```

図 9.7　`requirements.txt` を用いたパッケージのインストール

9.3.5　仮想環境の再配置

ある仮想環境のパッケージの依存関係を別の仮想環境で再現する際は，`pip freeze` コマンドの出力結果をもとに pip を用いてインストールする，前項で説明した方法を推奨します．

この方法によって，開発環境における Python のパッケージの状態を，プロダクション環境で安全に再現することができます．互換性のあるシステムなら，プロダクション環境に限らず，どこでも同様のことができるはずです（図 9.8）．

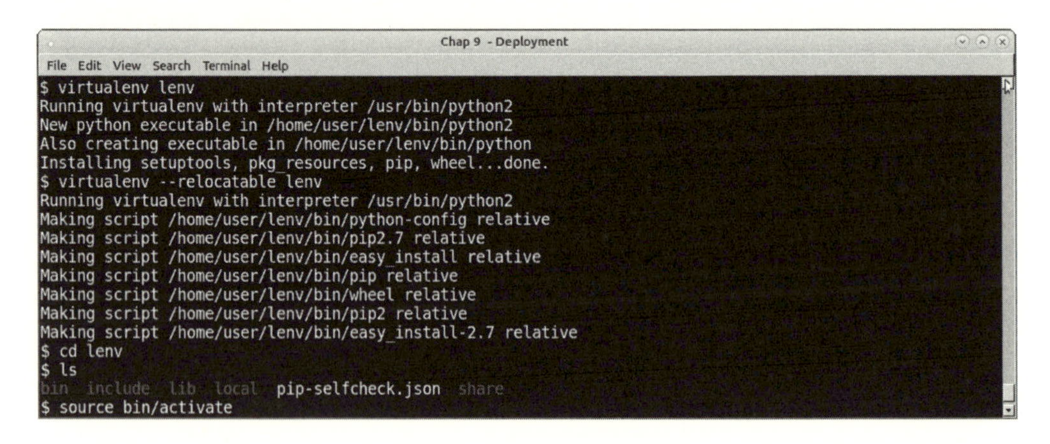

図 9.8　仮想環境の再配置

図 9.8 では，以下の処理が行われています．まず，仮想環境を構築します．次に，`virtualenv --relocatable lenv` コマンドを実行して，仮想環境を再配置可能にしています．virtualenv で構築した仮想環境は，特定のパスに結び付いているため，パスの途中にあるディレクトリな

どをそのまま別のサーバーへコピーすることはできません．しかし，この `relocatable` オプションによって，setuptools が使用したパスを相対パスとして保存することで，仮想環境を別の場所で再現（再配置）できるようになります．このように，仮想環境を再配置可能にすることで，PC 内の別ディレクトリや，リモートにあるサーバーへ簡単に移すことができます．

仮想環境のあった PC の環境とリモートの環境が異なる場合，再配置された仮想環境が正しく動作するとは限りません．例えば，リモートの環境が異なるアーキテクチャで構成されていて，さらに異なる Linux のディストリビューションであれば，再配置が失敗する可能性は高くなります．ある程度の制約があることに注意しておきましょう．

9.3.6　PyPI

これまで，pip が Python のパッケージをインストールに使用するための標準的なツールであることを解説してきました．pip では，実際に存在するパッケージの名前を指定すれば，そのパッケージをインストールできます．また，`requirements.txt` を用いた例で示したように，バージョンも指定できます．

ところで，pip はどこから対象のパッケージをダウンロードしているのでしょうか？ その答えは Python Package Index，通称 PyPI（`https://pypi.org/`，図 9.9 参照）です．PyPI は公式レポジトリであり，Web 上にあるサードパーティ製のパッケージを管理しています．その

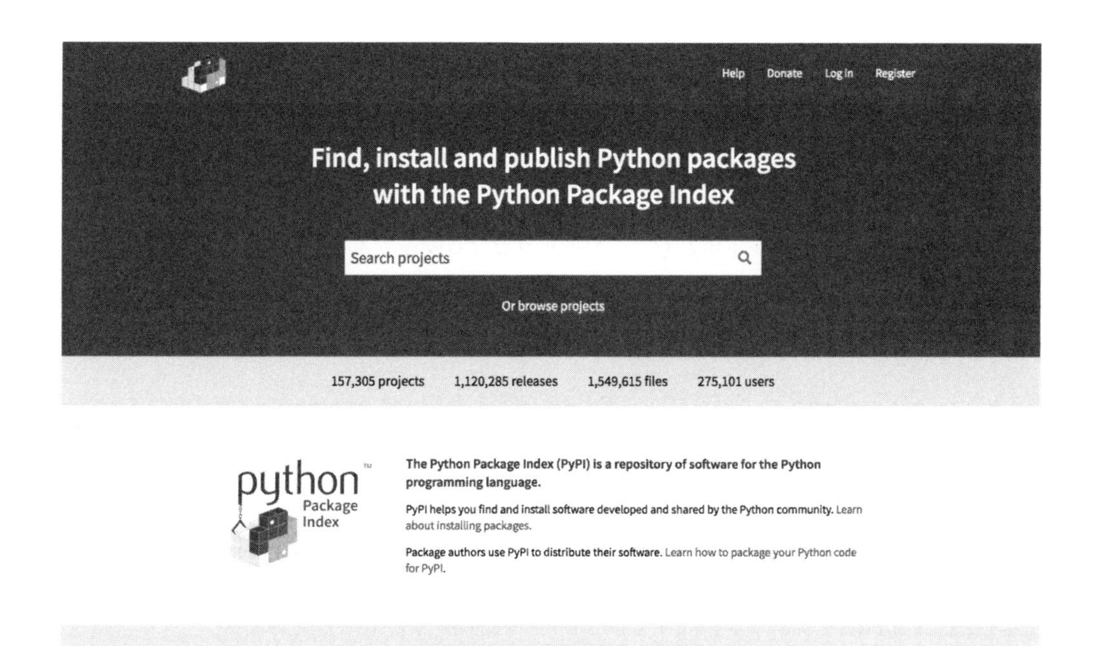

図 9.9　PyPI のトップページ（本書執筆時点）

名前が示すように，PyPI は Python パッケージにインデックスを付与する役割を担っており，各パッケージのメタデータがサーバー上で公開され，検索できるようになっています．

現在，PyPI では 100 万近くのパッケージが管理されています．PyPI にパッケージをアップロードするには，Python に標準で備わっているパッケージングとディストリビューションのツールである，distutils や setuptools を使用します．これらのツールにはパッケージのメタデータを PyPI に紐づけるためのフック機能があります．

PyPI には，多くのパッケージが実データの形で置かれていますが，他のサーバーで管理されているパッケージのデータを参照することも可能です．

pip を使ったインストールでは，まず PyPI に直接置かれているパッケージの中から目的のパッケージを検索し，そのメタデータをダウンロードします．続いて，そのメタデータから別サーバーの URL や情報を特定します．例えば，後方依存のパッケージなどです．必要なパッケージを特定したら，ダウンロードし，インストールします．

開発者は PyPI を通して，パッケージの検索や，自身で作成したパッケージのアップロードを行うことができます．キーワード検索により，様々なパッケージのドキュメントや，プラットフォーム・OS，ライセンスなどを閲覧できます．アップロードについては，事前にメールアドレスを登録し，PyPI のサイトにログインしておく必要があります．次項から詳細を解説していきます．

これまで，Python のパッケージングツールやインストーラ，および関連ツールを見てきました．次に，小規模な Python のモジュールを用意し，PyPI にアップロードしましょう．

9.3.7　PyPI へのアップロード

第 5 章では，PyMP モジュールを用いたスケーラブルなマンデルブロプログラムを作成しました．ここでは，このプログラムをサンプルとして，パッケージングと PyPI へアップロードを行います．必要な手順は，`__init__.py` ファイルの作成，`setup.py` ファイルの作成，パッケージのインストール，そして PyPI へのパッケージのアップロードです．

以下二つのサブパッケージを用意し，マンデルブロプログラムをパッケージングします．

- `mandelbrot.simple`：マンデルブロの基本的な実装を含むサブパッケージ（サブモジュール）
- `mandelbrot.mp`：マンデルブロの PyMP 実装を含むサブパッケージ（サブモジュール）

ディレクトリ構成は，図 9.10 に示すようになります．

- トップディレクトリ名は `mandelbrot` で，`__init__.py` や `README`，`setup.py` ファイルを含みます．
- `mandelbrot` サブディレクトリとして `mp` と `simple` が配置されています．
- `mp` ディレクトリと `simple` ディレクトリには，`__init__.py` と `mandelbrot.py` があります．これらのサブディレクトリはパッケージング時にサブモジュールとなり，それぞ

```
Chap 9: Deployment
File Edit View Search Terminal Help
$ pwd
/home/user/programs/chap9/mandelbrot
$ tree .

├──
│   ├── __init__.py
│   ├──
│   │   ├── __init__.py
│   │   └── mandelbrot.py
│   └──
│       ├── __init__.py
│       └── mandelbrot.py
├── README
└── setup.py

3 directories, 7 files
$
```

図 9.10 マンデルブロパッケージのディレクトリ構成

れが mandelbrot の再帰的な実装を持つことになります.

実行スクリプトによって mandelbrot モジュールをインストールできるよう，それぞれの `mandelbrot.py` モジュールには変更が加えられています.

[1] __init__.py ファイル

`__init__.py` は，ディレクトリをパッケージに変換するためのファイルです．この例では，三つのディレクトリで構成されているため，それぞれを変換することで三つのパッケージが生成されます．一つ目がトップレベルパッケージである `mandelbrot`，残りの二つがサブモジュールである `mandelbrot.simple` と `mandelbrot.mp` です.

`mandelbrot` にある `__init__.py` の中身は空にしておきます．残りのディレクトリに配置されている `__init__.py` には，以下のコードを記述します.

```
from . import mandelbrot
```

`import` コマンドを相対パスで記述することによって，サブパッケージがトップレベルに配置されている `mandelbrot` ではなく，ローカルの `mandelbrot.py` モジュールがインポートされることを保証します.

[2] setup.py ファイル

setup.py ファイルはパッケージ全体の中心的役割を担います．setup.py の例を示します．

```
from setuptools import setup, find_packages
    setup(
        name = "mandelbrot",
        version = "0.1",
        author = "Anand B Pillai",
        author_email = "abpillai@gmail.com",
        description = ("A program for generating Mandelbrot fractal images"),
        license = "BSD",
        keywords = "fractal mandelbrot example chaos",
        url = "http://packages.python.org/mandelbrot",
        packages = find_packages(),
        long_description=open('README').read(),
        classifiers=[
            "Development Status :: 4 - Beta",
            "Topic :: Scientific/Engineering :: Visualization",
            "License :: OSI Approved :: BSD License",
            ],
        install_requires = [
            'Pillow>=3.1.2',
            'pymp-pypi>=0.3.1'
            ],
        entry_points = {
            'console_scripts': [
                'mandelbrot = mandelbrot.simple.mandelbrot:main',
                'mandelbrot_mp = mandelbrot.mp.mandelbrot:main'
                ]
            }
    )
```

setup.py のすべてについては，本章では扱いません．いくつか重要なポイントを挙げておきます．

- setup.py によって，パッケージの名前や，作成者の名前，メールアドレス，キーワードなどのメタデータを設定します．この情報のおかげで，PyPI にアップロードされたパッケージを検索しやすくなります．
- setup.py ファイルには，実行時に作成されるパッケージとそのサブパッケージの一覧を記載します．setuptools モジュールの find_packages 関数を使えば，この一覧を列挙できます．
- install_requires キーには，pip freeze の出力に近いフォーマットで依存パッケージをリストします．
- entry_points キーには，パッケージのインストール時に実行するスクリプトを設定します．以下がその例です．

```
mandelbrot = mandelbrot.simple.mandelbrot:main
```

このスクリプトによって，`mandelbrot.simple.mandelbrot` モジュールを読み込み，そのモジュールの `main` 関数を実行します．

[3] パッケージのインストール

以下のコマンドで，`setup.py` ファイルを用いたパッケージのインストールを行います．

```
$ python setup.py install
```

図 9.11 に，コマンド実行直後の様子を示します．

```
Chap 9: Deployment
File Edit View Search Terminal Help
(env3) $ python setup.py install
running install
running bdist_egg
running egg_info
creating mandelbrot.egg-info
writing top-level names to mandelbrot.egg-info/top_level.txt
writing entry points to mandelbrot.egg-info/entry_points.txt
writing requirements to mandelbrot.egg-info/requires.txt
writing mandelbrot.egg-info/PKG-INFO
writing dependency_links to mandelbrot.egg-info/dependency_links.txt
writing manifest file 'mandelbrot.egg-info/SOURCES.txt'
reading manifest file 'mandelbrot.egg-info/SOURCES.txt'
writing manifest file 'mandelbrot.egg-info/SOURCES.txt'
installing library code to build/bdist.linux-x86_64/egg
running install_lib
running build_py
creating build
creating build/lib
creating build/lib/mandelbrot
copying mandelbrot/__init__.py -> build/lib/mandelbrot
creating build/lib/mandelbrot/mp
copying mandelbrot/mp/mandelbrot.py -> build/lib/mandelbrot/mp
copying mandelbrot/mp/__init__.py -> build/lib/mandelbrot/mp
creating build/lib/mandelbrot/simple
copying mandelbrot/simple/mandelbrot.py -> build/lib/mandelbrot/simple
copying mandelbrot/simple/__init__.py -> build/lib/mandelbrot/simple
```

図 9.11 `setup.py` によるパッケージのインストール

このパッケージは，env3 という名前の仮想環境へインストールされています．

[4] PyPI へのパッケージのアップロード

`setup.py` ファイルと setuptools，distutils は，パッケージのインストールだけでなく，アップロードでも役立ちます．

PyPI へのパッケージ登録は非常に簡単で，以下の二つがありさえすれば十分です．

- 適切に記述した `setup.py` ファイル
- PyPI のアカウント

それでは，次の手順に沿って mandelbrot パッケージのアップロードを行ってみましょう．

1. `.pypirc` ファイルを作成し，ホームディレクトリに配置します．`.pypirc` には PyPI アカウントの情報などを記述する必要があり，図 9.12 に示すように，レポジトリの URL，ユーザー名，パスワードなどが含まれます．

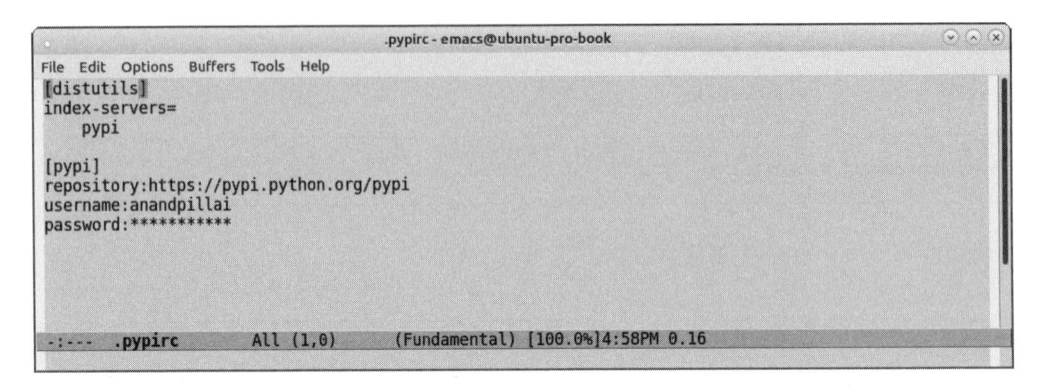

図 9.12　`.pypirc` ファイル

2. 次に，`setup.py` を `register` オプション付きで実行します．

```
$ python setup.py register
```

実行した際の様子を，図 9.13 に示します．このコマンドによって，パッケージのメタデータのみが，PyPI に登録されました．この時点では，パッケージが作成されただけなので，続いてソースコードなどを登録します．

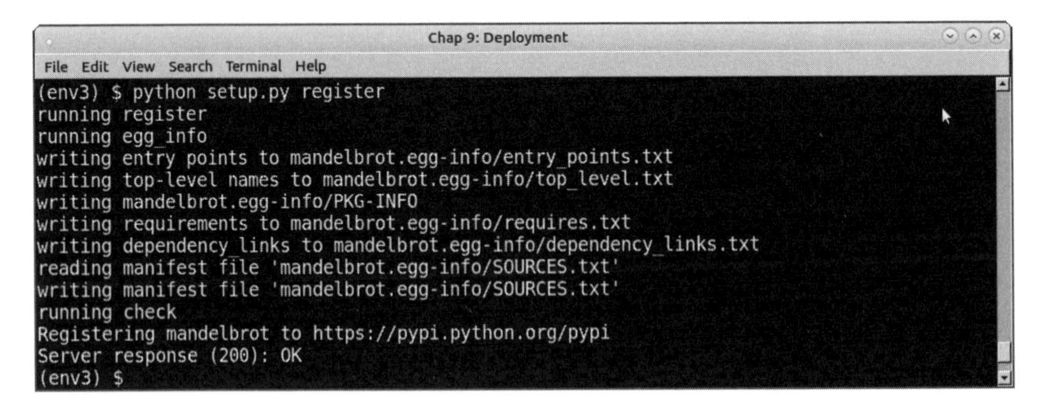

図 9.13　`register` オプションを追加した `setup.py` の実行

3. `setup.py` を `sdist upload` オプション付きで実行します．

```
$ python setup.py sdist upload
```

図 9.14 に結果を示します．

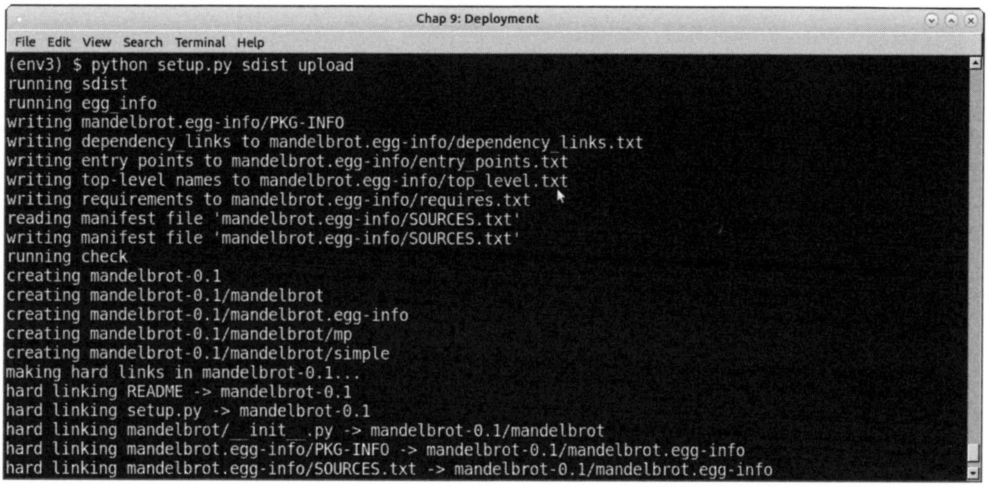

Chap 9: Deployment
File Edit View Search Terminal Help
(env3) $ python setup.py sdist upload
running sdist
running egg_info
writing mandelbrot.egg-info/PKG-INFO
writing dependency_links to mandelbrot.egg-info/dependency_links.txt
writing entry points to mandelbrot.egg-info/entry_points.txt
writing top-level names to mandelbrot.egg-info/top_level.txt
writing requirements to mandelbrot.egg-info/requires.txt
reading manifest file 'mandelbrot.egg-info/SOURCES.txt'
writing manifest file 'mandelbrot.egg-info/SOURCES.txt'
running check
creating mandelbrot-0.1
creating mandelbrot-0.1/mandelbrot
creating mandelbrot-0.1/mandelbrot.egg-info
creating mandelbrot-0.1/mandelbrot/mp
creating mandelbrot-0.1/mandelbrot/simple
making hard links in mandelbrot-0.1...
hard linking README -> mandelbrot-0.1
hard linking setup.py -> mandelbrot-0.1
hard linking mandelbrot/__init__.py -> mandelbrot-0.1/mandelbrot
hard linking mandelbrot.egg-info/PKG-INFO -> mandelbrot-0.1/mandelbrot.egg-info
hard linking mandelbrot.egg-info/SOURCES.txt -> mandelbrot-0.1/mandelbrot.egg-info

図 9.14　`sdist upload` オプションを追加した `setup.py` の実行

4. 最後に，図 9.15 に示すように，PyPI サーバーに登録されたパッケージを確認します．

mandelbrot 0.1 : Python Package Index - Mozilla Firefox
File Edit View History Bookmarks ScrapBook Tools Help
https://pypi.python.org/pypi/mandelbrot/0.1
python
search
» Package Index > mandelbrot > 0.1
PACKAGE INDEX
Browse packages
Package submission
List trove classifiers
RSS (latest 40 updates)
RSS (newest 40 packages)
PyPI Tutorial
PyPI Security
PyPI Support
PyPI Bug Reports
PyPI Discussion
PyPI Developer Info
ABOUT
NEWS
DOCUMENTATION
DOWNLOAD
COMMUNITY
FOUNDATION
CORE DEVELOPMENT
mandelbrot 0.1
A program for generating Mandelbrot fractal images
Download
mandelbrot-0.1.tar.gz
Package: roles | releases | view | edit | files | PKG-INFO
This is a program which generates the Mandelbrot fractal set of a given width and height for a given number of iterations.
It uses Pillow, the Python Imaging Library fork to render the image and save it to a file.
Sample Usage.
To see all command line arguments, pass -h to the program.
$ mandelbrot -h usage: mandelbrot [-h] [-W WIDTH] [-H HEIGHT] [-n NITER] [-o OUTPUT]
Mandelbrot fractal generator
optional arguments:
-h, --help show this help message and exit
-W WIDTH, --width WIDTH
Width of the image
-H HEIGHT, --height HEIGHT
Welcome anandpillai
Your details (Logout)
Your packages:
HarvestMan
mandelbrot
Status
Nothing to report

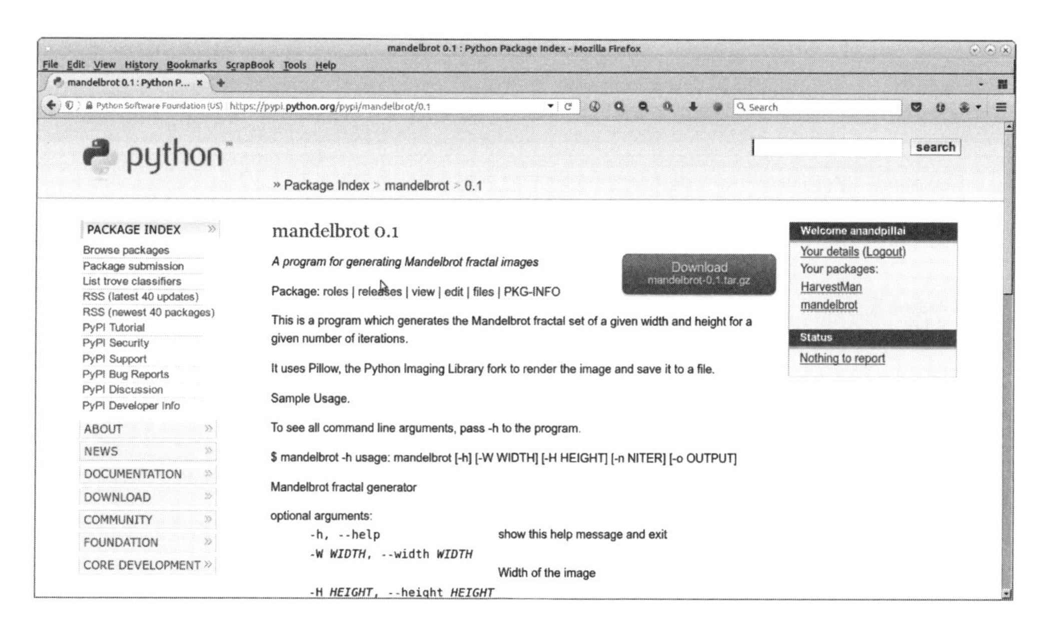

図 9.15　新規に登録されたパッケージの確認

これで，作成したパッケージを pip でインストールできるようになりました．たったこれだけの手順でパッケージング，デプロイ，インストールというサイクルを済ませました．

9.3.8 PyPA

Python Packaging Authority（PyPA）は，Python の標準仕様と関連するアプリケーションを管理する Python デベロッパの団体です．PyPA は自身の Web サイト（`https://www.pypa.io/`）を運営しており，アプリケーションは GitHub（`https://github.com/pypa/`）で管理しています．PyPA の管理するプロジェクトの一覧を表 9.1 に示します．pip，virtualenv，setuptools など，これまで見てきたものも見つかります．

表 9.1　PyPA で管理するプロジェクト例

プロジェクト	説　明
setuptools	Python の distutils モジュールの改良版
virtualenv	Python の sandbox 環境を構築するためのツール
pip	Python のパッケージをインストールするためのツール
packaging	pip や setuptools の内部で使用される，パッケージングのためのユーティリティ
wheel	wheel ディストリビューションを作成するのに用いられる，setuptools の拡張（このディストリビューションは Python egg[5]を代替するもので，フォーマットは PEP427[6]に基づいている）
twine	`setup.py` によるアップロードを代替する，セキュアなパッケージ公開用ツール
warehouse	新規の PyPI アプリケーション（詳細は `https://pypi.org/` を参照）
distlib	Python のパッケージやディストリビューションを扱うための低レベルライブラリ
bandersnatch	PyPI コンテンツを完全かつ効率的にミラーリングするよう設計されたクライアント

興味のある読者は，PyPA が提供する Web サイトで，これらのプロジェクトに参加してみましょう．そして，PyPA の GitHub レポジトリを通して，テストやパッチ修正など，何かしらコントリビュートしてみてはいかがでしょうか．

9.3.9 Fabric

Fabric は Python で記述された，デプロイ自動化のためのコマンドラインツールであり，`paramiko` モジュールなどの SSH プロトコルに準拠したラッパーです．

Fabric は Python 2.x でしか動作しません．Python 3.x では，Fabric3 を使います．Fabric3 は，Python 2.x でも使えます．

Fabric を使う際，DevOps ユーザーは sudo 権限が必要なコマンドを `fabfile.py` に記述し

[5]【訳注】Python egg：setuptools で定義された Python パッケージのディストリビューション．Python のソースコードやメタ情報などを，決められたフォーマットで zip ファイルにしたもの．

[6]【訳注】PEP427：wheel のビルドパッケージを定義している PEP．

ます．Fabric は，デプロイを行うユーザーの SSH 公開鍵が，デプロイ先のサーバーに設定されている場合に，最大限効果を発揮します．SSH 接続を可能にすることで，ユーザー名やパスワードを用意する必要がなくなります．

リモートデプロイの例を示します．ここでは，リモートサーバーで mandelbrot アプリケーションをインストールします．`fabfile` は Python 3.x で記述しており，以下の内容を含みます．

```
from fabric.api import run
def remote_install(application):
    print ('Installing',application)
    run('sudo pip install ' + application)
```

リモートサーバーに mandelbrot アプリケーションがインストールされている様子を，図 9.16 に示します．

```
Chap 9: Deployment
File Edit View Search Terminal Help
(env3) $ fab remote_install:mandelbrot -H mylinode
[mylinode] Executing task 'remote_install'
Installing mandelbrot
[mylinode] run: sudo pip install mandelbrot
[mylinode] out: Downloading/unpacking mandelbrot
[mylinode] out:   Downloading mandelbrot-0.1.tar.gz
[mylinode] out:   Running setup.py (path:/tmp/pip-build-3RuBh1/mandelbrot/setup.py) egg_info for package m
[mylinode] out: Requirement already satisfied (use --upgrade to upgrade): Pillow>=3.1.2 in /usr/local/lib/
dist-packages (from mandelbrot)
[mylinode] out: Requirement already satisfied (use --upgrade to upgrade): pymp-pypi>=0.3.1 in /usr/local/l
.7/dist-packages (from mandelbrot)
[mylinode] out: Requirement already satisfied (use --upgrade to upgrade): olefile in /usr/local/lib/python
ackages (from Pillow>=3.1.2->mandelbrot)
[mylinode] out: Installing collected packages: mandelbrot
[mylinode] out:   Running setup.py install for mandelbrot
[mylinode] out:     Installing mandelbrot_mp script to /usr/local/bin
[mylinode] out:     Installing mandelbrot script to /usr/local/bin
[mylinode] out:   Could not find .egg-info directory in install record for mandelbrot
[mylinode] out: Successfully installed mandelbrot
[mylinode] out: Cleaning up...
[mylinode] out:


Done.
Disconnecting from mylinode... done.
(env3) $
```

図 9.16 リモートサーバーへの mandelbrot アプリケーションのインストール

DevOps エンジニアやシステム管理者は，事前に設定した `fabfile` によって，複数のサーバーに対する様々なシステムやアプリケーションのデプロイを自動化できます．

Fabric は Python で記述されていますが，リモートサーバーの管理方法や設定内容に制限されることなく，デプロイを自動化できます．

9.3.10　Ansible

Ansibleは，Pythonで記述された構成管理，デプロイ，オーケストレーション用のツールです．Ansibleはpipでインストールできます．

Ansibleを使用する際には，Playbookと呼ばれるyaml形式のファイルに，決められた処理をタスクとして記述します．このPlaybookによって，複数のサーバーを束ねてグループとし，それぞれに役割を与えることができます．対象のサーバーにSSHで接続でき，かつPython 2.4以上が入っていれば，Ansibleで管理できます．

Ansibleでは，CPUのアーキテクチャ，OS，IPアドレスなど，管理サーバーの情報をfact変数に登録しています．Playbookに記述されたタスクを実行する前に，fact変数を参照し，対象の変更点を確認します．これによって，タスクを繰り返し安全に実行できます．なお，タスクを設定する際は，そのタスクによってリモートシステムへ悪影響が出ないように，できる限り心がけてください．

Ansibleのアクセス先は，インベントリファイル（/etc/ansible/hosts）に記述されたホストのみです．一般的なAnsibleのインベントリファイルは以下のとおりです．

```
[local]
127.0.0.1

[webkaffe]
139.162.58.8
```

以下のdependencies.yamlは，リモートホストのwebkaffeにいくつかのPythonパッケージをインストールするためのPlaybookのスニペットです．

```
---
- hosts: webkaffe
  tasks:
    - name: Pip - Install Python Dependencies
      pip:
        name="{{python_packages_to_install | join(' ')}}"
      vars:
        python_packages_to_install:
        - Flask
        - Bottle
        - bokeh
```

図9.17に示すように，ansible-playbookコマンドで，このPlaybookを実行します．

Ansibleによって，簡単かつ効率的にリモートでの依存関係を管理できます．また，Playbookの提供もあり，前述のFabricと比べると設定を容易に行えます．

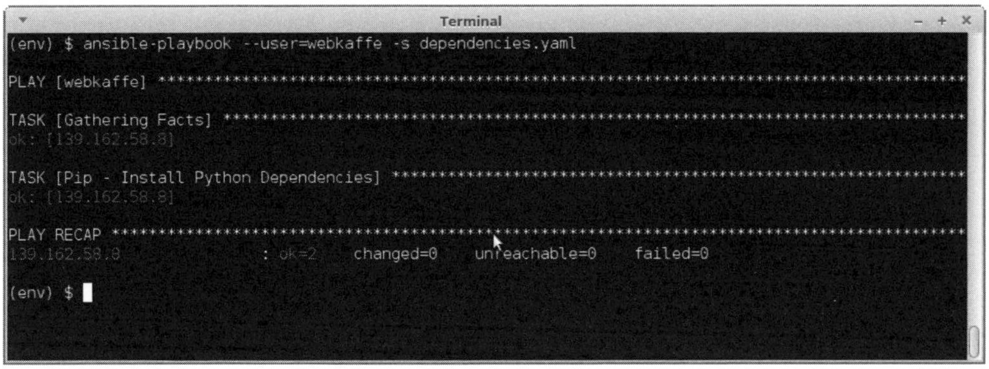

```
Terminal
(env) $ ansible-playbook --user=webkaffe -s dependencies.yaml

PLAY [webkaffe] ****************************************************************

TASK [Gathering Facts] *********************************************************
ok: [139.162.58.8]

TASK [Pip - Install Python Dependencies] ***************************************
ok: [139.162.58.8]

PLAY RECAP *********************************************************************
139.162.58.8               : ok=2    changed=0    unreachable=0    failed=0

(env) $
```

図 9.17 `ansible-playbook` コマンドの実行

9.3.11 Supervisor

Supervisor は，Unix や Unix 系のシステムのプロセスを管理するための，クライアント/サーバーシステムです．Supervisor は主に，supervisord と呼ばれるデーモンプロセスと，supervisorctl と呼ばれる，サーバーとやりとりするためのコマンドラインクライアントで構成されています．また，ポート番号 9001 でアクセス可能な Web サーバーとしても機能します．

Supervisor によって，実行プロセスの状態を確認でき，各プロセスの起動・終了を管理できます．なお，Supervisor は Windows では動作しないので注意してください．Supervisor は Fabric や Ansible と同様，pip によってインストールできます．ただし，動作する環境は Python 2.x のみです．

Supervisor で管理するアプリケーションの設定は，Supervisor が提供するデーモン設定ファイルに記述します．このデーモン設定ファイルは，デフォルトでは `/etc/supervisor.d/conf` ディレクトリに配置されています．なお，仮想環境に Supervisor をインストールすれば，ローカルでも実行できます．そして，このときの設定ファイルは，その仮想環境特有のものになります．

以上が複数の Supervisor デーモンを実行する一般的な方法です．それぞれのデーモンが，仮想環境に特有なプロセスを管理します．ここでは，Supervisor については深堀りせず，`rc.d` スクリプトのような従来手法に対する長所のみを説明します．

- Supervisor では，クライアント/サーバーシステムを利用することで，プロセスの起動と管理が切り離されます．`supervisor.d` ディレクトリに，デーモン化したいプロセスの設定ファイルを配置し，このファイルを通じて，各プロセスを子プロセスによって管理します．ユーザーは supervisorctl によって，プロセスの状態を確認できます．従来の `rc.d` スクリプトでは，`rc.d` 下に配置したスクリプトの実行に root もしくは sudo 権限が必要なのに対し，Supervisor では，一般ユーザーでも supervisorctl もしくは Web 上の UI によってプロセスを管理できます．
- supervisord はサブプロセスによってプロセスを起動するので，停止時に再起動するように設定することも可能です．また，PIDファイルの内容を見ることなく，各サブプロセスについて正確な情報を取得できるでしょう．

- Supervisorがサポートするプロセスグループにより，ユーザーは事前に定義した順番でプロセスを実行できます．つまり，グループを定義し，その内部のプロセスに対して起動，停止，終了の順番を決めることができます．これは，プロセスの起動時に一時的な依存関係が生じるアプリケーションにおいて役立ちます．例えば，プロセスBが起動するにはプロセスAが動作していなければならず，プロセスCはプロセスBが動作していなければならない，といった状況です．

9.4　デプロイパターン

本節では，代表的なデプロイパターンを紹介します．これらのパターンは，ダウンタイムなどの問題の解消や，デプロイ時に直面しうるリスクの軽減，シームレスなデプロイの実現などに役立ちます．いずれかのパターンを採用することで，デプロイ容易性に関する問題の解決に役立つでしょう．ここで取り上げるのは，継続的デプロイ，ブルーグリーンデプロイ，カナリアリリース，A/Bテスト，障害誘発の五つです．

[1]　継続的デプロイ

ビルドやテスト後に実施されるプロダクション環境へのデプロイ手順を自動化します．そうすることで，1日に1回，もしくはそれ以上の頻度で繰り返しプロダクション環境へ自動でデプロイすることも容易になります．短い期間でプロダクトに変更があるたびにデプロイを行うことで，各デプロイにおけるリスクを最小限に抑えられます．

このパターンをアジャイル開発で採用すると，顧客は開発フェーズとテストフェーズを終えた直後のプロダクションコードを確認しさえすれば，進捗状況を把握できるでしょう．また，ユーザーのフィードバックをできる限り早くコードに反映させられるといった利点もあります．

なお，類似したパターンに継続的デリバリーがあります．このパターンでは，いつでもプロダクション環境へデプロイできる状態を維持します．必ずしも，継続的デプロイで想定されている頻度でデプロイするわけではなく，あくまで状態の維持を意図しているという点で両者は異なります．

[2]　ブルーグリーンデプロイ

第5章で紹介したブルーグリーンデプロイを取り上げます．ブルーグリーンデプロイでは，ほとんど同一のプロダクション環境を二つ用意し，それぞれをブルー，グリーンと呼びます．今，ブルーが稼働（サービスを提供）している状態だとしましょう．ブルーグリーンデプロイにおいて，ブルーに何かしらの変更を加えたい場合，まずグリーンを対象にしてテストなどを行います．もしグリーンに問題がなければ，ブルーに代わって稼働することになり，ブルーは予備の環境となります．

このパターンによって，デプロイで見られるリスクの大幅な軽減が望めます．新しい環境，この例で言うグリーンに何か問題があれば，ルーターやロードバランサーの設定を変更してブルーに戻すだけで，容易にリカバーできます．

一般的なブルーグリーンデプロイでは，一方のシステムがプロダクション環境で，もう一方がステージング環境です．それぞれの環境を都度交替させることで，安全なデプロイを実現します．

[3] カナリアリリース

一つ前のバージョンを待機系とすることで即座にロールバックできるようにするホットスタンバイに対して，カナリアリリースは新バージョンのリリースを徐々に行うことで，負荷などの問題がないことを確認しつつ移行することを目的とします．

カナリアリリースは，デプロイを局所的かつ段階的に行うパターンです．この局所的というのは，例えば一部のユーザーを対象とした一部のノードへのデプロイが該当します．その一部で問題が発生しなければ，新しいバージョンを全体（すべてのノード）にデプロイします．このパターンによって，生じる負荷や起こりうる問題などを確認しつつデプロイすることができます．ブルーグリーンデプロイでは，ブルーとグリーンのそれぞれがロールバック先としての役割を担い，安全性を担保していましたが，カナリアリリースは局所的・段階的な変更を加えていくことで安全なデプロイを実現します．

このパターンでは，変更を望むユーザーをその属性ごとに限定します．そのため，ユーザー全体の要求のうち，一部の要求を考慮してソフトウェアを変更したい場合に重宝します．例えば，ドッグフーディングが該当します．ドッグフーディングは，作成したツールやアプリケーションを開発者自身で利用することを意味し，内部に閉じたデプロイパターンになります．つまり，変更を望むユーザーは開発者自身です．他の例として，ベータテストがあります．ベータテストでは，変更の初期段階に，インターネットなどを通じてテスト実施者を募り，変更点についてテストしてもらいます．ユーザーの性別，年齢，居住地など，デモグラフィックな属性に基づいてユーザーを限定することもあります．

カナリアリリースによって，サービスの提供側は，プロダクトに低品質な機能を追加してしまった場合に受けるユーザーの批判を最小限に抑えながら，プロダクトを徐々にスケーリングできます．例えば，ある追加機能に人気が出て，追加前の100倍ものユーザーがサービスを利用し始める可能性がある場合を考えてみましょう．従来のデプロイパターンでは，その変更が大幅なものであるために，サーバーがダウンするといった可用性の問題が生じるかもしれません．カナリアリリースに則った変更なら，そのリスクを低減できるでしょう．この例では，対象ユーザーを限定して機能を追加し，ユーザーの許容人数を段階的に増やしていけば，拡張が安全に行えるはずです．

また，ユーザーのプロファイリングや分析を行いたくない場合は，一つのテクニックとして，居住地によってユーザーを分ける方法があります．この方法を採用する際は，特定のサーバーやデータセンターに，負荷が集中することを考慮しておく必要があります．

以上のように，カナリアリリースは局所的・段階的にデプロイを行う考え方です．

[4]　A/B テスト

A/B テストは，あるアプリケーションを二つの異なるバージョンでプロダクション環境にデプロイし，どちらのバージョンが良い反響を得られるかをテストします．ユーザーをグループに分け，一方がバージョン A を利用し，もう一方が変更を加えたバージョン B を利用します．一般的には，二つのグループの人数を等しくします．この点において，デモグラフィックな属性によって分けるカナリアリリースとは異なります．ユーザーエクスペリエンスやユーザーエンゲージメントの評価を統計的に分析することで，変更すべきかどうかについて客観的な意見を得ることができます．

[5]　障害誘発

可用性の程度や障害時の復旧機能をテストするために，意図的に障害を起こす，もしくはプロダクション環境で稼働している機能の一部を止めるデプロイパターンです．

継続的デプロイもしくは類似のパターンを採用していない場合，プロダクション環境へのたび重なるデプロイにより，予期しない変更点が生じてしまっていることがあります．これは，常に標準設定を維持できているとは限らないためです．そこで，一部の機能を意図的に停止することで，プロダクション環境で稼働しているシステムをテストします．例えば，ロードバランサーに接続したサーバー群において，ランダムに全サーバーの半分に当たるサーバーを停止したとしましょう．そのとき稼働しているサーバーの挙動を見ることで，負荷の集中に対してどれだけ対応できるかを確認できます．

ほかには，コードの不要な部分を見つけて取り除くための方法として，冗長もしくは不要だと思われる API へ，本来なら正しく機能しなくなってしまうような乱数を引数として渡すといった手法があります．この変更後，プロダクション環境でアプリケーションがどのように動作するかを確認します．この乱数によって対象の API が正しく動作しなくなるため，その API を使用している部分も同様に停止します．もし乱数を渡したにもかかわらず，アプリケーションが稼働し続けたのなら，その API に依存している部分はまったくなく，削除してもよいことになります．

Netflix は Chaos Monkey[*7] と呼ばれるツールを使って，自動でプロダクション環境に障害を引き起こし，挙動を確認しています．

障害誘発を導入することで，DevOps に取り組むエンジニアやアーキテクトは，システムの脆弱な部分を特定したり，プロダクション環境の設定が標準設定からどれだけ変更されているかを確認したり，プロダクトの不要な部分を排除したりすることができるようになります．

[*7] 【訳注】Chaos Monkey：Netflix 製のテスティングツールの一つ．クラウド上のインスタンスやクラスタを自動でクラッシュさせ，意図的に障害を発生させるために用いられます．

9.5 まとめ

この章では，プロダクション環境への Python コードのデプロイを解説してきました．初めに，依存関係，バージョン，リソースの設定，アクセス権限など，システムのデプロイ容易性に影響を与える要素を取り上げました．それから，デプロイアーキテクチャにおけるティアについて，学びました．開発環境，テスト環境，ステージング環境，プロダクション環境をどのように組み合わせてティアに割り当てるかで，いくつかのパターンがあることがわかりました．

次に，Python コードのパッケージングにまつわるツールとその使い方を議論しました．手始めに，Python で代表的な pip と virtualenv に焦点を当てました．pip や virtualenv の基本的な挙動を確認しつつ，pip での `requirements.txt` を用いたパッケージのインストールや，virtualenv で構築した仮想環境の再配置についても説明しました．

次に扱った内容は，サードパーティ製のパッケージを Web 上で管理している PyPI でした．マンデルブロプログラムを題材に，setuptools や `setup.py` ファイルを用いて，Python コードのパッケージング方法について学びました．パッケージングしたプログラムを，実際に PyPI に登録・アップロードする方法も紹介しました．PyPA と呼ばれる団体についても簡単に触れました．

その後，リモートデプロイに用いられる Fabric や Ansible，UNIX や UNIX ライクなシステムのプロセスをリモートで管理できる Supervisor など，Python で開発されているいくつかのツールを新たに紹介しました．これらのツールについて大まかにまとめ，その役割を確認しました．最後に，いくつかのデプロイパターンについて解説しました．

さて，いよいよ次は本書の最終章です．扱う内容は，様々な課題を解決する手引きとなるデバッグについてです．

第10章

デバッグのテクニック

プログラムのデバッグはえてして手間のかかるもので，時にはコーディングより頭を悩ませることもあります．膨大な時間を費やしてデバッグに取り組んでもバグの原因が特定できず，にらめっこしてただただ時間が過ぎていく，このような経験はないでしょうか？ これは経験豊富な開発者でも直面することがあります．

それは，デバッグ手法を適切に選択できていないからかもしれません．例えば，適切な位置に print[*1]を置くだけで，あるいは，あらかじめ要所にコメント付きのコードを用意するだけで十分なのに，複雑なデバッグ手法を採用してしまったがために混乱してしまうケースです．

そのほかに，言語に合わせたデバッグになっていないために，うまく行かない場合もあります．例えば，次のような場合です．Python は動的型付け言語であるため，扱っている変数の型を都度変更できます．そのため，コードを書いているうちに変数の型をきちんと把握できなくなり，想定していた型と違うものになっていることがあります．同様に，名前や属性の誤りも起き得ます．

本章では，これまでの章で議論してきたソフトウェアの性質に焦点を当てていきます．

10.1 print によるデバッグ

手始めに，興味深い問題を取り扱いましょう．正負の整数からなるリストを用意し，このリストから連続した要素列（以降サブリストと呼びます）を取り出し，含まれる要素の和が最大になるサブリストを選び出すという問題です．

以下のようなリストを考えてみます．

```
a = [-5, 20, -10, 30, 15]
```

[*1]【訳注】本章では，print 文（Python 2.x）と print 関数（Python 3.x）の曖昧さを避けるため，どちらも print と記述します．

このリスト a でサブリストの要素和が最大になるのは [20, −10, 30, 15] であり，その和は 55 です．

このサブリストを求める max_subarray [*2]関数を書いてみます．

```
import itertools

# max_subarray: v1
def max_subarray(sequence):
    """ 和が最大になるサブリストを取り出す """
    sums = []
    for i in range(len(sequence)):
        # 指定のサイズでサブリストを用意する
        for sub_seq in itertools.combinations(sequence, i):
            # 和を追加する
            sums.append(sum(sub_seq))
    return max(sums)
```

さあ，実行してみましょう．

```
>>> max_subarray([-5, 20, -10, 30, 15])
65
```

65 が得られました．どうやらどこかに誤りがあるようです．事前に想定していたのは 55 であり，しかも，リスト a の連続した要素をどのように組み合わせても和は 65 になりません．そのため，このコードはデバッグする必要があります．

▶ 10.1.1 print の挿入

さて，この問題では適切な位置に print を挿入してデバッグしましょう．二重ループの内側でサブリストを表示するために，先ほどの関数を以下のように書き換えます．

```
# max_subarray: v1
def max_subarray(sequence):
    """ 和が最大になるサブリストを取り出す """
    sums = []
    for i in range(len(sequence)):
        for sub_seq in itertools.combinations(sequence, i):
            sub_seq_sum = sum(sub_seq)
            print(sub_seq,'=>',sub_seq_sum)
            sums.append(sub_seq_sum)
    return max(sums)
```

[*2] 【訳注】関数名 max_subarray に含まれる “array” という単語は配列を意味しますが，各サンプルコードではリストを返しています．そのため，文中の関連する記述も「リスト」で統一しています．

実行して各サブリストを表示します.

```
>>> max_subarray([-5, 20, -10, 30, 15])
((), '=>', 0)
((-5,), '=>', -5)
((20,), '=>', 20)
((-10,), '=>', -10)
((30,), '=>', 30)
((15,), '=>', 15)
((-5, 20), '=>', 15)
((-5, -10), '=>', -15)
((-5, 30), '=>', 25)
((-5, 15), '=>', 10)
((20, -10), '=>', 10)
((20, 30), '=>', 50)
((20, 15), '=>', 35)
((-10, 30), '=>', 20)
((-10, 15), '=>', 5)
((30, 15), '=>', 45)
((-5, 20, -10), '=>', 5)
((-5, 20, 30), '=>', 45)
((-5, 20, 15), '=>', 30)
((-5, -10, 30), '=>', 15)
((-5, -10, 15), '=>', 0)
((-5, 30, 15), '=>', 40)
((20, -10, 30), '=>', 40)
((20, -10, 15), '=>', 25)
((20, 30, 15), '=>', 65)
((-10, 30, 15), '=>', 35)
((-5, 20, -10, 30), '=>', 35)
((-5, 20, -10, 15), '=>', 20)
((-5, 20, 30, 15), '=>', 60)
((-5, -10, 30, 15), '=>', 30)
((20, -10, 30, 15), '=>', 55)
65
```

このように一つずつ表示することで，どこに誤りがあったのかが明らかになりました．要素の和が65になっているサブリストは[20,30,15]ですが，これはリスト a の連続した要素ではありません．

問題の箇所がわかったところで，修正に移りましょう．

10.1.2　分析と修正

先ほどの print による表示で，itertools.combinations の使用方法に原因があることがわかりました．この例では，異なる長さのサブリストを取り出すために itertools.combinations を採用しました．確かにこれを使えば各リスト要素の組合せが得られますが，取り出されるのは連続したサブリストだけではありません．

そこで，以下のように修正してみます．

```
# max_subarray: v2
def max_subarray(sequence):
    """ 和が最大になるサブリストを取り出す """
    sums = []
    for i in range(len(sequence)):
        for j in range(i+1, len(sequence)):
            sub_seq = sequence[i:j]
            sub_seq_sum = sum(sub_seq)
            print(sub_seq,'=>',sub_seq_sum)
            sums.append(sum(sub_seq))
    return max(sums)
```

出力は次のようになりました．

```
>>> max_subarray([-5, 20, -10, 30, 15])
([-5], '=>', -5)
([-5, 20], '=>', 15)
([-5, 20, -10], '=>', 5)
([-5, 20, -10, 30], '=>', 35)
([20], '=>', 20)
([20, -10], '=>', 10)
([20, -10, 30], '=>', 40)
([-10], '=>', -10)
([-10, 30], '=>', 20)
([30], '=>', 30)
40
```

またもや合計値は 55 でなく，40 と表示されています．しかし，ここでも print が活躍し，末尾の要素である 15 が考慮されていないことがわかります．

このような境界条件の不適切な判定によって引き起こされるエラーを，off-by-one エラーと呼びます．ある値と配列（リスト）内の要素を比較し，ある条件を満たすインデックスを求めるときにこのエラーが起きます．例えば，「〜以下」や「〜未満」を正しく指定できていない場合です．これは，配列（リスト）のインデックスが 0 から始まる，C/C++ や Java，Python などのプログラミング言語でよく見られます．

この例の off-by-one エラーは，以下の 1 行が原因です．

```
sub_seq = sequence[i:j]
```

次のようにインデックス部分を修正しましょう．

```
sub_seq = sequence[i:j+1]
```

この修正で，ようやく期待した出力が得られます．

```
# max_subarray: v2
def max_subarray(sequence):
    """ 和が最大になるサブリストを取り出す """
    sums = []
    for i in range(len(sequence)):
        for j in range(i+1, len(sequence)):
            sub_seq = sequence[i:j+1]
            sub_seq_sum = sum(sub_seq)
            print(sub_seq, '=>', sub_seq_sum)
            sums.append(sub_seq_sum)
    return max(sums)
```

```
>>> max_subarray([-5, 20, -10, 30, 15])
([-5, 20], '=>', 15)
([-5, 20, -10], '=>', 5)
([-5, 20, -10, 30], '=>', 35)
([-5, 20, -10, 30, 15], '=>', 50)
([20, -10], '=>', 10)
([20, -10, 30], '=>', 40)
([20, -10, 30, 15], '=>', 55)
([-10, 30], '=>', 20)
([-10, 30, 15], '=>', 35)
([30, 15], '=>', 45)
55
```

しかし，これで終わってはいけません．いくつか改善できる点があります．まず，この関数はmax_subarrayという関数名でありながらサブリストを返さず，合計値だけを返しています．また，要素の和をリストで保持しておく必要もありません．

これらを修正したものが以下です．

```
# max_subarray: v3
def max_subarray(sequence):
    """ 和が最大になるサブリストを取り出す """
    max_sum, max_sub = 0, []
    for i in range(len(sequence)):
        for j in range(i+1, len(sequence)):
            sub_seq = sequence[i:j+1]
            sum_s = sum(sub_seq)
            if sum_s > max_sum:
                # 新しく得られた和がこれまでの最大和より大きい場合は更新
                max_sum, max_sub = sum_s, sub_seq
    return max_sum, max_sub
```

```
>>> max_subarray([-5, 20, -10, 30, 15])
(55, [20, -10, 30, 15])
```

これ以上ロジックに関して修正する必要はないため，コード内から print を削除しました．これにて一件落着です．

10.1.3 処理速度の最適化

max_subarray 関数の処理では，二重ループの外側と内側でそれぞれリストの全要素を走査しています．そのため，リストに n 個の要素が含まれていれば，$n \times n$ 回の処理が行われます．第 4 章で学んだ内容を思い返すと，計算量は $O(n^2)$ であることがわかります．

ここでは，contextmanager モジュールで with 構文を使用したコンテキストマネージャを作成し，処理にかかる実時間を測ってみましょう．

```
import time
from contextlib import contextmanager

@contextmanager
def timer():
    """ 実行にかかる実時間を測る """
    try:
        start = time.time()
        yield
    finally:
        end = (time.time() - start)*1000
        print 'time taken=> %.2f ms' % end
```

次に，引数としてリストのサイズを受け取り，各要素を乱数としたリストを返す num_array 関数を用意します．この関数の戻り値を先ほどの max_subarray 関数に渡し，その処理時間を測ります．

```
import random

def num_array(size):
    """ ある値域から得た乱数を要素に持つリストを返す """

    nums = []
    for i in range(size):
        nums.append(random.randrange(-25, 30))
    return nums
```

それでは，長さの異なるリストをいくつか試してみましょう．

まずは長さが100の場合です.

```
>>> with timer():
...     max_subarray(num_array(100))
time taken=> 16.45 ms
```

次に，長さを1,000にします.

```
>>> with timer():
...     max_subarray(num_array(1000))
time taken=> 3300 ms
```

3.3秒もの時間がかかっています．10,000にすれば，おそらく2時間以上かかるでしょう.
この処理を最適化し，計算量を$O(n)$に削減しましょう．以下のようにコードを修正します.

```
def max_subarray(sequence):
    """ 最適化バージョン """
    max_ending_here = max_so_far = 0
    for x in sequence:
        max_ending_here = max(0, max_ending_here + x)
        max_so_far = max(max_so_far, max_ending_here)
    return max_so_far
```

以下のように，この修正によって，処理時間に大幅な改善が見られました.

```
>>> with timer():
... max_subarray(num_array(100))
... 240
time taken=> 0.77 ms
```

さらに，長さを1,000や10,000にした場合でも，非常に短い時間で処理を終えていることがわかります.

```
>>> with timer():
...     max_subarray(num_array(1000))
... 2272
time taken=> 6.05 ms

>>> with timer():
...     max_subarray(num_array(10000))
... 19362
time taken=> 43.89 ms
```

10.2 シンプルなデバッグテクニック

前節では，シンプルで効果的な print によるデバッグを紹介しました．他のシンプルなテクニックも同様に，使いようによってはデバッグの手段として十分機能します．これで事足りるならば，大層なデバッガを用意する必要はありません．

デバッグとは，開発者が真にバグの原因を特定するまでの段階的なプロセスと考えることができ，多くの場合，以下のような手順を踏むことになるでしょう．

1. コードを分析し，バグの原因と思われる点をいくつか列挙する．
2. それらのバグの原因らしき点を適切なデバッグテクニックによってテストする．
3. ある特定の場合（バグ）のみに通るようなテストを用意する．このテストが成功した場合，バグの原因の特定に成功したので終了し，失敗した場合は，次の原因らしき点をテストする．
4. バグの原因の特定に成功するか，原因らしき点のテストをすべて終えるまで，手順3を繰り返す．

10.2.1 単語検索プログラム

本項からは，いくつかのシンプルなデバッグテクニックを例とともに紹介していきます．

まずは単語検索プログラムからです．ファイルに書き込まれた文の中からある単語を探し，その単語が含まれている文をリストに格納して返す関数を考えます．以下に示すコードで始めましょう．

```
import os
import glob

def grep_word(word, filenames):
    """ 複数のファイルを開き，ある単語を検索する．
    その単語を含む文だけリストに追加し，戻り値とする． """
    lines, words = [], []
    for filename in filenames:
        print('Processing',filename)
        lines += open(filename).readlines()
    word = word.lower()
    for line in lines:
        if word in line.lower():
            lines.append(line.strip())
    # 長さでソート
    return sorted(words, key=len)
```

このコードには誤りがあることに気づいたでしょう．二つ目の for 文に注目してください．この中の if 文のコードブロック内で，ある単語が含まれる文を lines に追加する操作を，lines の要素に対して繰り返しています．しかし，これでは，if 文のコードブロックが一度でも実行されると，ある単語を含んだ文を繰り返し lines に追加することになり，結果として無限ループを引き起こします．

このプログラムを実行してみましょう．

```
>>> parse_filename('lines', glob.glob('*.py'))
(hang)
```

このバグの原因にすぐ気づけることもあれば，そうでないこともあるでしょう．このような状況に陥ったときは，次のことに取り組んでみてください．

二つの for ループのうち，どちらに原因があるかを特定します．シンプルな方法として，print もしくは sys.exit 関数の挿入があります．一つ目の for ループの直後にどちらかを挿入し，print で何かしらが表示されるか，あるいは sys.exit 関数で処理が止まるようであれば，二つ目の for ループに原因があることがわかります．

なお，print は見逃してしまう可能性があります．特に，いろいろな箇所に print を配置した場合です．一方，sys.exit 関数なら，その心配はありません．

[1]　単語検索プログラム――デバッグ 1

前述の単語検索プログラムで sys.exit(...) によるデバッグを試してみましょう．

```
import os
import glob

def grep_word(word, filenames):
    """ 複数のファイルを開き，ある単語を検索する．
    その単語を含む文だけリストに追加し，戻り値とする．"""
    lines, words = [], []
    for filename in filenames:
        print('Processing',filename)
        lines += open(filename).readlines()
    sys.exit('Exiting after first loop')
    word = word.lower()
    for line in lines:
        if word in line.lower():
            lines.append(line.strip())
    # 長さでソート
    return sorted(words, key=len)
```

このコードを実行すると，次の出力が得られました．

```
>>> grep_word('lines', glob.glob('*.py'))
Exiting after first loop
```

これで一つ目の for 文に問題がないことが明らかになりました．二つ目の for 文のデバッグに移りましょう．

[2]　単語検索プログラム――デバッグ 2

無限ループに限らず，ループ内の処理にバグの原因があると思ったときは，次のことを試してみてください．

- 原因だと思われる箇所の直前に continue 文を配置します．もしバグが発生しなければ，原因はスキップした箇所以降にあることがわかります．continue 文の位置を順に下げながら確認を繰り返せば，いずれはどこに原因があるのかを特定できます．
- あるコードブロックを if 0: のコードブロックとして記述します．continue は配置した箇所以降をすべてスキップするのに対し，if 0: のコードブロックでは，スキップする範囲を指定できる利点があります．

なお，ループ内に多くの処理がある場合や，ループ回数が多いために同じ処理を何度も実行する場合は，print は適していません．print が何度も呼ばれ，特定が困難になります．

この例では，continue 文の配置を採用しましょう．

```
def grep_word(word, filenames):
    """ 複数のファイルを開き，ある単語を検索する．
    その単語を含む文だけリストに追加し，戻り値とする． """
    lines, words = [], []
    for filename in filenames:
        print('Processing',filename)
        lines += open(filename).readlines()
    # デバッグ手順
    # 1. sys.exit
    # sys.exit('Exiting after first loop')
    word = word.lower()
    for line in lines:
        if word in line.lower():
            continue
            lines.append(line.strip())
    # 長さでソート
    return sorted(words, key=len)
```

```
>>> grep_word('lines', glob.glob('*.py'))
[]
```

このコードを実行することで，どこに原因があるかを特定できました．

[3]　単語検索プログラム――デバッグ 3

いくつかのデバッグテクニックを導入した結果，バグの原因が特定できました．以下のコードが最終版です．

```
def grep_word(word, filenames):
    """ 複数のファイルを開き，ある単語を検索する．
    その単語を含む文だけリストに追加し，戻り値とする． """
```

```
    lines, words = [], []
    for filename in filenames:
        print('Processing',filename)
        lines += open(filename).readlines()
    word = word.lower()
    for line in lines:
        if word in line.lower():
            words.append(line.strip())
    # 長さでソート
    return sorted(words, key=len)
```

実行結果を以下に示します．なお，上記の `grep_word` 関数をファイルに記述した上で，そのファイルから `grep_word` 関数をインポートし，それを実行してください．

```
>>> grep_word('lines', glob.glob('*.py'))
['for line in lines:', 'lines, words = [], []',
'#lines.append(line.strip())',
'lines += open(filename).readlines()',
'Append lines containing word to a list and',
'and return list of lines containing the word.',
'# 文の長さでソート',
"print('Lines => ', grep_word('lines', glob.glob('*.py')))"]
```

次項以降では，本項で扱ったシンプルなデバッグテクニックをまとめつつ，関連するテクニックをいくつか取り上げます．

10.2.2　コードブロックのスキップ

前項で説明したように，バグの原因と思われる箇所のスキップは，デバッグにおける有効なテクニックの一つです．ループ内の処理なら `continue` 文によって，以降に続く処理をスキップできます．ループ外の処理では，`if 0:` の導入によって指定した範囲をスキップできます．

```
if 0:
    # バグの原因と思われるコードブロック
    perform_suspect_operation1(args1, args2, ...)
    perform_suspect_operation2(...)
```

これによってもともと出ていたバグが消えたなら，`if 0:` でスキップしたコードブロックの中に原因があるはずです．

なお，この方法には if 文の導入に伴う欠点があります．対象範囲をインデントしなければならず，また確認後は元に戻さなくてはなりません．そのため，一度に確かめるのは，多くとも 5〜6 行程度にすることを推奨します．

10.2.3 実行停止

print やデバッガなどを利用してもバグを解消できないときは，「実行停止」が有効です．疑わしい箇所の直前に sys.exit("任意の文言") を挿入します．これが実行されると，そこでプログラムが終了するため，挿入した箇所を見過ごすことはありません．このテクニックが役立つ場面を，いくつか挙げましょう．

- 複雑なコードでは，原因がわかりにくいバグが混入しがちです．例えば，入力値の許容範囲やある特定の値など，例外処理によって対応するものが挙げられます．例外処理によって，あとで使用する可能性がある変数に不適切な値を代入した場合を考えてみましょう．この場合，問題のある場所自体では何も起きませんが，後にその変数を原因とした想定しないバグに繋がることがあります．このとき，例外処理内に sys.exit を挿入することで，例外処理によってどのように値を扱っているかを確認でき，ピンポイントで問題を特定できます．
- 並行処理においても sys.exit 関数は活躍します．例えば，リソースのロックに関する処理を書いたとしましょう．このとき，その処理が誤っていると，デッドロックや競合といった原因の特定が難しいバグに陥ることがあります．マルチスレッドやマルチプロセスにおいては，デバッガによるデバッグは非常に困難です．このとき，バグの原因と考えられる箇所の直前に sys.exit 関数を挿入すれば，任意のタイミングで処理を止められるため，バグを見つけやすくなるでしょう．
- 深刻なメモリリークや無限ループなどに悩まされている場合も，sys.exit 関数が有効です．通常この種のケースでは，ピンポイントでの原因の特定は困難です．その都度 sys.exit("任意の文言") を挿入し，どの時点でこのバグが起きているかを特定しましょう．

10.2.4 外部依存への対策

ここでは，バグの原因が外部にある場合を考えます．例えば，あるコード内で呼び出している外部の API に問題がある場合などが挙げられます．しかし，この API は外部に提供されているものであるため，直接修正することはできません．そこで，API 用のラッパーを実装します．

ここでは，例として JSON データの処理を扱います．キーとバリューのペアを持つ，あるデータを外部の API に渡した場合に，バグが出現することがわかったとしましょう．このバグの結果として，API のタイムアウトや，期待していない戻り値の返却，クラッシュなどが考えられます．ここで扱うデータ処理の流れを以下のコードに示します．

```
import external_api

def process_data(data):
    """ 外部のAPIを使ったデータ処理 """
    # データの整形 (ローカル関数の処理)
    data = clean_up(data)
```

```
    # 同じ値を消去（ローカル関数の処理）
    data = drop_duplicates(data)
    # JSONデータを一つずつ処理
    for json_elem in data:
        # バグと思われる点
        external_api.process(json_elem)
```

外部の API に渡す値が疑わしいので，ある値のときはスキップする処理を加えることで検証します．この例では，`external_api.process` のラッパーとして，以下の `process` 関数を用意します．

```
def process(json_data, skey='suspect_key',svalue='suspect_value'):
    """ 外部APIが受け取れないような疑わしいキーとバリューのペアを検証 """
    # JSONは辞書型に変換されていると想定
    for json_elem in json_data:
        skip = False
        for key in json_elem:
            # JSONのあるキーがバグの原因と思われるキーと一致
            if key == skey:
                # そのキーに対応するバリューが，バグの原因と思われるバリューと一致
                if json_elem[key] == svalue:
                    # 疑わしいキーとバリューのペア
                    # この要素に問題があると想定
                    skip = True
                    break
        # APIに渡す
        if not skip:
            external_api.process(json_elem)

def process_data(data):
    """ 外部のAPIを使ったデータ処理 """
    # データの整形（ローカル関数の処理）
    data = clean_up(data)
    # 同じ値を消去（ローカル関数の処理）
    data = drop_duplicates(data)
    # JSONデータを一つずつ処理
    process(data)
```

もし見当が正しければ，発生していたバグは解消されるでしょう．また，この処理をそのままテストコードとして使うこともできます．API については，別の API に変更するか，上の例のような特定のキー-バリューのみスキップする，といった対策を施しましょう．

10.2.5　関数のモック化による戻り値の置き換え

現代の Web アプリケーションでは，ブロッキング I/O を考慮に入れなくてはなりません．例えば，シンプルな URL リクエストや，外部の API へのリクエスト，データベースに対する重いクエリーなどが挙げられます．そして，これらは往々にしてバグの温床になります．

次のような状況を考えてみましょう．

- 各リクエストやクエリーの戻り値がバグの原因となっている
- ネットワークやタイムアウトなど，リクエストそのものがバグの原因となっている

負荷のかかるI/Oで発生した問題では，以下のような理由から，デバッグが困難になる場合があります．

- I/Oの呼び出しは時間がかかるため，デバッグも同様にして時間がかかってしまい，原因を特定する効率が悪くなる
- 外部へのリクエストに対する戻り値の中には刻一刻と変わるものもあり，再現が難しい
- 有料のAPIを使用している場合，APIの呼び出しごとにお金がかかってしまうため，デバッグやテストで頻繁には呼び出せない

これらの場合には，APIもしくは関数の戻り値を何らかの形で保存し，その値を返すモックを作成しましょう．テスト時にモックを利用するのと似ていますが，今度はあくまでデバッグのためのモックです．

さて，これからあるAPIを用いた例を見ていきます．このAPIは，ビジネスリスティング[3]のうち名前や住所などを受け取り，その企業の運営するWebサイトのURLを返します．コードは以下のようになります．

```
import config

search_api = 'http://api.%(site)s/listings/search'

def get_api_key(site):
    """ サイト用のAPIキーを返す """
    # configモジュールで設定可能と仮定
    return config.get_key(site)

def api_search(address, site='yellowpages.com'):
    """ あるサイトのビジネスアドレスを受け取り，APIを介してその戻り値を返す """
    req_params = {}
    req_params.update({
        'key': get_api_key(site),
        'term': address['name'],
        'searchloc': '{0}, {1}, {1}'.format(address['street'],
                                            address['city'],
                                            address['state'])})
    return requests.post(search_api % locals(), params=req_params)

def parse_listings(addresses, sites):
    """ アドレスのリストを受け取り，各ビジネスリスティングをフェッチ """
    for site in sites:
```

[3]【訳注】ビジネスリスティング：ビジネスをする上で非常に重要な公開情報のこと．企業名，住所，Webサイトの URL，営業時間などが該当します．

```
        for address in addresses:
            listing = api_search(address, site)
            # ビジネスリスティングを処理
            process_listing(listing, site)

def process_listings(listing, site):
    """ ビジネスリスティングを処理 """
    # 何らかの重たい処理
    # 処理内容そのものは重要でないため省略
```

このコードにはいくつかの前提があります．その一つとして，すべてのサイトで API の URL とパラメータが同じであるとしています．これはここでの例示に限ったものであり，実際には，各サイトの API ごとに URL の形式や許容するパラメータは異なります．

なお，実際の処理は process_listings 関数で行われますが，処理内容そのものはここで扱うトピックに直接影響しないので，省略しています．

それでは，この関数をデバッグしてみましょう．ここで，API の呼び出しに多くの時間がかかることや，そもそも API 呼び出し時にエラーが発生していることなどの問題があり，ビジネスリスティングをフェッチするのにも時間がかかっているとします．

この API への依存を避けるためには，どのようなテクニックを採用すべきでしょうか？ いくつか有効だと考えられるものを紹介します．

- API を介してビジネスリスティングをフェッチするのではなく，一度呼び出したビジネスリスティングをファイルやデータベースなどに保存しておき，そこから都度データを読み込む
- api_search 関数の戻り値をキャッシュする，もしくはメモ化するなどして，最初の呼び出し以降は戻り値をメモリから読み込むようにする
- データをモック化し，もともとのデータと同じものをランダムに返させるようにする

それぞれについて順番に詳しく見ていきましょう．

[1]　キャッシュ：ファイルへのデータの保存と読み込み

このテクニックでは，入力データに由来するユニークなキーをファイル名とした，キャッシュ用ファイルを用意します．以前と等しい入力データの場合は，すでにファイルが存在しているので，そのファイルからデータを取り出し，戻り値とします．そうでなければ，API を呼び出して，戻り値をファイルに書き込みます．この処理を，ファイルにキャッシュするデコレータの実装によって実現します．

```
import hashlib
import json
```

```
import os

def unique_key(address, site):
    """ 引数に応じてユニークなキーを返す """
    return hashlib.md5(''.join((address['name'],
                                address['street'],
                                address['city'],
                                site)).encode('utf-8')).hexdigest()

def filecache(func):
    """ ファイルをキャッシュするデコレータ """
    def wrapper(*args, **kwargs):
        # ユニークなキャッシュファイル名
        filename = unique_key(args[0], args[1]) + '.data'
        if os.path.isfile(filename):
            print('=>from file<=')
            # ファイルからキャッシュしたデータを返す
            return json.load(open(filename))
        # if文の条件を満たさなければ，関数で処理した後，ファイルに書き込み
        result = func(*args, **kwargs)
        json.dump(result, open(filename,'w'))
        return result
    return wrapper

@filecache
def api_search(address, site='yellowpages.com'):
    """ あるサイトのビジネスアドレスを受け取り，APIを介してその戻り値を返す """
    req_params = {}
    req_params.update({
        'key': get_api_key(site), 'term': address['name'],
        'searchloc': '{0}, {1}, {1}'.format(address['street'],
                                      address['city'], address['state'])})
    return requests.post(search_api % locals(), params=req_params)
```

このコードの挙動は，以下のようになります．

1. filecache 関数をデコレータとして，api_search 関数に適用します．
2. filecache 関数は内部で unique_key 関数を呼び出し，API の戻り値を保存しておくためのユニークなファイル名を用意します．この例では，名前，住所，サイト名を組み合わせた文字列をハッシュ化することで，ユニークな値を生成しています．
3. あるアドレスについて api_search 関数が呼ばれたとき，それが初めて渡されるアドレスなら API を介してデータがフェッチされ，ファイルにその戻り値が保存されます．そのあとは，一度 API に渡されたアドレスについては，ファイルから直接値を返します．

多くの場合において，このテクニックは役に立つはずです．データをファイルに保存し，都度そのファイルから読み込めば，各アドレスに対して API の呼び出しは一度だけになります．しかし，API を呼び出さないため，時間が経つと読み込むデータが古くなる問題があります．

この問題は，データの保存先をファイルではなく，インメモリのキー–バリューストアにする

ことで解決できます．よく知られているキー–バリューストアに，Memcached，MongoDB，Redis などがあります．これらのいずれかを採用すれば，この問題に対応できるはずです．次項では，Redis を用い，インメモリキャッシュをデコレータとして，`api_search` に適用する例を紹介します．

[2]　キャッシュ：メモリへのデータの保存と読み込み

ここでは，前述のキー–バリューストアのうち，Redis を用いた方法を取り上げます．入力データに応じたユニークなキーと，バリューのペアからなるインメモリキャッシュを用意することで，先ほどまでの処理を実現します．キーを検索し，キー–バリューストアにキャッシュが見つかった場合は，そのバリューを返し，見つからなかった場合は，新しくキーとバリューを保存します．また，データの新しさを保証するために，有効生存期間（time-to-live; TTL）を導入します．

```
from redis import StrictRedis

def memoize(func, ttl=86400):
    """ メモリにキャッシュするためのデコレータ """
    # インメモリのキャッシュとしてのローカルredis
    cache = StrictRedis(host='localhost', port=6379)
    def wrapper(*args, **kwargs):
        # ユニークなキーを生成
        key = unique_key(args[0], args[1])
        # redis内に登録されているかをチェック
        cached_data = cache.get(key)
        if cached_data != None:
            print('=>from cache<=')
            return json.loads(cached_data)
        # 登録されていなければ関数を呼び出し，またTTLを設定しておく
        result = func(*args, **kwargs)
        cache.set(key, json.dumps(result), ttl)
        return result
    return wrapper
```

`unique_key` 関数は，前述のものを使っています．

あとは `filecache` を `memoize` に変更すると完了です．

```
@memoize
def api_search(address, site='yellowpages.com'):
    """ あるサイトのビジネスアドレスを受け取り，APIを介してその戻り値を返す """
    req_params = {}
    req_params.update({
        'key': get_api_key(site),
        'term': address['name'],
```

```
        'searchloc': '{0}, {1}, {1}'.format(address['street'],
                                            address['city'],
                                            address['state'])})
    return requests.post(search_api % locals(), params=req_params)
```

ファイルへの保存と比較すると，以下のような利点があります．

- キャッシュはメモリ上に保存されるため，余分なファイルは作成されません．
- TTL 付きでキャッシュを作成するため，古いデータを呼び出してしまうおそれはありません．TTL は編集可能で，デフォルトは 1 日（86,400 秒）です．

外部の API 呼び出しについては，ここで紹介したもの以外に，以下に示すような方法があります．

- Python の `StringIO` オブジェクトを使用してデータを読み書きする方法．なお，`filecache` や `memoize` は，`StringIO` オブジェクトで簡単に拡張できます．
- 辞書やリストなどのミュータブルなオブジェクトをデフォルト引数として用い，そのオブジェクトに対してデータを読み書きする方法．ミュータブルなオブジェクトは状態を保持できるので，インメモリのキャッシュとして機能します．
- 外部 API をローカルマシン（IP アドレスは `127.0.0.1`）で動くダミー API に置き換える方法．ホストファイルを編集し，エントリーポイントを追加し，`127.0.0.1` を外部 API の IP アドレスとして指定します．ローカルホストの呼び出しは，常に標準のレスポンスを返します．

Linux や POSIX システムなら，`/etc/hosts` ファイルを編集して設定できます．

```
# これはテスト時のみ使用．テスト後はコメントアウトすること．
127.0.0.1 api.website.com
```

テスト後に `/etc/hosts` ファイルに書いた数行をコメントアウトするだけでよいので，このテクニックはとても便利で，使い勝手も抜群です．

[3] モック化

パフォーマンステストやデバッグで役立つテクニックの一つに，ある関数の戻り値をもともとのデータに似たものに置き換える，というものがあります．

例えば，病院の患者のデータを扱う単純なアプリケーションを考えてみましょう．このアプリケーションでは，一度に数万行（ピーク時には 100 万行以上）のデータをデータベースから読み込むことが予測されているとします．このアプリケーションをデバッグしたいと思ったとき，どのようにするのが良いのでしょうか？ 想定される負荷に対するパフォーマンスなどを確認しようとしても，開発段階では実際のデータが利用できないケースも考えられます．

このようなシナリオの場合，モックデータを生成するライブラリもしくは関数を用意するとよいでしょう．ここでは，サードパーティ製の Python ライブラリを用いて，これを実現します．

■ ランダムなモックデータ　ある患者のデータとして以下の情報が必要だとしましょう．

- 名前
- 年齢
- 性別
- 健康状態
- 担当医師の名前
- 血液型
- 健康保険の有無
- 最後に医師のもとを訪れた日

ここでは schematics ライブラリを採用し，上記の情報を持ったモックデータを生成します．このライブラリを使えば，バリデーション，変換，モック化可能なデータ構造を用意できます．

では，schematics ライブラリを pip コマンドでインストールしましょう．

```
$ pip install schematics
```

まず，schematics を使って，name と age 属性を持った Person モデルを作成します．以下のように，Person クラスに schematics からインポートした Model を継承させます．

```
from schematics import Model
from schematics.types import StringType, DecimalType
class Person(Model):
    name = StringType()
    age = DecimalType()
```

get_mock_object メソッドでモックオブジェクトを作成し，to_primitive メソッドでランダムなモックデータを生成します．to_primitive メソッドを呼ぶたびに，異なるモックデータが得られます．

```
>>> Person.get_mock_object().to_primitive()
{'age': u'12', 'name': u'Y7bnqRt'}

>>> Person.get_mock_object().to_primitive()
{'age': u'1', 'name': u'xyrh40EO3'}
```

また，typesが提供する各型は，カスタマイズできます．例えば，Patientモデルを作成する際に，ageに格納される値を18〜80にすることもできます．では，ageが指定した範囲になるよう，以下のようにAgeTypeクラスを用意しましょう．

```
from schematics.types import IntType
class AgeType(IntType):
    """ 年齢属性 """
    def __init__(self, **kwargs):
        kwargs['default'] = 18
        IntType.__init__(self, **kwargs)

    def to_primitive(self, value, context=None):
        return random.randrange(18, 80)
```

ところで，Personモデルが返すモックデータのnameもランダムな文字列になっています．こちらもカスタマイズしてみましょう．次のようにNameTypeクラスを用意し，母音と子音を組み合わせた適当な文字列をnameとして返すようにします．

```
import string
import random

class NameType(StringType):
    """ カスタマイズした名前属性 """
    vowels='aeiou'
    consonants = ''.join(set(string.ascii_lowercase) - set(vowels))

    def __init__(self, **kwargs):
        kwargs['default'] = ''
        StringType.__init__(self, **kwargs)

    def get_name(self):
        """ 母音と子音を組み合わせてランダムな名前を返す """
        items = ['']*4
        items[0] = random.choice(self.consonants)
        items[2] = random.choice(self.consonants)
        for i in (1, 3):
            items[i] = random.choice(self.vowels)
        return ''.join(items).capitalize()

    def to_primitive(self, value, context=None):
        return self.get_name()
```

AgeTypeとNameTypeの導入によって，モックデータの中身をカスタマイズできました．それではいくつか出力を見てみましょう．

```
class Person(Model):
    name = NameType()
    age = AgeType()
```

```
>>> Person.get_mock_object().to_primitive()
{'age': 36, 'name': 'Qixi'}

>>> Person.get_mock_object().to_primitive()
{'age': 58, 'name': 'Ziru'}

>>> Person.get_mock_object().to_primitive()
{'age': 32, 'name': 'Zanu'}
```

同様に，性別，健康状態，血液型など Patient の持つ他の属性についても，以下のように設定しておきます．

```
class GenderType(BaseType):
    """ 性別属性 """
    def __init__(self, **kwargs):
        kwargs['choices'] = ['male','female']
        kwargs['default'] = 'male'
        BaseType.__init__(self, **kwargs)

class ConditionType(StringType):
    """ 健康状態属性 """
    def __init__(self, **kwargs):
        kwargs['default'] = 'cardiac'
        StringType.__init__(self, **kwargs)
    def to_primitive(self, value, context=None):
        return random.choice(('cardiac',
                              'respiratory',
                              'nasal',
                              'gynec',
                              'urinal',
                              'lungs',
                              'thyroid',
                              'tumour'))

import itertools

class BloodGroupType(StringType):
    """ 血液型属性 """
    def __init__(self, **kwargs):
        kwargs['default'] = 'AB+' StringType.__init__(self, **kwargs)

    def to_primitive(self, value, context=None):
        return ''.join(random.choice(list(itertools.product(['AB','A','O','B'],
                                                             ['+','-']))))
```

さて，必要な型とそのデフォルト値を設定し終えたところで，Patient モデルは次のようになります．

```
class Patient(Model):
    """ 患者を表すモデルクラス """
    name = NameType()
    age = AgeType()
    gender = GenderType()
    condition = ConditionType()
    doctor = NameType()
    blood_group = BloodGroupType()
    insured = BooleanType(default=True)
    last_visit = DateTimeType(default='2000-01-01T13:30:30')
```

to_primitive メソッドをループさせることで，Patient クラスを任意の個数だけ用意できます．

```
patients = map(lambda x: Patient.get_mock_object().to_primitive(), range(n))
```

例えば，10,000 個のランダムな患者データを用意するコードは以下になります．

```
>>> patients = map(lambda x: Patient.get_mock_object().to_primitive(),
range(1000))
```

実際のデータが利用可能になるまでは，このモックデータを代用することになるでしょう．

Faker ライブラリも schematics ライブラリと同様に，任意のデータを生成するのに適しています．例えば，名前，アドレス，URL，文字列など，様々な型が提供されています．

10.3 ロギング

Python は標準ライブラリの logging によってロギングをサポートしています．前節で紹介した print によるデバッグは，手軽で簡単に使えるテクニックの一つですが，実際にシステムやアプリケーションをデバッグする際には，print の表示内容だけでは不十分なこともあります．それに対して，ロギングには，以下のような特徴があります．

- ログファイルの内容は，バグの原因の特定に役立ちます．一般的に，ログファイルに書き込まれたタイムスタンプ付きの各情報は，指定した期間にわたって保存されます．バグの発生からしばらく経ってしまったあとでも，ログファイルの内容をもとにバグ発生時の状況を確認できます．
- ロギングは様々なレベルで実行できます．基本的な情報を示す INFO や，詳細な情報を表示する DEBUG，即時対応が求められる状況を表す FATAL など，アプリケーションの出力する情報の量は，指定したレベルに応じて変わります．これらのレベルを使ってログをフィルタリングすれば，目的の情報を容易に取得でき，バグの原因の特定を効率良く行えるでしょう．

- ロガーの設定を変更することで，目的に応じた出力先を指定できます．基本的にロギングの出力はログファイルに書き込まれますが，他の出力先として，ソケット，HTTPストリーム，データベースなどを選択することができます．

10.3.1　シンプルなロギング

Pythonでは，簡単にロギングのレベルを設定できます．早速，レベルごとにログを出力してみましょう．

```
>>> import logging
>>> logging.warning('I will be back!')
WARNING:root:I will be back!

>>> logging.info('Hello World')
>>>
```

二つ目は何も表示されていません．これは，`logging`モジュールが出力するログレベルが，デフォルトではWARNINGレベル以上に設定されているためです．もちろん，先に述べたとおり，レベルの変更は簡単に行えます．

以下のコードは，ログのレベルをDEBUGに変更し，出力を書き込むファイルを指定しています．

```
>>> logging.basicConfig(filename='application.log', level=logging.DEBUG)
>>> logging.info('Hello World')
```

`application.log`ファイルの中身を見て，期待していた出力が書き込まれていることを確認しましょう．

```
INFO:root:Hello World
```

ログファイルの各行にタイムスタンプを付与したい場合には，ロギングのフォーマットを以下のように編集する必要があります．

```
>>> logging.basicConfig(format='%(asctime)s %(message)s')
```

以上をまとめると，ロギングの設定は次のとおりです．

```
>>> logging.basicConfig(format='%(asctime)s %(message)s', filename='application.log',
    level=logging.DEBUG)
>>> logging.info('Hello World!')
```

これで application.log には，ログを書き込んだときの時刻が保存されます．

```
INFO:root:Hello World
2016-12-26 19:10:37,236 Hello World!
```

上記で出力したい文字列を渡しているように，ロギングは引数として変数を受け取ることも可能です．この引数によって，テンプレート文字列に対して値を埋め込むことができます．しかし，以下のようなカンマ区切りでの文字列と変数の連結はできないので注意してください．

```
>>> import logging
>>> logging.basicConfig(level=logging.DEBUG)
>>> x,y=10,20
>>> logging.info('Addition of',x,'and',y,'produces',x+y)
--- Logging error ---
Traceback (most recent call last):
  File "/usr/lib/python3.5/logging/__init__.py", line 980, in emit
    msg = self.format(record)
  File "/usr/lib/python3.5/logging/__init__.py", line 830, in format
    return fmt.format(record)
  File "/usr/lib/python3.5/logging/__init__.py", line 567, in format
    record.message = record.getMessage()
  File "/usr/lib/python3.5/logging/__init__.py", line 330, in getMessage
    msg = msg % self.args
TypeError: not all arguments converted during string formatting
Call stack:
  File "<stdin>", line 1, in <module>
Message: 'Addition of'
Arguments: (10, 'and', 20, 'produces', 30)
```

次のように，Python でのテンプレート文字列における慣習にならって書いてください．

```
>>> logging.info('Addition of %s and %s produces %s', x, y, x+y)
INFO:root:Addition of 10 and 20 produces 30
```

10.3.2 発展的なロギング── logger オブジェクト

先ほどまでの logging モジュールを用いたロギングは，複雑なログの情報を必要としない状況において役立つでしょう．もし，logging モジュールの機能を最大限活かしたいのであれば，

logger オブジェクトの出番になります．logger オブジェクトでも，フォーマットやハンドラなどをカスタマイズできます．

それでは，カスタマイズした logger を返す関数を用意しましょう．この関数によって，アプリケーションの名前，ログレベル，ログを保存するファイル名，コンソールに表示するかどうかを設定します．

```
import logging

def create_logger(app_name, logfilename=None, level=logging.INFO, console=False):
    """ アプリケーション名，ログレベル，ファイル名，コンソールに
    表示するかどうかを指定した，カスタムロガーを作成し，返す． """
    log=logging.getLogger(app_name)
    log.setLevel(logging.DEBUG)
    # ファイルハンドラを追加
    if logfilename != None:
        log.addHandler(logging.FileHandler(logfilename))
    if console:
        log.addHandler(logging.StreamHandler())
    # フォーマッタを追加
    for handle in log.handlers:
        formatter = logging.Formatter('%(asctime)s : %(levelname)-8s - %(message)s',
                                      datefmt='%Y-%m-%d %H:%M:%S')
        handle.setFormatter(formatter)
    return log
```

この関数がどのような処理をしているのかを見ていきましょう．

1. logging モジュールをそのまま使うのではなく，logging.getLogger 関数で logger オブジェクトを生成しています．
2. logger オブジェクトを使う際には，ハンドラをこちらで設定しなければなりません．ハンドラは，特定のストリームに対してロギングを行うストリームラッパーで，出力先にはコンソール，ファイル，ソケットなどがあります．
3. 各種設定は，この logger オブジェクトのメソッドを呼び出して行います．例えば，ログレベルの設定には setLevel メソッド，ファイルへのログ保存設定には FileHandler メソッド，コンソールへのログの出力には StreamHandler メソッドを用います．
4. ログメッセージの形式の指定は，logger オブジェクトではなく，これまでに設定したハンドラに対して行います．この例ではタイムスタンプの標準フォーマットを使い，レベルやメッセージを表示させました．なお，タイムスタンプは YY-mm-dd HH:MM:SS 形式を採用しています．

それでは，実際に動かしてみましょう．

```
>>> log=create_logger('myapp',logfilename='app.log', console=True)
>>> log
```

```
<logging.Logger object at 0x7fc09afa55c0>

>>> log.info('Started application')
2016-12-26 19:38:12 : INFO     - Started application

>>> log.info('Initializing objects...')
2016-12-26 19:38:25 : INFO     - Initializing objects...
```

また，app.log ファイルに，以下の内容が書き込まれています．

```
2016-12-26 19:38:12 : INFO     - Started application
2016-12-26 19:38:25 : INFO     - Initializing objects...
```

[1] 発展的なロギング── logger とフォーマット

logger オブジェクトを適切に設定することで，重要な情報をログとして残すことができ，効率良くデバッグを行えるようになるはずです．

ここで，あるアプリケーションのパフォーマンスの改善を試みているとしましょう．改善するためには様々な取り組みが考えられますが，その一つとして，アプリケーションの高速化を目指して，各関数やメソッドの処理時間を把握することが挙げられます．各処理時間は，プロファイラや，第 4 章で実装した timer コンテキストマネージャによって調べることができますが，ここでは，logger の設定により可能となる，処理時間のトラッキングを紹介します．

まず，これから扱うアプリケーションを，ビジネスリスティングのリクエストを受け取り，応答を返す API サーバーと仮定します．このアプリケーションは，起動時に多数のオブジェクトを初期化し，データベースからデータを読み込みます．パフォーマンスの最適化として，起動からデータ読み込みまでの時間短縮を試みます．その際に，短縮できた時間の記録も行います．

以下のように LoggerWrapper クラスを用意し，logger をカスタマイズしていきます．

```
import logging
import time
from functools import partial

class LoggerWrapper(object):
    """ loggerオブジェクトについて，各ステップの処理時間を計算するためのラッパークラス """
    def __init__(self, app_name, filename=None, level=logging.INFO, console=False):
        self.log = logging.getLogger(app_name)
        self.log.setLevel(level)
        # ハンドラを追加
        if console:
            self.log.addHandler(logging.StreamHandler())
        if filename != None:
            self.log.addHandler(logging.FileHandler(filename))
        # フォーマッタを追加
        for handle in self.log.handlers:
```

```
            formatter = logging.Formatter(
                '%(asctime)s [%(timespent)s]: %(levelname)s - %(message)s',
                datefmt='%Y-%m-%d %H:%M:%S')
            handle.setFormatter(formatter)
        for name in ('debug','info','warning','error','critical'):
            # functoolsから便利なラッパーを用意
            func = partial(self._dolog, name)
            # このクラスをメソッドとして設定
            setattr(self, name, func)
        # タイムスタンプを初期化
        self._markt = time.time()

    def _calc_time(self):
        """ 経過時間を計測 """
        tnow = time.time()
        tdiff = int(round(tnow - self._markt))
        hr, rem = divmod(tdiff, 3600)
        mins, sec = divmod(rem, 60)
        # タイムスタンプを初期化
        self._markt = tnow
        return '%.2d:%.2d:%.2d' % (hr, mins, sec)

    def _dolog(self, levelname, msg, *args, **kwargs):
        """ 各ログレベルに応じたロギングのためのメソッド """
        logfunc = getattr(self.log, levelname)
        return logfunc(msg, *args, extra={'timespent': self._calc_time()})
```

このコードの各処理について説明します．

1. `__init__` メソッドは以前作成した `create_logger` 関数と似ています．受け取る引数，ハンドラオブジェクトの作成，`logger` オブジェクトの設定などは `create_logger` 関数と同様に行います．ただし，`logger` オブジェクトは `LoggerWrapper` インスタンスの属性として保持されます．
2. フォーマッタには，経過時間として `timespent` 変数を追加します．
3. 各ログレベルに対するロギングの設定は，それぞれのレベル名で `_dolog` メソッドを呼ぶことで実現します．`functools` の `partial` メソッドで，`_dolog` メソッドの `levelname` に対応する値を固定した後，`_dolog` メソッドの内部で `setattr` 関数を呼び，各レベルのロギング用メソッドを使えるようにしています．
4. `_dolog` メソッドは内部から `_calc_time` メソッドを呼び，それぞれのステップに費やした時間を計算します．この時間は，最後に `_calc_time` メソッドが呼ばれた時刻，つまり最後にログを取った時刻からの差分を指しています．そして，辞書として渡される引数 `extra` と一緒に，ロギング用メソッドである `logfunc` に渡されます．

この `LoggerWrapper` を使って，どの処理にどれだけの時間を費やしたかを計測してみましょう．ここでサンプルとして用いるのは，Flask で作成した簡易的な Web アプリケーションです．

```
# アプリケーションのコード
log=LoggerWrapper('myapp', filename='myapp.log',console=True)
app = Flask(__name__)
log.info("Starting application...")
log.info("Initializing objects.")
init()
log.info("Initialization complete.")
log.info("Loading configuration and data ...")
load_objects()
log.info('Loading complete. Listening for connections ...')
mainloop()
```

以下の出力では，タイムスタンプの直後にある [ ] の中に，かかった時間が表示されています．

```
2016-12-26 20:08:28 [00:00:00]: INFO    - Starting application...
2016-12-26 20:08:28 [00:00:00]: INFO    - Initializing objects.
2016-12-26 20:08:42 [00:00:14]: INFO    - Initialization complete.
2016-12-26 20:08:42 [00:00:00]: INFO    - Loading configuration and data
2016-12-26 20:10:37 [00:01:55]: INFO    - Loading complete. Listening  for connections
```

出力結果から見てわかるように，初期化に 14 秒，設定とデータの読み込みに 2 分近くかかっています．

アプリケーションの各処理の開始時・終了時にこのようなログを残すことで，処理時間を手軽かつ正確に把握することができます．また，このようにファイルとして保存すると，あとで個別に計算するスクリプトを用意しなくても済むという利点もあります．

いずれのログの時刻も，[ ] 内に表示されている時間とその直前のログに表示されている時刻を足したものになっています．

[2] 発展的なロギング── syslog

Linux や MacOS X のような POSIX システムには，アプリケーションがログを書き込めるシステムログファイルがあります．たいていの場合，このファイルは /var/log/syslog です．ここで紹介するのは，Python を用いたシステムログファイルへのロギング方法です．

これまでのロギングと大きく異なるのは，logger オブジェクトに以下のようなシステムログハンドラを追加する点です．

```
log.addHandler(logging.handlers.SysLogHandler(address='/dev/log'))
```

では，create_logger 関数を修正して，syslog にログを書き込めるようにしましょう．

```
import logging
import logging.handlers

def create_logger(app_name, logfilename=None, level=logging.INFO,
                  console=False, syslog=False):
    """ アプリケーション名, ログレベル, ファイル名, コンソールに
    表示するかどうかを指定した, カスタムロガーを作成し, 返す """
    log=logging.getLogger(app_name)
    log.setLevel(logging.DEBUG)
    # ファイルハンドラを追加
    if logfilename != None:
        log.addHandler(logging.FileHandler(logfilename))
    if syslog:
        log.addHandler(logging.handlers.SysLogHandler(address='/dev/log'))
    if console:
        log.addHandler(logging.StreamHandler())
    # フォーマッタを追加
    for handle in log.handlers:
        formatter = logging.Formatter('%(asctime)s : %(levelname)-8s - %(message)s',
                                      datefmt='%Y-%m-%d %H:%M:%S')
        handle.setFormatter(formatter)
    return log
```

この関数を実行し，ロガーを作成することで syslog に書き込みます．

```
>>> create_logger('myapp',console=True, syslog=True)
>>> log.info('Myapp - starting up...')
```

ログが書き込まれているかどうかを確認しましょう．

```
$ tail -3 /var/log/syslog
Dec 26 20:39:54 ubuntu-pro-book kernel: [36696.308437] psmouse serio1:
TouchPad at isa0060/serio1/input0 - driver resynced.
Dec 26 20:44:39 ubuntu-pro-book 2016-12-26 20:44:39 : INFO     - Myapp -
starting up...
Dec 26 20:45:01 ubuntu-pro-book CRON[11522]: (root) CMD (command -v
debian-sa1 > /dev/null && debian-sa1 1 1)
```

出力結果から，きちんと書き込まれていたことがわかります．

10.4　デバッガ

これまで取り上げたデバッグ手法は，どれもデバッガを用いない方法でした．本節では，Python の標準デバッガである pdb を例に，デバッガを利用したデバッグ方法について解説します．

pdb を使う方法の一つとして，以下のように，スクリプト実行時にオプションを指定する方法があります．

```
$ python3 -m pdb script.py
```

しかし，pdb を呼び出す最も一般的な方法は，コード内のデバッグを始めたい箇所に以下の 1 行を追加する方法です．

```
import pdb; pdb.set_trace()
```

では，本章の最初に扱った，max_subarray 関数を例に，pdb の効果を見てみましょう．なお，この max_subarray 関数は，計算量を $O(n)$ に改善したバージョンです．

```
def max_subarray(sequence):
    """ 最適化バージョン """
    max_ending_here = max_so_far = 0
    for x in sequence:
        # デバッガを導入
        import pdb; pdb.set_trace()
        max_ending_here = max(0, max_ending_here + x)
        max_so_far = max(max_so_far, max_ending_here)
    return max_so_far
```

10.4.1 pdb

for ループ内にデバッガが挿入されているので，各ループでデバッガが走ります．

```
>>> max_subarray([20, -5, -10, 30, 10])
> /home/user/programs/maxsubarray.py(8)max_subarray()
-> max_ending_here = max(0, max_ending_here + x)
-> for x in sequence:
(Pdb) max_so_far
20
```

プログラムの実行を停止するには "s" と入力します．pdb が現在見ている行を実行した後，プログラムがいったん停止します．

```
> /home/user/programs/maxsubarray.py(7)max_subarray()
-> max_ending_here = max(0, max_ending_here + x)
```

また，各変数の値は，目的の変数名を入力して Enter キーを押すと確認できます．

```
(Pdb) max_so_far
20
```

pdb が追っている現在の位置を確認するには，“w” もしくは “where” と入力します．矢印 (->) がそのとき見ている箇所を指しています．

```
(Pdb) w
  <stdin>(1)<module>()
> /home/user/programs/maxsubarray.py(7)max_subarray()
-> max_ending_here = max(0, max_ending_here + x)
```

“c” または “cont” もしくは “continue” と入力すると，次のブレークポイントまで実行されます．

```
> /home/user/programs/maxsubarray.py(6)max_subarray()
 -> for x in sequence:
(Pdb) max_so_far
20
(Pdb) c
> /home/user/programs/maxsubarray.py(6)max_subarray()
-> for x in sequence:
(Pdb) max_so_far
20
(Pdb) c
> /home/user/programs/maxsubarray.py(6)max_subarray()
-> for x in sequence:
(Pdb) max_so_far
35
(Pdb) max_ending_here
35
```

max_so_far の値が 20 から 35 になるまでループを繰り返してみます．そして，この時点で sequence のどの要素が x に代入されているかを確認しましょう．

```
(Pdb) x 30
```

x が 30 ということは，sequence の最後の要素はまだ処理されていません．“l” または “list” と入力して，実行中のソースコードそのものを表示してみましょう．

```
(Pdb) l
def max_subarray(sequence):
    """ 最適化バージョン """
    max_ending_here = max_so_far = 0
->  for x in sequence:
        max_ending_here = max(0, max_ending_here + x)
        max_so_far = max(max_so_far, max_ending_here)
        import pdb; pdb.set_trace()
    return max_so_far
```

現在のフレームを移動するには，“u”または“up”で遡り，“d”または“down”で先に進みます．

```
(Pdb) up
> <stdin>(1)<module>()
(Pdb) up
*** Oldest frame
(Pdb) list
[EOF]
(Pdb) d
> /home/user/programs/maxsubarray.py(6)max_subarray()
-> for x in sequence:
```

それでは関数の戻り値を見てみましょう．“r”または“return”で，関数の戻り値が得られるまで実行を継続します．

```
(Pdb) r
> /home/user/programs/maxsubarray.py(6)max_subarray()
-> for x in sequence:
(Pdb) r
--Return--
> /home/user/programs/maxsubarray.py(11)max_subarray()->45
-> return max_so_far
```

戻り値は45になっています．

pdbには，ここで取り上げたもの以外にも多くのコマンドが備わっています．ただ，本書では詳細なpdbの機能については解説しません．もし興味があれば，ぜひ公式ドキュメント[*4]を参照してください．

10.4.2 pdb ── 拡張ツール

Pythonコミュニティは，pdbをベースにした，より高機能で使いやすいツールを提供しています．

[1] iPdb

iPdbはiPythonで使えるpdbです．iPythonのデバッガにアクセスできる関数を提供します．また，タブ補完，構文強調表示，より良いトレースバック，イントロスペクション[*5]メソッドが提供されています．iPdbはpipでインストールできます．

図10.1は，iPdbを使ったデバッグの様子を示しています．先ほど扱ったpdbの例と同じ処理を実行しています．ここで注目すべきなのは，構文の強調表示です．図10.2を見ると，pdbと異なり，トレースバック機能に優れていることがわかります．

[*4]【訳注】https://docs.python.org/3.6/library/pdb.html#module-pdb

[*5]【訳注】イントロスペクション：オブジェクト内の情報（属性やメソッド）を参照すること．

```
IPython: user/programs
File Edit View Search Terminal Help
 warn("Attempting to work in a virtualenv. If you encounter problems, please "
> /home/user/programs/maxsubarray.py(6)max_subarray()
      4
      5     max_ending_here = max_so_far = 0
----> 6     for x in sequence:
      7         max_ending_here = max(0, max_ending_here + x)
      8         max_so_far = max(max_so_far, max_ending_here)

ipdb> max_so_far
20
ipdb> r
> /home/user/programs/maxsubarray.py(6)max_subarray()
      4
      5     max_ending_here = max_so_far = 0
----> 6     for x in sequence:
      7         max_ending_here = max(0, max_ending_here + x)
      8         max_so_far = max(max_so_far, max_ending_here)

ipdb> max_so_far
20
ipdb> l
      1
      2 def max_subarray(sequence):
      3     """ Maximum subarray - optimized version """
      4
      5     max_ending_here = max_so_far = 0
----> 6     for x in sequence:
      7         max_ending_here = max(0, max_ending_here + x)
      8         max_so_far = max(max_so_far, max_ending_here)
```

図 10.1　iPdb による構文の強調表示

```
IPython: user/programs
File Edit View Search Terminal Help
      1
      2 def max_subarray(sequence):
      3     """ Maximum subarray - optimized version """
      4
      5     max_ending_here = max_so_far = 0
----> 6     for x in sequence:
      7         max_ending_here = max(0, max_ending_here + x)
      8         max_so_far = max(max_so_far, max_ending_here)
      9         import ipdb; ipdb.set_trace()
     10
     11     return max_so_far

ipdb> w
  /home/user/programs/maxsubarray.py(14)<module>()
     10
     11     return max_so_far
     12
     13 if __name__ == "__main__":
---> 14     print(max_subarray([20, -5, -10, 30, 10]))

> /home/user/programs/maxsubarray.py(6)max_subarray()
      4
      5     max_ending_here = max_so_far = 0
----> 6     for x in sequence:
      7         max_ending_here = max(0, max_ending_here + x)
      8         max_so_far = max(max_so_far, max_ending_here)

ipdb> 
```

図 10.2　iPdb によるトレースバック

iPdb は，デフォルトのランタイムとして iPython を用います．

[2]　Pdb++

Pdb++ は pdb の上位互換となるツールで，iPdb に類似した機能も備えています．iPdb のように iPython 上で動作するものではなく，デフォルトの Python ランタイムで動作します．Pdb++ も iPdb 同様，pip でインストールできます．Pdb++ を導入するには，これまで pdb

で記述していた箇所を Pdb++ 用に書き換えるだけです.

Pdb++ は, pdb と比較してコマンドの解析において優れています. 例えば, pdb では標準の pdb コマンドと同じ名前の変数があった際, pdb コマンドのほうを優先してしまいますが, Pdb++ はこの問題を解決しています. 図 10.3 から, Pdb++ が変数を優先する様子のほか, 構文強調表示, タブ補完, 優れたコマンド解析といった特徴がわかります.

```
IPython: user/programs
File Edit View Search Terminal Help
-> print(max_subarray([20, -5, -10, 30, 10]))
[1] > /home/user/programs/maxsubarray.py(6)max_subarray()
-> for x in sequence:
(Pdb++) max
                max                max_ending_here  max_so_far        max_subarray
(Pdb++) max_so_far
20
(Pdb++) c
[1] > /home/user/programs/maxsubarray.py(6)max_subarray()
-> for x in sequence:
(Pdb++) c
[1] > /home/user/programs/maxsubarray.py(6)max_subarray()
-> for x in sequence:
(Pdb++) x
-10
(Pdb++) c
[1] > /home/user/programs/maxsubarray.py(6)max_subarray()
-> for x in sequence:
(Pdb++) max_s
             max_so_far    max_subarray
(Pdb++) max_so_far
35
(Pdb++) c
[1] > /home/user/programs/maxsubarray.py(6)max_subarray()
-> for x in sequence:
(Pdb++) c=x
(Pdb++) c
10
(Pdb++)
```

図 10.3 Pdb++ における変数の優先

10.5 発展的なデバッグ──トレース

適切に行うプログラムのトレースは, 優れたデバッグテクニックの一つになります. プログラムの実行をトレースすれば, 呼び出し元と呼び出し先の関係や, 実行されたすべての関数の処理内容を把握できるでしょう.

10.5.1 trace

Python では, 標準ライブラリとして `trace` モジュールが提供されています. このモジュールを使用するには, Python ファイルを実行する際に `-m` オプションを使って `trace` を指定します.

また, `trace` モジュールは, `--trace`, `--count`, `--listfuncs` などのオプションから一つを指定する必要があります.

- `--trace`:実行された処理に対応するコードが, 行ごとに表示されます.
- `--count`:コードのそれぞれの行が実行された回数を記述したファイルが生成されます.

- --listfuncs：そのプログラムの実行で呼び出された関数やモジュールなどが表示されます．

図 10.4 は，本章で扱ったサブリストを求めるコードの実行で，--trace オプションを指定したときの様子を示しています．

```
IPython: user/programs
File Edit View Search Terminal Help
$ python3 -m trace --trace maxsubarray.py
 --- modulename: maxsubarray, funcname: <module>
maxsubarray.py(2): def max_subarray(sequence):
maxsubarray.py(12): if __name__ == "__main__":
maxsubarray.py(13):     print(max_subarray([20, -5, -10, 30, 10]))
 --- modulename: maxsubarray, funcname: max_subarray
maxsubarray.py(5):     max_ending_here = max_so_far = 0
maxsubarray.py(6):     for x in sequence:
maxsubarray.py(7):         max_ending_here = max(0, max_ending_here + x)
maxsubarray.py(8):         max_so_far = max(max_so_far, max_ending_here)
maxsubarray.py(6):     for x in sequence:
maxsubarray.py(7):         max_ending_here = max(0, max_ending_here + x)
maxsubarray.py(8):         max_so_far = max(max_so_far, max_ending_here)
maxsubarray.py(6):     for x in sequence:
maxsubarray.py(7):         max_ending_here = max(0, max_ending_here + x)
maxsubarray.py(8):         max_so_far = max(max_so_far, max_ending_here)
maxsubarray.py(6):     for x in sequence:
maxsubarray.py(7):         max_ending_here = max(0, max_ending_here + x)
maxsubarray.py(8):         max_so_far = max(max_so_far, max_ending_here)
maxsubarray.py(6):     for x in sequence:
maxsubarray.py(7):         max_ending_here = max(0, max_ending_here + x)
maxsubarray.py(8):         max_so_far = max(max_so_far, max_ending_here)
maxsubarray.py(6):     for x in sequence:
maxsubarray.py(10):     return max_so_far
45
 --- modulename: trace, funcname: _unsettrace
trace.py(77):         sys.settrace(None)
$
```

図 10.4　--trace オプションを追加した trace モジュールの実行

コードの実行が，1 行ずつ表示されていることがわかります．このコードの実行はほとんどが for ループの処理であり，ループが実行された回数（5 回）もこの画面からわかります．また，--trackcalls オプションを指定することで，呼び出し元と呼び出し先の関連を表示できます．

ここで紹介したもの以外にも，修飾オプションがいくつか提供されています．これより詳細な情報については，本書では取り扱いません．興味のある読者は，公式ドキュメント[*6]などを参照してください．

10.5.2　lptrace

パフォーマンスの不足や予期しない動作など，プロダクション環境で起きうる問題に対処するためには，前項で扱った trace モジュールによって確認できる Python のシステムトレースやスタックトレース[*7]だけでは不足することもあります．実行プロセスにリアルタイムでアタッチ[*8]して，どの関数が実行されようとしているかを確認したいこともあるでしょう．これは lptrace によって実現できます．

[*6]【訳注】https://docs.python.org/3.6/library/trace.html#module-trace
[*7]【訳注】スタックトレース：スタックフレームに書き込まれた処理の履歴．
[*8]【訳注】アタッチ：プログラムを監視・制御下におくこと．

lptrace は pip でインストールできません．また，Python 3.x では動作しないことに注意してください．

スクリプトを実行するのではなく，Python のプログラムを実行しているプロセスに，プロセス ID を使ってアタッチします．対象としては，稼働しているサーバーやアプリケーションなどが挙げられます[*9]．

10.5.3　strace

strace は Linux コマンドの一つで，実行中のプログラムによって発生するシステムコールやシグナルをトレースします．strace のトレース対象は，Python で記述されたプログラムだけではなく，あらゆるプログラムが含まれます．また，strace は lptrace と併用することもできます．

実行プロセスにアタッチするという点では，strace と lptrace は類似しています．あるプロセスを実行するために，コマンドラインから strace を呼ぶこともできますが，サーバーのプロセスにアタッチする際に，strace はより役立つでしょう．

例えば，図 10.5 は，チャットサーバーにアタッチしたときの strace の出力を示しています．

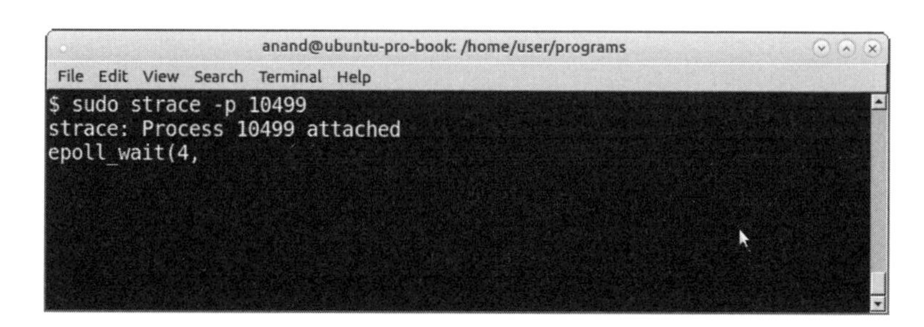

図 10.5　Twisted チャットサーバーにアタッチしたときの strace の出力

この strace コマンドの表示結果から，これからのコネクションに対する epoll[*10]を待機しているサーバーで，lptrace コマンドは入力されていないことがわかります．

クライアントが接続したときの挙動は，図 10.6 のようになります．

strace はとても強力なツールです．lptrace など，あるランタイムに特化したツールと組み合わせると，プロダクション環境で詳細にデバッグを行いたい場合に有効です．

[*9]【訳注】lptrace の動作表示について，原著の図に誤りが見られたため，本書では割愛しています．
[*10]【訳注】epoll：Linux のイベントハンドリング機能の一つ．

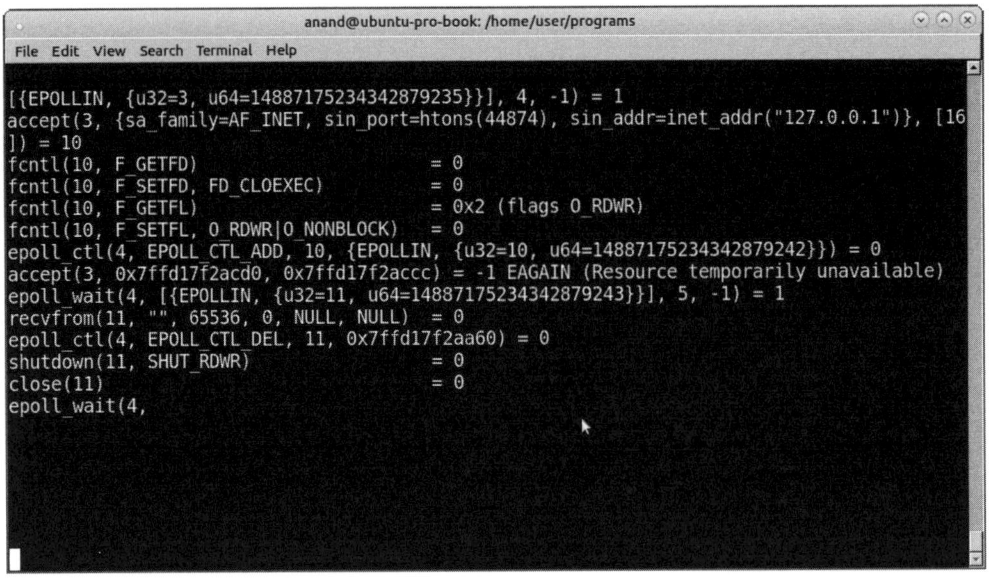

```
anand@ubuntu-pro-book: /home/user/programs
File Edit View Search Terminal Help
[{EPOLLIN, {u32=3, u64=14887175234342879235}}], 4, -1) = 1
accept(3, {sa_family=AF_INET, sin_port=htons(44874), sin_addr=inet_addr("127.0.0.1")}, [16
]) = 10
fcntl(10, F_GETFD)                      = 0
fcntl(10, F_SETFD, FD_CLOEXEC)          = 0
fcntl(10, F_GETFL)                      = 0x2 (flags O_RDWR)
fcntl(10, F_SETFL, O_RDWR|O_NONBLOCK)   = 0
epoll_ctl(4, EPOLL_CTL_ADD, 10, {EPOLLIN, {u32=10, u64=14887175234342879242}}) = 0
accept(3, 0x7ffd17f2acd0, 0x7ffd17f2accc) = -1 EAGAIN (Resource temporarily unavailable)
epoll_wait(4, [{EPOLLIN, {u32=11, u64=14887175234342879243}}], 5, -1) = 1
recvfrom(11, "", 65536, 0, NULL, NULL)  = 0
epoll_ctl(4, EPOLL_CTL_DEL, 11, 0x7ffd17f2aa60) = 0
shutdown(11, SHUT_RDWR)                 = 0
close(11)                               = 0
epoll_wait(4,
```

図 10.6　クライアントが Twisted チャットサーバーに接続した際のシステムコールを表示する strace コマンド

10.6 まとめ

本章では，Python における様々なデバッグテクニックについて学びました．初めに，シンプルなテクニックをいくつか紹介しました．print によるデバッグに始まり，繰り返し処理への continue 文の配置や，sys.exit 関数の挿入などを説明しました．

次に紹介したのは，モック化やランダムデータの生成を利用したデバッグ方法です．ファイルを用いたキャッシュや，インメモリのデータベースとして Redis を用いたキャッシュについても，例を使って議論しました．また，患者のデータの生成を例に，schematics ライブラリを用いて柔軟に情報を設定する方法を学びました．

そして，デバッグテクニックの一つとして，ロギングについて解説しました．logging モジュールを使ったシンプルなデバッグと，logger オブジェクトを用いた発展的なデバッグを題材としました．後者の発展的なデバッグでは，logger オブジェクト用のラッパークラスを作成し，フォーマットやログを取った時間などを柔軟にカスタマイズしました．また，syslog へ書き込む例も扱いました．

最後に，デバッガについて議論しました．Python のデバッガの中でも基本的な pdb に加え，高性能な iPdb や Pdb++ を取り上げました．さらに，トレース用ツールの解説をしました．trace モジュールと lptrace，また Linux 上でならどこでも動作する strace などについて学びました．

索引

■ 記号

■ A

■ B

■ C

■ D

■ E

■ F

■ G

■ I

■ J

■ K

■ L

■ M

■ N

■ O

■ P

■ Q

■ R

■ S

■ T

■ さ

■ し

■ す

■ せ

■ そ

■ た

■ ち

■ て

■ と

■ に

■ は

著者とレビュアーについて

著者：Anand Balachandran Pillai

プロダクトエンジニアリング，ソフトウェアデザイン，ソフトウェアアーキテクチャなど，様々な領域で 18 年の経験を積んできたプロフェッショナル．インド工科大学マドラス校学士．

これまで，Yahoo!，McAfee，Infosys でリードエンジニア/アーキテクトとしてチーム立ち上げや新規プロダクト開発に従事してきました．また，スタートアップでリードエンジニアやコンサルタントとして活躍することもあります．

関心事は，ソフトウェアのパフォーマンス，スケーラビリティに富むアーキテクチャ，セキュリティ，OSS など多岐にわたります．

Bangalore Python Users Group の創設者であり，Python Software Foundation（PSF）のフェロー．現在は，Yegii Inc. のシニアアーキテクトです．

レビュアー：Mike Driscoll

2006 年より Python でのプロダクト開発に取り組んでいます．また，個人のブログ(http://www.blog.pythonlibrary.org/）執筆にも勤しんでいます．Core Python refcard for DZone の共著者．

これまで多くの書籍についてテクニカルレビューを担当してきました．代表的なものに *Python 3 Object Oriented Programming*, *Python 2.6 Graphics Cookbook*, *Tkinter GUI Application Development Hotshot* などが挙げられます．最近では Python 101 を執筆しています．その手は止まることなく，次の書籍の作業の真っ最中です．

【訳者紹介】

渡辺 賢人（わたなべ けんと）

上智大学理工学部情報理工学科卒業．学生時代は機械学習やデータ解析，統計，純粋数学を研究．現在はヤフー株式会社でフロントエンド/バックエンド開発を行う．

佐藤 貴之（さとう たかゆき）

首都大学東京大学院システムデザイン研究科修了．大学院では機械翻訳を研究．現在は株式会社メルペイで分析/モデリング業務に取り組む．

山元 亮典（やまもと りょうすけ）

早稲田大学理工学術院先進理工学研究科修了．学生時代から複数の企業で，iOS アプリやサーバーサイド，ハードウェアの開発に従事．現在ではヤフー株式会社でサーバーサイド開発やデータ解析を行う．

Pythonではじめるソフトウェアアーキテクチャ

原題：*Software Architecture with Python*

2019 年 2 月 28 日　初版 1 刷発行
2019 年 5 月 20 日　初版 2 刷発行

検印廃止
NDC 007.61
ISBN 978-4-320-12443-1

著　者　Anand Balachandran Pillai（ピライ）
訳　者　渡辺賢人
　　　　佐藤貴之　© 2019
　　　　山元亮典
発　行　**共立出版株式会社**/南條光章
　　　　東京都文京区小日向 4-6-19
　　　　電話 03-3947-2511（代表）
　　　　〒112-0006/振替口座 00110-2-57035
　　　　www.kyoritsu-pub.co.jp
制　作　㈱ グラベルロード
印　刷　啓文堂
製　本　協栄製本

一般社団法人
自然科学書協会
会員

Printed in Japan